Teubner-Reihe Wirtschaftsinformatik

G. Herzwurm

Kundenorientierte Softwareproduktentwicklung

Teubner-Reihe Wirtschaftsinformatik

Herausgegeben von

Prof. Dr. Dieter Ehrenberg, Leipzig
Prof. Dr. Dietrich Seibt, Köln
Prof. Dr. Wolffried Stucky, Karlsruhe

Die „Teubner-Reihe Wirtschaftsinformatik" widmet sich den Kernbereichen und den aktuellen Gebieten der Wirtschaftsinformatik.

In der Reihe werden einerseits Lehrbücher für Studierende der Wirtschaftsinformatik und der Betriebswirtschaftslehre mit dem Schwerpunktfach Wirtschaftsinformatik in Grund- und Hauptstudium veröffentlicht. Andererseits werden Forschungs- und Konferenzberichte, herausragende Dissertationen und Habilitationen sowie Erfahrungsberichte und Handlungsempfehlungen für die Unternehmens- und Verwaltungspraxis publiziert.

Kundenorientierte Softwareproduktentwicklung

Von Prof. Dr. Georg Herzwurm
Technische Universität Dresden

Springer Fachmedien Wiesbaden GmbH

Prof. Dr. habil. Georg Herzwurm

Geboren 1961 in Düren. Nach dem Studium der Betriebswirtschaftslehre Wissenschaftlicher Mitarbeiter am Lehrstuhl für Informatik der Universität zu Köln. 1992 Promotion im Bereich Computer Aided Software Engineering (CASE). 1998 Habilitation im Fachgebiet Wirtschaftsinformatik. Gründer und Vorstandssprecher des QFD Institut Deutschland e.V. Praxiserfahrungen als Projektmanager bei Softwarehäusern und Unternehmensberatungen. 1998 Hochschuldozent für Wirtschaftsinformatik an der Universität zu Köln. Seit 2000 Professor für Wirtschaftsinformatik an der TU Dresden.

Die Deutsche Bibliothek – CIP-Einheitsaufnahme
Ein Titeldatensatz für diese Publikation ist bei
Der Deutschen Bibliothek erhältlich.

1. Auflage November 2000

www.teubner.de

Gedruckt auf säurefreiem Papier
Umschlaggestaltung: Peter Pfitz, Stuttgart

ISBN 978-3-519-00318-2 ISBN 978-3-322-96640-7 (eBook)
DOI 10.1007/978-3-322-96640-7

Vorwort

Insbesondere in der populärwissenschaftlichen Literatur scheint es zum guten Ton zu gehören, die "Kundenfeindlichkeit" in Deutschland zu beklagen. Dabei haben die meisten deutschen Unternehmungen in den letzten Jahren viel in Maßnahmen zur Erhöhung ihrer Kundenorientierung investiert. Trotzdem zeigen empirische Studien, daß Deutschland in bezug auf Kundenzufriedenheit im internationalen Vergleich schlecht abschneidet. Die Ursachen sind nicht monokausal und werden im Verlauf der Arbeit noch ausführlich erörtert. Einer von vielen anderen Gründen ist jedoch sicher das Fehlen geeigneter Methoden für eine systematische Ableitung von Produkt- und Prozeßmerkmalen aus Kundenbedürfnissen. Das vorliegende Buch versucht, bestehende Ansätze zu einem umfassenden Instrumentarium zusammenzuführen und weiterzuentwickeln. Dabei ist der Fokus auf die Softwarebranche gerichtet, die aufgrund ihrer relativ jungen Geschichte und ihrer hohen Dynamik einen besonders hohen Nachholbedarf an kundenorientierten Entwicklungsmethoden zu haben scheint. Die in der Arbeit behandelten Probleme und Lösungsansätze weisen jedoch in sehr vielen Bereichen auch branchenübergreifende Gültigkeit auf. Aus diesem Grunde finden in diesem Buch nicht nur die Methoden der Wirtschaftsinformatik, sondern auch der Betriebswirtschaftslehre und der Ingenieurwissenschaften ihre Anwendung.

Diese Forschungsarbeit ist am Lehrstuhl für Wirtschaftsinformatik Systementwicklung der Universität zu Köln entstanden, dessen Inhaber, Herrn Prof. Dr. Werner Mellis, ich an dieser Stelle zuallererst für seine konstruktive und kompetente Unterstützung danken möchte.

Mein Mitleid und Dank gehört allen Kollegen, die genau wie ich wegen meines Engagements für die Kundenorientierung vielfach von Studierenden daran erinnert wurden, daß auch Universitäten Kunden haben, deren Zufriedenstellung erstrebenswert sein sollte.

Das Buch wäre in der vorliegenden Form undenkbar ohne den Input von Sixten Schockert, der nicht nur maßgeblich bei der Konzipierung des vorgestellten Instrumentariums beteiligt war, sondern auch unsere Ideen zusammen mit mir in Unternehmungen in die Tat umsetzte.

Die Einfälle von Dr. Andreas Hierholzer finden in der vorliegenden Schrift ebenso ihren Niederschlag wie die Diplomarbeiten von Gabriele Ahlemeier und Harald Schlang.

Während das Einbringen von Ideen ein Beitrag ist, den man mit Freude leistet, gehört der Kampf mit der Textverarbeitung und den Tücken der Technik zu den weniger geschätzten Aufgaben. Herrn Steffen Schneider sei deshalb für seine Geduld mit unklaren, widersprüchlichen Kundenanforderungen (gemeint ist hier der Autor) und unzuverlässigen Softwareprogrammen bei der Erstellung des reproduktionsfertigen Manuskripts meine Bewunderung ausgesprochen. Da in einem Buch der Platz für Grafiken naturgemäß begrenzt ist, können Abbildungen in größerer Form auf meiner Homepage im Internet (www.herzwurm.de) eingesehen werden.

Mein besonderer Dank gehört Herrn Prof. Dr. Dietrich Seibt, der lange Jahre meine wissenschaftliche Karriere begleitet und gefördert hat.

Von unschätzbarem Wert für die psychische Konstitution des Verfassers und die redaktionelle Stringenz der Arbeit waren die Bemühungen meines strengsten Kritikers, meiner Ehefrau Marina, die schmerzlich erfahren mußte, daß ich immer noch die gleichen Fehler mache wie in meiner Dissertationsschrift.

Köln, im Juli 2000

Georg Herzwurm

Inhalt

Verzeichnis der Abkürzungen

ADV	Automatisierte Datenverarbeitung
AHP	Analytic Hierarchy Process
CASE	Computer Aided Software Engineering
CICO	Continuous Improvement of Customer Orientation
CSP	Customer Solution Planning
CSS	Customer Satisfaction Survey
CVA	Customer Value Analysis
DFMA	Design for Manifacture and Assembly
DoE	Design of Experiments
ETA	Event Tree Analysis
EVOP	Evolutionary Optimization
FAST	Function Analysis System Technique
FMEA	Failure Mode and Effect Analysis
FTA	Fault Tree Analysis
HoQ	House of Quality
i. d. R.	in der Regel
KBSt	Koordinierungs- und Beratungsstelle
MEOST	Multiple Environment Overstress Tests
n	Anzahl der Antworten in einer Ergebnisgrafik
PCM	Parts Count Method
PDCA	Plan Do Check Act
QFD	Quality Function Deployment
RCT	Reliability Conformance Testing
SCVM	Software Customer Value Management
SPC	Statistical Process Control
Tab.	Tabelle
TQM	Total Quality Management
TRIZ	Theory of the Solution of Inventive Problems
V-Modell	Vorgehensmodell

1 Gegenstand und methodisches Konzept

1.1 Problemstellung

1.1.1 Kundenorientierung in Theorie und Praxis

In zahlreichen Veröffentlichungen ausländischer Autoren wird die Kundenfeindlichkeit in Deutschland beklagt.[1] Im europäischen Vergleich liegt Deutschland mit einem Wert von 15% bezüglich des Erfüllungsgrads der Kundenerwartungen lediglich an drittletzter Stelle.[2] Während sich hier die Kundenzufriedenheit in den meisten Branchen etwas verbessert hat, ist sie in der Softwarebranche im Jahre 1999 sogar auf den Tiefststand von 1992 gesunken.[3] Diese negative Einschätzung der Kunden teilen auch die Softwareunternehmungen selbst: In einer Umfrage aus dem Jahr 1995 sahen 90% der 750 befragten deutschen Softwarehäuser bei der vorhandenen Kundenorientierung noch Verbesserungspotentiale.[4]

Aber nicht nur bei der für den anonymen Markt produzierten Standardsoftware, sondern sogar bei Individualsoftwareprojekten hat die Kundenorientierung noch nicht in alle Softwarehäuser und Softwareentwicklungsabteilungen Einzug gehalten, obwohl seit Entstehung des Software Engineering und der Erkenntnis, daß man den Benutzer in die Softwareentwicklung einbeziehen sollte, fast 30 Jahre vergangen sind.[5] „Die Partizipative Entwicklung setzt sich nur schleppend durch“[6] lautet 1996 die Schlagzeile einer populärwissenschaftlichen Computerzeitung. Wenn die verbreitetste deutsche Computerzeitschrift noch im Jahre 1995 ihren Lesern als neue Erkenntnis die Botschaft vermittelt „IS-Gruppen müssen produzieren, was die Anwender wünschen“[7], weist dies deutlich auf bestehende Mißstände in deutschen Softwareentwicklungsabteilungen hin.

Die Misere in der betrieblichen Softwareentwicklungspraxis offenbart gleichzeitig auch Unzulänglichkeiten zahlreicher Forschungsbemühungen in diesem Bereich. Glass spricht

---

1 Vgl. z. B. Freemantle /König/ 23 und Geffroy /Kunde/ 21-22. In Kapitel 1.1.1 erfolgt zunächst lediglich eine überblicksartige Problembeschreibung. Die detaillierte Analyse der wissenschaftlichen Literatur und die Definition relevanter Begriffe ist Gegenstand der nachfolgenden Kapitel.

2 Vgl. Schnitzler /Nicht das Beste/ 61. Informationen zu den zitierten Studien befinden sich in Kapitel 4 dieser Arbeit.

3 Vgl. im folgenden Meyer, Dornbach /Kundenbarometer 1999. Als ein Repräsentant der Softwarebranche fungieren in dieser Untersuchung Betriebssystemhersteller.

4 Siehe hierzu die Ergebnisse in IT-Marketing /IT-Marketing '96/. Befragt wurden nur Softwarehäuser mit einem Umsatz von mehr als fünf Millionen DM im Jahr.

5 Als Geburtsstunde des Software Engineering, das als „Wissenschaft der Konzipierung und gezielten Anwendung von Prinzipien, Methoden, Verfahren und Werkzeugen zur Lösung technischer, ökonomischer, und organisatorischer Probleme bei der Entwicklung, Nutzung und Wartung von Software-Produkten“ definiert wird (Schmitz /Methoden/ 73), gilt die NATO-Wissenschaftstagung im Jahre 1968. Siehe hierzu Naur, Randell /Software Engineering/

6 O. V. /User/ 25

7 Klingler /IS-Gruppen/ 39. IS steht für Informationssystem. Gemeint sind interne Softwareentwicklungsabteilungen.

in diesem Zusammenhang von der „Software-Research Crisis“[8]. Technologiegetriebene Fragestellungen standen in den letzten Jahren im Mittelpunkt: Computer Aided Software Engineering (CASE)[9] und Computer Aided Software Testing (CAST)[10] zur Automatisierung des Softwareentwicklungsprozesses oder Objektorientierung[11] für eine bessere Softwarewiederverwendung sollten helfen, Softwarefehler zu vermeiden. Das Modell der Software Factory[12] oder innovative Programmiersprachen, wie Java[13] für die Softwareentwicklung im Internet, sollen zu gesteigerter Produktivität und somit kürzerer Entwicklungszeit führen. Sind aber tatsächlich ausschließlich diese Faktoren für den Erfolg einer Softwareentwicklung entscheidend? Microsoft hat es trotz des zeitlichen Vorsprungs des Konkurrenten Apple, der als erster Hersteller ein Betriebssystem mit grafischer Oberfläche auf den Markt brachte, und trotz fehlerträchtiger Programme wie Windows 95 sowie Windows NT[14] geschafft, die meistgekauften Betriebssysteme der Welt zu produzieren.[15] Letztlich entscheidet offensichtlich nicht (nur) die bessere Prozeß- bzw. Realisierungstechnologie, sondern (auch) der Kunde über den Erfolg eines Produkts. „Qualität ist das, was der Kunde (!) dafür hält“.[16] Produktqualität im Sinne von Fehlerfreiheit hatte in diesem Fall für die Microsoft-Kunden offensichtlich keine große Bedeutung. Vielmehr bestand der Kundennutzen der Microsoft-Produkte in der Standardisierung der bis zu diesem Zeitpunkt sehr proprietären PC-Software. Es wird evident, daß nur derjenige, der die Bedürfnisse der tatsächlichen und potentiellen Kunden kennt und versteht, in der Lage ist, diese planbar und wiederholbar in erfolgreiche Produkte umzusetzen. Der SAP Vorstand beispielsweise begründet die seit Jahren zweistelligen Wachstumsraten damit, „daß gut zwei Drittel der eigenen Softwareprodukte auf Anregungen von Kunden beruhen. Sehr frühzeitig bereits ... hat sich die Walldorfer Gruppe auf die Bedürfnisse und Anforderungen ihrer Abnehmer eingestellt“[17]. Viele empirische Untersuchungen kommen ebenfalls zu dem Schluß, daß Kundenorientierung einen wichtigen Faktor für den wirtschaftlichen Erfolg einer Unternehmung darstellt.[18]

---

8 Glass /Software-Research Crisis/ 42

9 Vgl. z. B. Gane /Computer-Aided Software Engineering/

10 Vgl. z. B. Graham /CAST-Report/

11 Vgl. z. B. Rumbaugh u. a. /OO Modelling and Design/

12 Vgl. z. B. van Genuchten /Software Factory/

13 Vgl. z. B. Arnold, Gosling /Java/

14 Beim Update von der Windows NT Version 3.51 nach 4.0 wurden 15.000 Bugs beseitigt. Vgl. o. V. /NT/ 3

15 Einen Einblick in die Softwareentwicklungspraxis bei Microsoft liefert Cusumano, Selby /Microsoft Secrets/

16 Meister /Qualität/ 187

17 O. V. /Interview/ 17

18 Diese These wird spätestens seit der amerikanischen Studie von Peters, Waterman /Spitzenleistungen/ diskutiert. Zwar ist diese spezielle Studie nicht unumstritten (siehe hierzu Frese /Exzellente Unternehmen/ 604-606), aber auch jüngere Untersuchungen kommen zu ähnlichen Ergebnissen. Vgl. z. B. Droege & Comp. /Triebfeder Kunde/ 13. An dieser Stelle sei bereits vor dem Umkehrschluß gewarnt, daß nicht kundenorientierte Unternehmungen nicht mit anderen Strategien am Markt erfolgreich sein können oder daß Kundenorientierung der einzige Erfolgsfaktor ist

Der Grundstein für erfolgreiche Softwareprodukte wird bereits in der Produktentwicklungsphase gelegt. Entspricht schon die Konzeption nicht den Erwartungen der Kunden, kann auch die Gestaltung der nachfolgenden Produktions- und Absatzprozesse an der voraussichtlich entstehenden Kundenunzufriedenheit kaum etwas ändern. Die Produktentwicklung in Deutschland weist diesbezüglich jedoch noch zahlreiche Schwächen auf, die sich z. B. in der mangelnden Kommunikation der Produktentwicklung mit den kunden- bzw. absatznahen Bereichen oder in dem Hang zur technischen Perfektion statt der Befriedigung von Kundenbedürfnissen manifestieren.[19]

Bevor dargestellt wird, mit welchen Mitteln die Produktentwicklung kundenorientierter gestaltet werden kann, muß zunächst eine erste Klärung des Begriffs Kundenorientierung vorgenommen werden.

1.1.2 Analyse des Begriffskonstrukts Kundenorientierung

Die Diskussion zum Thema Kundenorientierung in der Literatur gestaltet sich häufig kontrovers und emotional. Es werden „Glaubenskriege" ausgefochten, ob die sinkende Wettbewerbsfähigkeit amerikanischer Unternehmungen Anfang der 80er Jahre durch zuviel oder zuwenig Kundenorientierung verursacht wurde.[20] Es wird vor der Gefahr gewarnt, daß das Marketing durch Total Quality Management (TQM)[21]-Konzepte die „führende Rolle bei der innerbetrieblichen Umsetzung von Kundenorientierung einbüßt"[22]. Außerdem erfolgt eine erbitterte Auseinandersetzung um die Frage, ob Kundennähe eine neue, aus den USA kommende Managementstrategie oder bereits seit den 50er Jahren bekanntes Allgemeingut der Marketingwissenschaft ist.[23] Selbstverständlich sind die meisten Konzepte der Kundenorientierung nicht neu.[24] Eine erfolgreiche Idee verliert aber nicht deshalb an Attraktivität und Relevanz, nur weil sie alt ist. Ein Blick auf empirische Studien zum

---

19 Siehe zu den Schwächen der Produktentwicklung Brockhoff /Stärken und Schwächen/ und insbesondere zum Kommunikationsproblem zwischen Produktentwicklung und Marketing Euringer /Marktorientierte Produktentwicklung/

20 Vgl. Kühn /Kundenorientierung im Marketing-Management/ 97 und Naumann /Erfahrungen/ 38-39

21 TQM ist „eine auf die Mitwirkung aller ihrer Mitglieder gestützte Managementmethode einer Organisation, die Qualität in den Mittelpunkt stellt und durch Zufriedenstellung der Kunden auf langfristigen Geschäftserfolg sowie auf Nutzen für die Mitglieder der Organisation und für die Gesellschaft zielt." DIN, EN, ISO /ISO 8402: 1995/ Nr. 3.7

22 Stauss /TQM und Marketing/ 149

23 Vgl. Albers, Eggert /Kundennähe/ 5-9

24 Siehe hierzu die zahlreichen Belege bei Albers, Eggert /Kundennähe/ 7-10. Die Unterschiede zwischen der „alten" und „neuen" Kundenorientierung liegen eher in der Anzahl der Unternehmungsbereiche, für die Kundenorientierung gefordert wird. Kundenorientierung bezieht sich nach diesem Verständnis im Gegensatz zu früheren Konzepten nicht nur auf traditionell absatznahe Bereiche der Unternehmung, sonder umfaßt Unternehmungsführung, Umbau der Aufbau- und Ablauforganisation sowie die Verankerung in der Unternehmungskultur. Vgl. Hanser /Kulturrevolution/ 71-76. Die Frage des Neuheitsgrads der Kundenorientierung wird in dieser Arbeit nicht weiter vertieft, da sie keine wissenschaftlich relevanten Erkenntnisfortschritte verspricht.

State-of-the-Art der Kundenorientierung in deutschen (Software)-Unternehmungen zeigt, daß viele dieser „alten Ideen" offensichtlich noch nicht in die Praxis umgesetzt sind.[25] Daraus ist zu schließen, daß bezüglich der Konzepte noch Handlungsbedarf hinsichtlich der Verbesserung bzw. der Adaption für die Softwarebranche besteht oder daß Hilfestellungen zur gezielten Anwendung der Konzepte benötigt werden.

Neben dem Dogmatismus ist ebenfalls zu beklagen, daß zwar intensiv über mögliche Wirkungen der Kundenorientierung gestritten, aber nur selten exakt definiert wird, was unter Kundenorientierung zu subsumieren ist.[26] „Eine klare und eindeutige Definition eines Begriffes ist die Voraussetzung für dessen gegenstandsgerechte Anwendung auf praktische Erscheinungsformen des gedanklich erfaßten Phänomens."[27] Statt dessen dominiert in zahlreichen Veröffentlichungen zur Kundenorientierung jedoch eine undifferenzierte Verwendung von angeblichen Synonymen, bei der z. B. Kundenorientierung mit Marktorientierung gleichgesetzt wird.[28] Ein Markt umfaßt jedoch aus betriebswirtschaftlicher Sicht die tatsächlichen und potentiellen Beziehungen einer Unternehmung zu anderen Wirtschaftseinheiten soweit diese für den Austausch von Leistungen von Bedeutung sind.[29] Ein Markt umfaßt demzufolge nicht nur gewerbliche oder private Käufer von Sachgütern oder Dienstleistungen; vielmehr gehören z. B. Händler, Konkurrenten oder marktregulierende staatliche Institutionen ebenso zu einer umfassenden Marktbetrachtung und somit zur Marktorientierung wie die Berücksichtigung der Beschaffungsseite.[30] Marktorientierung besteht aus den Komponenten Kundenorientierung, Wettbewerbsorientierung und funktionsübergreifende Koordination.[31] Die Gleichsetzung von Marktorientierung oder Marketing mit Kundenorientierung ist demzufolge strikt abzulehnen.[32] Marketing stellt zwar auch die Bedürfnisse des Kunden und deren Befriedigung in den Mittelpunkt seiner Betrachtungen, geht aber in seinem Anspruch weit über die „bloße" Kundenorientierung hinaus.[33]

Unter einem (Kunden-)Bedürfnis wird im folgenden das Gefühl eines Mangels verbunden mit dem Streben, diesen zu beseitigen, verstanden.[34] Ein (Kunden-)Bedarf ist ein durch di-

---

25 Vgl. z. B. Hall, Fenton /Software quality programmes/, Ring /IS Organisation/ und IT-Marketing /IT-Marketing '96/

26 Vgl. Kühn /Kundenorientierung im Marketing-Management/ 98-100.Eine der wenigen Veröffentlichungen, in denen sich systematisch mit den Interpretationsvarianten auseinandergesetzt wird. Eine konzeptionelle Einordnung der Kundenorientierung befindet sich außerdem in Frese, von Werder /Kundenorientierung/. Eine verhaltenswissenschaftliche Sichtweise der Kundenorientierung vermittelt Trommsdorf /Kundenorientierung/ 281-290

27 Grochla /Betrieb, Betriebswirtschaft und Unternehmung/ 375

28 Vgl. Kühn /Kundenorientierung im Marketing-Management/ 97

29 Vgl. Köhler /Marktforschung/ 2782

30 Vgl. Köhler /Marktforschung/ 2782

31 Vgl. Siguaw, Brown, Widing /Market Orientation/ 107

32 So fordert Grunert z. B. die Ergänzung der Kundenorientierung um eine Wettbewerbsorientierung. Vgl. Grunert /Konkurrentenanalyse/ 1226

33 Vgl. Meffert /Marketing-Management/ 17-22

34 Vgl. zur nachfolgenden Definition von Bedürfnis, Bedarf, Nachfrage und Nutzen Harbrecht /Bedürfnis/ 266-271

rekte oder indirekte Konfrontation mit dem Güterangebot konkretisiertes Bedürfnis eines Individuums. Aus dem (Kunden-)Bedarf entsteht eine (Kunden-)Nachfrage, wenn das Individuum mit genügend Kaufkraft ausgestattet ist und seinen Bedarf über den Markt decken möchte. Der (Kunden-)Nutzen (englische Bezeichnung: „value“) wird durch Art und Umfang der Fähigkeit eines Gutes, die Bedürfnisbefriedigung eines Individuums herbeizuführen, determiniert.

Der Begriff Kundenorientierung läßt sich in die Substantive „Orientierung“ und „Kunden“ zerlegen. Als Kunde (englische Bezeichnung: „customer“) wird der Abnehmer einer Leistung bezeichnet.[35] Der Duden definiert Orientierung als „geistige Einstellung, Ausrichtung“[36]. Das beinhaltet zwei verschiedene Aspekte: Die „geistige Einstellung“ deutet auf Wertvorstellungen (Grundauffassungen und Grundüberzeugungen) hin. „Ausrichtung“ suggeriert eine zielbezogene Bewegung, d. h. im übertragenen Sinne eine Strategie. Eine Strategie ist „das Ausrichten des Handelns an übergeordneten Zielen“[37]. Demzufolge kann Kundenorientierung sowohl Einstellung als auch Strategie bezeichnen, so daß vor einer endgültigen Definition des Begriffs Kundenorientierung zunächst kurz auf diese beiden unterschiedlichen Sichtweisen der Kundenorientierung eingegangen werden muß.

Kundenorientierung als Bestandteil der Kultur einer Unternehmung

Einstellungen können die persönlichen Wertvorstellungen des Einzelnen oder das Wertesystem einer Gruppe bzw. der ganzen Unternehmung widerspiegeln.[38] In diesem Sinne ist *Kundenorientierung ein Bestandteil der Kultur* einer Unternehmung und bezeichnet eine variable, situativ zu beurteilende Grundeinstellung der Mitarbeiter einer Unternehmung zu ihren Kunden und deren Bedürfnissen.[39] Die Kultur einer Gruppe kann definiert werden als „Muster gemeinsamer Grundprämissen, das die Gruppe bei der Bewältigung ihrer Probleme externer Anpassung und interner Integration gelernt hat und somit als bindend gilt und das daher an neue Mitglieder als rational und emotional korrekter Ansatz für den Umgang mit diesem Problem weitergegeben wird.“[40] Wird der Kulturbegriff auf die ganze Unternehmung bezogen, spricht man auch von Organisations- oder Unternehmungskultur.[41] Es wird evident, daß es sich bei der Bildung von Kultur um einen evolutionären Sozialisationsprozeß mit kontinuierlichen Lern- und Anpassungsvorgängen handelt, der nicht bewußt

---

35 Vgl. Zink /TQM/ 25

36 Duden /Fremdwörterbuch/ 557

37 Becker /Strategisches Marketing/ 2411

38 Siehe zur Problematik der Operationalisierung von Einstellungen Petermann /Einstellungsmessung/ 9-36

39 Vgl. Kühn /Kundenorientierung im Marketing-Management/ 99. Kotler und Bliemel bezeichnen Kundenorientierung neben Produkt-, Produktions- und Verkaufsorientierung als eine der möglichen „Grundeinstellungen“ der Unternehmung gegenüber dem Markt. Vgl. Kotler, Bliemel /Marketing-Management/ 20-25

40 Schein /Unternehmenskultur/ 25

41 Es ist allerdings möglich, daß es in großen Unternehmungen mehr als nur eine Kultur gibt. Vgl. Schein /Unternehmenskultur/ 27

konstruiert und höchstens langfristig durch das Management beeinflußt werden kann.[42] Kulturbeeinflussung kann somit nicht Ziel einer operativen Methode zur kundenorientierten Produktentwicklung sein, weshalb dieser Aspekt im Verlauf der Arbeit lediglich als Gestaltungsrestriktion berücksichtigt wird.[43]

Kundenorientierung als Strategie

In dieser Arbeit wird *Kundenorientierung als Strategie* aufgefaßt. Eine Strategie kann sowohl für eine einzelne Person (z. B. Lösung eines individuellen Entscheidungsproblems bei mehrstufigen Alternativen)[44] als auch für einen Unternehmungsbereich oder eine ganze Unternehmung formuliert sein.[45]

Kundenorientierung ist eine Strategie bei der Auswahl von Handlungsalternativen, bei der dem Ziel „Befriedigung der Bedürfnisse der Abnehmer von Leistungen" die höchste Präferenz zugeordnet wird.[46]

Im Vordergrund kundenorientierter Strategien steht daher nicht die Effizienz interner Prozesse, sondern die umfassende Ausrichtung auf heterogene Kundenbedürfnisse.[47] Daraus resultiert z. B. eine höhere Priorisierung von Qualitäts- gegenüber Kosten- bzw. Produktivitätszielen oder dem Streben, stets nach dem neuesten Stand der Technik zu entwickeln. Darüber hinaus impliziert eine stärkere Ausrichtung der Handlungen auf ggf. heterogene Bedürfnisse der Kunden gleichzeitig die differenziertere Gestaltung der Produkte bzw. des Produktprogramms zwecks einer individuelleren Bedürfnisbefriedigung und einer stärkeren Abhebung von der Konkurrenz.[48] Die systematische Ableitung der Kundenorientierung als (Geschäftsfeld-)Strategie und deren Auswirkungen auf die Produktentwicklung erfolgt in Kapitel 3.2.1.2.3 dieser Arbeit.

1.2 Ziel

Die vorliegende Arbeit untersucht, wie durch eine verstärkte Kundenorientierung der Produktentwicklung in der Softwarebranche die in Kapitel 1.1.1 beschriebenen Probleme überwunden oder zumindest verringert werden können.

---

42 Vgl. Mellis, Herzwurm, Stelzer /TQM/ 227

43 Zur Unternehmungskultur siehe ausführlich z. B. Briam /Unternehmenskultur/ oder Schein /Unternehmenskultur/

44 Vgl. Eisenführ, Weber /Rationales Entscheiden/ 19

45 Strategie kann auch als langfristig orientierte Unternehmungsführung im Sinne der strategischen Planung aufgefaßt werden. Siehe zu den Grundbegriffen der Planung z. B. Berens, Delfmann /Quantitative Planung/ 9- 15 und umfassend Szyperski, Wienand /Unternehmungsplanung/

46 Siehe zu einer methoden- und ergebnisorientierten Definition der Kundenorientierung auch Hierholzer /Kundenorientierung/ 40-41

47 Vgl. Frese, Noetel /Auftragsabwicklung/ 83-84

48 Vgl. Porter /Wettbewerbsstrategie/ 65-67

Das Ziel dieser Bemühungen ist, anstelle der in der Softwarebranche vorherrschenden produktorientierten und technologiegetriebenen Vorgehensweise ein an den Bedürfnissen der Kunden ausgerichtetes Instrumentarium[49] zur Softwareproduktentwicklung bereitzustellen.

An dieses Instrumentarium werden folgende Anforderungen gestellt:

- Das Instrumentarium soll die konsequente Umsetzung der Strategie Kundenorientierung auf der operativen Maßnahmenebene gewährleisten.[50]
- Die Gestaltungsvorschläge für das Instrumentarium sollten nach Möglichkeit systematisch hergeleitet und wissenschaftlich begründet sein.
- Die Einsetzbarkeit des Instrumentariums in der Praxis soll gewährleistet sein. Die Anwendbarkeit bezieht sich hierbei nicht nur auf Unternehmungen mit dem Sachziel Software, sondern schließt z. B. auch innerbetriebliche DV-Bereiche ein, die im Auftrag von Fachbereichen Anwendungssysteme entwickeln.
- Das Instrumentarium soll situative Faktoren der anwendenden Unternehmungen berücksichtigen und entsprechend projektspezifisch anpaßbar sein.

Das Ziel der Arbeit läßt sich zusammenfassend wie folgt formulieren:

Die Arbeit möchte softwareentwickelnden Organisationen ein begründetes Instrumentarium zur Verfügung stellen, mit dem diese in die Lage versetzt werden, Softwareprodukte so zu entwickeln, daß die Bedürfnisse von Kunden erkannt und erfüllt werden können.

1.3 Forschungsmethodik

Der Anspruch, ein begründetes Instrumentarium bereitzustellen, wirft forschungsmethodisch die Frage auf, wie Handlungsempfehlungen mit der Zielsetzung, die Bedürfnisse der Kunden zu erfüllen, wissenschaftstheoretisch begründet werden können. Die Auswahl adäquater Forschungsformen und die Beurteilung des Erreichungsgrads einer postulierten Zielsetzung hängen u. a. vom wissenschaftstheoretischen Standpunkt ab.[51] Bevor daher die Forschungskonzeption dieser Arbeit erläutert wird, folgen zunächst einige wissenschaftstheoretische[52] Vorüberlegungen.

---

49 Nach dem Abstraktionsgrad von Hilfsmitteln zur Gestaltung betrieblicher Anwendungssysteme unterscheidet man Prinzipien („allgemeingültiger Grundsatz des Denkens und Handelns"), Methoden („Gesamtheit aller Vorschriften zur Bewältigung einer Klasse von Problemen"), Verfahren („vollständig determinierte Methode, die keine weitere Differenzierung bei der Bewältigung spezieller Probleme zuläßt") und Werkzeuge („ganz oder teilweise automatisierte Verfahren"). Schmitz /Methoden/ 72-73. Mit dem Begriff *Instrumentarium* soll zum Ausdruck gebracht werden, daß es sich bei dem vorgestellten Ansatz um ein Bündel von Maßnahmen und Hilfsmitteln (Instrumente) handelt. Die Begriffe Methoden, Verfahren und Techniken werden nachfolgend synonym verwendet.

50 Vgl. Meffert /Marketing/ 1475

51 Vgl. Albert /Wissenschaftstheorie/ 4675-4677

52 Die Wissenschaftstheorie ist Teilgebiet der allgemeinen Erkenntnislehre und beschäftigt sich mit den in verschiedenen einzelwissenschaftlichen Disziplinen erzielten Erkenntnissen und dabei zur Anwendung kommenden Methoden. Vgl. Schanz /Wissenschaftliche Grundlagen/ 2189

1.3.1 Wissenschaftstheoretische Vorüberlegungen

Betriebswirtschaftslehre und Wirtschaftsinformatik befassen sich mit realen Erscheinungen, nämlich mit Betrieben bzw. betrieblichen Informationssystemen.[53] Beide zählen daher zu den Realwissenschaften, deren Erkenntnisgewinnung auf Eigenschaften und Zusammenhänge der Realität gerichtet ist.[54] Die beobachtete Vielfalt der Realität wird reduziert, strukturiert und in wissenschaftliche Aussagesysteme, d. h. in Theorien, gefaßt.[55]

Betriebswirtschaftslehre und Wirtschaftsinformatik sind auch anwendungsorientierte Wissenschaften.[56] Das Begriffspaar „anwendungsorientierte Wissenschaft" birgt jedoch Konflikte, die in der Wissenschaftstheorie zu zahlreichen kontroversen Diskussionen geführt haben.[57] Die Fokussierung auf „Wissenschaft" stellt das Erkenntnisziel und somit die Gewinnung werturteilsfreier, abstrakter Theorien in den Vordergrund.[58] Die Betonung der „Anwendungsorientierung" präferiert das Anwendungs- bzw. Gestaltungsziel und induziert normative Problemlösungen für die Praxis.[59]

Die Wirtschaftsinformatik muß „stets ihren Erkenntnisfortschritt am Kriterium der Anwendbarkeit auf reale betriebliche Probleme"[60] messen lassen. Infolge dieser primär anwendungsorientierten Perspektive beschränkt sich das Erkenntnisziel dieser Arbeit nicht auf die Gewinnung von Aussagen, deren Wahrheitsgehalt lediglich logischer Natur ist. Die Arbeit strebt vielmehr eine über den Einzelfall hinausreichende, intersubjektiv eindeutig bestätigte und stets erneut bestätgigungsfähige Erfahrungswahrheit an.[61] Die wissenschaftliche Generierung von Gestaltungsempfehlungen für die betriebliche Praxis erfordert die methodengestützte Berücksichtigung der Realität und somit den Einsatz empirischer[62] Forschungsstrategien und -formen.

Forschungsstrategien

Die Vertreter des kritischen Rationalismus[63] stellen den Begründungszusammenhang[64] als Erkenntnisziel wissenschaftlicher Forschungen in den Vordergrund und versuchen, im

---

53 Vgl. Behrens /Wissenschaftstheorie und Betriebswirtschaftslehre/ 4763 und Gadenne /Wissenschaftstheoretische Grundlagen/ 2

54 Vgl. Behrens /Wissenschaftstheorie und Betriebswirtschaftslehre/ 4763

55 Vgl. Behrens /Wissenschaftstheorie und Betriebswirtschaftslehre/ 4763

56 Vgl. Behrens /Wissenschaftstheorie und Betriebswirtschaftslehre/ 4768 und Gadenne /Wissenschaftstheoretische Grundlagen/ 2

57 Siehe hierzu die unterschiedlichen Auffassungen von Schmalenbach /Kunstlehre/ und Rieger /Privatwirtschaftslehre/

58 Vgl. Behrens /Wissenschaftstheorie und Betriebswirtschaftslehre/ 4768

59 Vgl. Behrens /Wissenschaftstheorie und Betriebswirtschaftslehre/ 4768

60 Kurbel, Strunz /Wirtschaftsinformatik/ 16

61 Vgl. Witte /Empirische Forschung/ 1264

62 Empirie wird hierbei verstanden als „methodengestützte Vorgehensweise bei der Konfrontation mit der Realität bzw. bei der Gestaltung von Realität". Müller-Böling /Organisationsforschung/ 1493

63 Siehe hierzu Popper /Logik der Forschung/

Rahmen einer *Falsifikationsstrategie* mittels Widerlegung von Hypothesen[65] auf der Basis einer Konfrontation mit der Realität Erkenntnisfortschritte zu erlangen.[66]

Alternative Forschungskonzeptionen konzentrieren sich auf den Entdeckungszusammenhang wissenschaftlicher Aussagen und legen im Rahmen einer *Explorationsstrategie*, z. B. unter Vernachlässigung des Repräsentativitätsaspekts[67], mittels Fallstudien, vergleichender Feldstudien oder ähnlicher Forschungsformen den Schwerpunkt auf das erstmalige Erkennen von Zusammenhängen.[68]

Schließlich wird zur Erzielung theoretischer Aussagen neben der Falsifikations- und Explorationsstrategie die *Konstruktionsstrategie* verfolgt, die auf die Gewinnung technologischer Aussagen anhand einer Gestaltung der Realität abzielt und somit auf den Verwertungszusammenhang wissenschaftlicher Erkenntnisse ausgerichtet ist.[69] Exemplarisch für einen derartigen Ansatz ist die sogenannte Forschung durch Entwicklung im Bereich der Informationssystementwicklung zu nennen, bei der u. a. die direkte Mitwirkung des Forschers am Gestaltungsprozeß gefordert wird.[70]

Forschungsformen

Logik und Theorien sind auch bei empirischen Arbeiten keineswegs ausgeblendet.[71] Als „Denkmethoden" zur Ableitung von Schlußfolgerungen sind hierbei sowohl Induktion als auch Deduktion einsetzbar.[72] Die *Induktion* ist ein heuristisches Schlußfolgerungsverfahren, bei dem aufgrund bestimmter Einzelerfahrungen eine Verallgemeinerung zu Aussagen größeren Erkenntnisgehalts getroffen wird. Im Vergleich zur Deduktion resultiert hieraus einerseits ein höherer sachlicher Neuheitsgehalt, andererseits jedoch ein größeres Maß an Unsicherheit bezüglich des Wahrheitsgehalts. Die *Deduktion* ist ein formal-logisches Schlußfolgerungsverfahren, bei dem aufgrund allgemeiner Aussagen nach bestimmten Regeln speziellere Aussagen getroffen werden. Hieraus ergibt sich im Vergleich zur Induktion ein geringerer sachlicher Neuheitsgehalt, andererseits aber auch ein geringerer Grad an Unsicherheit bezüglich des Wahrheitsgehalts.

---

64 In Abhängigkeit vom Ziel des Forschungsvorhabens wird zwischen Entdeckungszusammenhang (Gewinnung wissenschaftlicher Aussagen), Verwertungszusammenhang (Nutzbarmachung wissenschaftlicher Aussagen) und Begründungszusammenhang (Beurteilung wissenschaftlicher Aussagen) differenziert. Vgl. Alemann /Forschungsprozeß/ 148-149

65 Unter Hypothesen werden im folgenden Aussagen, die einen Zusammenhang zwischen mindestens zwei Eigenschaften oder Variablen postulieren, verstanden. Vgl. Schnell, Hill, Esser /Methoden / 40

66 Vgl. Müller-Böling /Organisationsforschung/ 1494

67 Vgl. zum Begriff der Repräsentativität z. B. Schnell, Hill, Esser /Methoden der empirischen Sozialforschung/ 280-282

68 Vgl. Müller-Böling /Organisationsforschung/ 1494

69 Vgl. Müller-Böling /Organisationsforschung/ 1494-1495

70 Vgl. Szyperski, Seibt, Sikora /Forschung durch Entwicklung/ 253-269

71 Vgl. Müller-Böling /Organisationsforschung/ 1493

72 Vgl. zur Darstellung von Induktion und Deduktion Heinrich /Wirtschaftsinformatik/ 79-80

Als empirische Forschungsformen sind Fallstudien, vergleichende Feldstudien, Experimente, Forschung durch Entwicklung und Aktionsforschung ins Kalkül zu ziehen.[73]

Unter *Fallstudien* werden Untersuchungen subsumiert, bei denen sich die Sammlung und Auswertung von Daten auf eine Untersuchungseinheit beziehen. Diese Forschungsform zielt eher auf den Entdeckungszusammenhang ab und wird daher primär im Rahmen der Explorationsstrategie eingesetzt. Werden mehrere Untersuchungsobjekte zu einem (Querschnittuntersuchung) oder mehreren (Längsschnittuntersuchung) Zeitpunkten analysiert, handelt es sich um eine *vergleichende Feldstudie.* Vorteile von Fallstudie und vergleichender Feldstudie sind die Chancen zur Entdeckung neuer Zusammenhänge und zur intensiven Sammlung von Erfahrungen. Der größte Nachteil liegt in der schwierigen Vergleichbarkeit verschiedener Fallstudien und somit in der Verallgemeinerbarkeit der Ergebnisse.

Das *Experiment* ist eine Untersuchung, bei der die abhängige Variable vom Forscher manipuliert wird, während alle möglichen Faktoren zur Ergebnisbeeinflussung der Kontrolle des Forschers obliegen. Hieraus resultiert als Vorteil die Möglichkeit zur Ableitung von Kausalzusammenhängen, d. h. der Identifikation von Ursache-Wirkungs-Beziehungen. Nachteil des Experiments ist die Tatsache, daß die an ein Experiment zu stellende Forderung, bei gleichen Bedingungen identische Ergebnisse zu erzielen, im sozio-technischen System Unternehmung aufgrund der schwierigen Kontrollierbarkeit aller Einflußfaktoren kaum zu gewährleisten ist.

Die *Aktionsforschung* ist ebenso wie die *Forschung durch Entwicklung* durch die aktive Beteiligung des Forschers an einem betrieblichen Gestaltungsprozeß gekennzeichnet. Die Problemlösung erfolgt durch Kooperation des Forschers mit innerbetrieblichen Handlungsträgern. Unter Berücksichtigung der Interessen aller Beteiligter werden Gestaltungsvorschläge erarbeitet, durchgeführt und die Ergebnisse bewertet. Im Gegensatz zur experimentellen Laborforschung hat der Forscher hier keine vollständige Kontrolle über die Ergebniseinflußgrößen. Diese Vorgehensweise ermöglicht bei der Verfolgung eines pragmatischen bzw. technischen Wissenschaftsziels die Formulierung realtitätsnaher Gestaltungsvorschläge, deren Eignung für die Praxis unmittelbar überprüfbar ist. Als problematisch erweist sich jedoch die Abstrahierung vom Einzelfall und die Generalisierung der erlangten Erfahrungen.[74]

73 Vgl. zur nachfolgenden Darstellung der Forschungsformen Müller-Böling /Organisationsforschung/ 1495-1496

74 Vgl. Seibt /Generalisierung/ 249-252

1.3.2 Forschungsdesign der Arbeit

Auswahl der Forschungsstrategie

Die reine Falsifikationsstrategie kann zur Untersuchung der Kundenorientierung in der Softwareproduktentwicklung als ungeeignet angesehen werden.[75] Prüfende Untersuchungen gehen von vor Untersuchungsbeginn formulierten oder während der Untersuchung erarbeiteten, eindeutigen und prinzipiell widerlegbaren Hypothesen mit oder ohne Effektgrößen als Maß für den Grad des Unterschieds bzw. der Veränderung aus. Voraussetzung hierfür sind gut strukturierte und definierte Theoriegebilde, aus denen sich derartige Hypothesen ableiten lassen.[76] Existierende Abhandlungen zur kundenorientierten Softwareproduktentwicklung behandeln nur Teilgebiete sowie spezielle Problemfelder der Thematik und bieten keine geschlossene Theorie, auf deren Basis operationale bzw. überprüfbare Hypothesensysteme aufgestellt werden können. Dennoch erfolgt im Verlaufe der Arbeit die Formulierung und Überprüfung von Thesen. Diese weisen jedoch den Charakter von aus Erfahrung und Beobachtung resultierenden Annahmen auf und erheben daher im Gegensatz zu Hypothesen nicht den Anspruch auf eine statistische Nachweisbarkeit.[77] Dennoch sind sie so formuliert, daß sie im Hinblick auf die Problemlösung informativ sind und ihr Wahrheitsgehalt an der Realität überprüft werden kann.[78]

Der Stand der Forschungsbemühungen um die kundenorientierte Softwareentwicklung legt die Verfolgung der *Explorationsstrategie* nahe, bei der auf der Basis eines theoretischen Bezugsrahmens[79] neue Erkenntnisse über Wirkungen kundenorientierter Maßnahmen bei der Softwareproduktentwicklung gewonnen werden sollen. Der konstruktive Charakter der Wirtschaftsinformatik, die eine gewisse Nähe zu den Ingenieurwissenschaften zeigt, induziert ebenfalls die Anwendung einer *Konstruktionsstrategie*. Die Tatsache, daß erste Forschungsaktivitäten im Bereich Kundenorientierung bereits in den 50er Jahren zu verzeichnen sind, deren Ergebnisse jedoch im Gegensatz zu vielen anderen Wirtschaftssektoren noch keinen Einzug in die Softwarebranche gefunden haben, deutet auf eine mangelnde Umsetzbarkeit der angebotenen Methoden in die Praxis softwareentwickelnder Unternehmungen hin. Ein vielversprechender Weg scheint es daher zu sein, existierende Methoden den spezifischen Gegebenheiten der Softwarebranche anzupassen, um diese in der Praxis

75 Vgl. Gadenne /Wissenschaftstheoretische Grundlagen/ 8

76 Vgl. Bortz /Lehrbuch der empirischen Forschung/ 2

77 Siehe zur Konfrontation dieser Vorgehensweise mit der Vorgehensweise hypothesentestender Untersuchungen Kubicek /Heuristischer Bezugsrahmen/ 15-16

78 Vgl. Kubicek /Empirische Organisationsforschung/ 23

79 Die Strukturierung und Gliederung des Vorwissens über das Forschungsprojekt wird theoretischer Bezugsrahmen genannt. Vgl. Kemper /Dezentrale Anwendungsentwicklung/ 63. Siehe zur Kritik an Exploration und Bezugsrahmenforschung z. B. Martin /Die empirische Forschung/ 221-227

einzusetzen und deren Wirksamkeit in der realen betrieblichen Umgebung seitens des Forschers zu überprüfen.

Die vorliegende Abhandlung strebt nicht die Dogmatisierung der erarbeiteten Erkenntnisse an, sondern versucht „die Schwächen bisheriger Problemlösungen herauszuarbeiten und bessere Lösungen zu erzielen, die aber stets für eine Revision offen sein müssen"[80]. Forschung wird somit als Lernprozeß aufgefaßt, bei dem die untersuchten Problemstellungen mit Hilfe theoriegeleiteter Fragen an die Realität auf der Basis von Erfahrungswissen theoretisch erfaßt, präzisiert und systematisiert werden.[81] Die strenge Dichotomie zwischen Entdeckungs- und Begründungszusammenhang wird zugunsten eines *heuristischen Forschungsdesigns* aufgegeben, das die Generierung neuer, das Vorverständnis erweiternder Fragen intendiert.[82] Das systematische Erfahrungswissen als Ausgangspunkt für die Konstruktion theoretischer Aussagen und deren exemplarische Verdeutlichung einerseits sowie die starke Orientierung an praktischen Erfordernissen andererseits entsprechen somit einem pragmatischen Wissenschaftsziel[83], das auf eine zweckmäßige Nutzung der gewonnenen Aussagen abzielt.[84]

Auswahl der Forschungsform

In anwendungsorientierten Wissenschaften wie der Betriebswirtschaftslehre oder der Wirtschaftsinformatik darf Theorieentwicklung nicht a priori losgelöst von der Realität geschehen,[85] „sondern basiert auf einem ständigen Wechsel zwischen induktiver Verarbeitung einzelner Beobachtungen und Erfahrungen zu allgemeinen Vermutungen oder Erkenntnissen und deduktiver Überprüfung der gewonnenen Einsichten an der konkreten Realität"[86]. Infolgedessen werden in dieser Arbeit *sowohl induktive als auch deduktive Schlußfolgerungsverfahren* eingesetzt.

Da die Wirkungen von Gestaltungsmaßnahmen von der jeweiligen Bedingungssituation der betrachteten Organisation abhängig sind, findet eine intensive Auseinandersetzung mit den verschiedenen Einflußfaktoren (Determinanten) von Instrumenten in der Produktentwicklung statt.[87] Hierzu wird ein *theoretischer Bezugsrahmen* zur kundenorientierten Software-

---

80 Albert /Wissenschaftstheorie/ 4677

81 Vgl. Kubicek /Heuristischer Bezugsrahmen/ 12

82 Vgl. Kubicek /Heuristischer Bezugsrahmen/ 13

83 Siehe zur Gegenüberstellung von theoretischem und pragmatischem Wissenschaftsziel Kubicek /Empirische Organisationsforschung/ 29-31

84 Vgl. Kubicek /Heuristischer Bezugsrahmen/ 11-13

85 Zum Verhältnis von Theorie und Praxis in der Softwareentwicklung siehe Glass /relationship/ 11-13

86 Bortz /Lehrbuch der empirischen Forschung/ 218

87 Dies entspricht den Grundgedanken des kontingenztheoretischen Ansatzes (Bedingtheitstheorie), nach denen es keine allgemeingültigen Zweckmäßigkeitsregeln für Organisationsstrukturen gibt. Vgl. Köhler /Unternehmungssituation/ 129. Mintzberg formuliert eingängig: „Lieber passend als modisch". Mintzberg /Organisationsstruktur/ 19

produktentwicklung konzipiert, der die Betrachtung der Softwarebranche und die Verfolgung der Strategie Kundenorientierung als wichtige Rahmenbedingungen beinhaltet.

Der theoretische Bezugsrahmen zur kundenorientierten Softwareproduktentwicklung bildet die Basis für die Herleitung von Handlungsempfehlungen. Ziel ist die Formulierung *praxeologischer Aussagen*[88], die im Kern vier Bestandteile aufweisen (vgl. Abb. 1-1):[89]

- *Gestaltungsziele* steuern den gesamten Prozeß der Gestaltungsüberlegungen und nehmen daher eine zentrale und den übrigen Größen vorgelagerte Stellung ein. Im entscheidungstheoretischen Modell wird jene Gestaltungsalternative gewählt, die den höchsten Beitrag zur Realisierung der Unternehmungsziele liefert.[90] Gestaltungsziele dienen darüber hinaus auch der Bewertung unterschiedlicher Alternativen.[91]
- *Gestaltungsbedingungen* bilden die Situation des Gestaltungsträgers ab (Entscheidungsfeld). Es handelt sich somit um Restriktionen, die zum einen bestimmte Anforderungen an die Ausprägung von Gestaltungsmaßnahmen stellen und zum andern einen Einfluß auf die Wirkung dieser Gestaltungsmaßnahmen besitzen. Sie werden daher auch als *Gestaltungsrestriktionen* bezeichnet.
- *Gestaltungsparameter* stellen mögliche Handlungsalternativen dar, aus denen verschiedene Gestaltungsoptionen resultieren, mit denen die verfolgten Gestaltungsziele verwirklicht werden sollen. Im wesentlichen geht es darum, das Verhalten der Betroffenen in einer gegebenen Situation auf bestimmte Ziele auszurichten. Durch die Auswahl von Gestaltungsparametern werden *Gestaltungsmaßnahmen* definiert.
- *Gestaltungswirkungen* beschreiben die prognostizierten bzw. tatsächlichen Verhaltensweisen der Betroffenen, die schließlich zu der gewünschten Zielerreichung führen sollen.

Die vom Entscheidungsträger beeinflußbaren Gestaltungsparameter und die (zumindest kurzfristig) nicht veränderbaren Gestaltungsbedingungen sind infolgedessen *Gestaltungsdeterminanten oder Einflußfaktoren*, die das Ausmaß der Gestaltungszielerreichung (*Effizienz*[92]) bestimmen.

88 Unter praxeologischen Aussagen werden im Rahmen von Forschungsarbeiten mit pragmatischem Wissenschaftsziel begründete Empfehlungen zur Lösung praktischer Probleme verstanden. Vgl. Kubicek /Empirische Organisationsforschung/ 13

89 Vgl. zu den Elementen praxeologischer Aussagen Kubicek /Empirische Organisationsforschung/ 15-33

90 Vgl. Frese /Grundlagen/ 75

91 Vgl. Eisenführ, Weber /Rationales Entscheiden/ 51-52

92 Effizienz im Sinne eines Zielerreichungsgrads wird grundsätzlich als Verhältniszahl verstanden, d. h. als Relation zwischen einer Wirkungsgröße und dem dafür erforderlichen Mitteleinsatz. Vgl. Köhler /Absatzorganisation/ 54

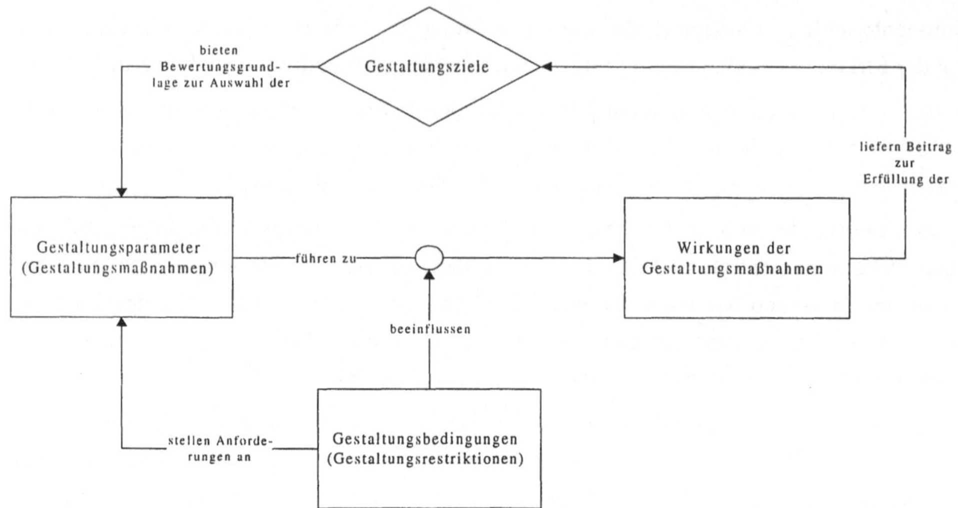

Abb. 1-1: Elemente praxeologischer Aussagen[93]

Die Gestaltungsziele, die auch als Effizienzkriterien[94] für ein Instrument zur kundenorientierten Softwareproduktentwicklung interpretiert werden können, bieten eine Bewertungsgrundlage für die vorzuschlagenden Gestaltungsmaßnahmen und deren vermutete Gestaltungswirkungen. Zur Fundierung der hergeleiteten Gestaltungsempfehlungen werden neben dem theoretischen Bezugsrahmen die *Befunde von empirischen Untersuchungen* im Umfeld der Produktentwicklung herangezogen. Aus Sicht des pragmatischen Wissenschaftsziels stellt der Bedarf der Praxis ebenfalls eine mögliche Rechtfertigung zur Vorgabe von Zielgrößen dar. Die Effizienz eines Produktentwicklungsinstruments ist nach dieser Überlegung gewährleistet, wenn dessen Gestaltung bzw. Einsatz zur Erfüllung bzw. Behebung real existierender Anforderungen und Probleme beiträgt.[95] Aus diesem Grund werden zur Begründung der vorgeschlagenen Effizienzkriterien auch existierende empirische Befunde zu Problemen kundenorientierter Softwareproduktentwicklungen herangezogen. Anschließend wird analysiert, welche Wirkungen bestimmte Gestaltungsmaßnahmen auf die Ausprägung der Zielgrößen besitzen. Die Entscheidung, ob und in welchem Ausmaß diese Zielgröße von der jeweils betrachteten Unternehmung angestrebt wird, liegt dann im Ermessen der entscheidenden Einheit.

Die Gestaltungsempfehlungen werden zwecks besserer Überprüfbarkeit überwiegend in Form von *Thesen* formuliert. An dieser Stelle wechselt das Forschungsparadigma dieser

93 Vgl. Kubicek /Empirische Organisationsforschung/ 22

94 Siehe zum Konzept der Effizienzkriterien im Rahmen der anwendungsorientierten Organisationstheorie Frese /Grundlagen/ 24-28 und 292-312

95 Leider vermitteln viele Handlungsempfehlungen beinhaltende wissenschaftliche Arbeiten, z. B. im Bereich der Expertensystemforschung, den Eindruck, daß zunächst losgelöst von real existierenden Problemen eine innovative Lösung entwickelt wurde, für die anschließend Anwendungen gesucht, aber oft nicht gefunden wurden.

Arbeit von der Untersuchung zur Gestaltung der Realität. Es folgt die *Entwicklung eines Instrumentariums* zur kundenorientierten Softwareproduktentwicklung mit dem Namen Software Customer Value Management (SCVM). Dabei wird - sofern vorhanden - auf bewährte Methoden(-bausteine) zurückgegriffen. Ausgangspunkt ist die kundenorientierte Produktentwicklungsmethode Quality Function Deployment (QFD), die für die Anwendung in der Softwarebranche angepaßt bzw. um bestimmte Elemente erweitert wird. Das SCVM wird anschließend in realen Praxisprojekten eingesetzt, erprobt und verbessert.

Ein begründetes Instrumentarium setzt neben dieser deduktiven Vorgehensweise ebenfalls einen empirischen Wirksamkeitsnachweis voraus. Die vergleichende Feldstudie bringt in diesem Zusammenhang mehrere Probleme mit sich. Der Nachweis einer positiven Korrelation zwischen dem Erfolg einer Unternehmung (z. B. Gewinn bei Unternehmungen oder Zeit- und Budgeteinhaltung bei innerbetrieblichen Softwareprojekten) und dem Einsatz von SCVM im Rahmen einer Querschnittanalyse ist, abgesehen von der in Kapitel 5.1.1 dargestellten Erfolgsmessungsproblematik, schon deshalb nicht möglich, weil das SCVM als neues Instrument in dieser Form noch nicht in den Unternehmungen angewendet wird. Es können lediglich vergleichende Feldstudien oder Erfahrungsberichte über die Wirksamkeit ähnlicher Maßnahmen herangezogen werden. Es erfolgt daher die Untersuchung der Thesen anhand mehrerer Produktentwicklungen, die mit QFD durchgeführt wurden. Eine Längsschnittanalyse birgt neben Praktikabilitätsrisiken (z. B. Dauer des Forschungsprojekts oder Beteiligungsbereitschaft von Unternehmungen) auch das methodische Problem, das die Ergebniseinflußfaktoren über einen längeren Zeitraum in einem solch innovativen Sektor wie der Softwareentwicklung nicht konstant gehalten werden können. Gleichzeitig sind die Ursache-Wirkungs-Zusammenhänge innerhalb des Softwareentwicklungsprozesses nicht ausreichend bekannt, um die Konsequenzen geänderter Ergebniseinflußfaktoren prognostizieren zu können. Die gleichen Probleme treten beim Experiment auf. Die Leistungsvarianzen des wichtigsten Produktionsfaktors der Softwareentwicklung, des Menschen, sind so stark ausgeprägt, daß selbst unter ansonsten konstanten Bedingungen und trotz der - in der Praxis unmöglichen - Ausschaltung aller Störfaktoren bei der Wiederholung eines Experiments nicht die gleichen Ergebnisse zu erwarten sind.[96]

Daher wird als Forschungsform in dieser Arbeit zur Begründung des SCVM neben der explorativen Feldstudie mit der dem SCVM sehr nahestehenden QFD-Methode die *Fallstudie in Verbindung mit der Aktionsforschung* eingesetzt.[97] Die Fallstudie gewährt einen tiefen Einblick in die betroffenen Prozesse, während die aktive Mitwirkung des Forschers zur exakten Kenntnis der Rahmenbedingungen der Unternehmung, einschließlich möglicher Stör-

96 Die Vertiefung der Besonderheiten der Softwareentwicklung erfolgt in Kapitel 2.1.3 dieser Arbeit.

97 Vgl. zur Diskussion dieser und ähnlicher Forschungsmethoden z. B. Frank /Empirie in der Wirtschaftsinformatik/ 8-15

faktoren und Parameter des Softwareproduktentwicklungsprojekts, führt. Selbstverständlich kann damit nicht der Nachweis erbracht werden, daß sich das SCVM für jede andere Unternehmung in gleicher Weise eignet. Allerdings wird mittels der Fallstudie gezeigt, daß mit Hilfe des SCVM eine verbesserte Kundenorientierung erzielt wurde. Bei gleichzeitiger Offenlegung der Gestaltungsbedingungen, unter denen die Fallstudie stattgefunden hat, sind somit auch Rückschlüsse auf die Wirksamkeit in anderen Situationen möglich.[98] Die entwickelte Erfolgskontrolle bietet darüber hinaus die Basis für zukünftige vergleichende Feldstudien, falls die hierfür erforderliche kritische Masse vorhanden ist.

Somit wird evident, daß das in dieser Arbeit genutzte Schlußfolgerungsverfahren von der Deduktion zur Induktion wechselt. Im Rahmen eines Softwareentwicklungsprojekts in Kooperation mit der SAP AG wird die Wirksamkeit des SCVM-Instrumentariums exemplarisch nachgewiesen und der Versuch einer Verallgemeinerung der gewonnenen Erfahrungen unternommen. Das so entwickelte, durch methodische Ableitung und exemplarischen Wirksamkeitsnachweis begründete Instrumentarium leistet nun seinerseits wiederum einen Beitrag zur Theorie der kundenorientierten Softwareproduktentwicklung. Der Kreislauf zwischen der Untersuchung der Realität mit deduktiver Schlußfolgerung (Explorationsstrategie) und der Gestaltung der Realität mit induktiver Schlußfolgerung (Konstruktionsstrategie) schließt sich. Abb. 1-2 stellt das heuristische Forschungsdesign dieser Arbeit dar.

98 Kriterien zur wissenschaftlich fundierten Durchführung von Fallstudien zwecks Untersuchung von Informationssystemen bietet Benbasat, Goldstein, Mead /case research strategy/ 369-386

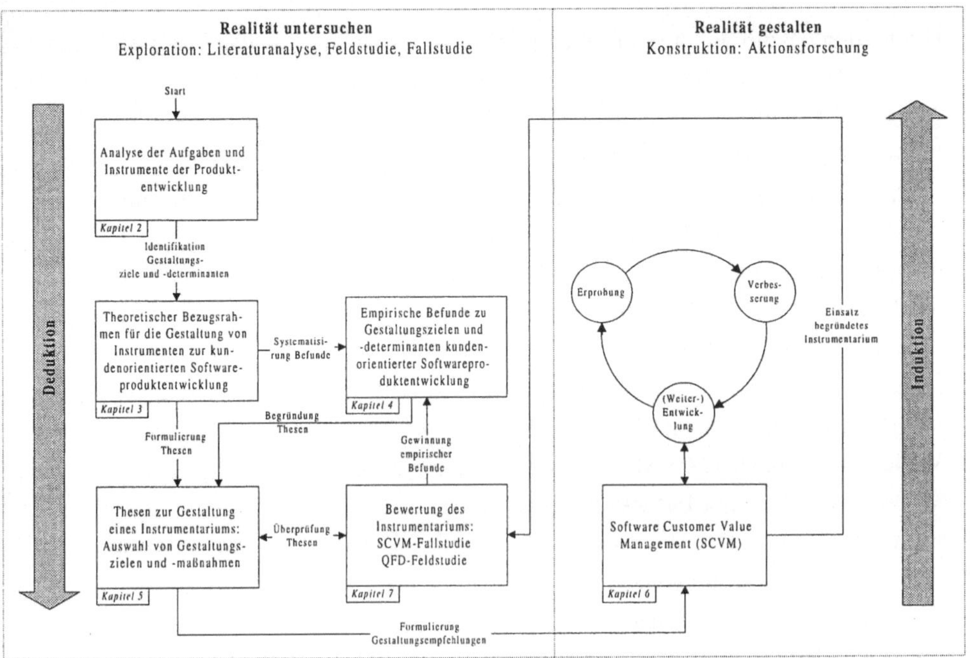

Abb. 1-2: Forschungsdesign der Arbeit

1.4 Gang der Untersuchung

Neben dieser Einleitung und einer kritischen Reflexion der Untersuchungsergebnisse am Ende besteht diese Arbeit aus sechs Hauptkapiteln, die gleichzeitig den Gang der Untersuchung widerspiegeln:

- Kapitel 2 („Aufgaben und Instrumente der Produktentwicklung“) enthält eine verrichtungsorientierte Analyse der Teilprozesse bzw. Phasen der Softwareproduktentwicklung und gibt einen Überblick über die wichtigsten Instrumente der Produktentwicklung.
- In Kapitel 3 („Theoretischer Bezugsrahmen zur Untersuchung der Gestaltung von Instrumenten zur kundenorientierten Softwareproduktentwicklung“) werden die wesentlichen Ziele der Produktentwicklung beschrieben sowie die Determinanten analysiert, die einen Einfluß auf den Zielerreichungsgrad ausüben. Dabei werden u. a. die Auswirkungen der Kundenorientierung auf Gestaltungsziele und die entsprechenden Gestaltungsparameter diskutiert. Aus der Vielzahl möglicher zu berücksichtigender Determinanten werden die für diese Arbeit relevanten herausgestellt.
- Kapitel 4 („Stand der empirischen Forschung im Umfeld der kundenorientierten Softwareproduktentwicklung“) beinhaltet eine kommentierte Synopse, die einen umfassenden Überblick über relevante empirische Befunde gibt. Diese Befunde dienen zum einen der

Fundierung des im vorangegangenen Kapitel auf der Basis von Plausibilitätsüberlegungen entstandenen theoretischen Bezugsrahmens; zum anderen repräsentieren diese die Ausgangsbasis für die Formulierung von Thesen zur kundenorientierten Gestaltung von Produktentwicklungsinstrumenten.

- Auf der Grundlage des in Kapitel 3 erarbeiteten theoretischen Bezugsrahmens werden in Kapitel 5 („Thesen zur Gestaltung eines Instrumentariums zur kundenorientierten Softwareproduktentwicklung“) praxeologische Aussagen formuliert, die vermutete Zusammenhänge zwischen Gestaltungszielen, Gestaltungsmaßnahmen und Gestaltungswirkungen unter Berücksichtigung von Gestaltungsrestriktionen formulieren.
- Diese Thesen sind Basis und Beurteilungskriterien für das in Kapitel 6 vorgestellte „Instrumentarium zur kundenorientierten Softwareproduktentwicklung: Software Customer Value Management (SCVM)“. Es werden die einzelnen Gestaltungsmaßnahmen des SCVM sowie die unter Berücksichtigung der spezifischen Gestaltungsziele und vorherrschenden Gestaltungsrestriktionen zu variierenden Aktionsparameter vorgestellt.
- Die Beurteilung des Software Customer Value Management (SCVM) auf der Grundlage der zuvor erarbeiteten Thesen anhand der in der Praxis tatsächlich erzielten Wirkungen des SCVM bzw. einzelner SCVM-Bestandteile enthält Kapitel 7. Da das SCVM bislang lediglich in einem Pilotprojekt mit der SAP AG eingesetzt wurde, erfolgt unterstützend die Analyse mehrerer Produktentwicklungsprojekte, die mit Hilfe der dem SCVM sehr nahestehenden Quality Function Deployment (QFD) Methode durchgeführt wurden.

2 Aufgaben und Instrumente der Produktentwicklung

Aufgaben und Instrumente der Produktentwicklung werden in der Literatur ausführlich behandelt, so daß sich die nachfolgenden Ausführungen auf die Erläuterung der wesentlichsten Gesichtspunkte beschränken.[1] Außerdem werden die Besonderheiten von Software gegenüber anderen Sachgütern bzw. Dienstleistungen und deren Auswirkungen auf die Produktentwicklung beschrieben.[2]

2.1 Aufgaben der Produktentwicklung

Unter *Produktentwicklung* wird die „systematische Anwendung und Auswertung von Forschungsergebnissen und technischer Erfahrung mit dem Ziel, zu grundlegend neuen gebrauchsfähigen, d. h. marktreifen, Produkten ... zu gelangen (Neuentwicklung) oder bestehende Lösungen zu verbessern"[3] (Weiterentwicklung), verstanden. Das in der Definition enthaltene Postulat der Marktnähe stellt das wichtigste Abgrenzungskriterium der Entwicklung zur betrieblichen (Produkt-)Forschung dar. Die Forschung als „planvolle und systematische Gewinnung wissenschaftlicher Kenntnisse"[4] erfolgt ohne direkten Bezug zum Absatzmarkt und weist daher eine wesentlich geringere Notwendigkeit der Kooperation mit marktnahen Bereichen der Unternehmung auf als die Entwicklung.[5]

2.1.1 Merkmale von Produktentwicklungsaufgaben

Merkmale von Produktentwicklungsaufgaben beeinflussen in hohem Maße die organisatorische und instrumentenbezogene Gestaltung der Produktentwicklung.[6] Umgekehrt kann über die Gestaltung dieser Merkmale auf die Effizienz der Produktentwicklung eingewirkt werden.

- „Der *Komplexitätsgrad* einer Entwicklungsaufgabe wird durch die Art, Anzahl, Zustände der einzelnen Elemente sowie Zahl und Verschiedenheit der Beziehungen zwischen

---

1 Siehe zur Produktentwicklung z. B. folgende Monographien: Bleicher /Forschung und Entwicklung/, Brockhoff /Forschung und Entwicklung/, Linner /Produktentwicklung/, Schmelzer /Produktentwicklungen/ (Einführungen); Ehrlenspiel /Integrierte Produktentwicklung/, Hartung /Produktplanung und -entwicklung/, Mierzwa /Produktentwicklungsprozesse/, Specht, Schmelzer /Qualitätsmanagement in der Produktentwicklung/ (speziell zu Instrumenten) und Frehr, Hormann /Produktentwicklung und Qualitätsmanagement/ (Sicht des Qualitätsmanagements)

2 Vgl. zur Unterscheidung zwischen Sach- und Dienstleistungsproduktion z. B. Bode, Zelewski /Dienstleistungen/ und Corsten /Dienstleistungsunternehmungen/

3 Backhaus, de Zoeten /Produktentwicklung/ 2027

4 Schmelzer /Produktentwicklungen/ 11. In vielen Quellen wird darüber hinaus zwischen Grundlagen- und angewandter Forschung bzw. zwischen Entwicklung i. e. S. und Anwendungstechnik differenziert.

5 Siehe zu einer differenzierteren Betrachtung des Entwicklungsbegriffs z. B. Backhaus, de Zoeten /Produktentwicklung/ 2026-2027, Euringer /Marktorientierte Produktentwicklung/ 11-13 sowie Schmelzer /Produktentwicklungen/ 11-13 und die dort angeführte Literatur

6 Vgl. zur nachfolgenden Darstellung der Merkmale von Produktentwicklungsaufgaben Schmelzer /Produktentwicklungen/ 14-18

Elementen bestimmt."[7] Die Komplexität ergibt sich u. a. durch die Produktstruktur sowie die zur Entwicklung erforderlichen Verfahren und Ressourcen. Mit zunehmender Komplexität steigen technische und wirtschaftliche Risiken sowie der erforderliche Aufwand zur Aufgabenerfüllung. Möglichkeiten zur Komplexitätsbewältigung bieten produktbezogen Standardisierung bzw. Modularisierung und organisatorisch die Bildung von Teilprojekten, interdisziplinäre Teamarbeit sowie erhöhte Kommunikation.[8] In diesem Fall steigen jedoch der Integrations- und Koordinationsbedarf. Auch der Einsatz von Instrumenten unterstützt die Komplexitätsbewältigung. Voraussetzung hierfür sind ein entsprechendes Leistungsspektrum und die Berücksichtigung von Schnittstellen.

- „Der *Neuheitsgrad* einer Produktentwicklung bestimmt sich aus der Anzahl, dem Ausmaß und der Unvorhersehbarkeit von Abweichungen, die während des Produktentwicklungsprozesses möglich sind."[9] Der Neuheitsgrad kann sich auf Produkt-, Prozeß- oder Sozialinnovationen beziehen. Mit zunehmendem Neuheitsgrad steigt die Ungewißheit über Aufgabenausgestaltung, Problemlösungen und Zielerreichungschancen. Möglichkeiten der Neuheitsgradreduzierung stellen Alternativ- oder Eventualplanungen dar. Für den Einsatz von Instrumenten ergibt sich durch einen hohen Neuheitsgrad die Forderung nach einem hohen Grad an Flexibilität (z. B. Anpaßbarkeit, Unterstützung von What-if-Analysen).
- Der *Variabilitätsgrad* bezeichnet Häufigkeit, Intensität, Irregularität und Geschwindigkeit von Änderungen. Der *Variabilitätsgrad* kann sich auf Zielsetzungen (moving targets), Produkt, Prozeß sowie Information und Wissensstand einer Produktentwicklung beziehen.[10] Mit zunehmendem Variabilitätsgrad steigen die Anforderungen an die Flexibilität und Reaktionsfähigkeit der Produktentwicklung. Möglichkeiten zur Variabilitätsgradbeherrschung sind produktbezogen durch systematische Änderungserfassung sowie Konfigurationsmanagement und organisatorisch durch Entscheidungsdelegation, Selbstbestimmung und sorgfältiges Projektmanagement (v. a. Zielplanung und -kontrolle) gegeben. Produktentwicklungsinstrumente können bei entsprechender Flexibilität dazu beitragen, Änderungen systematisch zu erfassen und weiterzuverarbeiten.
- Unter dem *Strukturiertheitsgrad* wird die inhaltliche, logische und zeitliche Bestimmbarkeit des Entwicklungsobjekts (Produkt) und des Entwicklungsprozesses (Problemlösungsweg) verstanden. Der Strukturiertheitsgrad wird u. a. nachhaltig beeinflußt durch den Neuheitsgrad, da bei Innovationen Ziele und Lösungswege ungewiß sind. Mit zu-

7 Schmelzer /Produktentwicklungen/ 14

8 Siehe zur Softwareentwicklung im Team aus psychologischer Sicht Marré /Team/

9 Backhaus, de Zoeten /Produktentwicklung/ 2028

10 Vgl. Schmelzer /Produktentwicklungen/ 15

nehmendem Strukturiertheitsgrad steigen Planbarkeit bzw. Vorhersagbarkeit und Kontrollmöglichkeiten. Möglichkeiten zur Strukturierung bieten zahlreiche Projekttechniken, aber auch informelle Kommunikationswege und flexible Organisationsstrukturen helfen bei unstrukturierten Entwicklungsaufgaben. Die Strukturierung kann auch durch den Einsatz von Produktentwicklungsinstrumenten und das damit verbundene systematische Vorgehen bzw. die entsprechende Werkzeugunterstützung erreicht werden.

2.1.2 Phasen und Teilprozesse der Produktentwicklung

Die Produktentwicklung wird üblicherweise in Phasen bzw. Teilprozesse[11] zerlegt:[12]

- Der erste Teilprozeß ist die Erstellung der *Anforderungsdefinition*, d. h. die Bestimmung von Anforderungen an den Liefer- und Leistungsumfang des Produkts. Diese Anforderungen werden i. d. R. in Form von Lastenheften z. B. nach VDI/VDE-Richtlinie Nr. 3694 dokumentiert.
- Während der *Produktkonzeption* erfolgt die Umsetzung der Anforderungen in eine Funktions-/ Wirkstruktur sowie in ein Konzept für die Benutzungsoberfläche des Produkts. Die Dokumentation des erarbeiteten Lösungskonzepts erfolgt i. d. R. im Pflichtenheft. Ein Pflichtenheft ist nach DIN 69901 eine ausführliche Beschreibung der Leistungen, die erforderlich sind oder gefordert werden, damit die Ziele des Projekts erreicht werden.[13]
- Im *Systementwurf* erfolgt die Strukturierung und Detaillierung des technischen Systems. Architektur, Schnittstellen, Technologien, Prozeß- und Projektplanung werden in der Entwurfsspezifikation festgehalten.
- Die *Komponentenentwicklung* beinhaltet Spezifikation, Implementierung und Test einzelner Produktbestandteile sowie die Definition von Verfahren zu deren Fertigung.
- *Systemintegration und -test* umfassen die Integration der Komponenten sowie den Funktions- und Leistungstest des integrierten Systems bzw. des Gesamtprodukts.
- In der *Fertigungsüberleitung* werden die fertigungstechnischen Abläufe und Verfahren bis zur Serienreife erprobt.

Die *Produktplanung* umfaßt die Teilprozesse Anforderungsdefinition und Produktkonzeption und ist somit die systematische Bestimmung von Anforderungen an den Liefer- und Leistungsumfang der für den Absatzmarkt bestimmten Produkte sowie die Konzipierung von Lösungen, die zur Erfüllung dieser Anforderungen geeignet sind.

---

11 Der hier dargestellte Ablauf orientiert sich primär an der Vorgehensweise in der Fertigungsindustrie. Unter industrieller Produktion versteht man die Stoffumwandlung, Stoffumformung und Energieumwandlung. Vgl. Riebel /Industrielle Erzeugungsverfahren/ zitiert nach Frese /Produktion/ 2040

12 Vgl. zu den Phasen des Produktentwicklungsprozesses Schmelzer /Produktentwicklungen/ 21-22

13 Vgl. Seghezzi /Qualitätsplanung/ 386-388 und Stahlknecht /Einführung/ 270-274

Die Teilprozesse Systementwurf, Komponentenentwicklung, Systemintegration und -test sowie die Fertigungsüberleitung werden zu der Phase *Entwicklungsdurchführung* zusammengefaßt.

Im Anschluß an die eigentliche Entwicklung folgt die Phase der *Produktbetreuung*, in der etwaige Fehler beseitigt werden bzw. Nachbesserungen und Kundenberatungen erfolgen.

Die in Kapitel 2.1.1 beschriebenen Merkmale besitzen in den verschiedenen Teilprozessen unterschiedliche Ausprägungen. Weitere Merkmale, deren Ausprägungen sich im Verlauf der Produktentwicklung ändern, sind Aufwand, Zeitdauer oder Notwendigkeit interdisziplinärer Zusammenarbeit. Abb. 2-1 stellt die Phasen bzw. Teilprozesse der Produktentwicklung grafisch dar und charakterisiert die entsprechenden Aufgabenmerkmale. Dabei wird evident, daß insbesondere die frühen Phasen der Produktentwicklung durch hohe Anforderungen gekennzeichnet sind. Aus diesem Grund widmet sich diese Arbeit insbesondere der Produktplanungsphase.

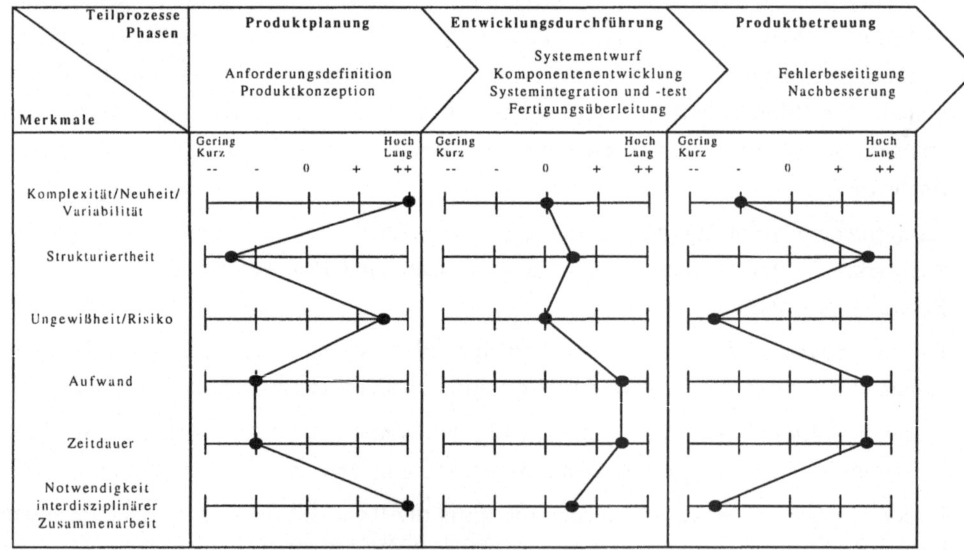

Abb. 2-1: Phasen und Teilprozesse der Produktentwicklung sowie deren Merkmale[14]

Bei den zu entwickelnden *Produkten* kann es sich sowohl um Sachgüter als auch um Dienstleistungen bzw. Sachgüter mit Dienstleistungskomponente (oder umgekehrt) handeln.[15]

---

14 Schmelzer /Produktentwicklungen/ 23

15 Siehe zu einer konzeptionellen Betrachtung von Produkten Koppelmann /Produkte/ 3309-3321

In Abhängigkeit von der Art des entwickelten Produkts differieren die Aufgabenmerkmale der Produktentwicklung zum Teil erheblich. Aus diesem Grund werden im nachfolgenden Kapitel die wichtigsten Besonderheiten der Produktentwicklung in der Softwarebranche gegenüber der Fertigungsindustrie[16] analysiert.[17]

2.1.3 Besonderheiten der Produktentwicklung in der Softwarebranche

Begriffliche Grundlagen

- Unter *Software* werden „Programme, Prozeduren, Regeln und jede zugehörige Dokumentation, die sich auf den Betrieb eines Rechners bezieht“[18], verstanden.
- Ein *Programm* ist eine „vollständige Folge von Anweisungen einschließlich der erforderlichen Vereinbarungen, die direkt oder nach automatischer Überführung (z. B. durch Übersetzer) auf einer ADV-Anlage selbständig ausführbar sind“[19].
- Nach dem Kriterium der Hardwarenähe unterscheidet man zwischen System- und Anwendungssoftware. Programme zur Steuerung des Betriebsablaufs einer ADV-Anlage werden als Systemsoftware, Programme zur Problemlösung eines Anwendungsbereichs als Anwendungssoftware bezeichnet.[20] *Anwendungssoftware* ist ein Bestandteil technikgestützter[21] Informationssysteme. Informationssysteme sind Mensch-Maschine-Systeme[22], die den Zweck haben, betriebliche Informations- bzw. Informationsverarbeitungsprozesse[23] (z. B. Planung, Entscheidung, Disposition und Kommunikation) zu unterstützen.[24] Aus diesem Grund wird der Begriff Informationssystem häufig synonym zu Anwendungssystem verwendet.[25] Auch wenn der Schwerpunkt dieser Arbeit auf der Anwendungs*software* als Teil des umfassenderen Objekts Informations- bzw. Anwendungssystem[26] liegt, kann dies nicht ohne die gleichzeitige Betrachtung der anderen

---

16 Unter industrieller Produktion versteht man die Stoffumwandlung, Stoffumformung und Energieumwandlung. Vgl. Riebel /Industrielle Erzeugungsverfahren/ zitiert nach Frese /Produktion/ 2040

17 Eine Abgrenzung von Software und technischen Produkten findet sich z. B. in Balzert /Die Entwicklung von Software-Systemen/ 2-9

18 DIN /DIN 66272/ 3

19 Schmitz, Bons, van Megen /Software-Qualitätssicherung/ 2

20 Vgl. Griese /Anwendungs-Software/ 967

21 Der früher häufig verwendete Begriff computergestützt wird angesichts der rasanten Entwicklung der Informationstechnologie (Sprach- und Bildverarbeitung, Audio- und Videotechnik etc.) mittlerweile als zu eng angesehen. Vgl. Seibt /Wirtschaftsinformatik/ 10

22 Ein System ist die „Gesamtheit der zur selbständigen Erfüllung eines Aufgabenkomplexes erforderlichen technischen und/oder organisatorischen und/oder anderen Mittel der obersten Betrachtungsebene ... Zu den organisatorischen Mitteln zählen auch Personal und Ausbildung“. DIN /DIN 40150/ 1

23 Zum Begriff der Informationverarbeitung siehe z. B Schmitz /Informationsverarbeitung/ 958-963

24 Vgl. Seibt /Wirtschaftsinformatik/ 10

25 Vgl. z. B. Heinrich /Systemplanung und -entwicklung/ 201. Heinrich differenziert darüber hinaus zwischen Systemen, bei denen die Information (Informationssysteme) und Systemen, bei denen die Kommunikation (Kommunikationssysteme) im Vordergrund steht. Vgl. Heinrich /Wirtschaftsinformatik/ 330-331

26 Vgl. Heinrich /Systemplanung und -entwicklung/ 201

Komponenten (Aufgaben, Organisation, Mensch[27] und Technik) geschehen. Hieraus ergeben sich für die Produktentwicklung entsprechende inhaltliche Aufgaben, die u. a. in einer intensiven Analyse der von der Software zu unterstützenden Geschäftsprozesse des Kunden bestehen.[28] Dies gilt im besonderen Maße bei der innerbetrieblichen Softwareentwicklung oder bei kundenindividuell erstellten Anwendungen.

- Unter der Bezeichnung *Softwareprodukt* subsumiert man „Software, die für die Auslieferung an einen Anwender bestimmt ist“[29].[30] Diese beinhaltet darüber hinaus sämtliche mit der Software erworbenen Zusatzleistungen (z. B. Benutzer-Hotline). Der Begriff Produkt wird in dieser Arbeit als übergeordneter Begriff für jegliche dem Sachziel entsprechende betriebliche Leistung (Sachgut oder Dienstleistung) interpretiert.[31] Softwareprodukte sind i. d. R. Ergebnisse von Softwareentwicklungsprojekten.[32]

Die Produktionsfaktoren von Software (Input)

Zur Erzeugung von Software werden *keine Werkstoffe* eingesetzt.[33] Die wichtigsten Betriebsmittel sind Hardware (Entwicklungsrechner, Testrechner) und Software (Kompilierer, Debugger, CASE-Tools, CAST-Tools etc.). Die materiellen Produktionsfaktoren unterliegen - ebenso wie die Software selbst - keinem Verschleiß.[34] Als Konsequenz für die Produktentwicklung ergibt sich hieraus u. a. eine im Vergleich zur Fertigungsindustrie wesentlich geringere Bedeutung von Beschaffungsentscheidungen in bezug auf den Ersatz verschlissener der Produktionsfaktoren.

---

27 Zur Berücksichtigung des Faktors Mensch, für den das Anwendungssystem bestimmt ist, sowie von dessen organisatorischem Umfeld siehe z. B. die Beiträge in Jansen, Schwitalla, Wicke /Beteiligungsorientierte Systementwicklung/

28 Siehe zur Geschäftsprozeßoptimierung durch Software Wenzel /SAP/

29 DIN /DIN 66272/ 3

30 Der Begriff des Anwenders ist in dieser Definition irreführend, da dieser suggeriert, daß es sich zum einen um eine einzelne Person handelt und zum anderen diese Person auch der Benutzer der Software ist. Treffender wäre an dieser Stelle daher der Terminus Abnehmer, da es sich hierbei einerseits sowohl um eine Person als auch um eine Organisation handeln kann und andererseits auch der Fall, daß der Abnehmer die Software nicht selbst nutzt, sondern z. B. als Entscheidungsträger beim Kauf auftritt, einschließt. Siehe zur Problematik der Träger des Entscheidungsprozesses bei der Auswahl von Software z. B. Keller /Entscheidungsprozeß/ 34-66

31 Vgl. Müller /Software-Unternehmen/ 12

32 Vgl. Hoppenheit /Softwareunternehmen/ 19

33 Bei Standardsoftware werden lediglich Disketten, CD-ROM oder andere Speichermedien inklusive Verpackung zur Lagerung und Distribution der Software benötigt. Mit zunehmendem Vertrieb von Software über das Internet entfallen auch diese Materialien. Sie stellen jedoch weder von ihrer absatzpolitischen noch von ihrer finanziellen Bedeutung her einen entscheidungsrelevanten Faktor dar. Auch die Dokumentation ist überwiegend Teil der Software in Form von Online-Hilfen oder Lernprogrammen und wird immer seltener in Papierform ausgeliefert.

34 Vom „Verschleiß“, d. h. der Abnutzung durch Gebrauch in Abhängigkeit von den produzierten Einheiten, ist das „Altern“ der Produktionsfaktoren und des Softwareprodukts abzugrenzen: Infolge steigender Ansprüche des Markts müssen auch die erzeugten Produkte und die hierfür eingesetzten Betriebsmittel der (technischen) Entwicklung folgen.

Dagegen kommt der menschlichen Arbeitsleistung sowohl in der ausführenden als auch in der dispositiven Form eine besondere Bedeutung zu.[35] Infolgedessen stellen in der Softwareentwicklung Zeitverbräuche (z. B. gemessen in der Anzahl benötigter Personentage) nahezu die gesamten variablen Kosten der Produktentwicklung dar.[36]

Der Produktionsprozeß von Software (Faktorkombination)

- Software ist ein immaterielles Produkt. Der Schlußfolgerung, deshalb handele es sich bei Software per definitionem um eine Dienstleistung[37] kann an dieser Stelle ebenso wenig zugestimmt werden, wie der uneingeschränkten Charakterisierung von Software als Sachgut[38]. Bezüglich der exakten Abgrenzung der Dienstleistungs- gegenüber der Sachgutproduktion werden jedoch unterschiedliche Auffassungen vertreten.[39] Beim potentialorientierten Abgrenzungsvorschlag wird die Dienstleistung definiert als Fähigkeit und Bereitschaft des Dienstleistungsanbieters, eine Dienstleistung zu erbringen. Die Dienstleistung kann demzufolge als immaterielles Leistungsversprechen interpretiert werden. Bei der prozessualen Interpretation von Dienstleistungen basiert die Abgrenzung auf dem Erstellungsvorgang, der durch den vom Dienstleistungsanbieter nicht autonom zu disponierenden externen Faktor ausgelöst wird. Es liegt eine enge zeitliche Verknüpfung zwischen Leistungserstellung und Nachfrage vor. Die ergebnisorientierte Sichtweise definiert die Dienstleistung als immaterielles Ergebnis einer Tätigkeit, deren Wirkung sich beim Nachfrager oder bei dessen Verfügungsobjekt konkretisiert. Zusammenfassend lassen sich drei konstituierende Merkmale einer Dienstleistung festhalten: Die Immaterialität der Leistung, die Integration des externen Faktors und das Verrichten einer Tätigkeit. Vollzieht sich die Softwareentwicklung in der extremen Form, daß der Kunde auf der Basis einer kompletten Anforderungsspezifikation (Lastenheft) nach seinen individuellen Wünschen von Mitarbeitern des Leistungsgebers Software programmieren läßt, d. h. body leasing betreibt, und der Leistungsnehmer das gesamte Risiko einer Budget- und Zeitüberschreitung sowie eventueller Fehler trägt, handelt es sich nach §611 BGB um einen Dienstvertrag.[40] Der Leistungsgeber schuldet dem Kunden somit die Leistung, aber nicht den Erfolg. In diesem Fall liegt eindeutig eine Dienstleistung vor. Erwirbt der Kunde jedoch ein fertiges Standardsoftwarepaket ohne

---

35 Zur Bedeutung menschlicher Aspekte der Softwareentwicklung siehe z. B. Humphrey /Managing Technical People/

36 Vgl. zur Kalkulation von Softwareprojekten zur Unterstützung des Controlling in Forschung und Entwicklung Riedl, Wirth, Kretschmer /Kalkulation/ 993-1006, zu verschiedenen Verfahren der Kalkulation von Software Berkhoff, Blumenthal /Kalkulation für Software/ und zur Kostenrechnung in der Softwareentwicklung allgemein Herrmann /Kalkulation/

37 Vgl. Neugebauer /Software-Unternehmen/ 39-43

38 Vgl. Bächle /Qualitätsmanagement/ 64

39 Vgl. hierzu und zu der nachfolgenden Diskussion des Dienstleistungsbegriffs Corsten /Dienstleistungsproduktion/ 763

40 Vgl. Baaken, Launen /Software-Marketing/ 5

individuelle Anpassungen, handelt es sich um eine Erstellungsleistung und somit um einen nicht unter die hier vorgenommene Dienstleistungsabgrenzung fallenden Kaufvertrag über vorgefertigte Software.[41] Schwieriger wird die Unterscheidung bei den Zwischenformen der Softwareentwicklung, d. h. wenn z. B. Standardsoftware individuell angepaßt wird. In diesem Fall ist von einer „Mischproduktion“ auszugehen, bei der allerdings der Charakter der Sachleistung im Vordergrund steht.[42]

Bei der Softwareentwicklung kann es sich daher sowohl um eine *Sachgut- als auch um eine Dienstleistungsproduktion* handeln. Die Aufgaben der Produktentwicklung gestalten sich jedoch in beiden Fällen recht unterschiedlich: So verursacht der externe Faktor Kunde bei der Dienstleistungsproduktion ein hohes Maß an Aufgabenunsicherheit.[43] Außerdem stellt der Kunde bei der Dienstleistungsproduktion im Gegensatz zur Sachgutproduktion i. d. R. besondere Anforderungen an den Softwareentwicklungsprozeß, da er das Produkt selbst vor dem Kauf nicht beurteilen kann.[44]

- Die Softwareentwicklung wird nahezu ausschließlich in Form von Projekten[45] organisiert. Für die Produktentwicklung ergeben sich hierdurch stets neue Gestaltungsdeterminanten. So führt die Projektorganisation z. B. stets neue Mitarbeiter zusammen, woraus Unsicherheiten und Risiken (z. B. persönliche oder kompetenzbezogene Konflikte) entstehen.[46]
- In der Fertigungsindustrie kann bei einer entsprechend hohen Qualität des Produktionsprozesses davon ausgegangen werden, daß gleiche Fertigungsprozesse (d. h. z. B. gleiche Qualität der Rohstoffe, gleiche Fertigungsstraße, gleiche Umweltbedingungen) zu Erzeugnissen gleicher Produktqualität führen. Eine geringe Maschinen- und eine *hohe Personalintensität* führen bei der Softwareentwicklung dazu, daß bei dem gleichen Prozeß (d. h. gleiche Mitarbeiter, gleiche Methoden, gleiche Verfahren und gleiche Werkzeuge) in Abhängigkeit von der Tagesform der Menschen unterschiedliche Ergebnisse produziert werden können.[47]

---

41 Vgl. Baaken, Launen /Software-Marketing/ 6

42 Eine Typologie der Dienstleistungen beschreibt Corsten /Dienstleistungsunternehmungen/ 225-286

43 Auf die Bedeutung des externen Faktors Kunde bei der Produktentwicklung wird in Kapitel 3.2.1.1.3 näher eingegangen.

44 Siehe hierzu ausführlicher Kapitel 5.1.1.1

45 Ein Projekt ist ein hinsichtlich der Einmaligkeit der Bedingungen (z. B. Zielvorgabe; zeitliche, finanzielle, personelle oder andere Limitierungen; Abgrenzung gegenüber anderen Vorhaben; Organisation) gekennzeichnetes Vorhaben. Vgl. DIN /Projektmanagement/ 1. Merkmale eines Projekts sind neben der zeitlichen Befristung auch Komplexität und relative Neuartigkeit. Vgl. Frese /Grundlagen/ 470

46 Ansätze zur Behebung solcher Konflikte in der Softwareentwicklung enthält Gause, Weinberg /Software Requirements/ 137-147

47 Vgl. Mellis, Herzwurm, Stelzer /TQM/ 27-28

Diese Tatsache kann bewirken, daß zwar die Produktentwicklung im Prinzip dazu geeignet ist, Produkte zu entwerfen, die den Kundenerwartungen entsprechen, aber infolge der Leistungsvarianzen der menschlichen Produktionsfaktoren Abweichungen von der Spezifikation auftreten.

- Softwareentwicklung ist ein *kreativer Prozeß*[48], der hohe Ansprüche an Kreativität, Abstraktionsvermögen und Problemlösungsfähigkeit stellt und außerdem Aufgeschlossenheit gegenüber Technologie und Innovation[49] ebenso wie die Fähigkeit, sich in neue Gebiete (z. B. auf der Ebene des Anwendungsgebiets der zu entwickelnden Software) einarbeiten zu können, erfordert.[50] Infolgedessen sind Softwareentwickler in der Praxis durch ein überdurchschnittliches Bildungsniveau gekennzeichnet. Häufig nehmen Softwareentwickler in der Unternehmung aber auch aufgrund ihrer Verhaltensweisen (ungewöhnliche Arbeitszeiten, saloppe Kleidung, „künstlerische" Veranlagung, Introvertiertheit, Technikverliebtheit etc.) eine gewisse Sonderstellung ein.[51]

  Diese Mentalität führt im Rahmen der Produktentwicklung häufig zu Kommunikationsschwierigkeiten mit Kunden oder Mitarbeitern anderer Bereiche. Außerdem kann großes Engagement häufig mit überzogenem Perfektionismus einhergehen, woraus letztlich Zeitverzögerungen bei der Produktentwicklung resultieren.[52]

- Selbst bei Abstrahierung von den Leistungsvarianzen des Menschen[53] kann die Qualität des Softwareprodukts nicht aus der Qualität des Softwareentwicklungsprozesses vorhergesagt werden, da viele Teilprozesse in der Softwareentwicklung Problemlösungen darstellen, die *nicht deterministisch* sind.[54] Die einfache Übernahme der in industriellen Produktionsmodellen enthaltenen Prämisse der Qualitätskonstanz hinsichtlich der Input- und Outputgrößen kann für Software nicht vollzogen werden.[55] Ein Kausalmodell oder ein statistisches Modell zur Entstehung von Qualität existiert in der Softwareentwicklung nicht.[56]

48 Zum Charakter der Softwareentwicklung als Realitätskonstruktion siehe Floyd /Realitätskonstruktion/ 1-20

49 Unter Innovation wird die relative Neuartigkeit eines Objekts verstanden. Vgl. Keller /Entscheidungsprozeß/ 6

50 Vgl. zu den psychologischen Aspekten der Softwareentwicklung Dzida, Konradt /Psychologie/ und Weinberg /Psychology/

51 Siehe zur Psychologie von Mitarbeitern der Softwareentwicklung Kelley /Computer Programmers/ 25-29 oder ausführlich Metzger /Vom Umgang mit Programmierern/

52 Siehe zur Einsatzbereitschaft von Softwareentwicklern die Beispiele bei Carmel /Cycle Time/ 110-123 und zum Problem des Überperfektionismus bei der Produktentwicklung Brockhoff /Stärken und Schwächen/ 29-46

53 Vgl. Weinberg /Congruent Action/ 7-11

54 Vgl. Mellis, Herzwurm, Stelzer /TQM/ 28

55 Vgl. in anderem Zusammenhang Corsten /Dienstleistungsproduktion/ 772

56 Vgl. Mellis, Herzwurm, Stelzer /TQM/ 28

Für die Kontrolle der Produktentwicklung bedeutet diese Tatsache, daß klassische ingenieurwissenschaftliche Instrumente wie die statistische Prozeßkontrolle[57] in der Softwareentwicklung nicht ohne weiteres anwendbar sind.[58]

- Bei der industriellen Massenfertigung liegen wesentliche Risiken bei der Vervielfältigung der Produkte (z. B. Ausschuß). Die Vervielfältigung von Software, d. h. das Kopieren auf Datenträger, birgt hingegen kaum Risiken. Bei der Softwareentwicklung stehen vielmehr *Entwurfsrisiken* im Vordergrund.[59] In diesem Sinne handelt es sich bei der Softwareentwicklung nicht um eine Serienfertigung, sondern um eine Einzelfertigung, obwohl wie z. B. bei Textverarbeitungssystemen Millionen identischer Produkte gefertigt werden.[60]

Dieses Charakteristikum führt in der Softwareindustrie dazu, daß mit der Fertigstellung eines einzigen Exemplars der Software die Entwicklung praktisch abgeschlossen ist. Die Phase „Fertigungsüberleitung" enthält bei Software außerdem kaum Aktivitäten zur Planung und Kontrolle von Vervielfältigungsprozessen. Im Rahmen der Produktentwicklung erstellte Prototypen oder sogar Teile früher entwickelter Produkte können darüber hinaus ohne großen Aufwand in das für den Absatz bestimmte Produkt eingehen.[61] Als Konsequenz für die Softwareproduktentwicklung ergibt sich daher eine besondere Bedeutung der frühen Phasen, insbesondere der Produktplanung.

- Abb. 2-2 zeigt das Vorgehensmodell des Bundesministeriums für Verteidigung, das von der Koordinierungs- und Beratungsstelle (KBSt) des Bundesministers des Inneren als Basis eines Standards für alle Bundesministerien mit der Bezeichnung „Planung und Durchführung von IT-Vorhaben" übernommen wurde und seitdem den Standard für alle Softwareentwicklungsprojekte im öffentlichen Sektor darstellt.[62] Betrachtet man derartige Standards und Normen zur Beschreibung des kompletten Ablaufs von Softwareentwicklungsprozessen[63] und vergleicht diese mit dem in Kapitel 2.1.2 dargestellten Schema der Fertigungsindustrie für die Produktentwicklung, so ergibt sich eine nahezu vollständige *Übereinstimmung zwischen den Phasen des Leistungserstellungsteilprozesses Produktentwicklung in der Fertigungsindustrie und dem gesamten Leistungserstellungsprozeß in der Softwareindustrie*. Diese Übereinstimmungen lassen für die in dieser

57 Einige Ansätze für quantitatives Prozeßmanagement für Software enthält Yeh /Software Process Quality/

58 Vgl. Reisin /Kooperative Gestaltung/ 53

59 Vgl. Bollinger, McGowan /Critical Look/ 35

60 Vgl. Balzert /Die Entwicklung von Software-Systemen/ 3

61 Vgl. zur Unterscheidung zwischen Entwicklungs- und Vermarktungsprozeß bei Software Bittner /Innovatives Software-Marketing/ 29-86

62 Vgl. Bröhl, Dröschel /V-Modell/ 2-12. Eine überarbeitete Version des V-Modells ist noch für das Jahr 1997 angekündigt. Vgl. Hummel, Midderhoff /V-Modell '97/ 38

63 Siehe zu Phasenkonzepten in der Softwareentwicklung z. B. Seibt /Vorgehensmodell/ 431-434

Arbeit verfolgte Zielsetzung eine Fokussierung der Untersuchung auf die frühen Phasen der Softwareentwicklung sinnvoll erscheinen, da andernfalls der gesamte Leistungserstellungsprozeß Gegenstand der Betrachtungen wäre.

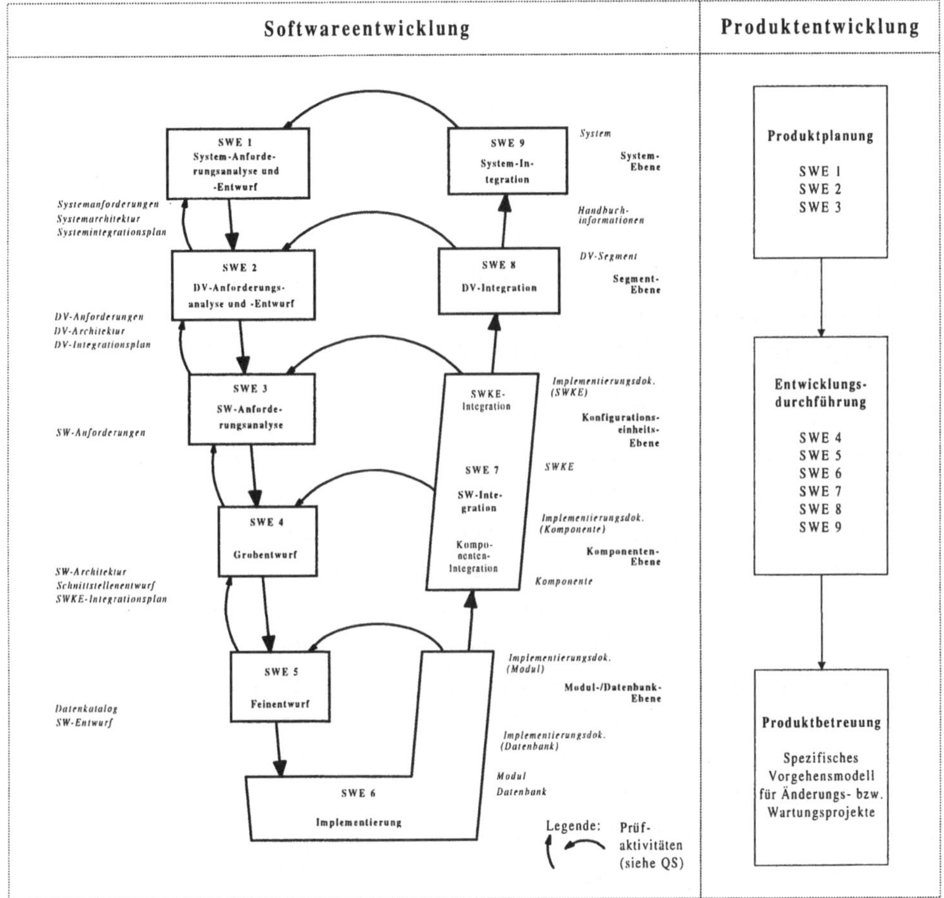

Abb. 2-2: Vergleich der Phasen des Vorgehensmodells des Bundesministeriums für Verteidigung für die Softwareentwicklung[64] mit den Phasen der Produktentwicklung

- Von der Idee einer Modellvariante bis zur Serienproduktion eines Automobils vergehen i. d. R. mehrere Jahre.[65] Ein neues Feature einer Software kann hingegen innerhalb weniger Stunden entwickelt und z. B. über das Internet sofort und kostengünstig ausgelie-

---

64 KBSt / Vorgehensmodell/ 2-12

65 Zahlen über die Häufigkeit und Dauer von Änderungen für die Automobilindustrie im japanischen und amerikanischen Vergleich enthält Sullivan /Quality Function Deployment/ 39

fert werden. Daraus resultieren vergleichsweise *häufige Versions- bzw. Releasewechsel.* Bei zu häufigen und methodisch unsauber durchgeführten Änderungen, kann dies zu unwartbarer Software führen.[66] Für die Produktentwicklung bedeutet dies häufig Aufgaben mit hohem Neuheitsgrad.

Die leichte Änderbarkeit von Software ermöglicht eine - im Unterschied z. B. zum Maschinenbau - einfache Durchführung von *Anpassungen* der Software vor und *nach der Auslieferung*.[67] Letztere werden jedoch allzu häufig dazu benutzt, Versäumnisse der Produktentwicklungsphase in die Wartungsphase zu verlagern. Die leichte Vervielfältigung und schnelle Änderbarkeit von Software führen zu dem Phänomen, daß in der Softwareentwicklung Produktplanung und Prototypentwicklung[68] zusammenfallen.[69] Wird der gesamte Entwicklungsprozeß in Form von Prototypen durchgeführt, ist der letzte Prototyp identisch (nicht zuletzt auch wegen des faktisch nicht vorhandenen Vervielfältigungsrisikos) mit dem fertigen Produkt.[70]

Der Output der Softwareproduktion

Das Ergebnis des Produktionsprozesses von Software weist sowohl stoffliche als auch nicht-stoffliche Elemente auf. Neben der in der Software enthaltenen intellektuellen Leistung werden außerdem Trägermedien[71] benötigt. Sie dienen zum einen der Speicherung der Software (z. B. Entwicklungsrechner oder Magnetbänder zur Archivierung) und zum anderen der Multiplikation (z. B. Diskette oder CD-ROM für die ausgelieferte Software oder Papier für die Dokumentation). Der eigentliche Wert der Leistung liegt jedoch in den geistigen Inhalten der Software (z. B. technisches und fachliches Wissen) und nicht im Trägermedium. Darüber hinaus kommt dem Trägermedium keine eigenständige wirtschaftliche Bedeutung zu. Infolgedessen wird der Output der Softwareproduktion in dieser Arbeit als immaterielles Gut interpretiert. Die Immaterialität von Software führt zu Problemen bei der Messung der Outputquantifizierung und der Outputqualität.

- Infolge der geringen Bedeutung von Vervielfältigungsprozessen kommt der Produktzahl zur *Quantifizierung des Outputs* der Produktion keine besondere Bedeutung zu.[72] Es sind daher zur Erfassung der Ausbringungsmenge aussagefähigere Maße zu finden, die z. B. etwas über die Größe bzw. Komplexität der Softwareprodukte aussagen. Während

66 Vgl. Dunn, Ullmann /TQM for Computer Software/ 80

67 Vgl. Pomberger /Softwareentwicklung/ 217-218

68 Ein Prototyp ist eine frühe Version der zu entwickelnden Software, die einige oder alle Merkmale der endgültigen Version enthält. Vgl. Spitta /Software Engineering/ 4

69 Vgl. Balzert /Die Entwicklung von Software-Systemen/ 3

70 Siehe zum Prototyping in der Softwareentwicklung z. B. Boehm, Gray, Seewaldt /Prototyping/ 290-302

71 Siehe hierzu Corsten /Dienstleistungsproduktion/ 770-771

72 Dies gilt natürlich nur aus Sicht der Produktion und nicht aus Sicht des Absatzbereichs einer Unternehmung.

die Quantifizierung der Dokumentation (z. B. Anzahl DIN A4 Seiten, Anzahl Buchstaben) noch vergleichsweise wenig Probleme bereitet, ist die Aufstellung einer geeigneten Metrik für die Größe eines Programms erheblich schwieriger. So läßt sich die Größe eines Programms anhand verschiedener Maße beziffern: Anzahl ausführbarer Statements, Anzahl der Nicht-Kommentar-Zeilen, Anzahl der Operanden, Anzahl der Zeichen, Anzahl der Bytes bei Speicherung als Quelle, Anzahl der Bytes als Objektprogramm im Hauptspeicher etc. Solche Meßergebnisse sind jedoch nur vergleichbar, wenn sich Programmiersprache und Programmierstil nicht ändern. Die Anzahl der erforderlichen Statements zur Lösung einer Aufgabe ist abhängig von der Mächtigkeit der Programmiersprache, sie variiert aber auch mit dem Programmierstil. Ähnliche Probleme ergeben sich bei der Messung der Komplexität, die selbstverständlich auch bei der Bewertung des Outputs ins Kalkül gezogen werden muß. Dies betrifft sowohl die Komplexität der Anwendung als auch die Komplexität des Programms.[73]

Die schwierige Quantifizierung des Outputs Software erschwert infolgedessen die Definition und Kontrolle entsprechender Zielgrößen wie etwa der Produktivität eines Produktentwicklungsbereichs.

- Die *Bestimmung der Outputqualität* kann bei immateriellen Gütern kaum, wie in der Fertigungsindustrie, durch Messen, Zählen und Wiegen vorgenommen werden. Einerseits sind infolge des Hauptproduktionsfaktors Mensch Fehler in Softwareprodukten in der Praxis unvermeidlich und andererseits garantiert infolge der Komplexität von Software zur Zeit keine Testmethode die Entdeckung aller Fehler.[74] Die ISO 9000 Teil 3[75] kommt zu dem Schluß: „Es gibt derzeit keine allgemein akzeptierten Meßmethoden für die Softwarequalität."[76] Da die Beurteilung der Outputqualität für die Kundenorientierung in der Softwareentwicklung eine herausragende Rolle spielt, wird auf dieses Thema in den Kapiteln 5.1.1.1 und 6.2.2.2 intensiver eingegangen. An dieser Stelle soll lediglich angemerkt werden, daß sich die Messung der Outputqualität wesentlich von Qualitätsmessungen in der Fertigungsindustrie unterscheidet.

Tab. 2-1 gibt einen vergleichenden Überblick über die wesentlichen Unterschiede zwischen industrieller Fertigung und Softwareentwicklung aus Sicht der Produktion.[77]

---

73 Siehe zur Problematik der Metriken für Software z. B. Fenton /Software Metrics/

74 Vgl. Schmitz, Bons, van Megen /Software-Qualitätssicherung/ 9-11

75 Es haben sich daher neben bekannten Modellen wie der ISO 9000 auch spezielle Prozeßqualitätsmodelle für Software etabliert (z. B. Paulk u. a. /Capability Maturity Model/), die davon ausgehen, daß bei Durchführung bestimmter Maßnahmen in Form konsolidierter Expertenmeinungen auch eine entsprechende Produktqualität gewährleistet sei. Diese These ist aber aufgrund der diskutierten Varianzen des Softwareprozesses nicht unumstritten. Siehe zur ausführlichen Darstellung verschiedener Prozeßmodelle und deren Beurteilung für die Softwareentwicklung Mellis, Herzwurm, Stelzer /TQM/ 62-153

76 DIN, ISO /ISO 9000-3: 1992/ 27

77 Es handelt sich hierbei selbstverständlich um eine idealtypische und bewußt polarisierte Darstellung. Im Einzelfall können Gemeinsamkeiten und Unterschiede differieren.

	Fertigungsindustrie	**Softwareindustrie**	**Konsequenzen für die Softwareproduktentwicklung**
Produktionsfaktoren	Rohstoffe und Maschinen Technische Überalterung *und* Verschleiß Hohe Bedeutung der Werkstoffe	Hardware und Software Technische Überalterung Hohe Bedeutung des Menschen	Keine Notwendigkeit der Planung des Ersatzes verschlissener Produktionsfaktoren Hohe Ergebnisungewißheit, variable Kosten annähernd identisch mit bewerteten Zeitverbräuchen
Faktorkombination	Produktion eines stofflichen Sachguts Teilweise Projektorganisation Innerbetriebliche Entwicklung selten Geringe Leistungsvarianzen der Produktion Steuerbarer Konstruktionsprozeß „Ingenieurmentalität" Kopierrisiken Schwierige Änderbarkeit nach der Auslieferung Sequentieller Prozeß	Produktion eines immateriellen Sachguts oder einer Dienstleistung Nahezu ausschließlich Projektorganisation Innerbetriebliche Entwicklung verbreitet Sehr hohe Leistungsvarianzen der Produktion Nicht-deterministischer intellektueller Prozeß „Künstlermentalität" Entwurfsrisiken Leichte Änderbarkeit nach der Auslieferung Oft iterativer Prozeß (Prototyping)	Hoher Variabilitätsgrad, geringer Strukturiertheitsgrad Projektorganisation Verhandlungsmacht des Kunden vergleichsweise groß Wahrscheinlichkeit von Abweichung gegenüber Planung groß Hoher Variabilitätsgrad, geringer Strukturiertheitsgrad Gefahr von Kommunikationsproblemen Höhere Bedeutung der Produktentwicklung, geringere Bedeutung der Phase Fertigungsüberleitung, essentielle Bedeutung der Phase Produktplanung Fehler der Produktentwicklung leichter korrigierbar Produktplanung und Prototypentwicklung u. U. identisch
Output	Stoffliches Sachgut Einfache Quantifizierung Objektive Qualitätsprüfungen durch Messen, Zählen, Wiegen etc. möglich	Immaterielles Sachgut auf Trägermedium Schwierige Quantifizierung Qualitätsprüfungen schwierig, Qualitätsurteile oft subjektiv	Kontrolle des Zielgrößenerreichungsgrads schwierig - sowohl mengenmäßig als auch qualitätsmäßig -

Tab. 2-1: Polarisierte Unterschiede zwischen der Produktentwicklung in der Fertigungsindustrie und in der Softwareindustrie

Die Gesamtheit der Besonderheiten führt in bezug auf die Einsetzbarkeit von Produktentwicklungsinstrumenten dazu, daß beispielsweise Techniken mit hohen Anforderungen an Meßgenauigkeit (Messen, Zählen, Wiegen etc.) oder hoher Intensität statistischer Verfahren tendenziell nicht in der Softwarebranche einsetzbar sind. An ihre Stelle treten verstärkt Techniken des Requirements Engineering (siehe hierzu die Ausführungen in Kapitel 2.2). Darüber hinaus erfordert die nahezu vollständige Übereinstimmung zwischen den Phasen des Teilprozesses Produktentwicklung in der Fertigungsindustrie und dem gesamten Leistungserstellungsprozeß in der Softwareindustrie eine Fokussierung der nachfolgenden Untersuchung. Infolge des hohen Stellenwerts konzeptioneller Tätigkeiten in der Softwarebranche erfolgt eine Beschränkung der weiteren Betrachtungen auf die Produktplanungsphase. Fragen der Umsetzung, d. h. der Entwicklungsdurchführung und der Produktbetreuung, werden im Rahmen dieser Arbeit daher nicht betrachtet.

2.2 Instrumente der Produktentwicklung

Unter *Instrumenten* der Produktentwicklung werden alle Modelle, Methoden, Verfahren und technischen Hilfsmittel zur Erreichung der Produktentwicklungsziele zusammengefaßt.[78]

Unter den in der Literatur vorgeschlagenen oder in der Praxis verwendeten Instrumenten befindet sich keines, das zur Unterstützung sämtlicher in der Produktentwicklung anfallender Aufgaben konzipiert ist. Vielmehr existiert eine Reihe einzelner Methoden, die teilweise alternativ, teilweise supplementär als Bestandteile in mehr oder weniger integrierten Methodensystemen eingesetzt werden können.[79] In einigen Fällen handelt es sich noch nicht einmal um spezifische Produktentwicklungsinstrumente, sondern um Methoden, die ursprünglich zur Unterstützung anderer Aufgaben oder zur Qualitätssicherung gedacht waren. Diese Heterogenität macht eine vollständige Übersicht und eindeutige Systematisierung nahezu unmöglich.

Eine Unterscheidung nach den Zielen des Instrumenteneinsatzes führt zu folgender Systematik:[80]

- Kostenbezogene Instrumente (Value Engineering) zielen auf die Erfüllung vorgegebener Anforderungen zu minimalen Kosten ab,
- Qualitätsbezogene Instrumente (Quality Engineering) dienen der Sicherstellung der Qualität von Entwicklungsergebnissen,
- Zeitbezogene Instrumente (Simultaneous Engineering) unterstützen die Verkürzung von Markteinführungszeiten bei gleichzeitiger Steigerung der Entwicklungsqualität und der Entwicklungskosten.

Letztlich zielt jedoch kaum ein Instrument auf eine singuläre Zielgröße ab. Darüber hinaus wird durch diese Einteilung den Instrumenten bereits eine gewisse Wirkung bescheinigt, die nicht zwangsläufig eintreten muß. Die nachfolgend vorgeschlagene Klassifizierung nach der Art der zu unterstützenden Entwicklungstätigkeit versucht eine wertfreie Eintei-

78 In Anlehnung an die Definition von Marketing-Controlling-Instrumenten bei Haseborg /Marketing-Controlling/ 1548

79 Vgl. zu einem solchen integrierten Methodensystem z. B. Kersten /Entwicklung/ 431

80 Vgl. Kersten /Entwicklung/ 430-431

lung. Sie kann jedoch auch nur als grobe Orientierung dienen und ist nicht völlig überschneidungsfrei:

- *Konstruktive Instrumente* zur Informationsgewinnung und Generierung von Produkten bzw. Produktideen
- *Analytische Instrumente* zur Entscheidungsfindung bei alternativen Produkten bzw. Produktideen
  - *Auswertende Instrumente* zur systematischen Verwertung und Aufbereitung der vorhandenen Informationen
  - *Prüfende Instrumente* zur Überprüfung von Produkten bzw. Produktprototypen

Anschließend folgt lediglich eine elementare Beschreibung der wichtigsten Instrumente der Produktentwicklung. Eine kurze Diskussion der Eignung dieser Instrumente zur Umsetzung der Kundenorientierung erfolgt in Kapitel 6.1.1. Einige Instrumente, die innerhalb des SCVM zur Anwendung gelangen, werden in Kapitel 6.1.2 ausführlicher beschrieben.

2.2.1 Konstruktive Instrumente

Konstruktive Instrumente der Produktentwicklung dienen zum einen der Sammlung der für die Aufgabenerfüllung erforderlichen Informationen über Rahmenbedingungen, Kundenanforderungen, Marktsituation etc. und zum anderen der systematischen Findung von Produktideen zur Erfüllung der Anforderungen. Diese Instrumente werden daher primär in der Produktplanungsphase zur Erstellung der Anforderungsdefinition und Lösungskonzeption verwendet.

- Techniken zur Ermittlung und Spezifikation von Kundenanforderungen (Techniken des Requirements Engineering)
  Zur Ermittlung von Kundenanforderungen wurden Methoden und Verfahren aus den unterschiedlichsten Bereichen entwickelt. Bei der Individualsoftwareerstellung handelt es sich im wesentlichen um Methoden des Requirements Engineering[81] und der Organisationslehre[82], bei der Standardsoftwareproduktion oder großen Individualsoftwareprojekten mit einer Vielzahl von Kunden können darüber hinaus Erkenntnisse aus der betriebswirtschaftlichen Marktforschung[83] Verwendung finden. In der Praxis wird immer ein Methodenmix benötigt, um Kundenanforderungen zu erheben.[84]
- Erhebungstechniken
  Erhebungstechniken dienen der Sammlung von Daten über die Vergangenheit, Gegenwart und Zukunft. Befragung oder Beobachtung als spezielle Erhebungstechniken sind

81 Vgl. z. B. Jackson /Software Requirements/

82 Vgl. z. B. Schmidt /Organisation/

83 Vgl. z. B. Köhler /Marktforschung/

84 Vgl. Bruhn /Anforderungen des Marktes/ 334-345

in gewissem Sinne eine Teilmenge der Techniken zur Ermittlung von Kundenanforderungen, da die Kommunikation mit dem Kunden die Voraussetzung zur Weiterbearbeitung und Spezifizierung der Anforderungen darstellt.[85] Erhebungstechniken werden außerdem jedoch z. B. auch im Rahmen prüfender Instrumente (z. B. bei Kundenzufriedenheitsmessungen) eingesetzt.

- Sieben Management- und Planungstechniken
  Die Sieben Management- und Planungstechniken sind aus den Sieben Techniken der Qualitätskontrolle hervorgegangen, die im wesentlichen bei der Analyse und Beseitigung von einfachen Qualitätsproblemen zur Prozeßverbesserung eingesetzt werden.[86] Im Gegensatz dazu unterstützen die Sieben Management- und Planungstechniken (affinity diagrams, tree/hierarchy diagrams, matrix diagrams, interrelationship diagrams, matrix data anlysis charts, arrow diagrams, process decision program charts) die oftmals komplexe Entscheidungsfindung bei der vorbeugenden Qualitätsplanung durch Strukturierung von überwiegend qualitativen Informationen (z. B. schriftliche oder verbale Kommentare) und deren Beziehungen untereinander.[87] Mittlerweile existieren eine Reihe unterschiedlicher Varianten von „Sieben Tool"-Vorschlägen.[88]
- Qualitätszirkel
  Qualitätszirkel sind Problemlösungsgruppen, die mit dem Ziel zusammengestellt werden, möglichst viele Mitarbeiter der ausführenden Ebene einzubeziehen.[89] Diese Gruppen mit zwischen vier und zehn Teilnehmern treffen sich periodisch unter der Leitung der direkten Vorgesetzten, um Probleme und Schwachstellen zu analysieren und zu beseitigen.[90] Qualitätszirkel behandeln demzufolge nicht nur produktbezogene Fragestellungen, sondern dienen darüber hinaus der Verbesserung der Prozesse des Produktentwicklungsbereichs.[91]
- Kreativitätstechniken
  Produktentwicklung erfordert nicht nur die Identifizierung von Kundenbedürfnissen, sondern bedingt darüber hinaus das Finden geeigneter Lösungen. Diese Lösungen können nicht ausschließlich durch Intelligenzfunktionen des Verstandes hervorgebracht

---

85 Hierzu zählen auch neuartige Verfahren zur Aufnahme der Stimme des Kunden wie das Monitoring des Internet. Vgl. Finch /Listen to the Customer/ 73-76

86 Vgl. Ishikawa /Guide/; für die generelle Anwendung in der Softwareentwicklung im Rahmen des PDCA-Zyklus siehe Arthur /Improving Software Quality/ 76-91

87 Vgl. Mizuno /Management/ und King /Quality Function Deployment/ 379-435; für die generelle Anwendung in der Softwareentwicklung siehe Arthur /Improving Software Quality/ 57-71

88 Vgl. z. B. Brassard /Memory Jogger/, King /Break througs/ und Mizuno /Management/. Einen Überblick über derartige Tools bietet Danner /Ganzheitliches Anforderungsmanagement/ 27-32

89 Vgl. Zink /Qualitätszirkel/ 2129

90 Vgl. Zink /Qualitätszirkel/ 2129

91 Siehe zur Einrichtung von Qualitätszirkeln ausführlich DGQ /Qualitätszirkel/

werden, sondern erfordern bewußte und unbewußte Denkoperationen, die das Schöpferische bewirken und die mit Hilfe von Techniken zur Überwindung von Denkblockaden unterstützt werden können.[92] Hierzu existieren zahlreiche Kreativitätstechniken, die kreativitätsspezifische Denkmechanismen verstärken, einengende Denkmuster überwinden und Synergieeffekte aus Teamarbeit erzielen.[93]

- Weitere konstruktive Instrumente

  Neben den beschriebenen Techniken zählen außerdem beispielsweise alle Modellierungstechniken zur Darstellung der Funktionen komplexer Systeme und deren Abhängigkeiten wie etwa die Function Analysis System Technique (FAST), das Funktionsblockdiagramm oder die Funktionsanalyse zu der Rubrik der konstruktiven Instrumente.[94] Weiterhin existieren noch zahlreiche Methoden wie das Design for Manifacture and Assembly (DFMA), deren Hauptanwendungsbereiche in der Fertigungsindustrie liegen.[95]

2.2.2 Analytische Instrumente

Analytischen Instrumenten der Produktentwicklung kommt die Aufgabe zu, die verfügbaren Informationen und Ideen zielgerichtet zu untersuchen, auszuwerten und auf Korrektheit zu überprüfen. Sie unterstützen folglich einen methodischen, objektiven Entscheidungsprozeß. Analytische Instrumente werden daher primär beim Übergang von der Produktplanungs- in die Produktentwurfsphase verwendet, um die zu spezifizierenden und später zu konstruierenden Produktideen zu selektieren. Auswertende Instrumente dienen dabei der Verwertung der mit den konstruktiven Instrumenten ermittelten Informationen. Prüfende Instrumente testen Produkte und Prozesse bzw. deren Entwürfe auf Korrektheit und Zweckmäßigkeit. Sie werden insbesondere in der Produktbetreuungsphase eingesetzt.

2.2.2.1 Auswertende Instrumente

- Gewichtungs- und Priorisierungstechniken

  Produktentwicklung ist stets mit der Auswahl von Handlungsalternativen verbunden. Infolgedessen werden Techniken zur Priorisierung bzw. Gewichtung von Entscheidungsvariablen benötigt. Hierbei ist zwischen solchen Techniken zu unterscheiden, bei denen die Entscheidungsträger unmittelbar ihre Präferenzen angeben sollen (z. B. die Relevanz einzelner Kriterien zur Bewertung der Bedeutung von Kundengruppen) und Techniken,

---

92 Vgl. Schlicksupp /Kreativitätstechniken/ 1291

93 Vgl. Schlicksupp /Kreativitätstechniken/ 1291

94 Vgl. Kersten /Entwicklung/ 432

95 Vgl. Kersten /Entwicklung/ 432

die diese Präferenzen in bestimmte Ergebnisse transformieren (z. B. in prozentuale Gewichte der Kundengruppen).[96]

- Quality Function Deployment (QFD)
  Bei dieser in Kapitel 6.1.2.2.1.2 ausführlicher behandelten Methode werden in moderierten, interdisziplinären Gruppensitzungen ausgehend von den Bedürfnissen der Kunden sukzessive Merkmale der Produkte und des Prozesses zur Entwicklung der Produkte abgeleitet und spezifiziert.[97]
- Wertanalyse
  Ziel dieser in der DIN-Norm 69910 beschriebenen Technik ist die Erfüllung aller vorgegebenen Anforderungen bei minimalen Kosten.[98] Der Wert eines Produkts ergibt sich aus dem Nutzen der Funktionen des Produkts und den Kosten, die zur Realisierung der Funktionen notwendig sind.[99]
- Failure Mode and Effect Analysis (FMEA)
  Diese Technik dient der frühzeitigen Aufdeckung potentieller Fehler in Konstruktion, Planung und Produktion.[100] Risiken können zwecks Verbesserung von Produkten und Prozessen bereits beim Entwurf vermieden oder vermindert werden.[101]
- Weitere auswertende Instrumente
  Andere Beispiele für Methoden, die der Beschreibung und Bewertung von Risiken und Störungen dienen, sind die Fault Tree Analysis (FTA) oder die Event Tree Analysis (ETA).[102]

2.2.2.2 Prüfende Instrumente

- Statistische Prozeßkontrolle (SPC)
  Bei dieser Technik werden Prüfdaten erfaßt und mit Hilfe statistischer Verfahren im Hinblick auf korrigierende Maßnahmen analysiert und interpretiert.[103] SPC unterscheidet dabei innere (z. B. Maschinenstreuung) sowie äußere (z. B. Luftfeuchtigkeit) Einflüsse und führt für beide Größen separate Analysen durch.[104]
- Design of Experiments (DoE)

96 Siehe hierzu z. B. Eisenführ, Weber /Rationales Entscheiden/ 120-129 und ausführlich Saaty /Decision Making/
97 Vgl. Akao /Quality Function Deployment/ 1
98 Siehe hierzu ausführlich Frost /Wertanalyse nach DIN 69910/
99 Vgl. Specht, Schmelzer /Produktentwicklung/ 14
100 Vgl. Theden /Qualitätstechniken/ 4
101 Vgl. Theden /Qualitätstechniken/ 4 und ausführlich Schubert /FMEA/
102 Vgl. Kersten /Entwicklung/ 432
103 Vgl. Specht, Schmelzer /Produktentwicklung/ 17
104 Zur Anwendung von SPC auf Software siehe Affourtit /Statistical Process Control/ 440-462

Hierbei handelt es sich um Methoden der statistischen Versuchsplanung mit dem Ziel, robuste Konstruktionen und Prozesse zu realisieren.[105]

- Qualitäts-Audit

  Die Wirksamkeit der Elemente eines Qualitätsmanagementsystems im Hinblick auf vorgegebene Ziele kann entweder für Produkte (Produktaudit)[106], für Prozesse (Verfahrensaudit)[107] oder für das gesamte Qualitätsmanagementsystem (Systemaudit)[108] durchgeführt werden. In jedem Fall werden die betreffenden Objekte von einer unabhängigen Person (Auditor) nach bestimmten Vorgaben[109] einer kritischen Überprüfung unterzogen.

- Design-Review

  Die DIN ISO 9004-1 fordert die systematische Überprüfung der Entwicklungsergebnisse am Ende einer jeden Entwicklungsphase (Entwurfsprüfung).[110] Teilnehmer an diesem Design-Review sind alle Verantwortlichen, welche die Qualität beeinflussen, sowie Vertreter der in den nachfolgenden Phasen betroffenen Fachbereiche.[111]

- Techniken zur Messung von Kundenzufriedenheit

  Zur Messung der Kundenzufriedenheit existieren zahlreiche Ansätze, die sich nach verschiedenen Kriterien klassifizieren lassen.[112] *Objektive Verfahren* gehen von der These aus, daß Kundenzufriedenheit durch Indikatoren meßbar ist, die eine hohe Korrelation mit der Zufriedenheit aufweisen und nicht durch persönliche Wahrnehmungen verzerrt werden können.[113] *Subjektive Verfahren* ermitteln hingegen merkmalsgestützt oder ereignisorientiert die vom Kunden subjektiv wahrgenommenen Zufriedenheitswerte.

- Benchmarking

  Anders als das ältere *Produktbenchmarking*, das sich mit dem Vergleich von Leistungsmerkmalen konkurrierender Produkte beschäftigt, untersucht das Prozeßbenchmarking die Eigenschaften der diese Produkte erzeugenden Prozesse.[114] Unter *Prozeßbenchmarking* wird die systematische, kontinuierliche Suche und Identifikation vor-

---

105 Vgl. Theden /Qualitätstechniken/ 7-8 und ausführlich Fisher /Design of Experiments/

106 Vgl. Gaster /Produkt- und Verfahrensaudit/

107 Vgl. Gaster /Produkt- und Verfahrensaudit/

108 Vgl. Gaster /Systemaudit/

109 Vgl. z. B. DGQ, DQS /Audits/

110 Vgl. DIN, EN, ISO /ISO 9004-1: 1994/

111 Vgl. Specht, Schmelzer /Qualitätsmanagement in der Produktentwicklung/ 21

112 Siehe zu einem umfassenden Überblick Hayes /Customer Satisfaction/

113 Vgl. zur Darstellung der verschiedenen Techniken zur Messung der Kundenzufriedenheit Homburg, Rudolph /Kundenzufriedenheit/ 42-45

114 Vgl. z. B. Spendolini /Benchmarking/

bildlicher Methoden und Prozesse in einer explizit gebildeten Klasse von zu vergleichenden Organisationen verstanden.[115]

- Weitere prüfende Instrumente

  Stellvertretend für die zahlreichen weiteren Instrumente[116] in diesem Umfeld seien Reliability Conformance Testing (RCT), Parts Count Method (PCM), Multiple Environment Overstress Tests (MEOST), Poka-Yoke und Evolutionary Optimization (EVOP) genannt.[117] Besondere Bedeutung hat in vielen Bereichen auch die Taguchi-Methode erlangt.[118]

Abb. 2-3 zeigt zusammenfassend die wichtigsten Instrumente und ihre Verwendung in den Phasen der Produktentwicklung. Es wird evident, daß eine eindeutige Zuordnung einer Instrumentengruppe zu einer Phase nicht möglich ist. Infolgedessen sind einzelne Instrumente auch in verschiedenen Phasen einsetzbar.

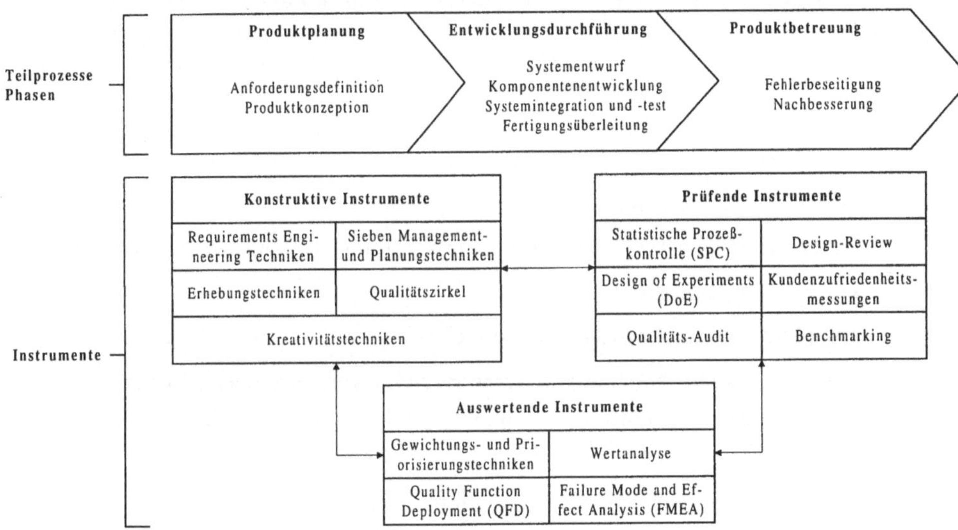

Abb. 2-3: Instrumente der Produktentwicklung

115 In der Literatur wird Benchmarking unterschiedlich abgegrenzt. Siehe zu anderen Definitionen des Benchmarking z. B. Camp /Benchmarking/ 12, Leibfried, MacNair /Benchmarking/ 40-41 und Watson /Strategic Benchmarking/ 2-3

116 Da diese Instrumente teilweise auch Vorgaben zur Vermeidung von Fehlern während des Produktionsprozesses ermitteln, wäre auch eine Klassifikation als konstruktive Instrumente gerechtfertigt.

117 Vgl. Sondermann /Anforderungen/ 370

118 Vgl. Kersten /Entwicklung/ 432 und Schweitzer, Baumgartner /Taguchi/ 75-100

3 Theoretischer Bezugsrahmen zur Untersuchung der Gestaltung von Instrumenten zur kundenorientierten Softwareproduktentwicklung

Ziele besitzen konstitutiven Charakter für alle betrieblichen und unternehmerischen Aktivitäten.[1] Infolgedessen erfordert auch die Gestaltung von Instrumenten der Produktentwicklung eine Ausrichtung an Gestaltungszielen im Sinne gewollter zukünftiger Vorgänge oder Zustände, d. h. einer antizipierten Vorstellung der Gestaltungswirkung[2]. Daher werden in Kapitel 3.1 zunächst mögliche Gestaltungsziele der Produktentwicklung analysiert.

Das Ausmaß der Zielerreichung, das in dieser Arbeit mit dem Begriff Effizienz bezeichnet werden soll, wird beeinflußt durch eine Reihe von Determinanten, die in unterschiedlichen Ausprägungen und mit unterschiedlicher Intensität in allen Phasen der Produktentstehung wirksam sind.[3] Diese Gestaltungsdeterminanten bzw. Einflußfaktoren lassen sich in einer Gleichung zusammenfassen:[4]

$E_P = f(W, G, U, B, M, P)$, dabei bedeuten:

E_P = Effizienz von Instrumenten der Produktentwicklung (Zielerreichungsgrad)

W = Merkmale der Umwelt (Kultur, Politik etc.)[5]

G = Merkmale des Gegenstands der Produktentwicklung (Sachgut, Dienstleistung etc.)

U = Merkmale der Unternehmung

B = Merkmale des Produktentwicklungsbereichs

M = Merkmale von Menschen und von deren Beziehungen (Manager und Mitarbeiter, die auf die Produktentwicklung Einfluß haben, sowie deren Interaktionen)

P = Merkmale der Projekte

Es ist davon auszugehen, daß sämtliche Gestaltungsdeterminanten die Wirkung der Instrumente beeinflussen. Im folgenden wird daher das in Abb. 3-1 skizzierte Modell zur Erfas-

---

1 Vgl. Hamel /Zielsysteme/ 2634

2 Vgl. Hamel /Zielsysteme/ 2635

3 In das hier verwendete Modell zur Erfassung der Einflußfaktoren der Effizienz von Instrumenten der Produktentwicklung sind einige Überlegungen von Specht, Schmelzer /Qualitätsmanagement in der Produktentwicklung/ 8-13 eingeflossen.

4 Vgl. Specht, Schmelzer /Qualitätsmanagement in der Produktentwicklung/ 8.

5 Aufgrund seines vermutlich sehr geringen Einflusses (dies gilt insbesondere für Software, bei deren Entwicklung z. B. keine ökologischen Fragestellungen zu berücksichtigen sind) auf die Wirkung von Instrumenten der Produktentwicklung wird der Faktor Umwelt in dieser Arbeit nicht näher betrachtet.

sung der Einflußfaktoren der Effizienz von Instrumenten der Produktentwicklung verwendet.[6]

Abb. 3-1: Modell zur Erfassung der Einflußfaktoren der Effizienz von Instrumenten der Produktentwicklung[7]

Aus Sicht der Gestaltung von Produktentwicklungsinstrumenten stellen die Ergebnisse strategischer Entscheidungen sowie die organisatorische Gestaltung und die Mitarbeiterstruktur der Gesamtunternehmung Rahmenbedingungen dar. Diese Gestaltungsbedingungen, zu denen auch die Merkmale des Gegenstands der Produktentwicklung gehören, werden in Kapitel 3.2 analysiert. Die in dieser Arbeit betrachteten Entscheidungsträger sind die Führungskräfte und Mitarbeiter des Produktentwicklungsbereichs sowie der Produktentwicklungsprojekte. Infolgedessen ergeben sich durch Beeinflussung von ihren Merkmalen Maßnahmen der Gestaltung von Instrumenten der Produktentwicklung. Diese Gestaltungsparameter sind Gegenstand von Kapitel 3.2.2.

Der Anhang enthält einen Fragebogen, mit dessen Hilfe die Gestaltungsziele und -determinanten im Rahmen einer empirischen Untersuchung erhoben werden können.[8] Die

6 Als Quellen für die zugrunde gelegten Einflußgrößen dienen neben Plausibilitätsüberlegungen v. a. Literaturstudien. Zur Absicherung der hierbei gewonnenen Erkenntnisse werden Ergebnisse von Interviews mit zehn für die Produktentwicklung verantwortlichen Mitarbeitern verschiedener Unternehmungen im Rahmen der in Kapitel 7.1 dargestellten empirischen Untersuchung herangezogen.

7 Vgl. Specht, Schmelzer /Qualitätsmanagement in der Produktentwicklung/ 9.

8 Der Fragebogen erfaßt sämtliche Gestaltungsdeterminanten, beschränkt sich aber auf Gestaltungsziele, die durch die in den Projekten handelnden Einheiten unmittelbar beeinflußbar sind (Zielgrößen auf Produktebene und Zielgrößen auf Projektebene).

Spalte „Fragebogen“ in den folgenden Abbildungen verweist auf die entsprechende Stelle in diesem Fragebogen.

3.1 Gestaltungsziele

3.1.1 Ziele als Beurteilungsgrundlage für die Gestaltung von Instrumenten zur Produktentwicklung

Die begründete Auswahl von Instrumenten zur Produktentwicklung bzw. von ihren alternativen Gestaltungsoptionen durch Variation der Gestaltungsparameter erfordert die vorangegangene Bestimmung der angestrebten Ziele der Unternehmung.[9] Gesamtunternehmungsziele wie Gewinn erweisen sich dabei als zu global, um als Beurteilungskriterien für Produktentwicklungsinstrumente herangezogen zu werden. Die Gewinnerzielung beispielsweise unterliegt vielfältigen und interdependenten Einflußfaktoren, so daß bereits die Frage, welchen Beitrag die Produktentwicklung *insgesamt* zum Erfolg einer Unternehmung leistet, kaum zufriedenstellend beantwortet werden kann. Der unmittelbare Zusammenhang zwischen den Wirkungen unterschiedlicher Gestaltungsoptionen von Produktentwicklungsinstrumenten und Gesamtzielen wie Gewinn ist infolgedessen noch viel schwächer ausgeprägt, so daß eine Effizienzbeurteilung anhand dieser Kriterien keine aussagefähigen Ergebnisse liefert. Darüber hinaus steigt mit zunehmendem Abstraktionsgrad der Ziele die Bedeutung und Schwierigkeit der vollständigen Erfassung situativer Determinanten (Gestaltungsbedingungen). Es sind daher geeignete Subziele zu definieren, die in ihrer Gesamtheit zur Verwirklichung des Endziels beitragen und den handelnden Einheiten in der Produktentwicklung als präzise Vorgaben für zur Zielerreichung geeignete Instrumente dienen (siehe Abb. 3-2).[10]

---

9 Vgl. im folgenden die für organisatorische Gestaltungsoptionen angestellten Überlegungen von Frese /Grundlagen/ 284-291

10 In dieser Arbeit wird keine bestimmte Organisationsform der Unternehmung (z. B. Art der Verankerung eines oder mehrerer Produktentwicklungsbereiche in die Gesamtunternehmung) unterstellt. Abb. 3-2 dient lediglich der Visualisierung der möglichen Zielhierarchie einer fiktiven Unternehmung und verdeutlicht, daß der Fokus der Arbeit auf der Ebene der Produktentwicklungsbereiche bzw. auf der Ebene der Projekte und der dort entwickelten Produkte liegt.

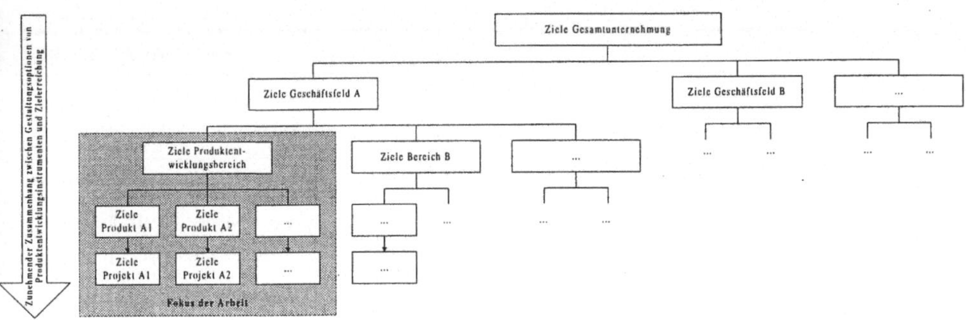

Abb. 3-2: Zielhierarchie der Unternehmung

Eine eindeutige Abgrenzung zwischen Zielen und Mitteln zur Zielerreichung kann hierbei nicht immer gewährleistet werden. So kann beispielsweise die Qualität des Entwicklungsprozesses lediglich als ein Mittel zur Erreichung der Produktziele interpretiert werden. In vielen modernen Ansätzen des Qualitätsmanagements wird der Prozeßqualität allerdings ein eigenständiger Stellenwert als anzustrebendes Ziel eingeräumt.[11]

Ziele der Produktentwicklung im Zielsystem der Unternehmung

Betriebliche Ziele können für die gesamte Unternehmung, für bestimmte Bereiche bzw. Abteilungen oder für handlungssteuernde Entscheidungsebenen definiert werden.[12]

- Ziele auf Unternehmungs- bzw. Geschäftsfeldebene[13]

  Als übergeordnetes Gesamtziel der Unternehmung fungiert das *Sachziel*, mit dem das sachliche Leistungsprogramm der Unternehmung beschrieben wird.[14] *Formalziele* beinhalten dagegen qualitative Spezifizierungen der Sachzielfigur (leistungsgebundene Ziele wie beispielsweise Produktqualität) oder bestimmte unabhängig vom Sachziel zu verfolgende Vorgaben (unternehmungsgebundene Ziele wie beispielsweise Rentabilität oder Liquidität).[15] Abb. 3-3 gibt einen exemplarischen Überblick über einige denkbare Zielgrößen für auf Gewinn ausgerichtete Unternehmungen.

---

11 Vgl. z. B. Masing /Wettbewerb/ 9. Siehe hierzu auch die Ausführungen in Kapitel 3.1.2 dieser Arbeit

12 Vgl. Hamel /Zielplanung/ 2307-2310

13 Zwecks sprachlicher Vereinfachung wird im folgenden nicht unterschieden zwischen Unternehmungen, die lediglich ein einziges Geschäftsfeld bearbeiten, und Unternehmungen, die in mehreren Geschäftsfeldern agieren. Strenggenommen bezieht sich in dieser Arbeit der Begriff „Unternehmung" stets auf ein einziges Geschäftsfeld der Unternehmung.

14 Vgl. Hamel /Zielsysteme/ 2638-2639

15 Vgl. Hamel /Zielsysteme/ 2635

Zielgruppe		Ziel	Bestimmungsgröße des Ziels
Zielgrößen auf Unternehmungsebene	Finanzielle Situation	Hoher Umsatz	Wachstum Umsatz in %
		Hohe Kapitalrentabilität	Verhältnis Gewinn zu eingesetztem Kapital in %
		Hohes Geschäftsergebnis	Gewinn vor Steuern in DM
	Wirtschaftlichkeit	Hohe Produktivität	Wachstum Produktivität in %
		Hohe Kapazitätsauslastung	Verhältnis Ist-Produktion zu Kann-Produktion in %
	Wettbewerbsstellung	Differenziertes Produktprogramm	Anzahl verschiedenartiger Produkte in Stück
		Hoher Bekanntheitsgrad	Anzahl Personen, die Produkt kennen, in Stück
		Hohe Kundenbindung	Wiederkaufsrate in %
		Großer Marktanteil	Wachstum Marktanteil in %
		Hohe Marktdurchdringung	Verhältnis tatsächliche zu potentiellen Käufern in %
		Hohe Konkurrenzfähigkeit	Vergleich der Verkaufszahlen in Lizenzen

Abb. 3-3: Zielgrößen auf Unternehmungsebene

Aus Sicht der Gestaltung von Produktentwicklungsinstrumenten sollen in dieser Arbeit die sich aus der verfolgten Geschäftsfeldstrategie ergebenden Sachziele (Erstellung von Software) sowie die unternehmungsgebundenen Formalziele (v. a. Gewinnerzielung) vorgegeben sein. Unternehmungs- bzw. Geschäftsfeldziele stellen infolgedessen Gestaltungsbedingungen dar.

- Ziele auf Produktentwicklungsbereichsebene

  Aus der fortschreitenden Konkretisierung von Unternehmungszielelementen im Wege einer Zielhierarchisierung und einer anschließenden Zuordnung von Zielbestandteilen zu organisatorischen Subsystemen entstehen Bereichsziele[16].[17]

  Die Zielgrößen des Produktentwicklungsbereichs[18] müssen infolgedessen in einer Zweck-Mittel-Beziehung zu den Geschäftsfeldzielen stehen.[19]

- Ziele auf Entscheidungsebene (Projekt- und Produktebene)

  Die Steuerung konkreter Einzelaufgaben erfordert eine Präzisierung und Konkretisierung dieser Ziele auf handelnde Einheiten in Form von Entscheidungszielen. Diese prä-

16 Für die in dieser Arbeit betrachtete Gestaltung von Instrumenten der kundenorientierten Softwareproduktentwicklung stellen die Ziele anderer Funktionsbereiche wiederum vorgegebene Größen und somit Gestaltungsbedingungen dar.

17 Vgl. Hamel /Zielsysteme/ 2641-2642

18 Unter dem Produktentwicklungsbereich wird derjenige Unternehmungsbereich verstanden, in dem Forschungserkenntnisse unter Nutzung des bestehenden Know-hows in produktionsreife Produkte bzw. einsetzbare Verfahren verdichtet werden. Vgl. Keuter /Determinanten/ 14

19 Vgl. Schmelzer /Produktentwicklungen/ 44

zisen Beschreibungen eines angestrebten Zustands sollen es dem Handlungsträger der kleinsten organisatorischen Ebene ermöglichen, ein konkretes Verhalten zu entwickeln.[20]

Bezogen auf die Produktentwicklung resultiert hieraus die Notwendigkeit der Definition produktgebundener Ziele, die entsprechend den Geschäftsfeldzielen festzulegen sind und als Zielvorgabe für den Produktentwicklungsbereich und für die Projekte dienen.[21] Die Projekte bilden nach den einzelnen Personen die kleinste organisatorische Entscheidungseinheit bezüglich der Gestaltung von Produktentwicklungsinstrumenten.

Neben dem Geschäftsfeld ergeben sich infolgedessen der Produktentwicklungsbereich, die zu entwickelnden Produkte sowie die durchzuführenden Projekte als untersuchungsrelevante Zielobjekte im Umfeld der Produktentwicklung (siehe Abb. 3-4).

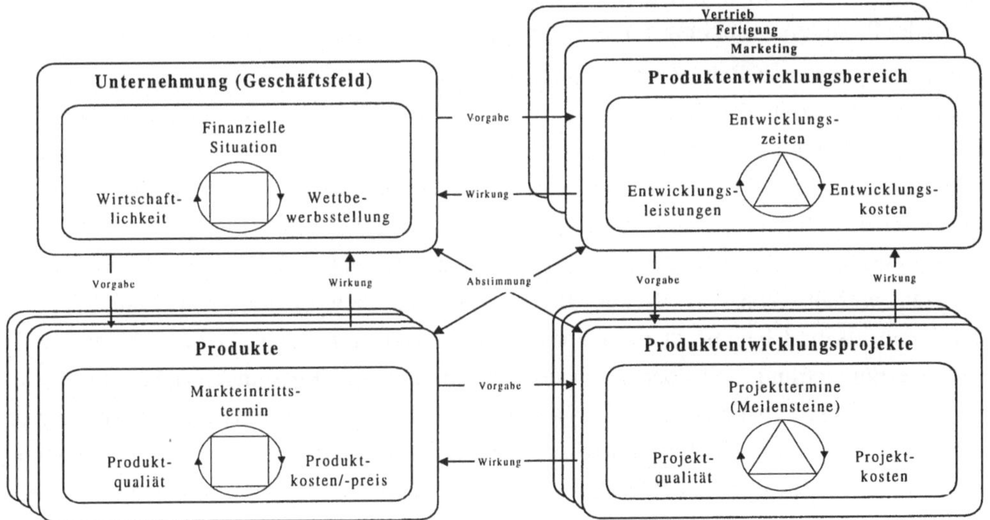

Abb. 3-4: Zielobjekte und Zielgrößen der Produktentwicklung[22]

Die Zielobjekte und Zielgrößen der Produktentwicklung stehen dabei in wechselseitiger Beziehung zueinander: Einerseits determinieren die Geschäftsfeldziele die Produktziele. Die Erlangung eines Wettbewerbsvorteils kann z. B. mittels einer überlegenen Produktqualität (bei angestrebter Qualitätsführerschaft) oder durch einen besonders niedrigen Produktpreis (bei angestrebter Kostenführerschaft) erreicht werden. Wie in diesem Abschnitt noch eingehender erläutert wird, kann der Markteintrittstermin des Produkts u. a.

20 Vgl. Hamel /Zielsysteme/ 2642

21 Siehe zur Ableitung von Zielgrößen für die Produktentwicklung z. B. Griffin, Page /PDMA Success Measurement Project/ 478-496

22 Vgl. Schmelzer /Produktentwicklungen/ 46

den Umsatz und infolgedessen die finanzielle Situation beeinflussen. Andererseits leiten sich aus den Geschäftsfeldzielen nicht nur Produktziele, sondern auch prozeßbezogene Ziele des Produktentwicklungsbereichs und der dort durchgeführten Projekte ab. Die Entwicklung eines Produkts, das vor allen Konkurrenzprodukten auf den Markt gebracht werden soll, erfordert die Definition von auf eine kurze Entwicklungszeit ausgerichteten Zielen für den Produktentwicklungsbereich. Aus kurzen Entwicklungszeiten resultieren Projektziele, die eine beschleunigte Produktentwicklung, z. B. durch die Wiederverwendung von früheren Planungsergebnissen oder die Parallelisierung von Arbeitsschritten, anvisieren.

Es ist evident, daß die Ziele der einzelnen Zielobjekte sich nicht immer komplementär oder neutral zueinander verhalten, sondern daß Konflikte zwischen konkurrierenden Zielen bestehen können.[23] Infolgedessen sind bei der Aufstellung des Zielsystems und bei der Gewichtung von dessen Elementen die Zielbeziehungen zu prüfen und beispielsweise die Ziele der Produktentwicklungsprojekte mit den Produktzielen abzustimmen.

Die Gestaltungsziele Zeit, Kosten und Leistung können als Subziele des übergeordneten Unternehmungsziels Gewinn interpretiert werden. Während ältere Ansätze Zeit bzw. Kosten und Leistung (zumeist als „Qualität" bezeichnet) als konkurrierend ansehen,[24] nutzen neuere Ansätze des Qualitätsmanagements wie beispielsweise das TQM die Beziehungen zwischen den Zielen, um alle Ziele gleichzeitig zu verfolgen.[25] Eine stark vereinfachte Darstellung der angenommenen Zusammenhänge zwischen Subzielen und dem Endziel Gewinn enthält Abb. 3-5.[26] Die Entwicklungszeit determiniert den Zeitpunkt des Markteintritts und beeinflußt infolgedessen den erzielbaren Erlös. Darüber hinaus wirkt sich die Entwicklungszeit über die Dauer der Bindung von Ressourcen neben den verursachten direkten Kosten (z. B. Verbrauchsmaterial) auch auf die Entwicklungskosten aus. Die Qualität des Entwicklungsprozesses führt bei positivem Ergebnis zu einer entsprechenden Produktqualität und Marktakzeptanz, die sich in höheren Absatzmengen und/oder Absatzpreisen widerspiegeln. Im Falle mangelnder Qualität der Entwicklung fehlen Produktqualität bzw. Marktakzeptanz und/oder es kommt zu den Gewinn schmälernden Fehlleistungskosten in Form von Ausschuß, Nacharbeiten bzw. Gewährleistungen.

---

23 Vgl. Schmelzer /Produktentwicklungen/ 45

24 Vgl. z. B. Meilir /DV-Projektmanagement/ 3-4

25 Vgl. z. B. Mellis, Herzwurm, Stelzer /TQM/ 11. So hat z. B. die Studie von McKinsey für die Automobilzuliefererindustrie gezeigt, daß die erfolgreichen Unternehmungen nicht nur bezüglich Qualität, sondern auch bezüglich Zeit und Kosten überlegen waren. Siehe hierzu ausführlich Rommel u. a. /Qualität gewinnt/

26 Abb. 3-5 zeigt lediglich *eine* mögliche Ursache-Wirkungs-Kette, welche potentielle Auswirkungen der prozeßbezogenen Ziele des Produktentwicklungsbereichs und der Projekte auf die Produktziele aufzeigt und deren mögliche Konsequenzen für den Gewinn prognostiziert.

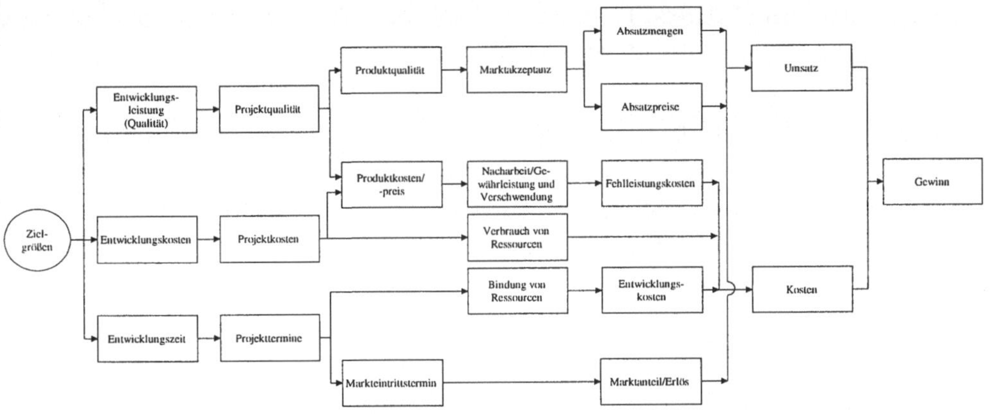

Abb. 3-5: Möglicher Zusammenhang zwischen den Zielgrößen des Produktentwicklungsbereichs und dem Gewinn[27]

Abb. 3-5 zeigt zwar den prinzipiellen Zusammenhang zwischen den Zielgrößen des Produktentwicklungsbereichs und dem Gewinn auf, ermöglicht jedoch keine eindeutige Prognose der Wirkungsrichtungen. So besteht beispielsweise eine enge wechselseitige Beziehung zwischen der Entwicklungszeit und dem möglichen Markteintrittstermin: Je länger die Entwicklung dauert, desto später kann das Produkt auf den Markt gebracht werden. Allerdings kann keine allgemeingültige Aussage darüber getroffen werden, ob ein früher Markteintrittstermin auch zu einem höheren Gewinn führt.[28] Zwar verfügt der Erstanbieter bis zum Markteintritt der Folger über ein Angebotsmonopol, während dessen er höhere Preise und Stückzahlen erzielen kann, was zur schnelleren Amortisation seiner Entwicklungskosten und zum Aufbau langfristiger Erfolgspotentiale beiträgt,[29] allerdings setzt diese Wirkung eine hohe Zeitelastizität des Preises voraus (d. h. der Kunde ist bereit für die frühere Verfügbarkeit des Produkts einen höheren Preis zu zahlen), was nicht bei allen Produktarten der Fall ist. Ferner existieren für den Kunden nicht nur Zeitvorteile, sondern auch Zeitrisiken (z. B. unausgereifte, unzuverlässige Produkte), weshalb die prognostizierten Nachfrageeffekte möglicherweise nicht in der erwarteten Höhe eintreten.[30] Eine längere Entwicklungszeit führt dagegen tendenziell zu der Möglichkeit, mehr Zeit in die Anforderungsanalyse, die Lösungskonzeption und eingehende Tests zu investieren, und erhöht somit die Wahrscheinlichkeit der Entwicklung qualitativ hochwertiger Produkte. Die „richti-

27 Vgl. ähnliche Abbildung bei Kersten /Entwicklung/ 434

28 Vgl. Tellis, Golder /Market Leadership/ 56

29 Vgl. Schmelzer /Produktentwicklungen/ 49

30 Vgl. Schmelzer /Produktentwicklungen/ 49

ge“ Gewichtung der Zielgröße Produktentwicklungszeit hängt demzufolge u. a. von den spezifischen Bedingungen des Markts und den Merkmalen des zu entwickelnden Produkts ab.[31]

Die sich aus den Geschäftsfeldzielen ergebenden Vorgaben für den Produktentwicklungsbereich und die handelnden Projekte sowie für die Produktziele stellen die in dieser Arbeit verwendeten und in den nachfolgenden Kapiteln näher beschriebenen Effizienzkriterien dar, anhand derer unterschiedliche Gestaltungsoptionen von Instrumenten der Produktentwicklung zu beurteilen sind.[32]

- Die *Bereichseffizienz* gibt an, inwieweit die Gestaltung des Instruments zur Erreichung der angestrebten Zielgrößenausprägungen Entwicklungszeit, Entwicklungskosten und Entwicklungsleistung des Produktentwicklungsbereichs beiträgt.
- Die *Produkteffizienz* dient der Beurteilung der durch die Gestaltung des Instruments bewirkten Zielerreichungsgrade bezüglich des Markteintrittstermins (d. h. bezüglich der Produktentwicklungszeit), der Produktkosten bzw. der Produktpreise und der Produktqualität.
- Die *Projekteffizienz* bezieht sich auf den Grad der Zielerreichung der in den Projekten als ausführende Handlungseinheit angestrebten Zielgrößen mit Hilfe des Instruments (Projekttermine, Projektqualität, Projektkosten).

Problematik der wissenschaftlichen Begründung von Effizienzkriterien zur Gestaltung von Instrumenten der Produktentwicklung

Die vorgestellten Effizienzkriterien zeichnen sich durch einen hohen Abstraktionsgrad aus und besitzen daher einen relativ allgemeingültigen Charakter. Auswahl und Ausprägung der Zielgrößen sowie die Gewichtung der Ziele hängen außer von der gewählten Geschäftsfeldstrategie von zahlreichen situativen Einflußfaktoren ab, so daß die Effizienzkriterien zur Beurteilung bestimmter Gestaltungsoptionen von Instrumenten der Produktentwicklung in Abhängigkeit vom Kontext unter Berücksichtigung des Entscheidungsfeldes zu konkretisieren sind.[33]

Die Prämisse, daß die hierbei verwendeten Subziele Zeit, Kosten und Qualität tatsächlich zur gewünschten Ausprägung des Oberziels Gewinnerwirtschaftung führen, beruht lediglich auf Plausibilitätsüberlegungen und bedarf des empirischen Nachweises, der nach dem jetzigen Stand der empirischen Forschung wohl kaum zu gewährleisten ist.[34] Zur Begründung der vermuteten Zusammenhänge wird zwar bei der Analyse der Zielgrößen von Pro-

31 Vgl. zu dieser Problematik ausführlich Remmerbach /Markteintrittsentscheidungen/ 111-177

32 Siehe zur Messung und Beurteilung der Effizienz von Projekten der angewandten Forschung und Entwicklung ausführlich Omagbemi /Forschung und Entwicklung/

33 Arthur /Increasing Returns/ 100-109

34 Vgl. Frese /Grundlagen/ 289

duktentwicklungsinstrumenten in den Kapiteln 4.1 und 5.1 wenn möglich auf existierende empirische Befunde zurückgegriffen, der Anspruch auf Allgemeingültigkeit und zweifelsfreie Korrektheit wird jedoch nicht erhoben.

3.1.2 Zielgrößen auf Produktentwicklungsbereichsebene

Der Produktentwicklungsbereich hat die Aufgabe, die für die effiziente Durchführung von Produktentwicklungsaufgaben erforderlichen Rahmenbedingungen zu schaffen und den Entwicklungsprojekten die Ressourcen bedarfs- und zeitgerecht zur Verfügung zu stellen, die sie für die Zielerreichung benötigen.[35] Als Zielgrößen fungieren hierbei Entwicklungszeit, Entwicklungsleistung und Entwicklungskosten.[36]

Ziele auf Produktentwicklungsbereichsebene und ihre Bestimmungsgrößen

- Die *Entwicklungszeit* umfaßt die Dauer des Entwicklungsprozesses von der Initialisierung der Entwicklung bis zur Marktreife des Produkts (time to market). Eine bereichsbezogene Zielgröße in diesem Zusammenhang stellt die break even time als Zeitspanne vom Beginn der ersten Investition im Rahmen eines Entwicklungsprojekts bis zur Erreichung der Gewinnschwelle dar.[37] Diese Zielgröße ist jedoch nicht nur von der Entwicklungszeit, sondern auch von den Marktbedingungen abhängig.[38] Damit viele Produkte bzw. deren Komponenten gleichzeitig entwickelt werden können, stellt die Möglichkeit von Parallelentwicklungen ebenfalls eine wichtige zeitbezogene Zielgröße des Produktentwicklungsbereichs dar.[39] Die geplanten Entwicklungszeiten des Produktentwicklungsbereichs spiegeln sich bei den Projektzielen als Meilensteine wider und beeinflussen infolgedessen den frühesten Markteintrittstermin des Produkts.
- *Entwicklungskosten* sind die von der Produktentwicklung verursachten, bewerteten Verbräuche von Gütern und Dienstleistungen. Sie setzen sich zusammen aus den eigentlichen Kosten des Entwicklungsprozesses (z. B. Verbrauchsmaterialien) sowie den internen Kosten für Redesign, Entwicklungsfehler und andere Fehlleistungen. Die geplanten Entwicklungskosten beeinflussen die den Projekten zur Verfügung stehenden Ressourcen und wirken sich auf die Produktkosten und somit auf den Produktpreis aus.
- Die *Entwicklungsleistung* gibt an, in welchem Ausmaß die Produktentwicklung zu den beabsichtigten Ergebnissen führt und bildet somit die Qualitätsdimension des Bereichs ab.

---

35 Vgl. Schmelzer /Produktentwicklungen/ 45

36 Vgl. Schmelzer /Produktentwicklungen/ 45-46

37 Vgl. Schmelzer /Produktentwicklungen/ 47-48

38 Vgl. Schmelzer /Produktentwicklungen/ 47-51

39 Millson, Raj, Wilemon /Accelerating New Product Development/ 53-69

- Eine ausreichende *Prozeßqualität* stellt eine notwendige, wenn auch nicht hinreichende Bedingung für die planbare und wiederholbare Erzielung einer entsprechenden Produktqualität dar. Zielgrößen einer hohen prozeßbezogenen Qualität des Entwicklungsbereichs sind z. B. Planungstreue, hohe Produktivität, niedrige Autonomiekosten durch bereichsinterne und bereichsübergreifende Kommunikation und Zusammenarbeit sowie eine gute Mitarbeitereffizienz[40].[41] Diese Ziele führen in den Projekten zu Projektqualität in Form von methodischem Vorgehen, ausreichender Informationsgrundlage und guter Zusammenarbeit.
- Die durch den Produktentwicklungsbereich erzeugte *Produktqualität* ist das Ergebnis der jeweils abgeschlossenen Projekte und manifestiert sich in Zielgrößen wie Kundenzufriedenheit und Image.[42]

Abb. 3-6 faßt die wichtigsten Ziele auf Produktentwicklungsbereichsebene und ihre Bestimmungsgrößen zusammen.

<table>
<tr><th colspan="3">Zielgruppe</th><th>Ziel</th><th>Bestimmungsgröße des Ziels</th></tr>
<tr><td rowspan="12">Zielgrößen auf Produktentwicklungsbereichsebene</td><td colspan="2" rowspan="3">Entwicklungszeiten</td><td>Kurze Amortisationszeiten</td><td>Durchschnittlicher break even point der Produkte</td></tr>
<tr><td>Kurze Entwicklungszeiten</td><td>Durchschnittliche time to market der Produkte</td></tr>
<tr><td>Mögliche Parallelentwicklungen</td><td>Anzahl der im Bereich parallel entwickelbaren Produkte bzw. Produktkomponenten in Stück</td></tr>
<tr><td colspan="2" rowspan="2">Entwicklungskosten</td><td>Niedrige Produktentwicklungskosten</td><td>Der Kostenstelle zugerechnete Kosten in DM</td></tr>
<tr><td>Niedrige Fehlleistungskosten</td><td>Interne Kosten des Bereichs für Fehlerbeseitigung in DM</td></tr>
<tr><td rowspan="7">Entwicklungsleistungen</td><td rowspan="2">Produktqualität</td><td>Hohe technische Qualität</td><td>Von den Produkten des Bereichs verursachte Garantie- und Gewährleistungskosten in DM</td></tr>
<tr><td>Hohe relative Qualität</td><td>Image der vom Bereich entwickelten Produkte</td></tr>
<tr><td rowspan="5">Prozeßqualität</td><td>Guter Zustand und gutes Verhalten der Mitarbeiter</td><td>Mitarbeiterbeurteilungen und -zufriedenheit innerhalb des Bereichs</td></tr>
<tr><td>Gute interne Kommunikation und Zusammenarbeit</td><td>Mitarbeiterbeurteilungen und -zufriedenheit innerhalb des Bereichs</td></tr>
<tr><td>Gute bereichsübergreifende Zusammenarbeit</td><td>Mitarbeiterbeurteilungen und -zufriedenheit in den kooperierenden Bereichen</td></tr>
<tr><td>Hohe Produktivität</td><td>Anzahl entwickelter Produkte pro Jahr in Stück</td></tr>
<tr><td>Hohe Planungstreue</td><td>Ausmaß von Termin- und/oder Budgetüberschreitungen in Tagen und/oder DM</td></tr>
</table>

Abb. 3-6: Zielgrößen auf Produktentwicklungsbereichsebene

40 Siehe zur Erläuterung der Begriffe Autonomiekosten und Mitarbeitereffizienz Frese /Grundlagen/ 24-28

41 In diesem Zusammenhang wird in der angelsächsischen Literatur auch von Lean Product Development gesprochen. Vgl. z. B. Karlsson, Ahlström / Lean Product Development/ 283-295

42 Vgl. zur Unterscheidung zwischen technischer und relativer Qualität Zäpfel /Taktisches Produktionsmanagement/ 13-14 sowie die Ausführungen in Kapitel 3.1.3 dieser Arbeit

Implikationen der Geschäftsfeldstrategiewahl Kundenorientierung für die Zielgrößen des Produktentwicklungsbereichs

Maßgeblichen Einfluß auf die Präferenzstruktur des Zielsystems besitzen die von der Unternehmung verfolgten Strategien. Die Ableitung möglicher Ziele der Produktentwicklung muß daher stets die Auswirkungen der Strategiewahl „Kundenorientierung" als Rahmenbedingung berücksichtigen. Wie in Kapitel 1.1.2 dargestellt führt die Geschäftsfeldstrategiewahl Kundenorientierung zu einer höheren Gewichtung von Qualitätszielen im Vergleich zu den Kostenzielen.

Den im Zusammenhang mit relativer Qualität stehenden Subzielen wird im Zielsystem einer kundenorientierten Produktentwicklung infolgedessen die höchste Priorität eingeräumt. Dies impliziert tendenziell eine Vernachlässigung von Kosten- und Zeitaspekten zugunsten der exakteren Erfüllung von Kundenanforderungen.

3.1.3 Zielgrößen auf Produktebene

Produkte sind das Ergebnis der Entwicklungstätigkeiten. Die Ziele auf der Produktebene können analog zu den Zielen der Bereichsebene in den Dimensionen Zeit, Kosten und Qualität angegeben werden.

Ziele auf Produktebene und ihre Bestimmungsgrößen

- Markteintrittstermin
  Wie im vorangegangenen Kapitel ausgeführt, determiniert die Entwicklungszeit den frühest möglichen Markteintrittstermin eines Produkts als potentielles Mittel zur Verbesserung der finanziellen Situation sowie der Wettbewerbsstellung und stellt infolgedessen eine mögliche Zielgröße auf der Produktebene dar.[43]
- Produktkosten/Produktpreis
  - Die Produktkosten beeinflussen ebenso wie der auf dem Absatzmarkt erzielbare Produktpreis unmittelbar die Höhe des Produktdeckungsbeitrags und somit die Wirtschaftlichkeit sowie die finanzielle Situation der Unternehmung.
  - Der Kunde richtet sein Kaufverhalten nach seiner subjektiven Einschätzung des Preis-/Leistungsverhältnisses aus und hat zumindest implizite Vorstellungen darüber, welchen Preis er aufgrund seiner persönlichen Kosten-/Nutzeneinschätzung zu zahlen bereit oder fähig ist. Aus diesem Grund zählen die subjektiven Einschätzungen bezüglich der Übereinstimmung des Produkts mit den Preiserwartungen der Kunden ebenso zu den möglichen Zielgrößen wie das (positive) Kundenurteil bezüglich der Übereinstimmung des Produkts mit den Preis-/Leistungsverhältniserwartungen.

---

43 Ein Beispiel für eine entwicklungszeitorientierte Softwareproduktentwicklung enthält Rauscher, Smith /Time-Driven Development of Software/ 186-199

- Produktqualität
  Nach dem Verständnis internationaler Normung setzt sich Produktqualität aus verschiedenen Aspekten, den sogenannten Qualitätsmerkmalen, zusammen, die inhaltlich unterschiedliche Bereiche im Eignungsspektrum des Produkts bezeichnen und untereinander in Beziehung stehen.[44] Abb. 3-7 zeigt, wie solche Qualitätsmerkmale in der DIN 66272 (entspricht ISO 9126) zu einem Qualitätsmodell zusammengefaßt sind.[45] Im Gegensatz zu Gütern der Fertigungsindustrie bereitet bei der Softwareentwicklung die Operationalisierung dieser Qualitätsmerkmale jedoch trotz genormter Definitionen erhebliche Schwierigkeiten.[46] „Effizienz" im Sinne der DIN 66272 läßt sich z. B. durch die Beanspruchung der Ressourcen in Form des zeitlichen Leistungsverhaltens (in Sekunden) oder des benötigten Speicherplatzes (in Kilobyte) messen.[47] Metriken für die Benutzbarkeit enthalten dagegen wesentlich mehr subjektive bzw. individuenabhängige Elemente.[48]

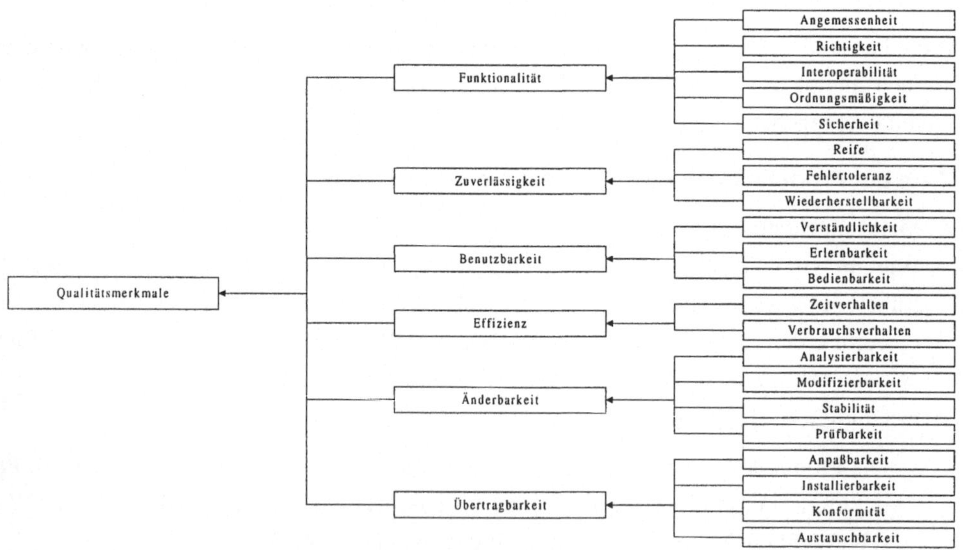

Abb. 3-7: Qualitätsmodell für Software nach DIN 66272/ISO 9126[49]

---

44 Vgl. Schmitz, Bons, van Megen /Software-Qualitätssicherung/ 20

45 Die Diskussion verschiedener Qualitätsmodelle für Software enthält Eul /Geschäftsfeldmodelle/ 57-74. Einen Überblick über Normen für die Softwarequalitätssicherung bietet Bons, Salmann /Software-Normen/ 401-412

46 Belli, Bonin /Qualitätsvorgaben/ 46-57

47 Vgl. Schmitz, Bons, van Megen /Software-Qualitätssicherung/ 21

48 Ansätze zur Bewertung der Softwareproduktqualität finden sich z. B. in Boehm u. a. /Characteristics/. Schwierigkeiten bereiten bei der Qualitätsmessung v. a. nicht-funktionale Anforderungen. Vgl. Sivess /Non-functional requirements/ 285-294

49 Erstellt nach Angaben aus DIN /DIN 66272/

Dieser an Güte orientierte Qualitätsbegriff berücksichtigt allerdings in unzureichender Weise die verschiedenen Bedürfnisse der Kunden sowie die unterschiedlichen Verwendungsarten von Produkten.[50] Die Produktqualität wird daher im Rahmen dieser Untersuchung aus zwei verschiedenen Perspektiven betrachtet.

- Die technisch-funktionale Perspektive definiert Qualitätsziele primär als Erfüllungsgrad technischer Produktspezifikationen und benutzt daher zu ihrer Messung objektive Beurteilungsverfahren wie Messen, Zählen, Wiegen etc. anhand technischer Kriterien.[51] Gegenstand der *technischen Qualität* ist das Produkt als Output einer Produktionsabteilung. Mangelnde Qualität manifestiert sich z. B. in großen Ausschußmengen sowie hohen Reparatur- und Nacharbeitskosten.[52]
- Ergänzend zu dieser technischen Sicht zielt der in dieser Arbeit zugrunde gelegte Qualitätsbegriff auf den mit der Qualität erzielbaren Kundennutzen ab.[53] Hierbei stellt der Erfüllungsgrad eines Kundenbedürfnisses die anzustrebende Zielgröße dar.[54] Die Beurteilung erfolgt anhand subjektiver Beurteilungsverfahren auf der Basis eines Vergleichs der Leistungen mit den Kundenanforderungen bzw. den Wettbewerbern. Es wird daher in diesem Zusammenhang auch von *relativer Qualität* gesprochen.[55] Damit wird zum Ausdruck gebracht, daß bezüglich der Einschätzung der relativen Qualität in Abhängigkeit von der individuellen Bedürfnis- bzw. Präferenzstruktur bei demselben Produkt durchaus unterschiedliche Ergebnisse auftreten können. Dies versucht Abb. 3-8 anhand eines fiktiven Beispiels schematisch zu verdeutlichen. Auf der Abszisse befindet sich die Ausprägung eines Qualitätsmerkmals (hier: Funktionalität eines Programms zur Unterstützung des Entwicklers bei der Softwareerstellung).[56] Die Ordinate beschreibt den Kundennutzen bzw. Wert, den ein potentieller Käufer einer bestimmten Ausprägung dieses Merkmals in einem normierten Maßstab zuordnet.

---

50 Bei der Gestaltung der Erfordernisse unterscheidet die Norm zwar zwischen der Sicht des Benutzers, der Sicht des Entwicklers und der Sicht des Management, wodurch gewährleistet werden soll, daß die Qualität tatsächlich zweckbezogen beurteilt wird, dies gibt jedoch lediglich eine spezielle Sichtweise wieder und vernachlässigt z. B., daß auch für unterschiedliche Kunden dieselbe Ausprägung von Qualitätsmerkmalen je nach Einsatzzweck der Software unterschiedliche Eignungen repräsentiert.

51 Vgl. Benkenstein /Dienstleistungsqualität/ 1099

52 Vgl. Zäpfel /Taktisches Produktionsmanagement/ 13

53 Dabei ist es natürlich möglich, daß sich die Kundenanforderungen an den zuvor genannten Qualitätsmerkmalen orientieren. Vgl. Haist, Fromm /Qualität/ 5 und 31

54 Vgl. Crosby /Qualität ist machbar/ 68

55 Vgl. Zäpfel /Taktisches Produktionsmanagement/ 13

56 Vgl. zur nachfolgenden Argumentation Masing /Wettbewerb/ 6-7

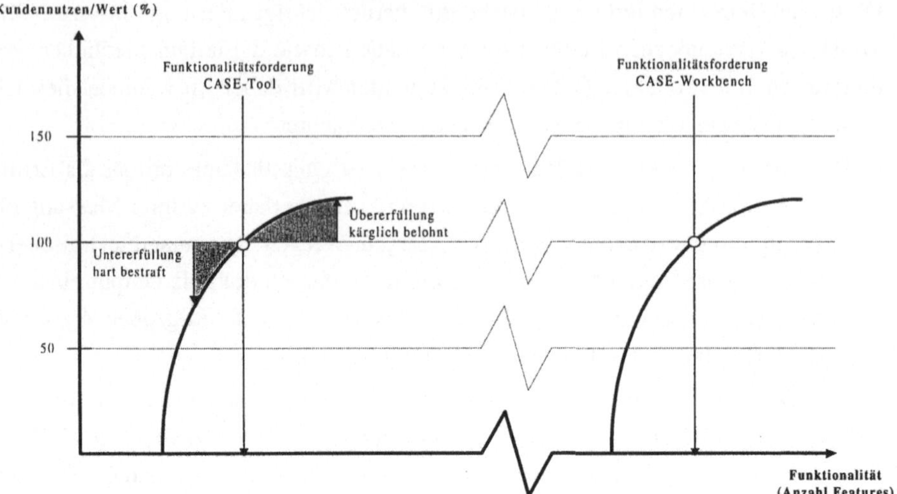

Abb. 3-8: Wertefunktion des Qualitätsmerkmals Funktionalität[57]

Kurve A zeigt z. B. ein Produkt speziell für die frühen Phasen der Softwareentwicklung (CASE-Tool[58]). Kurve B beschreibt ein Produkt für alle Phasen der Softwareentwicklung mit umfangreichen Querschnittsfunktionen und breiter Generierungspalette (CASE-Workbench). In beiden Fällen ist eine zu geringe Funktionalität mit der Wertvorstellung null verbunden. Den vollen Wert erreichen beide Produkte bei differierenden Ausprägungen des Qualitätsmerkmals Funktionalität. Durch das unterschiedliche Anforderungsniveau sind somit verschiedene Arten von CASE-Produkten und nicht unterschiedliche Qualitäten im Sinne von „Güte" bzw. von technischer Qualität gekennzeichnet. Der Wert des CASE-Produkts für einen bestimmten Kunden und somit die relative Qualität ist abhängig von dessen speziellen Bedürfnissen. Wird das Bedürfnis des Kunden nicht erfüllt, so kauft er das Produkt nicht oder nur zu einem erheblich niedrigeren Preis (harte Bestrafung der Untererfüllung); es folgt ein schnelles Absinken der Wertefunktion unterhalb von 100%. Eine Übererfüllung der Bedürfnisse bedeutet für den Kunden keinen adäquaten Wertzuwachs: Mittelständische Unternehmungen wären beispielsweise eventuell nicht bereit, für die nicht unbedingt benötigte Funktionalität einer komplexen CASE-Workbench einen entsprechend höheren Preis zu zahlen. Zumindest ergibt sich für den CASE-Produkthersteller ein Risiko bezüglich der Amortisation der zusätzlichen

57 Vgl. Masing /Wettbewerb/ 7

58 Siehe zur Definition und Angrenzung der verwendeten CASE-Begriffe Herzwurm /Wissensbasiertes CASE/ 14-15

Entwicklungskosten. Ziel einer kundenorientierten Produktentwicklung muß es somit sein, die Kundenwünsche möglichst exakt zu erfüllen.[59]

Der Gegenstand der Kundenbeurteilung beschränkt sich hierbei nicht auf das Produkt im engeren Sinne, sondern schließt darüber hinaus alle Zusatz- und Nebenleistungen für den Kunden ein.[60] Relative Qualität äußert sich in Größen wie Kundenzufriedenheit und Image und kann infolgedessen gegenüber der technischen Qualität schwieriger kurzfristig beeinflußt werden. Außerdem stellen sich besondere Anforderungen an Beurteilungsverfahren.

Im folgenden wird Produktqualität als Ausmaß der Erfüllung der sich aus den Kundenbedürfnissen ergebenden Anforderungen definiert.[61] Als Konsequenz für die Produktentwicklung ergibt sich hieraus nicht nur eine weite Fassung des Produktbegriffs, sondern auch die Notwendigkeit, Lösungen und Vorgaben für nicht unmittelbar an der Produktion beteiligte Unternehmungsbereiche (Marketing, Vertrieb, Kundendienst etc.) zu entwickeln.

Der Neuheitsgrad eines Produkts kann ebenfalls ein wichtiges Merkmal für den Erfolg einer Produktentwicklung darstellen. Da der Neuheitsgrad letztlich nur unternehmungs- bzw. kundenindividuell beurteilt werden kann, wird er in der zusammenfassenden Abb. 3-9 der Zielgruppe relative Qualität zugeordnet.

Zielgruppe			Ziel	Bestimmungsgröße des Ziels	Fragebogen
Zielgrößen auf Produktebene	Markteintrittstermin	Kurze Entwicklungszeit	Schnelle Markteinführung	Zeitspanne Entwicklungsbeginn und Markteinführung in Tagen	C.1
	Produktkosten/-preis	Niedrige Kosten	Niedrige Fehlleistungskosten	Kosten für Fehlerbeseitigung und Redesign vor der Auslieferung in DM	C.3
			Kostengünstige Produktion	Herstellkosten in DM	C.2
		Hoher erzielbarer absoluter Preis	Hoher Absatzpreis	Absatzpreis in DM	C.4
		Akzeptierter relativer Preis	Den Preiserwartungen der Kunden entsprechender Absatzpreis	Kundenzufriedenheit mit Preis	C.5
			Den Preis-/Leistungsverhältniserwartungen der Kunden entsprechende Produkte	Kundenzufriedenheit mit Preis-/Leistungsverhältnis	C.6
		Hohes Produktergebnis	Hoher Produktdeckungsbeitrag	Produktdeckungsbeitrag in DM	C.7
	Produktqualität	Hohe technische Qualität	Der technischen Spezifikation entsprechende Produkte	Anzahl nach der Auslieferung gefundener Abweichungen von der Spezifikation	C.8
		Hohe relative Qualität	Den Leistungserwartungen der Kunden entsprechende Produkte	Kundenzufriedenheit mit Leistung	C.9
			Konkurrenzfähige Produkte	Produktbenchmarks (Kundenzufriedenheitsindexvergleich)	C.10
			Innovative Produkte	Anzahl neuartiger Merkmale in Stück	C.11

Abb. 3-9: Zielgrößen auf Produktebene

59 Damit ist nicht gesagt, daß der Kunde von bestimmten Merkmalen eines Produkts, die er von sich aus nicht gefordert hat, nicht möglicherweise positiv überrascht wird. Siehe hierzu Bailom u. a. /Kano-Modell/ 117-126

60 Vgl. Zäpfel /Taktisches Produktionsmanagement/ 13

61 Vgl. Frese, Noetel /Auftragsabwicklung/ 81

Wie in Kapitel 5.1 ausführlich dargestellt, übt eine hohe Produktqualität unter bestimmten Voraussetzungen über Nachfrage- und Preiseffekte einen großen positiven Einfluß auf die Gewinnerzielung einer Unternehmung aus.

Implikationen der Geschäftsfeldstrategiewahl Kundenorientierung für die Zielgrößen der Produkte

Analog zu den Überlegungen bezüglich der Auswirkungen der Strategie Kundenorientierung auf die Zielpräferenzen in der Produktentwicklungsbereichsebene führt auch das Herunterbrechen der Ziele der Geschäftsfeldebene auf die Produktebene zu einer hohen Priorität der Qualitätsziele. Zeit-, Kosten- und in diesem Fall auch Preisüberlegungen müssen hinter dem Ziel einer möglichst hohen Qualität im Sinne der Erfüllung von Kundenbedürfnissen zurücktreten. Somit stellt bei Verfolgung der Strategie Kundenorientierung die Kundenzufriedenheit mit der entwickelten Leistung die wichtigste Zielgröße auf Produktebene dar.

3.1.4 Zielgrößen auf Projektebene

Den Produktentwicklungsprojekten kommt die Aufgabe zu, Anforderungen an den Leistungsumfang von Produkten effizient in technisch realisierbare und wirtschaftlich verwertbare Lösungen umzusetzen.[62] Hierbei dienen entsprechend technisch-wirtschaftliche Zielgrößen wie Projekttermine, Projektkosten und Projektqualität zur Steuerung. Um als Beurteilungsgrundlage für die unterschiedliche Gestaltung von Produktentwicklungsinstrumenten zu fungieren, sind diese Ziele weiter zu konkretisieren und in eine geeignete Ziel-Mittel-Relation zu überführen.

Ziele auf Projektebene und ihre Bestimmungsgrößen

- Zeit- und kostenbezogene Zielgrößen

  Zur Reduzierung von Entwicklungszeiten und Entwicklungskosten zwecks Realisierung früher Markteintrittstermine und geringer Produktkosten sind die Projekte nach *Wirtschaftlichkeitsgesichtspunkten* durchzuführen. Das beinhaltet neben der zügigen Durchführung des Projekts (beschleunigte Produktplanung) auch die systematische und gezielte Wiederverwendung von Planungsergebnissen. Darüber hinaus stellt die Fokussierung auf das Wesentliche eine wichtige zeit- und kostenbezogene Zielgröße dar. Die Fokussierung auf die aus Kundensicht wichtigsten Aspekte bei der Entwicklung ermöglicht zum einen eine gezielte Qualitätssicherung und führt zum anderen dazu, daß kein Aufwand für nicht benötigte oder unbedeutende Produktmerkmale entsteht.[63]

- Qualitätsbezogene Zielgrößen

62 Vgl. Specht, Schmelzer /Qualitätsmanagement in der Produktentwicklung/ 46

63 Vgl. Wohlin, Ahlgren /Soft factors/ 189-205

- Die planbare und wiederholbare Erzielung einer hohen Entwicklungsleistung zwecks Realisierung hoher Produktqualität erfordert eine *Methodik*, die sicherstellt, daß alle wesentlichen Aspekte bei der Entwicklung berücksichtigt werden. Dazu zählt beispielsweise eine strukturierte, alle Entwicklungsphasen berücksichtigende, nachvollziehbare und flexible Vorgehensweise ebenso wie das objektive und zur späteren Legitimation geeignete Treffen von Produktentscheidungen.
- Ein weiteres relevantes Ziel eines Produktentwicklungsprojekts stellt die ausreichende *Informationslage* dar. Das bedeutet, daß in Abhängigkeit von dem zu entwickelnden Produkt sämtliche erforderlichen Informationen über Inhalt und Wichtigkeit von Kundenanforderungen sowie mögliche Lösungen zur Verfügung stehen. Dabei sind alle wesentlichen Know-how-Träger in den Entwicklungsprozeß zu involvieren. Ferner muß das unternehmungsexterne Produktumfeld berücksichtigt werden. Hierzu zählen beispielsweise externe Lieferanten, die Sachgüter oder Dienstleistungen in das zu entwickelnde Produkt einbringen, oder Produkte der Konkurrenz. Den wichtigsten zu berücksichtigenden externen Faktor stellt der Kunde dar. Das Ausmaß der Berücksichtigung der externen Faktoren ergibt sich durch die jeweilige Kunden-, Lieferanten- und Wettbewerbsstruktur. Der Produktentwicklungsprozeß sollte schließlich eine fundierte Basis für Prognosen (z. B. etwaige Risiken oder Konsequenzen von Produktentscheidungen) bieten, zu überprüfbaren Vorgaben für Produkte (z. B. Produktmerkmalsausprägungen oder Testkriterien) führen und dabei eine objektive, kundennutzenorientierte Evaluierung von Produktideen ermöglichen.
- Die Verteilung von Informationen über Kundenanforderungen und Produktalternativen auf zahlreiche Personen und Unternehmungsbereiche bedingt die Zielgröße *gute Zusammenarbeit*. Bereichsintern beinhaltet diese Zielgröße z. B. die funktionierende Kooperation aller beteiligten Mitarbeiter sowie die Förderung von Motivation, Fähigkeit und zielkonformem Verhalten. Bereichsübergreifend ergibt sich die Notwendigkeit der Abstimmung von Zielen und Entscheidungen und somit einer gemeinsamen Sicht auf das entwickelte Produkt. Außerdem ist ein reibungsloser Informationsfluß sowie der ungehinderte Wissenstransfer zwischen den Bereichen anzustreben, der letztlich auch dazu beiträgt, daß die Anforderungen und Probleme der jeweiligen Bereiche transparent werden und Berücksichtigung finden.

Abb. 3-10 zeigt Zielgrößen der Produktentwicklung auf Projektebene im Überblick.

Zielgruppe			Ziel		Bestimmungsgröße des Ziels	Fragebogen
Zielgrößen auf Projektebene	Projekttermine/-kosten	Hohe Wirtschaftlichkeit	Beschleunigung der Produktplanung		Die Produktentwicklung erfolgt in kurzer Zeit.	C.31
					Es können mehrere Produktkomponenten parallel entwickelt werden.	C.32
			Wiederverwendung von Entwicklungsergebnissen		Ergebnisse früherer Entwicklungen werden systematisch wiederverwendet.	C.30
			Fokussierung auf das Wesentliche		Es erfolgt die Konzentration auf das Wesentliche statt einer Verschwendung bei Unwichtigem.	C.33
	Projektqualität	Adäquate Methodik	Systematische strukturierte Vorgehensweise		Die Vorgehensweise bei der Produktentwicklung ist systematisch und strukturiert.	C.12
			Durchgängigkeit bis zur Übergabe in Produktion		Die Entwicklung erfolgt durchgängig von den Kundenanforderungen bis zur Übergabe in die Produktion.	C.13
			Objektive Produktentscheidungen		Alle Produktentscheidungen werden nach objektiven Kriterien getroffen.	C.14
			Nachvollziehbarkeit		Der gesamte Produktentwicklungsprozeß einschließl. der getroffenen Entscheidungen ist nachvollziehbar.	C.15
			Legitimation für Produktentscheidungen		Die Dokumentation der Entwicklung dient zur Legitimation von Produktentscheidungen.	C.16
			Anpassungsfähigkeit an Kundenerwartungsveränderungen		Die Entwicklung wird flexibel an veränderte Kundenerwartungen angepaßt.	C.17
		Vollständige Informationen	Informationen über Kundenanforderungen	Erfassung der wirklichen Kundenanforderungen	Die wirklichen Kundenanforderungen werden erfaßt.	C.18
				Priorisierung der Kundenanforderungen	Die Wichtigkeit der Kundenanforderungen wird deutlich.	C.19
			Überprüfbare Vorgaben für Produktmerkmale	Konkrete Vorgaben für Produktmerkmale	Es werden konkrete Vorgaben für einzelne Produktmerkmale entwickelt.	C.20
				Testkritierien für Produktmerkmale	Es werden operationale Testkriterien für einzelne Produktmerkmale entwickelt.	C.21
				Evaluierung von Produktideen	Produktideen werden auf ihre Eignung überprüft.	C.22
			Basis für Prognosen	Management von Risiken	Risiken werden frühzeitig erkannt und behandelt.	C.23
				Einhaltung geplanter Entwicklungszeiten	Vorgegebene Entwicklungszeiten werden eingehalten.	C.24
				Vorausschauendes Handeln	Die Vorhersage bestimmter Konsequenzen von Produktentscheidungen ist möglich.	C.25
			Integration aller Know-how-Träger		Alle Personen mit Know-how über die zu bearbeitenden Aufgaben sind in den Prozeß involviert.	C.26
			Berücksichtigung des unternehmungsexternen Umfelds	Konkurrenten	Die Konkurrenten werden bei der Entwicklung berücksichtigt.	C.27
				Lieferanten	Die externen Lieferanten werden bei der Entwicklung berücksichtigt.	C.28
				Kunden	Die Kunden werden bei der Entwicklung berücksichtigt.	C.29
		Gute Zusammenarbeit	Bereichsintern	Funktionieren der Kooperation	Die Zusammenarbeit der Mitarbeiter des Bereichs funktioniert gut.	C.34
				Verbesserung Zustand und Verhalten der Mitarbeiter	Positive Einstellung, Motivation, Rollenverständnis, Fähigkeit und geeignetes Verhalten der Mitarbeiter werden gefördert.	C.35
			Bereichsübergreifend	Abstimmung der Bereichsziele und -entscheidungen	Ziele und Entscheidungen der beteiligten Bereiche werden gemeinsam abgestimmt.	C.36
				Gemeinsame Sicht auf das Produkt	Alle beteiligten Bereiche besitzen eine gemeinsame Sicht auf das Produkt.	C.37
				Reibungsloser Informationsfluß	Es erfolgt ein reibungsloser Informationsfluß zwischen den beteiligten Bereichen.	C.38
				Wissenstransfer zu anderen Bereichen	Der für die Entwicklung erforderliche Wissenstransfer zwischen den Bereichen findet statt.	C.39
				Gegenseitiges Verständnis	Anforderungen und Probleme der jeweils beteiligten Bereiche sind transparent.	C.40

Abb. 3-10: Zielgrößen auf Projektebene

Implikationen der Geschäftsfeldstrategiewahl Kundenorientierung für die Zielgrößen der Projekte

Die hohe Bedeutung der Entwicklungsleistung bei Verfolgung der Strategie Kundenorientierung führt bei den Projekten zu hohen Anforderungen an die Projektqualität. Zum einen stellen ein methodisches Vorgehen, die Entwicklung auf einer möglichst vollständigen Informationsbasis und eine gute Zusammenarbeit aller Beteiligten die Voraussetzung für die Realisierung einer hohen Entwicklungsleistung dar. Zum anderen tragen diese Merkmale zur unverfälschten und planbaren Umsetzung von Kundenbedürfnissen in Produkte hoher Qualität bei.

Allerdings dürfen auch bei Verfolgung der Strategie Kundenorientierung Wirtschaftlichkeitsaspekte nicht vernachlässigt werden, so daß projektbezogene Termin- und Kostenziele ebenfalls zum Zielsystem einer kundenorientierten Produktentwicklung zu zählen sind.

3.2 Gestaltungsdeterminanten

In Abhängigkeit vom Grad der Beeinflußbarkeit durch die Instrumentengestaltung werden die Einflußfaktoren der Effizienz von Produktentwicklungsinstrumenten (Gestaltungsdeterminanten) in kurzfristig nicht veränderbare Gestaltungsbedingungen (Kapitel 3.2.1) und in kurzfristig manipulierbare Gestaltungsparameter (Kapitel 3.2.2) unterteilt.

3.2.1 Gestaltungsbedingungen

Restriktionen bzw. Rahmenbedingungen, die bei der Beurteilung der Effizienz bzw. bei der Gestaltung von Instrumenten der Produktentwicklung zu beachten sind (Gestaltungsbedingungen), lassen sich in drei Einflußgrößengruppen unterteilen: Merkmale des Gegenstands der Produktentwicklung, Merkmale der Unternehmung sowie Merkmale von Menschen und von deren Beziehungen (siehe Abb. 3-11). Da der Gegenstand der Produktentwicklung und die an der Produktentwicklung beteiligten Menschen in Abhängigkeit vom jeweils betrachteten Projekt variieren, werden diese Merkmale als projektspezifische Gestaltungsbedingungen bezeichnet, während die Merkmale der Unternehmung projektunabhängige Gestaltungsbedingungen darstellen.

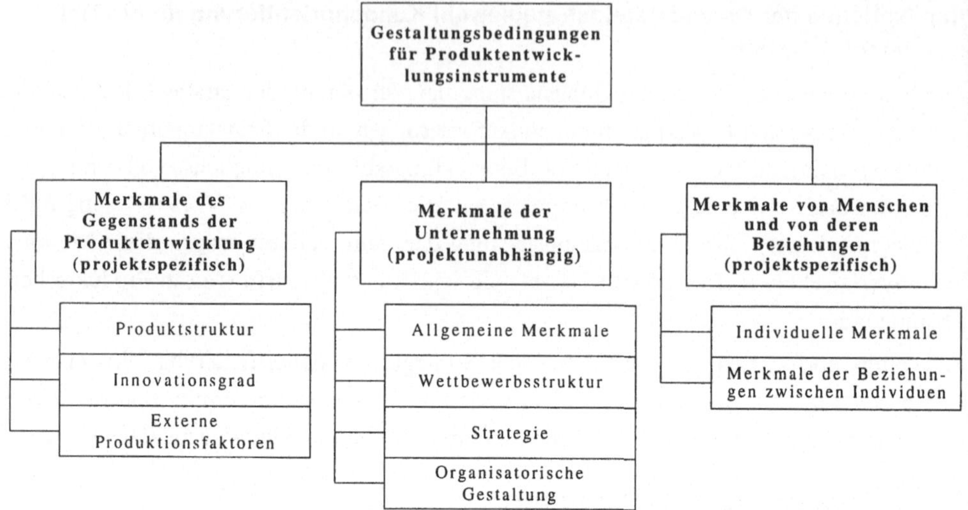

Abb. 3-11: Systematisierung der Gestaltungsbedingungen für Produktentwicklungsinstrumente

3.2.1.1 Merkmale des Gegenstands der Produktentwicklung

Die wichtigsten produktbezogenen Einflußgrößen auf die Effizienz von Produktentwicklungsinstrumenten sind die Struktur des Produkts, dessen Innovationsgrad und die zur Produktion erforderlichen externen Produktionsfaktoren.

3.2.1.1.1 Produktstruktur

Die inhaltlichen und formalen Aufgabenmerkmale der Produktentwicklung werden u. a. durch die Produktstruktur[64] determiniert. Unter der Produktstruktur werden alle Eigenschaften des Produkts subsumiert, die einen Einfluß auf die Interaktion zwischen einzelnen Produktkomponenten sowie zwischen Kunden und Unternehmung ausüben.

- Interaktion zwischen einzelnen Produktkomponenten (Produktarchitektur)
  Mit zunehmender Einbettung von Software in Hardwareprodukte (z. B. Fernseher) bzw. zunehmender Ergänzung von Software um Serviceelemente (z. B. im Preis enthaltene Benutzung der Hotline) steigt die Komplexität der Produktentwicklungsaufgabe und erhöht sich die Notwendigkeit der interdisziplinären Zusammenarbeit und Abstimmung zwischen den Softwarefachleuten (Analytiker, Designer, Programmierer, Tester etc.), Hardwareexperten (Ingenieure, Techniker etc.) bzw. Servicespezialisten (Trainer, Hotline-Mitarbeiter etc.).[65] Zum Zwecke der Untersuchung wird eine Unterscheidung zwi-

64 Vgl. Frese, Noetel /Auftragsabwicklung/ 62-67

65 Vgl. Wimmer, Zerr, Roth /Software-Marketing/ 15-19

schen reinen Softwareprodukten, Softwareprodukten mit Hardwarekomponente, Softwareprodukten mit Serviceanteil sowie Softwareprodukten mit Hardware- und Servicekomponente vorgenommen. Weiterhin wird die Komplexität des Produkts u. a. dadurch bestimmt, ob es sich um ein komplettes System, ein Subsystem oder eine einzelne Komponente handelt. Je enger einzelne Produktkomponenten zur Erfüllung einer Aufgabe zusammenwirken müssen, desto stärker steigt die Interdependenzproblematik für die Planung der Eigenschaften dieser Module bei der Produktentwicklung und desto höher wird die Notwendigkeit der harmonischen aufgabenbezogenen sowie technischen Integration der Module.[66]

- Interaktion zwischen Kunden und Unternehmung aufgrund von Produkteigenschaften (Produktkomplexität)
  Produkteigenschaften, die Einfluß auf den Interaktionsprozeß zwischen Kunden und Unternehmung ausüben, können durch die Merkmale technische Komplexität (Sicht der Softwareentwicklung), anwendungsbezogene Komplexität (Sicht des zu unterstützenden Geschäftsprozesses) und Erklärungsbedürftigkeit des Produkts in den Ausprägungen gering bis hoch erfaßt werden. Je stärker diese Merkmale ausgeprägt sind, desto schwieriger gestaltet sich die Kommunikation zwischen Kunden und Unternehmung und desto höher sind die Anforderungen an den Ausbildungsstand der in Kundenkontakt stehenden Mitarbeiter der Produktentwicklung bzw. an die Kompetenz der ggf. in die Produktentwicklung involvierten Kunden.

Abb. 3-12 gibt einen zusammenfassenden Überblick über Merkmale und Merkmalsausprägungen der Produktstruktur in der Softwarebranche.[67]

Die jeweilige Produktstruktur beeinflußt die Ausprägung der *inhaltlichen und formalen Aufgabenmerkmale* der Produktentwicklung.[68] Dies gilt insbesondere für das Ausmaß bereichsübergreifender Zusammenarbeit, die Anforderungen an die Kompetenz der jeweiligen Kommunikationspartner und die Höhe der Komplexität der Entwicklungsaufgaben.

---

66 Auch ein reines Softwareprodukt kann im Fall integrierter Softwarepakete aus verschiedenen, zu integrierenden Komponenten bestehen. Die Integration kann in diesem Fall über den Funktionalitäten- bzw. Datenaustausch und/ oder die Benutzungsoberfläche gewährleistet werden. Vgl. Hasenkamp /Integrierte Softwarepakete/ 209-210

67 Die einzelnen Merkmale in dieser und den nachfolgenden Abbildungen beeinflussen die Effizienz von Instrumenten der Produktentwicklung unabhängig voneinander. So kann beispielsweise auch ein zu einer relativ *geringen* Komplexität des Entwicklungsprozesses führendes reines Softwareprodukt in Form eines die Entwicklungsprozeßkomplexität *erhöhenden* kompletten Systems vorliegen.

68 Vgl. hierzu auch Frese, Noetel /Auftragsabwicklung/ 89-91

Produktarchitektur:

Zusammensetzung	Reine Softwareprodukte	Softwareprodukte mit Hardwarekomponente	Softwareprodukte mit Servicekomponente	Softwareprodukte mit Hardware- und Sericekomponente
Kontext	Einzelne Komponente	Subsystem	Komplettes System	

Produktkomplexität:

Gering ⟷ Hoch

Technische Produktkomplexität	☐	☐	☐	☐	☐
Anwendungsbezogene Produktkomplexität	☐	☐	☐	☐	☐
Erklärungsbedürftigkeit gegenüber Kunden	☐	☐	☐	☐	☐

Zunehmende Komplexität des Entwicklungsprozesses
Steigende Anforderungen an die Kompetenz der Kommunikationspartner

Abb. 3-12: Merkmale und Merkmalsausprägungen der Produktstruktur[69]

3.2.1.1.2 Innovationsgrad

Der Innovationsgrad des zu entwickelnden Produkts bestimmt den Neuheitsgrad und somit die Ungewißheit der Aufgaben bzw. Lösungswege in der Produktentwicklung.[70]

Die Intensität einer Innovation[71] muß sowohl aus technologischer als auch aus verwendungsbezogener Sicht betrachtet werden.[72]

- Innovationsgrad aus Sicht des Kunden (Neuheitsgrad für Kunden)
  Die verwendungsbezogene Beurteilung, ob ein Produkt neuartig ist, unterliegt der oftmals subjektiven Wahrnehmung des Kunden und hängt ab von dessen Wissensstand.[73] Empfindet der Kunde das Produkt als ihm völlig unbekannt und werden durch das Produkt vollkommen neue Bedürfnisse befriedigt, kann der Neuheitsgrad als sehr hoch an-

---

69 Vgl. die für Sachgüter erstellte Grafik bei Frese, Noetel /Auftragsabwicklung/ 67

70 Siehe hierzu die Ausführungen in Kapitel 2.1.1 dieser Arbeit

71 Üblicherweise unterscheidet man zwischen der eigentlichen neuen Idee (Invention) und der Durchsetzung dieser Idee am Markt (Innovation). Vgl. Koppelmann /Produktmarketing/ 12. Zum Zeitpunkt der Produktentwicklung kann jedoch über den Erfolg des Produkts noch keine Aussage getroffen werden, so daß der Innovationsgrad hier synonym zum Neuheitsgrad verwendet wird. Siehe zum Begriff der Innovation und zur Messung des Neuheitsgrads von Software Brockhoff, Zanger /Meßprobleme des Neuheitsgrades/ 835-851

72 Vgl. zu einer differenzierteren Abstufung von Neuheitsgraden einer Innovation Köhler /Produktinnovationsmanagement/ 153-154 und Kotler, Bliemel /Marketing-Management/ 502

73 Vgl. Koppelmann /Produktmarketing/ 12

gesehen werden (Neuheit).[74] Werden dagegen nur Teile des Produkts als unbekannt eingeschätzt bzw. veränderte Bedürfnisse befriedigt, handelt es sich um eine Verbesserung. Stellt das zu beurteilende Produkt lediglich eine alternative bzw. leicht modifizierte Form der Bedürfnisbefriedigung dar, erfolgt die Einstufung des Innovationsgrads als Modifikation.

Je höher sich der Innovationsgrad aus Sicht des Kunden darstellt, desto schwieriger gestaltet sich im Rahmen der Produktentwicklung für ihn die Artikulation seiner Anforderungen und die Beurteilung von Produktideen.

- Innovationsgrad aus Sicht der Unternehmung (Neuheitsgrad für Unternehmung)

  Im Rahmen der Produktentwicklung lassen sich aus Sicht der Unternehmung vier Innovationsgrade unterscheiden:[75]

  - Die Entwicklung und labormäßige Erprobung neuer Technologien, Lösungsprinzipien und Schlüsselkomponenten wird in der Produktentwicklung als Vorfeldentwicklung bezeichnet.
  - Die Entwicklung neuer Produkte mit neuen Lösungs- bzw. Funktionsprinzipien bei gleichen, veränderten oder neuen Aufgabenstellungen wird Neuentwicklung genannt.
  - Im Rahmen der Anpassungsentwicklung erfolgt die Angleichung bestehender Produkte an veränderte Anforderungen.
  - Die Modifikation von Baugruppen bzw. Modulen bei gleichen Lösungsprinzipien fällt unter die Gruppe der Variantenentwicklung.

Vorfeld- und Neuentwicklungen zeichnen sich durch hohe Komplexität, Neuartigkeit und Variabilität aus.[76] Dies hat oftmals eine geringe Strukturierbarkeit der Aufgaben zur Folge. Außerdem beinhalten diese Entwicklungstypen Risiken bezüglich der Erfolgs- bzw. Risikoabschätzung und verursachen Unsicherheiten bezüglich der Planung und Durchführung der Produktentwicklung. Dagegen können Anpassungs- und Variantenentwicklungen aufgrund der höheren Informationssicherheit besser strukturiert und standardisiert werden.[77]

Abb. 3-13 faßt die Innovationsintensitäten aus Kunden- und Unternehmungssicht zusammen.

74 Vgl. zu einer noch differenzierteren Abstufung von Neuheitsgraden einer Innovation Köhler /Produktinnovationsmanagement/ 153-154

75 Vgl. Schmelzer /Produktentwicklungen/ 18-19

76 Vgl. Schmelzer /Produktentwicklungen/ 18-19

77 Vgl. Schmelzer /Produktentwicklungen/ 20

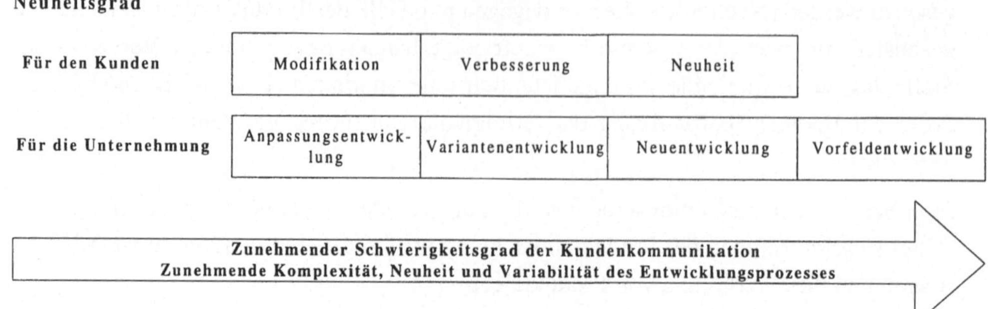

Abb. 3-13: Merkmale und Merkmalsausprägungen des Innovationsgrads

3.2.1.1.3 Externe Produktionsfaktoren

Externer Faktor Kunden

Bei Individualsoftwareentwicklungen stellen die Kunden externe Produktionsfaktoren dar, die vom Leistungsnehmer bereitgestellt werden. Die Beschaffung ist für den Leistungsgeber nicht möglich, da z. B. nur der Fachbereich bzw. der externe Kunde über das erforderliche Anwendungswissen verfügt. Im Gegensatz zu den anderen Produktionsfaktoren kann der Leistungsgeber über den externen Faktor nicht autonom disponieren.[78] Hierdurch ergeben sich für die Produktentwicklung bei kundenindividueller Software im Vergleich zur Standardsoftware höhere Planungs- bzw. Ergebnisunsicherheiten und die Notwendigkeit einer größeren Flexibilität.[79]

Der Grad des Kundenkontaktes mit den an der Leistungserstellung beteiligten Bereichen der Unternehmung ergibt sich aus den Merkmalen Erzeugnisspektrum bzw. -standardisierungsgrad und Änderungseinflüsse während der Produktion.[80]

- Das Erzeugnisspektrum der Softwareentwicklung[81] kann nach den unterschiedlichsten Kriterien (Entwicklungsparadigma, Team- bzw. Anwendungsgröße, Zielumgebungen

78 Vgl. Bächle /Qualitätsmanagement/ 68

79 Während Flexibilität des Produktionsprozesses bei industrieller Fertigung z. B. eine entsprechende Rohstoff- und Materialbeschaffungsplanung, die Segmentierung des Fertigungsprozesses in Abschnitte unterschiedlicher Kundenindividualisierung oder die variable Planung von Lagerkapazitäten aufgrund schwankender Nachfrage und/oder Ausbringungsmenge bedeutet (vgl. Günther, Tempelmeier /Produktion und Logistik/ 13-57), stellt Flexibilität bei Softwareproduktionen insbesondere ein Problem der Personaldisposition dar. Je differenzierter die Produktion, desto höher die Anforderungen an fachliche (z. B. Programmierkenntnisse für unterschiedliche Zielumgebungen und Anwendungsgebiete) und soziale (z. B. Fähigkeit, mit den Mitarbeitern der Fachbereiche zu kommunizieren) Kompetenzen der Mitarbeiter und desto komplexer die Steuerung von Koordination und Motivation durch das Management. Siehe zu Motivations- und Koordinationsaufgaben im Rahmen der marktorientierten Unternehmungsführung Köhler /Führung/ 1468-1471

80 Vgl. Frese, Noetel /Auftragsabwicklung/ 77

81 Im folgenden wird zur Vereinfachung der Diktion lediglich der Begriff Software verwendet. Hiermit ist jedoch - sofern nicht explizit Systemsoftware genannt wird - stets Anwendungssoftware gemeint.

etc.) klassifiziert werden.[82] Zwecks Untersuchung der Kundenorientierung wird nachfolgend eine Differenzierung anhand solcher Kriterien vorgenommen, die sich auf das Verhältnis zwischen Kunden und Herstellern der Software und somit primär auf den *Standardisierungsgrad der Produkte* beziehen.

Legt man als Kriterium den Ort der Erstellung zugrunde, gelangt man zur Differenzierung zwischen innerbetrieblich entwickelter und fremd bezogener Software.[83]

- Bei der innerbetrieblich erstellten Software ist nach der Nähe zum Anwender wiederum zu unterscheiden, ob die Entwicklung dezentral in den Fachabteilungen oder zentral durch klassische DV-Bereiche[84] erfolgt. Innerhalb der Fachbereiche ist nach der Verfügbarkeit zu differenzieren, ob die entwickelte Software dem gesamten Fachbereich oder nur dem einzelnen Entwickler (individuelle Datenverarbeitung[85]) zur Verfügung steht.[86]
- Bei der fremd bezogenen Software führt die Abstufung nach dem Grad der Kundenindividualität zu einer ähnlichen Erzeugnisstruktur, wie sie bei der Produktionslehre anzutreffen ist:[87]

  A) Software nach Kundenspezifikation (Individualsoftware)

  B) Typisierte Standardsoftware mit kundenspezifischen Anpassungen (individualisierte Standardsoftware)

  C) Standardsoftware mit Varianten (Componentware)

  D) Standardsoftware ohne Varianten (Massensoftware)

  Beim Typ A handelt es sich um Individualsoftware, während die Typen B bis D unter den Begriff Standardsoftware subsumiert werden können.[88] Neben dem Grad der Kundenindividualität führt die zusätzliche Berücksichtigung der Unterscheidungskriterien Art der Verwendung und Ort der Erstellung zu einer differenzierteren Klassifikation. Individual- und Standardsoftware können sowohl als Investitionsgut als

---

82 Vgl. Hauer /TQM/ 89-94 und 107-112

83 Vgl. Griese /Anwendungs-Software/ 968

84 Als DV-Bereich wird eine organisatorische Einheit (z. B. Abteilung oder Stelle) der Unternehmung bezeichnet, deren Aufgabengebiet die innerbetriebliche Softwareentwicklung umfaßt. Der Fachbereich ist die organisatorische Einheit der Unternehmung, welche die Software (d. h. die betrieblichen Informations- und Kommunikationssysteme) verwendet.

85 Unter dem Begriff individuelle Datenverarbeitung - auch Personal Computing genannt - wird die Entwicklung von Anwendungssystemen durch den Endbenutzer verstanden. Vgl. Derigs /Betriebswirtschaft/ 26 und Seibt /Individuelle Datenverarbeitung/ 479

86 Vgl. Kemper /Dezentrale Anwendungsentwicklung/ 5-9

87 Vgl. Frese /Produktion/ 2041-2042

88 Bei Standardsoftware handelt es sich um Software, die für den anonymen Markt entwickelt wird und bei deren Entwicklung daher die prognostizierten Bedürfnisse einer größeren Anzahl von Kunden zugrunde gelegt werden. Vgl. zur Unterscheidung zwischen Individual- und Standardsoftware Heinrich /Wirtschaftsinformatik/ 333 und Stahlknecht /Einführung/ 299-300

auch als Konsumgut verwendet werden. Diese Abgrenzung ist wichtig, da sich z. B. das Beschaffungsverhalten bei Konsum- und Investitionsgütern nachhaltig unterscheidet.[89] So entscheiden über den Kauf von Investitionsgütern Kollektive aus Fachleuten (z. B. nach dem Buying Center- oder Promotorenmodell)[90], die nicht gleichzeitig auch Benutzer der Software sein müssen, während Konsumgüter direkt vom jeweiligen Anwender oder diesem nahestehenden Personen (z. B. als Geschenk) erworben werden. In Unternehmungen wird Software zur Unterstützung des Leistungserstellungsprozesses eingesetzt und normalerweise langfristig genutzt. Da sie dabei nicht verbraucht wird und i. d. R. auch nicht in die Erzeugnisse eingeht, kann sie als *Investitionsgut* bezeichnet werden.[91] In dieser Arbeit wird ausschließlich die Produktentwicklung von Software als Investitionsgut betrachtet.

Die Individual- und Standardsoftware kann sowohl innerbetrieblich erstellt als auch außerbetrieblich erworben werden. Die innerbetriebliche Erstellung von Standardsoftware erscheint auf den ersten Blick etwas ungewöhnlich. Zahlreiche Beispiele aus der Vergangenheit zeigen allerdings, daß ursprünglich für die innerbetriebliche Leistungserstellung konzipierte Software anschließend als Standardsoftware auf den Markt gebracht wurde.[92] Außerdem ist der Fall denkbar, daß innerhalb eines Konzerns Software an Tochterunternehmungen weitergegeben wird.

Tab. 3-1 zeigt die auf der Basis unterschiedlicher Kriterien klassifizierte Software aus Anwendersicht.

89 Vgl. z. B. Bänsch /Käuferverhalten/ 11-207

90 Siehe hierzu Keller /Entscheidungsprozeß/ 44-67

91 Dies entspricht auch der Rechtsauffassung in Handels- und Steuerbilanz, wonach Standardsoftware wie ein selbständiges, bewertungsfähiges, immaterielles Wirtschaftsgut - vergleichbar mit Patenten, Lizenzen und Fertigungsverfahren - zu behandeln ist. Siehe zur Abgrenzung von Software als Investitionsgut Baaken, Launen /Software-Marketing/ 3-4

92 Z. B. war das CASE-Tool ProKit*Workbench von McDonnell Douglas ursprünglich für den Eigenbedarf des Flugzeugherstellers entwickelt worden. Vgl. Berkau, Herzwurm /Software-Entwicklungsumgebungen/ 42

Häufigkeit der Einsetzbarkeit	Ort der Erstellung / Art der Verwendung	**Innerbetriebliche Erstellung**	**Außerbetriebliche Erstellung**	
			Zur weiteren Leistungserstellung	**Zum privaten Konsum**
Einmalige Verwendbarkeit		Individualsoftware für interne Kunden (Dienstleistungsproduktion) Z. B. versicherungsinternes elektronisches Telefonbuch	Individualsoftware für externe Kunden (Dienstleistungsproduktion) Z. B. Konzernrechnungslegungssoftware für eine Versicherung	Individualsoftware für externe Kunden (Dienstleistungsproduktion) Z. B. Verwaltungssystem für Gemäldesammlung
Mehrfache Verwendbarkeit	Mit abnehmerspezifischer *Anpassung* der Komponenten durch den Hersteller	Individualisierte Standardsoftware für interne Kunden (Investitionsgüterproduktion mit Dienstleistungskomponente) Z. B. innerbetrieblich erstellte Vertragsdatenverwaltung, die anschließend in modifizierter Form anderen Versicherungsunternehmungen des Konzerns angeboten wird	Individualisierte Standardsoftware für externe Kunden (Investitionsgüterproduktion mit Dienstleistungskomponente) Z. B. SAP R/3 Finanzbuchhaltungssystem	Individualisierte Standardsoftware für externe Kunden (Konsumgüterproduktion mit Dienstleistungskomponente) Z. B. Excel Add-In zur Adreßverwaltung
	Mit abnehmerspezifischer *Zusammenstellung* der Komponenten durch den Hersteller	Standardsoftware/Componentware für interne Kunden (Investitionsgüterproduktion) Z. B. innerbetrieblich erstellte Vertragsdatenverwaltung, die anschließend komponentenweise anderen Versicherungsunternehmungen des Konzerns angeboten wird	Standardsoftware/Componentware für externe Kunden (Investitionsgüterproduktion) Z. B. Baan IV Orgware	Standardsoftware/Componentware für externe Kunden (Konsumgüterproduktion) Z. B. Netscape Internet Provider Software
	Ohne abnehmerspezifische Anpassung oder Zusammenstellung der Komponenten durch den Hersteller	Massensoftware für interne Kunden (Investitionsgüterproduktion) Z. B. innerbetrieblich erstellte Vertragsdatenverwaltung, die anschließend als Ganzes anderen Versicherungsunternehmungen des Konzerns angeboten wird	° □□□□□□□□□ ° □□□□□□□□□ ° ü` ` ` ` ` □□□ ` ` ` ` á` ` ` ` ` □□□□□□□□Ý- ` ` ` ` ` □□□□□ ` ` Ù` ` ` ` ` □□□□□□□ü□□ ` ` ` □□□□□□□ ü` ` `	` ` □□□□□□□ü ` ` ` ` ` □À` ` ` ` ` ü` ` ` ` ` □ ` ` ` ` ` ` ü` ` ` ` ` □□` ` ` ` ` ü ` ` ` ` ` □Ĝ□□ ` ` ` ü` ` ` ` ` ` ` ` ` ` ` □` □□Ĥ□

Tab. 3-1: Klassifikation von Software nach dem Grad der Kundenindividualität bzw. der Häufigkeit der Einsetzbarkeit, der Art der Verwendung und dem Ort der Erstellung

I. d. R. ist bei Unternehmungen, deren Sachziel nicht die Softwareentwicklung ist, davon auszugehen, daß es sich bei innerbetrieblich erstellter Software um einmalig verwendbare Individualsoftware zur weiteren Leistungserstellung handelt. Die innerbetriebliche Erstellung von mehrfach verwendbarer Software wird daher nachfolgend ebensowenig betrachtet wie die Entwicklung von Software zum privaten Konsum.

Die Unterscheidung zwischen dem Zusammenbau von Softwaremodulen mit entsprechender Parametrisierung und der Anpassungsprogrammierung von Standardsoftware ist eher technischer Natur und zum Zwecke der Untersuchung der Kundenorientierung ohne besondere Bedeutung. Daher können zur weiteren Vereinfachung Componentware und individualisierte Standardsoftware zum Typ Variantensoftware zusammengefaßt werden.

Insgesamt ergeben sich demzufolge für die weitere Untersuchung drei Typen von Software: Massensoftware, Variantensoftware und Einzelsoftware.

Abb. 3-14 zeigt das Ergebnis einer Zuordnung dieser drei Typen zu den Kategorien Marktsoftware, d. h. Software für vor der Auslieferung unbekannte Kunden, und Kundensoftware, d. h. Software für vor Auslieferung bekannte Kunden. Bei Individualsoftware löst der Kunde den gesamten Produktentwicklungsauftrag aus, bei der Variantensoftware stößt der Kunde lediglich die Anpassungsentwicklung an, während die Produktentwicklung bei der standardisierten Variante ebenso wie bei der Massensoftware bereits vor dem Kundenauftrag gestartet wurde.[93]

Die Intensität des zur Produktentwicklung erforderlichen Kundenkontaktes korreliert positiv mit dem Grad der Individualität. Gleichzeitig steigt die Unsicherheit bezüglich der zu bewältigenden Produktentwicklungsaufgaben.

93 Da die Vervielfältigung und Lagerung von Software im Gegensatz zu Produkten der Fertigungsindustrie nicht mit wesentlichen Kosten oder Lieferzeitrestriktionen verbunden ist, kann die Produktion auf Bestellung mit Rahmenaufträgen an dieser Stelle vernachlässigt werden, so daß dem bei Frese, Noetel /Auftragsabwicklung/ 79-80 verwendeten Kriterium Auftragsauslösungsart keine besondere Bedeutung zukommt bzw. sich diese durch den Standardisierungsgrad der Software ergibt. Aus diesem Grund erfolgt im Fragebogen keine separate Erfassung des Merkmals Art der Auslösung der Entwicklung.

Software		
Marktsoftware (Für vor der Auslieferung unbekannte Kunden)	Kundensoftware (Für vor der Auslieferung bekannte Kunden)	
Massensoftware (Keine kundenindividuelle Änderung)	Variantensoftware (Kundenindividuelle Modifikation)	Einzelsoftware (Kundenindividuelle Produktion)
Standardsoftware (Marktproduktion: für mehrere Kunden)		Individualsoftware (Kundenproduktion: für einen Kunden)

Grad der Individualisierung →

Abb. 3-14: Klassifikation von Software nach dem Grad der Kundenindividualität

- *Änderungseinflüsse während der Produktentwicklung*[94]

  Bezüglich des Merkmals Änderungseinflüsse des Kunden während der Produktentwicklung lassen sich drei Merkmalsausprägungen unterscheiden:

  - Kunde beeinflußt die gesamte Produktentwicklung

    In diesem Fall kann der Kunde während des gesamten Softwareproduktentwicklungsprozesses viele qualitative oder quantitative Änderungswünsche äußern und somit die Produktentwicklung maßgeblich beeinflussen.

  - Kunde beeinflußt Teile der Produktentwicklung

    Bei dieser Merkmalsausprägung beschränkt sich der Einfluß des Kunden auf die Produktplanung, bei der er viele Änderungswünsche artikulieren kann. Während der Entwicklungsdurchführung und Produktbetreuung sind dagegen kaum noch Änderungswünsche möglich.

  - Kunde beeinflußt die Produktentwicklung in unbedeutendem Umfang

    Diese Merkmalsausprägung wird dadurch gekennzeichnet, daß der Kunde keinen Einfluß auf die Gestaltung des Softwareproduktentwicklungsprozesses, sondern lediglich auf die Anzahl der Erzeugnisse hat.

Die Stärke des Kundeneinflusses auf den Produktionsprozeß bestimmt den Grad der Unsicherheit der Entscheidungen im Leistungserstellungsprozeß und die Anforderungen an die Kommunikation zwischen den Kunden und den beteiligten Unternehmungsberei-

94 Vgl. Frese, Noetel /Auftragsabwicklung/ 81-82

chen. Gleichzeitig steigt der Einfluß der Qualität des Kundenbeitrags auf die Qualität der Produktentwicklung.

Insgesamt erhöht sich mit zunehmender Abhängigkeit der Unternehmung vom externen Faktor die Notwendigkeit der Integration des Kunden in den Produktentwicklungsprozeß. Abb. 3-15 illustriert zusammenfassend Merkmale und Merkmalsausprägungen des externen Faktors Kunde in der Produktentwicklung.

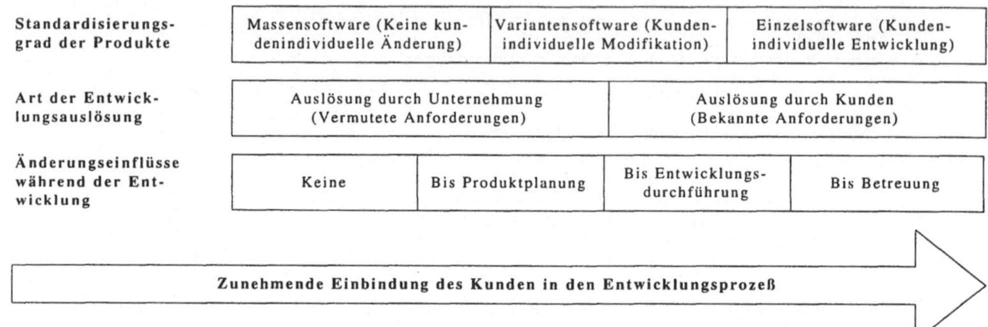

Abb. 3-15: Merkmale und Merkmalsausprägungen des externen Faktors Kunden

Externer Faktor Lieferanten

Zur Erfassung des Ausmaßes des Lieferanteneinflusses auf die Produktentwicklung wird der Anteil der zur Produktentwicklung benötigten unternehmungsexternen Zulieferungen an Sachgütern oder Dienstleistungen verwendet. Der externe Faktor Lieferanten für Sachgüter spielt bei der Softwareproduktentwicklung lediglich eine untergeordnete Rolle, da für die Produktion von Software i. d. R. keine zu beschaffenden Rohstoffe oder Bauteile etc. benötigt werden.[95] Die Inanspruchnahme von Dienstleistungen in Form von Beratung oder die Vergabe bestimmter Entwicklungsaktivitäten an fremde Unternehmungen ist dagegen stärker verbreitet, bezieht sich jedoch i. d. R. auf die der Produktentwicklung nachgelagerten Phasen (z. B. die Übernahme der Programmierung durch indische Unternehmungen auf der Basis einer vorgegebenen Spezifikation).[96] Auf die Erfassung weiterer möglicher Merkmale, wie die Einflußnahmemöglichkeiten des Lieferanten auf den Entwicklungsprozeß oder der Grad der individuellen Bindung des Lieferanten an die Unternehmung, wird daher in dieser Untersuchung verzichtet.

95 Eine andere Situation ergibt sich, wenn die Software in fremd beschaffte Hardware zu integrieren ist.

96 Vgl. Gibbs /Software/ 62

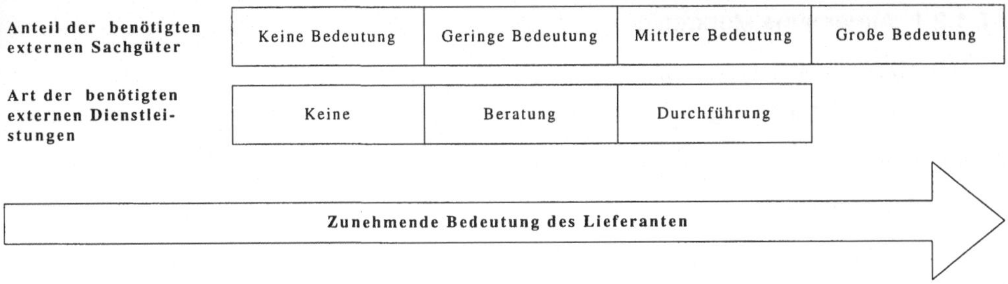

Anteil der benötigten externen Sachgüter	Keine Bedeutung	Geringe Bedeutung	Mittlere Bedeutung	Große Bedeutung
Art der benötigten externen Dienstleistungen	Keine	Beratung	Durchführung	

Zunehmende Bedeutung des Lieferanten →

Abb. 3-16: Merkmale und Merkmalsausprägungen des externen Faktors Lieferanten

Abb. 3-17 faßt die Merkmale des Gegenstands der Produktentwicklung als Einflußgrößen auf die Effizienz der Produktentwicklung zusammen.

Projektspezifische Gestaltungsbedingungen					
Merkmalsgruppe			**Merkmal**	**Bestimmungsgröße der Merkmalsausprägung**	**Fragebogen**
Merkmale des Gegenstands der Produktentwicklung	Produktstruktur	Produktarchitektur	Zusammensetzung	Dienstleistung, Sachleistung, Software oder Kombinationen daraus (Auswahl)	D.1
			Kontext	Komplettes System oder Subsystem oder einzelne Komponente (Auswahl)	D.2
		Produktkomplexität	Technische Komplexität	Gering, mittel, hoch (Ratingskala)	D.3
			Anwendungsbezogene Komplexität	Gering, mittel, hoch (Ratingskala)	D.3
			Erklärungsbedürftigkeit	Gering, mittel, hoch (Ratingskala)	D.3
	Innovationsgrad		Neuheitsgrad für Unternehmung	Vorfeldentwicklung oder Neuentwicklung oder Anpassungsentwicklung oder Variantenentwicklung (Auswahl)	D.4
			Neuheitsgrad für Kunden	Neuheit, Verbesserung, Modifikation (Auswahl)	D.5
	Externe Produktionsfaktoren	Kunden	Standardisierungsgrad des Produkts	Kundenindividuell oder Standard mit kundenindividuellen Anpassungen/Varianten oder Standard (Auswahl)	D.6
			Änderungseinflüsse des Kunden während der Produktentwicklung	Keine, bis Planung, bis Durchführung, bis Betreuung (Mehrfachauswahl)	D.7
		Lieferanten	Externe Sachleistungen	Anteil externer Sachgüter (%)	D.8
			Externe Dienstleistungen	Keine, Beratung, Durchführung (Mehrfachauswahl)	D.9

Abb. 3-17: Merkmale des Gegenstands der Produktentwicklung

3.2.1.2 Merkmale der Unternehmung

Die wichtigsten unternehmungsbezogenen Einflußgrößen auf die Effizienz von Produktentwicklungsinstrumenten sind neben allgemeinen Merkmalen wie Unternehmungsgröße und Unternehmungskultur v. a. die Wettbewerbsstruktur, die verfolgte Strategie sowie die organisatorische Gestaltung.

3.2.1.2.1 Allgemeine Merkmale

Die hier betrachteten allgemeinen Merkmale der Unternehmung determinieren v. a. den Grad der Standardisierung der Unternehmungsabläufe und somit auch der Produktentwicklung.

Unternehmungsgröße

Die Unternehmungsgröße besitzt einen nicht unerheblichen Einfluß auf die Wirksamkeit von Instrumenten der Produktentwicklung. So zeichnen sich große Unternehmungen oft durch einen größeren Grad an Spezialisierung, Standardisierung und Formalisierung sowie einen geringeren Grad an Entscheidungszentralisierung aus.[97] Die Literatur enthält zahlreiche Diskussionsbeiträge zu der Frage, ob Forschung und Entwicklung erst ab einer kritischen Mindestmenge an Personal und entsprechender Sachmittelausstattung betrieben werden können.[98] Empirische Befunde haben bislang allerdings noch zu keiner Bestätigung der Schumpeter-These geführt, daß Großunternehmungen mehr Forschung und Entwicklung betreiben als kleinere und mittlere Unternehmungen.[99]

Es existieren Untersuchungen, nach denen Instrumente der Produktentwicklung in Unternehmungen mit weniger als 5.000 Beschäftigten zu größeren Erfolgen geführt haben als in größeren Unternehmungen.[100]

Weitgehende Einigkeit herrscht darüber, daß als Bestimmungsgröße für die Unternehmungsgröße die Anzahl der Mitarbeiter zu wählen ist.[101] Analog gelten diese Überlegungen selbstverständlich auch für die Größe des betrachteten Produktentwicklungsbereichs.

Unternehmungskultur

Die Unternehmungskultur beeinflußt auf verschiedene Weisen die Wirkung des Produktentwicklungsinstrumenteneinsatzes. So besteht beispielsweise die Gefahr, daß unterschiedliche Grundauffassungen bzw. -überzeugungen der an der Produktentwicklung beteiligten Menschen zu einem nicht zielkonformen Verhalten führen. Diese Auswirkungen der Kultur auf Individuen und auf deren Beziehungen untereinander sind Gegenstand des Kapitels 3.2.1.3. An dieser Stelle wird lediglich die Innovationskultur der Unternehmung, d. h. der Grad der Wertschätzung von Neuerungen, auf einer Skala von „auf Bewährtes setzen“ (wenig innovativ) bis „auf Innovationen setzen“ (stark innovativ) betrachtet.[102]

---

97 Vgl. die bei Frese /Organisationstheorie/ 117-119 beschriebenen empirischen Ergebnisse der Ashton Gruppe

98 Vgl. Brockhoff /Forschung und Entwicklung/ 81

99 Vgl. Schumpeter /Capitalism/ 143. Keuter gelangt in einer empirischen Untersuchung über die Determinanten der industriellen Forschung und Entwicklung in den USA sogar zur gegenteiligen Aussage. Vgl. Keuter /Determinanten/ 254

100 Vgl. Specht, Schmelzer /Qualitätsmanagement in der Produktentwicklung/ 108

101 Vgl. Frese /Organisationstheorie/ 116

102 Vgl. Specht, Schmelzer /Qualitätsmanagement in der Produktentwicklung/ 30-31

Abb. 3-18 zeigt den abnehmenden Standardisierungsgrad der Abläufe bei zunehmend innovativer Unternehmungskultur und sinkender Beschäftigtenzahl.

Allgemeine Merkmale:

Unternehmungsgröße	Sehr groß (100.000 ≤ Beschäftigte)	Groß (20.000 ≤ Beschäftigte < 100.000)	Mittel (5.000 ≤ Beschäftigte < 20.000)	Klein (1.000 ≤ Beschäftigte < 5.000)	Sehr klein (Beschäftigte < 1.000)
Produktentwicklungsbereichsgröße	Sehr groß (5.000 ≤ Beschäftigte)	Groß (1.000 ≤ Beschäftigte < 5.000)	Mittel (100 ≤ Beschäftigte < 1.000)	Klein (10 ≤ Beschäftigte < 100)	Sehr klein (Beschäftigte < 10)

Unternehmungskultur

Auf Bewährtes setzen ⟷ Auf Innovationen setzen

Abnehmende Standardisierung

Abb. 3-18: Allgemeine Merkmale und Merkmalsausprägungen der Unternehmung

3.2.1.2.2 Wettbewerbsstruktur

Die sich aus den Merkmalsgruppen Kundenstruktur und Konkurrenzstruktur zusammensetzende Wettbewerbsstruktur spiegelt wesentliche Komponenten der Branchensituation wider.[103] Grad der Rivalität und Strategien der Konkurrenten sowie Macht- und Bedürfnisstruktur der Kunden stellen wichtige Entscheidungsfaktoren bei der Wahl der Wettbewerbsstrategie, hier insbesondere bei der Bestimmung des Ausmaßes der Kundenorientierung, dar.[104]

Kundenstruktur[105]

- Die *Bedeutung des Kunden* im Sinne seiner Machtstellung gegenüber der Unternehmung läßt sich in erster Linie durch die Merkmale Anzahl und Finanzkraft erfassen. Darüber hinaus spielen allerdings auch mögliche Multiplikatoreffekte durch Meinungs- oder Technologieführer eine Rolle.[106] Im Rahmen der Produktentwicklung stellt die

103 Vgl. Frese, Noetel /Auftragsabwicklung/ 67 und Porter /Wettbewerbsstrategie/ 25-172

104 Vgl. Frese, Noetel /Auftragsabwicklung/ 67

105 Vgl. Frese, Noetel /Auftragsabwicklung/ 66-70

106 Siehe hierzu die Ausführungen in Kapitel 3.2.1.1. Ein Beispiel für eine Technologiestrategie einer Softwareunternehmung enthält z. B. Meyer, Lopez /Software Products Company/ 294-306

Bedeutung des Kunden ein elementares Gewichtungskriterium für das Ausmaß der Berücksichtigung der vom Kunden geäußerten Bedürfnisse dar.

- Die *Gefahr der Rückwärtsintegration* beschreibt die Möglichkeit der Kunden, Produkte selbst zu erzeugen. Das Phänomen der Eigenentwicklung stellt hierbei ein die Verhandlungsmacht der Kunden wesentlich stärkendes Charakteristikum der Softwarebranche dar.[107] Im Gegensatz zu anderen Investitionsgütern erfolgt bei der Versorgung mit Software die Deckung des Bedarfs sehr häufig durch innerbetriebliche Eigenentwicklung, d. h. durch die Anwender selbst oder durch deren DV-Bereiche.[108]
- Die ökonomischen Auswirkungen eines Lieferantenwechsels auf Seiten des Kunden werden durch das Merkmal *Umstellungkosten* beschrieben. Für die Softwarebranche kann konstatiert werden, daß die durch den Lieferantenwechsel entstehenden Kosten den Kaufpreis der Software weit überschreiten. Hinzu kommen Kosten für Installation, Schulung und für gegebenenfalls erforderliche organisatorische Umgestaltungen. Darüber hinaus entstehen Folgekosten, beispielsweise für Wartungsverträge oder für die Beschaffung zusätzlicher bzw. alternativer Hardware.[109] Hohe Umstellungskosten stärken die Bindung zwischen Kunden und Unternehmung und erhöhen Markteintrittsbarrieren für Konkurrenten. Sie schwächen dagegen die Verhandlungsmacht des Kunden und somit möglicherweise auch dessen Einfluß auf die Produktentwicklung.
- Im Rahmen der Produktentwicklung bestimmt das Merkmal *Know-how des Kunden* oftmals das Niveau bzw. den technischen Detaillierungsgrad der Kommunikation. In der Softwarebranche zeichnen sich die Anwender durch eine kontinuierlich steigende Kompetenz in bezug auf die Informationstechnologie aus. Dies führt zu höheren Ansprüchen an die Leistungsfähigkeit der Software, an die Benutzbarkeit (v. a. leicht bedienbare grafische Oberfläche) und an den begleitenden Service, aber auch an den Grad der Mitwirkung und Mitbestimmung bei der Softwareproduktentwicklung.[110]
- Während die bisherigen Merkmale die Verhandlungsmacht des Kunden beschreiben und somit für die Unternehmung das Ausmaß der Orientierung an den jeweiligen Kundenbedürfnissen bei der Produktentwicklung beeinflussen, zielen die *Auswahlkriterien der Kunden* auf den Grad der Übereinstimmung zwischen Unternehmungszielen und Kun-

107 Vgl. Baaken, Launen /Software-Marketing/ 28-32

108 Nach einer empirischen Untersuchung aus dem Jahr 1994, bei der die DV-Manager der 100 größten deutschen Industrieunternehmungen per Fragebogen befragt wurden (Rücklaufquote 31%), beträgt der Anteil eigen entwickelter Software fast 70%. Vgl. Schmolling /Anwendungssoftware in deutschen Unternehmen/ 14-15

109 So lauten Schätzungen, daß die Kosten einer CASE-Tool-Einführung pro involviertem Mitarbeiter bei mindestens 90.000 DM liegen, wobei der Erwerb der Software selbst nur ca. 10.000 DM kostet. Vgl. Grochow /Cost of CASE/ 12-13. Bei betrieblichen Informationssystemen geht man davon aus, daß die Wartungskosten 80% bis 90% der Entwicklungskosten betragen. Vgl. Bohlin, Hoenig /Old Systems/ 57-60. Empirische Einflußfaktoren auf die Kosten der Softwareentwicklung enthält Herrmann /Kosten der Softwareentwicklung/ 139-148

110 Vgl. Wimmer, Bittner /Software-Marketing/ 21-22

denbedürfnissen ab. Erhoffte Differenzierungsvorteile werden nur eintreten, wenn die angebotenen Leistungen tatsächlich den z. B. an Kaufkriterien manifestierten Kundenbedürfnissen entsprechen. Abstrahiert man von Software als Konsumgut, so läßt sich konstatieren, daß Software als Investitionsgut häufig einen hohen Objektwert aufweist. Infolgedessen erscheinen auch empirische Befunde zu Kaufkriterien der Kunden bei Software[111] plausibel, nach denen sich z. B. eine eindeutige Präferierung der Qualität gegenüber dem Preis der Leistung ergibt. Als weitere mögliche Kaufkriterien können beispielsweise Flexibilität, Zuverlässigkeit und Vertrauenswürdigkeit des Lieferanten sowie kurze Lieferzeiten genannt werden. Hierbei sind jedoch einige für die Softwarebranche charakteristische affektive Faktoren zu berücksichtigen. Unter affektiven Faktoren werden individuelle Einflüsse subsumiert, die ohne starke kognitive Kontrolle das Verhalten beeinflussen, also emotional geprägte „Entscheidungsvereinfachungen" wie z. B. Einstellungen[112] sind.[113] Abnehmer auf dem Softwaremarkt weisen u. a. zwei Merkmale auf: Einerseits zeichnen sie sich durch eine natürliche Aufgeschlossenheit gegenüber Technologien und Innovationen aus (Neuheitenorientierung); andererseits bedeuten Softwarebeschaffungen häufig gewaltige Investitionen, so daß bei den Abnehmern gleichzeitig die Angst vor Fehlentscheidungen vorhanden ist (Sicherheitsorientierung)[114]. Diese Konstellation führt zum Einstellungstyp „Trendmitläufer":[115] Entscheidet sich die Unternehmung wie alle anderen für die SAP R/3 Standardsoftware, so ist die Rechtfertigung eines etwaigen Mißerfolgs der Investition leichter als beim Kauf eines „Exoten".

Im Gegensatz zu den Merkmalsausprägungen der Kundenstruktur läßt eine bestimmte Ausprägung der Auswahlkriterien der Kunden keine eindeutige Aussage bezüglich der Bedeutung des einzelnen Kunden für die Produktentwicklung zu. Vielmehr bemißt sich die Bedeutung eines einzelnen Kunden aus dem Grad der Übereinstimmung seiner Auswahlkriterien mit den Unternehmungszielen bzw. -kompetenzen.

Abb. 3-19 faßt die Merkmale und Merkmalsausprägungen der Kundenstruktur zusammen.

---

111 Vgl. Englert /Standard-Anwendungssoftware/, Meachim /Users to Vendors/ und Preiß /Software-Marketing/

112 Einstellungen werden sehr häufig zur Erklärung des Konsumverhaltens herangezogen. Trommsdorff bezeichnet sie als „vom Individuum gelernte und relativ dauerhafte Bereitschaft, auf eine bestimmte Reizkonstellation der Umwelt konsistent positiv oder negativ zu reagieren". Zitiert nach Müller-Hagedorn /Handelsmarketing/ 99

113 Vgl. Koppelmann /Produktmarketing/ 39-46

114 Vgl. zur Typisierung Koppelmann /Produktmarketing/ 39-46 und die dort angegebene Literatur

115 Siehe zum Phänomen der Modewellen in der DV-Branche Mertens /Wirtschaftsinformatik/ 25-64

Kundenstruktur:

Bedeutung des Kunden bezüglich Kundenanzahl	Groß	Mittel	Gering
Bedeutung des Kunden bezüglich Finanzkraft	Gering	Mittel	Groß
Bedeutung des Kunden bezüglich Multiplikatoreffekten	Gering	Mittel	Groß
Gefahr der Rückwärtsintegration	Gering	Mittel	Groß
Umstellungskosten bei einem Lieferantenwechsel	Groß	Mittel	Gering
Informationsstand des Kunden	Gering	Mittel	Groß

Zunehmende Bedeutung des einzelnen Kunden →

Auswahlkriterien des Kunden

Fertigstellungs- bzw. Lieferzeiten	Bedeutungslos	Geringe Bedeutung	Mittlere Bedeutung	Große Bedeutung
Preis der Leistung	Bedeutungslos	Geringe Bedeutung	Mittlere Bedeutung	Große Bedeutung
Preis-/Leistungsverhältnis	Bedeutungslos	Geringe Bedeutung	Mittlere Bedeutung	Große Bedeutung
Qualität der Leistung	Bedeutungslos	Geringe Bedeutung	Mittlere Bedeutung	Große Bedeutung
Individuelle Anbindung an Lieferanten	Bedeutungslos	Geringe Bedeutung	Mittlere Bedeutung	Große Bedeutung
Zuverlässigkeit des Lieferanten	Bedeutungslos	Geringe Bedeutung	Mittlere Bedeutung	Große Bedeutung
Flexibilität des Lieferanten	Bedeutungslos	Geringe Bedeutung	Mittlere Bedeutung	Große Bedeutung

Abb. 3-19: Merkmale und Merkmalsausprägungen der Kundenstruktur[116]

Konkurrenzstruktur

Der Erfolg der eigenen Wettbewerbsstrategie wird maßgeblich von den Merkmalen Wettbewerbsintensität, Branchenwachstum sowie Strategien der Konkurrenten beeinflußt.[117]

---

116 Vgl. Frese, Noetel /Auftragsabwicklung/ 70

117 Vgl. Frese, Noetel /Auftragsabwicklung/ 71-72

- Wettbewerbsintensität

  Der Softwaremarkt zeichnet sich u. a. durch folgende Charakteristika aus:[118]

  - Hohe Fluktuationsrate: Die Anbieterseite wird geprägt durch eine große Anzahl von Marktein- und -austritten.[119]
  - Niedrige Markteintrittsbarrieren: Softwareentwicklung erfordert keinen großen Kapitaleinsatz und stellt infolgedessen lediglich ein geringes finanzielles Risiko dar.[120]
  - Mangelnde Markttransparenz: Die Vielzahl von Anbietern und Produkten führt zu einem hohen Aufwand für Marktrecherchen sowohl auf Seiten der Anbieter als auch auf Seiten der Nachfrager.[121]
  - Geringe Anbieterkonzentration: Es treten ungewöhnlich viele kleine und mittelständische Unternehmungen als Anbieter auf. In Deutschland gab es 1990 mehr als 2.500 Softwarehäuser mit weniger als fünf Mitarbeitern.[122] Im Jahr 1995 agierten auf dem deutschen Softwaremarkt insgesamt 7.000 Softwareanbieter mit einem Umsatz zwischen 16 und 22 Millionen DM.
  - Ausländische Dominanz: Der Softwaremarkt für preiswerte Software im PC-Bereich wird vollständig von amerikanischen Unternehmungen wie Microsoft dominiert.[123] Eine ähnliche Entwicklung zeichnet sich in anderen Marktsegmenten der Standardsoftware ab.[124] Die deutschen Softwareunternehmungen suchen ihren Erfolg zunehmend in der Entwicklung individueller, komplexer Lösungen.[125]
  - Mächtige Kunden: Analog zu anderen Wirtschaftssektoren hat sich auch der Markt für Softwareprodukte von einem Verkäufermarkt zu einem Käufermarkt gewandelt.[126]
  - Hohe Innovationsdynamik: Neue technologische Entwicklungen führen zu kurzen Vermarktungszyklen, was man durch Prozeßinnovationen (z. B. objektorientierte Softwareentwicklung) auszugleichen versucht.[127] Diese Innovationsdynamik geht mit einer starken Technologieorientierung einher. Dabei sind technologische Entwicklungen in benachbarten Bereichen (z. B. Hardware) nicht zu vernachlässigen.

---

118 Vgl. Baaken, Launen /Software-Marketing/ 44-47

119 Vgl. Baaken, Launen /Software-Marketing/ 44-47

120 Vgl. Baaken, Launen /Software-Marketing/ 44-47

121 Vgl. Baaken, Launen /Software-Marketing/ 44-47

122 Vgl. Bäuml /Markt/ 788

123 Vgl. Zobel /Deutsche Softwarefirmen/ 7

124 Siehe zur Ursachenforschung den Dialog zwischen König /Krise/ 611-612, Mülder, Fechtner /Führung/ 612 und Riemenschneider /Marktorientierung/ 612-613

125 Vgl. Anderson /Survey of the Software Industry/ 34

126 Vgl. Schnitzler /Nicht das Beste/ 62. Eine systematische Analyse des Software-Markts in Deutschland enthält z. B. Buschmann u. a. /Softwaremarkt/

127 Vgl. zu diesem Punkt Wimmer, Zerr, Roth /Software-Marketing/ 19-20

- Branchenwachstum
  Technische Innovationen, v. a. durch die zunehmende Vernetzung der Unternehmungen (Intranet-Anwendungen in Konzernen, virtuelle Unternehmungen, elektronische Märkte, Internetanwendungen mit Java etc.), versprechen auch künftig die Fortsetzung der bereits jetzt überdurchschnittlich hohen Wachstumsdynamik des Software- und Services-Markts. So waren in den letzten drei Jahren bei einem Gesamtumsatzvolumen von 45,26 Milliarden DM im Jahr 1997 Wachstumsraten von bis zu 11,8% zu verzeichnen.[128] Lediglich das Bodyleasing-Geschäft und die Hardware-Wartung sind leicht rückläufig. Tab. 3-2 zeigt einen Überblick über den Software- und Services-Markt in Deutschland von 1995 bis 1997.

Marktsegment	Umsatz 1995 (in Milliarden DM)	Veränderung (in %)	Umsatz 1996 (in Milliarden DM)	Veränderung (in %)	Umsatz 1997 (in Milliarden DM)
Produkte					
Systemsoftware	4,9	+4,08	5,1	+4,90	5,35
Tools	5,6	+8,93	6,1	+9,84	6,7
Applikationen	7,6	+11,45	8,47	+11,57	9,45
Projekte					
Software-Entwicklung	6	+6,67	6,4	+6,25	6,8
Systemintegration	1,45	+11,72	1,62	+11,73	1,81
Bodyleasing	1,7	-2,94	1,65	-2,42	1,61
Services					
Rechenzentrum	3,1	+3,23	3,2	+3,13	3,3
Outsourcing	1,5	+13,33	1,7	+11,76	1,9
IT-Beratung	1,1	+10,91	1,22	+10,66	1,35
IT-Schulung	0,9	+2,22	0,92	+2,17	0,94
Hardware-Wartung	6,4	-3,13	6,2	-2,42	6,05
GESAMT	40,25	+5,79	42,58	+6,29	45,26

Tab. 3-2: Der Software- und Services-Markt in Deutschland 1995-1997[129]

- Strategien der Konkurrenten
  Die Strategien der Konkurrenten sind nicht eindeutig zu charakterisieren. So hat z. B. eine Studie der GMD[130] keine einheitliche Strategie der Wettbewerber auf dem Softwaremarkt feststellen können. Es zeichnen sich jedoch Tendenzen ab, nach denen sich der zukünftige Wettbewerb über den zusätzlichen Service der Softwareanbieter und nicht über den Preis der Leistung entscheiden wird.[131]

Abb. 3-20 faßt Merkmale und Merkmalsausprägungen der Konkurrenzstruktur zusammen.

128 Vgl. zu allen im folgenden genannten Zahlen Diebold /Software- und Services-Markt/

129 Erstellt nach Angaben aus Diebold /Software- und Services-Markt/

130 Vgl. Neugebauer /Software-Unternehmen/

131 Siehe hierzu die empirischen Studien von Ovum (Ring /IS Organisation/) und 4P Marketing (IT-Marketing /IT-Marketing '96/)

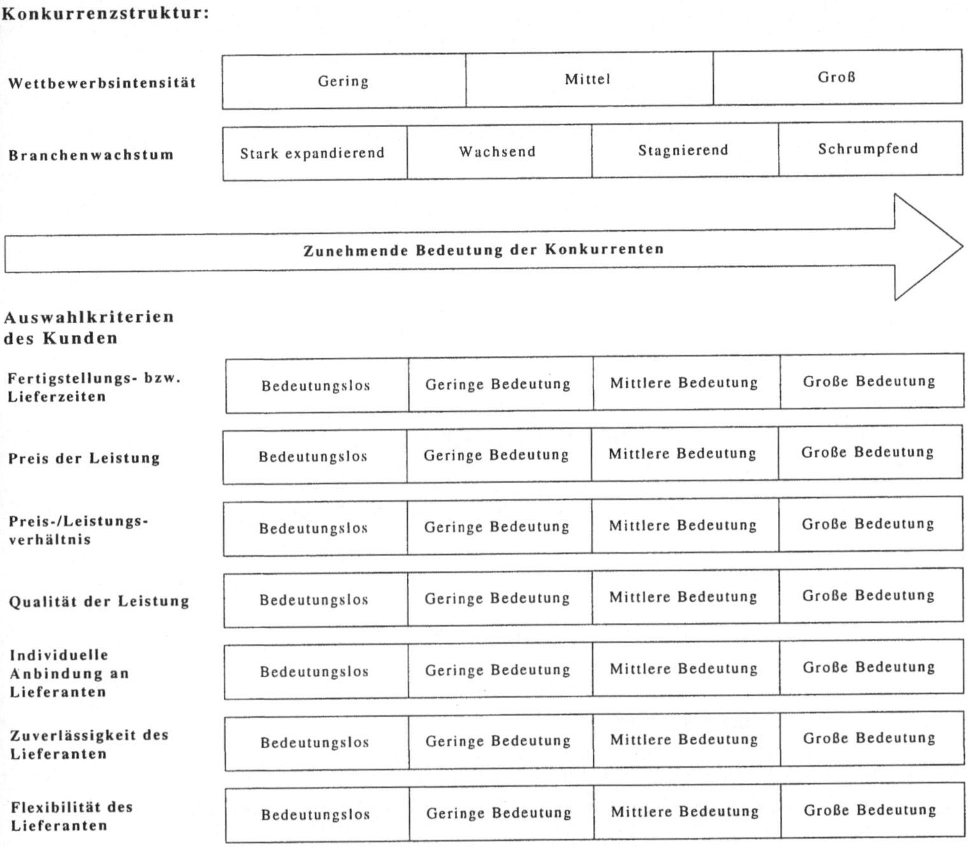

Konkurrenzstruktur:

Wettbewerbsintensität	Gering	Mittel	Groß	
Branchenwachstum	Stark expandierend	Wachsend	Stagnierend	Schrumpfend

Zunehmende Bedeutung der Konkurrenten →

Auswahlkriterien des Kunden

Fertigstellungs- bzw. Lieferzeiten	Bedeutungslos	Geringe Bedeutung	Mittlere Bedeutung	Große Bedeutung
Preis der Leistung	Bedeutungslos	Geringe Bedeutung	Mittlere Bedeutung	Große Bedeutung
Preis-/Leistungs-verhältnis	Bedeutungslos	Geringe Bedeutung	Mittlere Bedeutung	Große Bedeutung
Qualität der Leistung	Bedeutungslos	Geringe Bedeutung	Mittlere Bedeutung	Große Bedeutung
Individuelle Anbindung an Lieferanten	Bedeutungslos	Geringe Bedeutung	Mittlere Bedeutung	Große Bedeutung
Zuverlässigkeit des Lieferanten	Bedeutungslos	Geringe Bedeutung	Mittlere Bedeutung	Große Bedeutung
Flexibilität des Lieferanten	Bedeutungslos	Geringe Bedeutung	Mittlere Bedeutung	Große Bedeutung

Abb. 3-20: Merkmale und Merkmalsausprägungen der Konkurrenzstruktur[132]

Die Wettbewerbsstruktur bildet die Ausgangslage und somit den Handlungsspielraum für die Gestaltung der Produktentwicklung ab und wirkt sich über die Kundenstruktur insbesondere auf den Grad der Notwendigkeit der Einbeziehung des Kunden in den Produktentwicklungsprozeß aus.

Gleichzeitig stellt das Ausmaß der Übereinstimmung des entwickelten Produkts mit den Auswahlkriterien des Kunden einen wichtigen Beurteilungsaspekt für die Effizienz der Produktentwicklung dar.[133]

---

132 Vgl. Frese, Noetel /Auftragsabwicklung/ 72

133 Zwecks Reduktion des Umfangs erfaßt der Fragebogen im Anhang bezüglich der Wettbewerbsstruktur lediglich die Merkmale Wettbewerbsintensität und Wachstum.

3.2.1.2.3 Strategie

Auf der Basis der Unternehmungsstrategie, welche die Festlegung der von der Unternehmung avisierten Geschäftsfelder (Produkt-/Marktkombinationen) auf der Grundlage der langfristigen Unternehmungsziele beinhaltet, werden im Rahmen der Geschäftsfeldstrategie, auch Wettbewerbs- oder Branchenstrategie genannt, die Produkt-/Marktsegmente abgegrenzt.[134] In der Geschäftsfeldstrategie kommt zum Ausdruck, wie die Unternehmung beabsichtigt, sich gegenüber den anderen Marktteilnehmern zu verhalten, um ihre Branchenposition zu halten oder auszubauen.[135] Bei der Wahl der Geschäftsfelder wird die Entscheidung determiniert durch die mittels der in den Funktionsbereichen vorhandenen Ressourcen realisierbaren Endzustände, so daß eine Geschäftsfeldstrategie nicht ohne Berücksichtigung der betrachteten Funktionsbereiche und der unterschiedlichen, ebenfalls harmonisch abzustimmenden Funktionalstrategien der Funktionsbereiche entwickelt werden kann.[136]

Die in dieser Arbeit verwendete Systematik von Geschäftsfeldstrategien unterscheidet exogene und endogene Strategiedimensionen.[137] Exogene Strategiedimensionen ergeben sich durch die Einbindung eines unternehmungsexternen Faktors, während endogene Strategiedimensionen aus ausschließlich mittels unternehmungsinterner Faktoren realisierbaren Optionen resultieren.

Exogene Strategiedimensionen

Für die hier betrachtete Produktentwicklung wird die exogene Strategiedimension insbesondere durch die Integration des externen Faktors Kunde, aber auch durch die Einbeziehung von Lieferanten determiniert (siehe hierzu Kapitel 3.2.1.1.3).

Endogene Strategiedimensionen

Im Hinblick auf endogene Strategiedimensionen lassen sich insbesondere die strategischen Zielsetzungen Kostenreduzierung und Qualitätssicherung bzw. Lieferservice beschreiben.[138]

---

134 Vgl.. Frese, Noetel /Auftragsabwicklung/ 59-60

135 Vgl. Porter /Wettbewerbsstrategie/ 62

136 Siehe hierzu auch die empirischen Befunde in Brockhoff /Schnittstellenmanagement/ 5-30

137 Die nachfolgende Analyse von Strategien und die konzeptionelle Einordnung der Kundenorientierung als Geschäftsfeldstrategie erfolgt in enger Anlehnung an Frese und Noetel, deren Ausführungen wiederum auf der Systematik von Porter aufbauen. Die bei Frese und Noetel angestellten Überlegungen beziehen sich auf die Kundenorientierung in der Auftragsabwicklung der Investitionsgüterindustrie und deren Konsequenzen für die organisatorische Gestaltung. In dieser Arbeit wird die Methodik der Untersuchung adaptiert und auf die kundenorientierte Produktentwicklung in der Softwarebranche angewendet. Vgl. Frese, Noetel /Auftragsabwicklung/ 76-84 und Porter /Wettbewerbsstrategie/

138 Vgl. Frese, Noetel /Auftragsabwicklung/ 81

- Die Kostenreduzierung hat das Ziel, über Ressourceneinsatzoptimierung und andere Maßnahmen die Kosten des Leistungserstellungsprozesses zu minimieren.
- Ziel der strategischen Stoßrichtungen Qualitätssicherung und Lieferservice ist der Kundennutzen. Mit Hilfe eines Qualitätsmanagementsystems und anderer Maßnahmen ist der Leistungserstellungsprozeß so zu gestalten, daß die Kundenbedürfnisse befriedigt und die Produkte rechtzeitig (d. h. möglichst schnell, zumindest entsprechend der Vereinbarungen mit dem Kunden) ausgeliefert werden.

Einordnung der Kundenorientierung in die Systematik der Geschäftsfeldstrategien

Abb. 3-21 gibt das Ergebnis der Systematisierungen wieder.[139] Es ergeben sich acht idealtypische Geschäftsfeldstrategien, die zu drei essentiellen Strategiegruppen zusammengefaßt werden können. Kundenorientierte Strategien sind dadurch charakterisiert, daß nicht die Effizienz interner Prozesse, sondern die umfassende Ausrichtung an heterogenen Kundenbedürfnissen im Vordergrund steht. Dieses Ziel soll durch Differenzierung, d. h. die branchenweite Einzigartigkeit der angebotenen Produkte und Dienstleistungen, erreicht werden. Werden standardisierte Produkte für den anonymen Markt angeboten, erfolgt die Abhebung von der Konkurrenz z. B. durch eine überdurchschnittliche Qualität der angebotenen Leistungen oder ungewöhnlich kurze Fertigstellungszeiten. Es liegt die Strategieform *Differenzierung bei Marktproduktion* vor. Strebt die Unternehmung über eine starke Qualitäts- und Lieferserviceorientierung hinaus ein hinsichtlich Art und Umfang flexibles und kundenindividuelles Leistungsprogramm an, handelt es sich um die Strategieform *Differenzierung bei Kundenproduktion.*

Bei der *Kostenführerschaft* dagegen sind alle Anstrengungen auf die Minimierung der Kosten der Leistungserstellung und somit auf die internen Prozesse zu richten, um über einen möglichst niedrigen Preis die Konkurrenz am Markt zu übertreffen. Theoretisch ist die Kostenführerschaft auch bei Kundenproduktion denkbar. Sie wird im allgemeinen allerdings als ineffizient eingestuft.

Im Regelfall muß eine Unternehmung auf der Basis der ihr zur Verfügung stehenden Ressourcen und der Umweltzustände eine eindeutige Entscheidung für einen Strategietyp treffen. Bei dieser Typologie handelt es sich allerdings um eine idealtypische Einteilung. So hat z. B. insbesondere die Studie im Bereich der Automobilzuliefererindustrie von McKinsey[140] gezeigt, daß Unternehmungen mit Produkten hoher Qualität auch bezüglich der Kosten der Leistungserstellung führend sein können. Die Reduzierung der Kosten infolge der Vermeidung von Verschwendung (z. B. weniger Aufwand für Fehlerbeseitigung) ist in diesem Fall allerdings eher als positiver Nebeneffekt bei der Verfolgung des Hauptziels Qua-

139 Vgl. im folgenden Frese, Noetel /Auftragsabwicklung/ 83-84

140 Vgl. Rommel u. a. /Qualität gewinnt/

litätsorientierung zu sehen. Im Vordergrund der Bemühungen der betrachteten Automobilhersteller steht die Erfüllung der Kundenbedürfnisse.

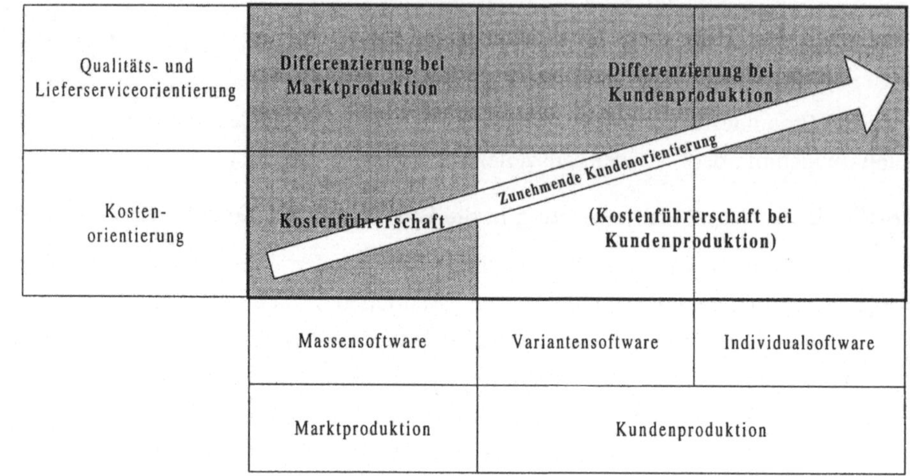

Abb. 3-21: Merkmale und Merkmalsausprägungen der Strategie[141]

In dieser Arbeit wird nachfolgend von der Wahl der Kundenorientierung als Geschäftsfeldstrategie ausgegangen, die infolgedessen für die Gestaltung von Produktentwicklungsinstrumenten eine Gestaltungsbedingung darstellt.[142]

Auswirkungen der Kundenorientierung auf die Produktentwicklung

Je stärker die Kundenorientierung ausgeprägt ist, desto höher ist die Bedeutung des Kunden für den Produktentwicklungsprozeß und desto wichtiger ist die Kundenzufriedenheit als Indikator für das Ausmaß der Strategiezielerreichung.

Die Wahl der Geschäftsfeldstrategie Kundenorientierung determiniert über die endogene Strategiedimension die *Ziele der Produktentwicklung* und bedingt tendenziell eine höhere Priorisierung von Qualitäts- gegenüber Kostenzielen. Die exogene Strategiedimension der Kundenorientierung bestimmt die Intensität des Kontaktes zwischen den Kunden und den in die Produktentwicklung einbezogenen Mitarbeitern. Eine stark kundenorientierte Produktentwicklung erfordert demzufolge die Abstimmung der Entwicklungsaktivitäten zwischen dem an der Produktentstehung und an dem Produktgebrauch beteiligten Personen-

141 Modifiziert übernommen aus Frese /Grundlagen/ 324

142 Richtlinien für Entwurf und Bewertung von Strategien bietet Reichert /Strategien/ 30-84

kreis.[143] Neben Intensität und Detaillierungsgrad der Kommunikation steigt mit dem zunehmenden Einfluß des Kunden auf die Produktentwicklung das Ausmaß der Unsicherheit. Dies gilt nicht nur für die zeitliche und kapazitätsmäßige Planung der Produktentwicklung, sondern auch für den Bekanntheitsgrad von Problemlösungsalternativen und -prozessen. Darüber hinaus wirkt sich die exogene Strategiedimension auf die Bedeutung einzelner Aufgaben im Rahmen der Produktentwicklung aus.

Die aus der Kundenorientierung resultierenden Zielpräferenzen bedingen die Fokussierung dieser Arbeit auf solche Instrumente der Produktentwicklung, die primär der Qualitätsbeeinflussung dienen.

3.2.1.2.4 Organisatorische Gestaltung

Bei der Untersuchung des Einflusses der organisatorischen Gestaltung auf die Effizienz der Produktentwicklung sind zwei unterschiedliche Aspekte zu berücksichtigen: Zunächst ist die organisatorische Gestaltung der Unternehmung als Ganzes und anschließend die organisatorische Verankerung der Produktentwicklung zu betrachten.

Organisationsstruktur der Unternehmung

Nach dem Leitsatz von Chandler „structure follows strategy“ wählt die Unternehmung ihre Organisationsstruktur auf der Basis langfristig gesetzter Ziele.[144] Demzufolge beeinflußt die Geschäftsfeldstrategie maßgeblich das Ziel von Maßnahmen der organisatorischen Gestaltung.[145] Zum einen resultieren aus der Kundenorientierung bestimmte Aufgabenmerkmale (z. B. handlungsbezogene Aufgabenkomplexe im Rahmen der Produktion, Ungewißheit der Entscheidungen, Priorisierung des Qualitätsziels und dessen Abstimmung mit den anderen endogenen Strategiedimensionen).[146] Die Diskussion dieser aus Sicht der Organisationsgestaltung primär ablauforganisatorischen Konsequenzen war bereits Gegenstand der vorangegangenen Kapitel. Zum anderen wirkt sich die Kundenorientierung auf die Gewichtung der zur Beurteilung organisatorischer Lösungen heranzuziehenden Effizienzkriterien aus.[147] Zum Zwecke der Systematisierung kann zwischen der Koordinationsdimension und der Motivationsdimension aufbauorganisatorischer Regelungen unterschieden werden.[148] Die Koordinationsperspektive benutzt als Bewertungsmaßstab organisatorischer

---

143 Vgl. Krottmaier /F&E-Management/ 2

144 Vgl. Chandler /Strategy and Structure/ 62

145 Vgl. Frese, von Werder /Wettbewerbsfaktor/ 4

146 Vgl. Frese, Noetel /Auftragsabwicklung/ 89-91

147 Siehe zur nachfolgenden Darstellung der Effizienzkriterien Frese /Grundlagen/ 24-28

148 Ein mit Hilfe der Faktorenanalyse bei 317 Industrieunternehmungen ermitteltes Effizienzkrtieriensystem für die Absatzorganisation, das als wesentliche Elemente Koordinationsfähigkeit, Marktanpassungs- und Innovationsfähigkeit, schnelle und reibungslose Informationsversorgung, Möglichkeit aussagefähiger Kontrollaktivitäten und Zufriedenheit der Mitarbeiter aufweist, enthält Köhler /Absatzorganisation/ 36

Regelungen lediglich deren Eignung zur Erfüllung aufgabenlogischer Anforderungen der Unternehmungsaktivitäten. Die hierbei zunächst nicht berücksichtigten individuellen Einstellungs- und Verhaltensmerkmale der Entscheidungsträger, die eventuell im Konflikt zu den Zielen der Unternehmung oder der Verhaltenserwartung stehen, sowie deren Beeinflussungsmöglichkeiten werden explizit innerhalb der Motivationsperspektive thematisiert. Motivationseffekte üben einen unmittelbaren Einfluß auf die Wirkungen der Koordinationseffizienz von Organisationsstrukturen aus.[149]

Kriterien aus Sicht der *Koordinationseffizienz* betreffen die Minimierung der aus Autonomie- und Abstimmungskosten entstehenden Gesamtkosten alternativer Organisationsstrukturen.

- *Markteffizienz* bezieht sich auf die umfassende Nutzung von Marktpotentialen sowie die Vermeidung von Interdependenzen auf dem Absatz- und Beschaffungsmarkt.
- Gegenstand der *Ressourceneffizienz* ist die umfassende (kosteneffiziente) Nutzung von Potentialfaktoren wie Personen, materiellen und immateriellen Ressourcen.
- *Prozeßeffizienz* umfaßt den gesamten Leistungserstellungsprozeß, der über alle Wertschöpfungsstufen auf die Gesamtziele der Unternehmung auszurichten ist.
- *Delegationseffizienz* bezieht sich auf den Einfluß der Organisationsstruktur auf den Grad der Nutzung des Informations- und Entscheidungspotentials unterschiedlicher Hierarchieebenen.

Kriterien aus Sicht der *Motivationseffizienz* spiegeln u. a. die Wirksamkeit von Bemühungen zur Vermeidung bürokratischer Strukturen und Verhaltensweisen wider.

- *Eigenverantwortung* zeigt sich im Entscheidungsspielraum der Mitarbeiter und fördert deren Arbeitszufriedenheit, Verantwortungsgefühl und Leistungsbereitschaft.
- *Überschaubarkeit* zeigt sich in kleinen Einheiten mit möglichst abgeschlossenen Aufgabenkomplexen bei möglichst wenigen Interdependenzen, was u. a. zu einer höheren Identifizierung der Mitarbeiter mit der Aufgabe und der Einheit sowie zu einer erleichterten Kommunikation führt.
- *Marktdruck* kommt in der Konfrontation der Mitarbeiter mit marktlichen Alternativen zum Ausdruck, die eine Beurteilung und Vergleichbarkeit von Leistungen ermöglicht und das Bewußtsein stärkt, daß durch diese Alternativen möglicherweise die Existenz der Unternehmung oder einzelner Arbeitsplätze gefährdet ist.

Die Auswirkungen der Kundenorientierung auf die organisatorische Gestaltung der Gesamtunternehmung sind vielfältig und sollen wegen ihrer besonderen Bedeutung für die

---

149 Mit abnehmendem Abstraktionsgrad der betrachteten Unternehmungsebene sind die Effizienzkriterien detaillierter zu spezifizieren. Siehe zur Problematik der Effizienzbestimmung von Organisationsstrukturen auch Grochla, Welge /Effizienzbestimmung/ 273-289

hier untersuchte Produktentwicklung näher betrachtet werden. Je umfangreicher die Einflußnahmemöglichkeiten des Kunden sind, desto wichtiger ist die Koordination der am Leistungserstellungsprozeß beteiligten Unternehmungsbereiche. Die Notwendigkeit einer spezifischen Koordination wird bedingt durch die Auswirkungen von Kundeneinfluß, Lieferservice- und Qualitätsorientierung auf Ausmaß und Abhängigkeit der Dispositionsspielräume der verschiedenen Unternehmungsbereiche. Auch die Effizienz des Leistungserstellungsprozesses wird von den speziellen Schwerpunkten der Kundenorientierungsstrategie tangiert. Es ist also ein besonderes Augenmerk auf die in diesem Zusammenhang kritischen Interdependenzen[150] zu richten.

Dysfunktionale, d. h. die Zielverfolgung behindernde, Wirkungen auf eine konsequente Kundenorientierung sind insbesondere beim Auftreten von Marktinterdependenzen und von Interdependenzen aufgrund innerbetrieblicher Leistungsverflechtungen zu erwarten. Marktinterdependenzen entstehen beispielsweise, wenn zwei unterschiedliche Einheiten einer Unternehmung mit ihren Produkten um die gleiche Käuferschicht konkurrieren. Ein einheitliches Auftreten der Unternehmung gegenüber den Kunden ist dann nicht gegeben. Eine interne Leistungsverflechtung liegt vor, wenn die Entscheidung einer Einheit (z. B. Produktion) die interne Umwelt einer anderen Einheit (z. B. Absatz) zielrelevant verändert. Interne Leistungsverflechtungen können beispielsweise eine Erhöhung der Durchlaufzeiten bewirken.

Resultierend aus diesen kritischen Interdependenzen kommt bestimmten Effizienzkriterien bei einer kundenorientierten Strategie ein besonderes Gewicht zu. Im Mittelpunkt der Betrachtung stehen die Prozeßeffizienz und die Markteffizienz der von der Unternehmung gewählten Organisationsstruktur.

Aufgrund der vielfältigen Trade-off-Beziehungen zwischen den Effizienzkriterien ist eine gleichzeitige Realisierung optimaler Prozeß-, Markt- und Ressourceneffizienz i. d. R. ausgeschlossen.[151] Aufgrund dieser möglichen Zielkonflikte muß einem Effizienzkriterium eine geringere Bedeutung zugewiesen werden. Die Berücksichtigung der Ressourceneffizienz als Ausdruck einer konsequenten Kostenwirtschaftlichkeit steht bei der Verfolgung der Kundenorientierung zugunsten einer kundenbezogenen Prozeßeffizienz und einer interdependenzbezogenen (Absatz-)Markteffizienz zurück.[152]

In Abb. 3-22 sind die Auswirkungen der Kundenorientierung zusammenfassend dargestellt.

---

150 Siehe zur Interdependenzproblematik Frese /Grundlagen/ 76-77

151 Vgl. Frese /Grundlagen/ 30

152 Vgl. Frese /Grundlagen/ 30. Zur Aufrechterhaltung einer gewissen Dispositionsfähigkeit müssen z. B. mehrere Entwicklungsumgebungen für unterschiedliche Zielumgebungen vorrätig gehalten werden, was zusätzliche Kosten verursacht. Dennoch sei an dieser Stelle auf die Möglichkeit der Zielharmonie zwischen Kostensenkung, Zeitersparnis und Kundenorientierung hingewiesen (siehe Studie Nr. 9). Siehe zum Verhältnis zwischen Effizienz und Kundenorientierung auch Lovelock /Kundenzufriedenheit/ 68-75

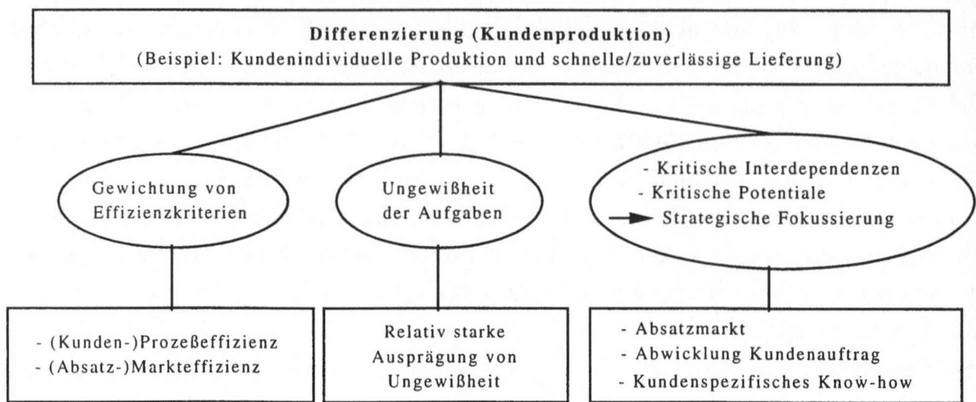

Abb. 3-22: Auswirkungen der Differenzierung bei Kundenproduktion[153]

Unter Berücksichtigung der Wichtigkeit der Effizienzkriterien sollte eine Organisationsstruktur gewählt werden, die bezüglich Prozeß- und Markteffizienz positiv zu bewerten ist.

Eine reine Funktionalorganisation scheidet aus, da sie auf die Bildung von Gruppen homogener Handlungen ausgerichtet ist. Die Prozeßkette wird somit auseinandergerissen und die einzelnen Handlungen werden den jeweiligen Funktionsbereichen zugewiesen. Aufgrund der nunmehr pro Auftrag zu überwindenden zahlreichen Bereichsgrenzen besitzt die Funktionalorganisation Schwächen bezüglich der Prozeßeffizienz.[154]

Auch die hinsichtlich der Prozeßeffizienz positiv zu bewertenden produkt- und marktorientiert segmentierten Strukturen sind in ihrer eindimensionalen reinen Form problematisch. Die Spartenorganisation kann zu Marktinterdependenzen führen, wenn Produkte verschiedener Sparten um die Gunst der gleichen Käufergruppe konkurrieren[155]. Das führt zu einem uneinheitlichen Auftreten der Unternehmung gegenüber dem Kunden und ist hinsichtlich der Markteffizienz negativ zu bewerten.

Obwohl die Ressourceneffizienz bei einer kundenorientierten Unternehmungsstrategie eine untergeordnete Rolle spielt, ist sie doch der Grund, eine rein nach Kunden segmentierte Struktur trotz ihrer scheinbaren Vorteilhaftigkeit für den Kunden bzw. die Kundenorientierung ebenfalls zu verwerfen. Die zur Realisierung einer solchen Struktur notwendige Duplizierung von Ressourcen (Hard- und Software, technologie- und fachspezifisches

153 Vgl. Frese /Grundlagen/ 331

154 Vgl. Frese /Grundlagen/ 340

155 Vgl. Frese /Grundlagen/ 357

Know-how) macht diese Struktur unwirtschaftlich, insbesondere wenn die Beziehungen zu den Kunden(-gruppen) nicht dauerhaft sind.[156]

Es wird deutlich, daß keine der „klassischen" Organisationsstrukturen in ihrer reinen, eindimensionalen Form zur Verwirklichung einer kundenorientierten Unternehmungsstrategie uneingeschränkt geeignet ist. Abhilfe kann eine mehrdimensionale Struktur schaffen, die auf der Grundlage einer hinreichend geeigneten Form eine zweite Dimension beinhaltet, welche die Schwächen der Basisform aufhebt oder zumindest reduziert.

Eine zweidimensionale Organisationsstruktur, die eine Segmentierung nach der Produktdimension in Form einer Spartenorganisation (positive Prozeßeffizienz) und nach der Kundendimension (positive Markteffizienz) auf gleicher Ebene aufweist, bildet eine Möglichkeit, der geforderten Kundenorientierung in der Wettbewerbsstrategie Rechnung zu tragen.[157] Bei der Verteilung der Entscheidungskompetenzen stehen zwei wesentliche Formen zur Verfügung:

- Überschneidung von Aufgaben
  Die Entscheidungskompetenz bezüglich einer Aufgabe wird auf die beiden Dimensionen aufgeteilt, wobei je nach Art der Verteilung eine Stabsorganisation (die eine Dimension ist für die Entscheidungsvorbereitung, die andere für die Entscheidungsfindung zuständig) oder eine Matrixorganisation (beide Dimensionen müssen gemeinsam entscheiden, es liegt eine geplante Kompetenzüberschneidung vor) entsteht.[158]
- Ausgliederung von Aufgaben
  Der betreffende Aufgabenkomplex, hier zum Beispiel die Kundendimension, wird aus der produktorientiert gegliederten Organisation herausgelöst und einer eigenständigen Organisationseinheit zugeordnet. Diese besitzt dann die alleinige Entscheidungskompetenz.[159] Beispielhaft ist hier die Einrichtung eines Kundenmanagements[160] zu nennen.[161]

Mit zunehmendem Projektcharakter der von der Unternehmung zu bearbeitenden Aufträge gewinnt die Möglichkeit der Einrichtung von kundenorientierten Projekteinheiten nach dem Matrixprinzip an Bedeutung.[162] Inwieweit dieses System realisiert wird, ob die beste-

---

156 Vgl. Frese, Noetel /Kundenorientierung/ 101

157 Vgl. Bleicher /Organisation/ 19

158 Siehe zum Stabs- und Matrixprinzip Frese /Grundlagen/ 199-208

159 Siehe zur Ausgliederung von Aufgaben Frese /Grundlagen/ 208-210

160 Siehe hierzu Diller /Kundenmanagement/ 1363-1376

161 Gemäß den Ergebnissen der Studie Nr. 58 aus dem Jahr 1989 sind in Deutschland dominant kundenorientierte Aufgabengliederungen in der Praxis eher selten anzutreffen. Auch im Jahr 1994 haben lediglich 6% eine nach Kunden(-gruppen) ausgerichtete Aufbauorganisation eingerichtet und in nur 4% dieser Unternehmungen sind in der Ablauforganisation prozeßorientierte Maßnahmen zur Umsetzung der Kundenorientierung getroffen worden. Vgl. Frese, Maly /Kundenorientierung/ und insbesondere von Werder, Gemünden /Kundennähe/ (Studie Nr. 48)

162 Vgl. Frese, Noetel /Kundenorientierung/ 101

hende Organisation ganz auf die Projektanforderungen ausgerichtet wird oder ob die Projekte durch „'Zelt'-Strukturen“[163] unter Beibehaltung der bestehenden Organisationsstruktur abgewickelt werden, ist unternehmungsspezifisch zu entscheiden. Auf welche Weise die Entscheidungskompetenzen zwischen Projekteinheit und projektbeteiligten Stellen verteilt wird,[164] hängt von der gewünschten Vorrangigkeit ab. Hierbei ist zwischen Standardsoftware (Marktproduktion) und Individualsoftware (Kundenproduktion) zu unterscheiden.[165]

Da Standardsoftware für eine möglichst große Zahl von Kunden hergestellt wird, ist die Einrichtung einer permanenten Matrix-Organisationsstruktur, die nach Kundengruppen (Banken, Fertigungsindustrie, Versicherungen etc.) und den für diese Abnehmer hergestellten Softwareprodukten (Finanzbuchhaltungssysteme, Warenwirtschaftssysteme etc.) segmentiert ist, möglich. Diese Struktur benötigt keine besondere Flexibilität in bezug auf Kundenänderungswünsche, da sich das Problem der Einflußnahmemöglichkeit des Kunden auf den Leistungserstellungsprozeß für die Unternehmung bei Standardsoftware i. d. R. nicht stellt. Zusätzlich erforderlich ist jedoch ein effektives Schnittstellenmanagement[166], das die möglichen Konflikte zwischen den Bereichen mit Kompetenzüberschneidungen reguliert.

Die Erstellung von Individualsoftware besitzt, aufgrund ihrer Auslösung durch den Kunden und der Notwendigkeit der Beachtung von spezifischen, i. d. R. je Kundenauftrag verschiedenen Kundenwünschen, Projektcharakter. Es empfiehlt sich also die Einrichtung von Projekteinheiten nach dem Matrixprinzip, d. h. für jeden Kundenauftrag wird ein Projektteam gebildet. Die Entscheidungskompetenzen werden zwischen den (produktorientierten) Linieneinheiten und den Projekteinheiten entsprechend der von der Unternehmung gewünschten Vorrangigkeit aufgeteilt. Die Einführung von Projektstrukturen gibt der Softwareunternehmung die nötige Flexibilität, auf Änderungswünsche des Kunden während des Entwicklungsprozesses zu reagieren. „Es entstehen kleine Firmen in der Firma“[167], die sich durch weniger Reibungsverluste und somit eine bessere Erfüllung des Kundenwunsches auszeichnen. Auch hier ist jedoch gegebenenfalls ein Schnittstellenmanagement[168] zwischen Projekt- und Linienbereichen erforderlich. Im Extremfall werden projektbezogene

---

163 Vgl. Bleicher /Organisation/ 15

164 Vgl. Frese /Grundlagen/ 477

165 Vgl. im folgenden Artz /Begriff der Kundenorientierung/ 65-68

166 Eine Schnittstelle liegt vor, wenn zwischen zwei organisatorischen Einheiten ein potentieller Koordinationsbedarf besteht. Unter Schnittstellenmanagement werden Entscheidungs- und Kommunikationsaktivitäten subsumiert, die zur Abstimmung zwischen den Einheiten beitragen sollen. Vgl. Frese /Grundlagen/ 124

167 Helfrich /Business Reengineering/ 41

168 Schnittstellenprobleme bei kundenorientierten Organisationsstrukturen treten in der Praxis v. a. in den Vertriebsstellen bei der Abstimmung mit Forschung und Entwicklung, Logistik sowie Produktion auf. Vgl. Frese, Maly /Kundenorientierung/ und insbesondere von Werder, Gemünden /Kundennähe/ (Studie Nr. 48)

Aufgaben aus den produktbezogenen Geschäftsbereichen ausgegliedert und selbständigen Projektbereichen zugeordnet. Es liegt dann eine „reine Projektorganisation"[169] vor. Dies wiederum kann, je nach Projektgröße und Wichtigkeit des Kunden, zur Gründung projektspezifischer Einzweckunternehmungen (z. B. zur Softwareentwicklung für die Raumfahrt) führen.

In jedem Fall, d. h. bei einer Projektorganisation und auch bei der Realisierung einer Matrixorganisation, ist ein Schnittstellenmanagement zwischen den Bereichen, zwischen denen Kompetenzkonflikte auftreten können, erforderlich.[170] Durch die Vorteile einer umfassenderen Problemsicht aufgrund mehrerer Perspektiven und der Ausnutzung des kreativen Konfliktpotentials ist die Unternehmung in der Lage, die Nachteile der Kompetenzüberschneidungen bzw. den Aufwand zu deren Regulierung zu kompensieren. Letztlich hängt die zweckmäßige Wahl der Organisationsform jedoch außer von der Branche noch von einer Reihe situativer Merkmale ab (z. B. der Dynamik der Produkt-Markt-Beziehung oder der Unternehmungsgröße),[171] so daß allgemeingültige Empfehlungen an dieser Stelle nicht gegeben werden können.

Zum Zweck der Untersuchung des Einflusses der organisatorischen Gestaltung auf die Wirkung von Produktentwicklungsinstrumenten werden drei Organisationstpyen unterschieden:

- Sparten-, Divisions- bzw. Produktgruppenorganisation
- Funktionsorientierte Organisation
- Kundengruppenorientierte Organisation

Weiterhin kann unabhängig vom Organisationstyp die Abwicklung der Produktentwicklung in Form von Projekten erfolgen.

Organisatorische Verankerung der Produktentwicklung

Für die organisatorische Verankerung der Produktentwicklung existieren verschiedene Optionen, die nachfolgend kurz erläutert und im Hinblick auf die Kundenorientierung beurteilt werden.[172] Aus Sicht der hier betrachteten, nicht der Unternehmungsleitung angehörenden Entscheidungsträger[173] stellen die organisatorische Gestaltung der Gesamtunternehmung und die organisatorische Verankerung der Produktentwicklung nicht zu beein-

---

169 Vgl. Frese /Grundlagen/ 482-483

170 Vgl. Bleicher /Organisation/ 15

171 Vgl. Köhler /Absatzorganisation/ 53-54

172 Bei den Ausführungen zur organisatorischen Verankerung der Produktentwicklung handelt es sich um eine stark verkürzte und vereinfachte Zusammenfassung der Untersuchungsergebnisse von Borm, der in seiner Analyse zwischen zwei verschiedenen Unternehmungstypen und mehreren Effizienzkriterien differenziert. Vgl. Borm /Produktentwicklung/ 73-112

173 Siehe hierzu die Ausführungen in Kapitel 3.1.1

flussende Gestaltungsrestriktionen dar. Es folgt daher lediglich eine verkürzte und relativ undifferenzierte Darstellung, die lediglich ein Grundverständnis schaffen möchte.

- Organisatorische Verselbständigung der Produktentwicklung

  Bei einer organisatorischen Verselbständigung der Produktentwicklung erfolgt auf der zweiten Ebene einer handlungsorientierten Rahmenstruktur z. B. neben der Beschaffung, der Produktion und dem Absatz die Installation des Teilbereichs Produktentwicklung, dem alle Teilaufgaben der Produktentwicklung zugeordnet werden. Es treten teilfunktionsübergreifende Interdependenzen aufgrund innerbetrieblicher Leistungsverflechtungen auf. Die weitgehend ungeregelte Kommunikation enthält keine ausreichenden Koordinationskonzepte zur Abstimmung der auftretenden Entscheidungsinterdependenzen. Daher bietet sich zur institutionellen Absicherung der Kommunikation die Einrichtung von Informations- und Beratungsausschüssen an, die ggf. mit Entscheidungs- bzw. Entschlußfassungskompetenz ausgestattet werden können. Mögliche Variationen des Spezialisierungsgrads bezogen auf die Einzelaufgaben der Produktentwicklung ergeben sich durch eine dekonzentrierte Einordnung der Teilaufgabe auf der zweiten Ebene (z. B. Produktplanung und Entwicklungsdurchführung), was allerdings eine erhöhte Anzahl von Schnittstellen mit sich bringt.

  Unterstellt man den Einsatz von Ausschüssen, also interdisziplinäre Gruppenarbeitsprozesse, so können die aus der endogenen Strategiedimension der Kundenorientierung resultierenden Aufgaben bezüglich der Qualität infolge der direkten Kommunikationswege wirksam wahrgenommen werden. Dem steht der Nachteil eines relativ hohen Koordinationsaufwands gegenüber. Die Abstimmungsprozesse sind oft sehr komplex und können die für die Kundenorientierung wichtige Flexibilität, d. h. die kurzfristige Reaktion auf veränderte Anforderungen, schwächen. Das gilt in besonderem Maße für Standardsoftwarehersteller, bei denen aufgrund unterschiedlicher Spartenziele eine Vielzahl von Ausschüssen gebildet und koordiniert werden muß. Eine ähnliche Einschätzung kann für die Markteffizienz getroffen werden, bei der den Ausschüssen u. a. die Aufgabe zukommt, ein einheitliches Auftreten gegenüber dem Kunden zu gewährleisten und die innerbetrieblichen Leistungsverflechtungen sowie Marktinterdependenzen zu koordinieren.

- Abstimmung über das Qualitätswesen als organisatorischer Einheit

  Eine Variante der organisatorischen Gestaltung der Produktentwicklung stellt die Einrichtung der organisatorischen Einheit Qualitätswesen dar, deren Aufgabe die qualitätsbezogene Abstimmung ist. Dieser Integrationsbereich kann mit unterschiedlichen Kompetenzen ausgestattet sein. Ein Qualitätswesen mit Informations- und Beratungsrechten untersteht der Produktentwicklung und besitzt lediglich entscheidungsvorbereitende Kompetenz. Eine stärkere Einbindung der Integrationseinheit ergibt sich, wenn das

Qualitätswesen als Matrix-Einheit konzipiert ist, der gemeinsam mit der Produktentwicklung und den interdependenten Einheiten Entschlußfassungskompetenzen zugeordnet werden.

Durch die integrative Funktion des Qualitätswesens können Konflikte gelöst und vorhandenes Qualitäts-Know-how wirkungsvoll genutzt werden, was allerdings eine entsprechende Kooperationsbereitschaft der Produktentwicklung voraussetzt. Dagegen ist der erforderliche Zeitbedarf gegenüber der Selbstbestimmung höher einzuschätzen. Dies gilt wiederum in besonderem Maße für die Hersteller von Standardprodukten.

- Verankerung der Produktentwicklungsaufgaben in bestehenden Funktionsbereichen bzw. Sparten

  Die Aufgaben der Produktentwicklung können auch in bestehenden Funktionsbereichen bzw. Sparten verankert werden. Dabei sind Gestaltungsoptionen zu unterscheiden, bei denen die Konzentration der Aufgaben der Produktentwicklung im Absatz- *oder* im Produktionsbereich erfolgt. Alternativ können Einzelaufgaben der Produktentwicklung vom Produktions- *und* Absatzbereich übernommen werden.

  Durch die Eingliederung der Produktentwicklung in den Absatz- bzw. Produktionsbereich kann eine Konfliktharmonisierung erreicht werden. Bei primärer Präferierung technischer Qualität scheint eine Integration in den Produktionsbereich zweckmäßig, bei bevorzugter relativer Qualität kann die Eingliederung in den Absatzbereich sinnvoller sein. Bei kundenindividueller Entwicklung erscheint dagegen in jedem Fall die Integration in den Produktionsbereich näher liegender, da über den Kunden die externen Qualitätsvorgaben direkt in den Entwicklungsprozeß eingebracht werden. Die dezentrale Lösung führt einerseits zu einer vollständigen Internalisierung der innerbetrieblichen Leistungsverflechtungen auf der zweiten Ebene; andererseits ergibt sich für die Produktentwicklung die Konsequenz, daß die innerbetrieblichen Leistungsverflechtungen zwischen den Einzelaufgaben externalisiert werden, so daß interne Abstimmungen zum Schließen des Feedback-Kreises erforderlich werden.

Unabhängig davon stellt sich die Frage, ob die Produktentwicklung in Form von Projekten durchgeführt wird. Die im Zusammenhang mit der Projektorganisation stehenden Fragen werden in Kapitel 3.2.2.2.1 erörtert.

Abb. 3-23 faßt die Merkmale und Merkmalsausprägungen der organisatorischen Gestaltung zusammen.

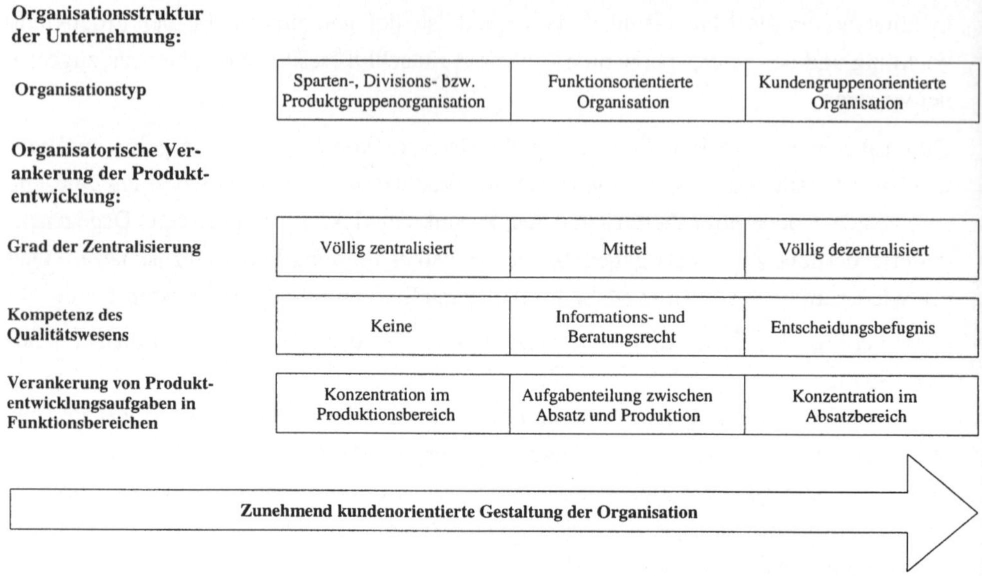

Organisationsstruktur der Unternehmung:			
Organisationstyp	Sparten-, Divisions- bzw. Produktgruppenorganisation	Funktionsorientierte Organisation	Kundengruppenorientierte Organisation
Organisatorische Verankerung der Produktentwicklung:			
Grad der Zentralisierung	Völlig zentralisiert	Mittel	Völlig dezentralisiert
Kompetenz des Qualitätswesens	Keine	Informations- und Beratungsrecht	Entscheidungsbefugnis
Verankerung von Produktentwicklungsaufgaben in Funktionsbereichen	Konzentration im Produktionsbereich	Aufgabenteilung zwischen Absatz und Produktion	Konzentration im Absatzbereich

Zunehmend kundenorientierte Gestaltung der Organisation →

Abb. 3-23: Merkmale und Merkmalsausprägungen der organisatorischen Gestaltung

In Abb. 3-24 sind die Merkmale der Unternehmung im Überblick dargestellt.[174]

3.2.1.3 Merkmale von Menschen und von deren Beziehungen

Die hohe Bedeutung des Produktionsfaktors Mensch in der Softwareentwicklung impliziert gleichzeitig den großen Einfluß der Merkmale von Menschen und der Beziehungen zwischen den Menschen auf die Effizienz der Produktentwicklung.[175] Da die Denkmuster und beständigen Verhaltensweisen von Personen höchstens langfristig veränderbar sind, werden Merkmale von Menschen und von deren Beziehungen aus Sicht der Gestaltung von Produktentwicklungsinstrumenten als Gestaltungsrestriktionen betrachtet.[176]

---

174 Wegen ihrer besonderen Bedeutung für die Charakterisierung der Kundenorientierung erfolgt die Darstellung der Wettbewerbsstruktur und der Strategie ausführlicher als dies für die Untersuchung der Effizienz von Produktentwicklungsinstrumenten erforderlich ist. Im Fragebogen wird die Wettbewerbsstruktur lediglich durch die Merkmale Wettbewerbsintensität und Wachstum erfaßt. Die exogene Strategiedimension ergibt sich aus dem bereits berücksichtigten Merkmal Standardisierungsgrad der Produkte, so daß bezüglich der Strategie lediglich die Unternehmungsstrategie (zur Identifizierung der sich hieraus ergebenden Branchenmerkmale) und die endogene Strategiedimension der Geschäftsfeldstrategie (Qualitäts- oder Kostenorientierung) erfragt werden.

175 Siehe zu personellen Voraussetzungen der Innovation in Forschung und Entwicklung ausführlich Bleicher /Forschung und Entwicklung/ 84-111

176 Vgl. Frese /Grundlagen/ 153. Kurzfristige Verhaltensänderungen und Verbesserungen der Fähigkeiten können beispielsweise durch Schulungen erreicht werden. Solche Maßnahmen werden in den folgenden Kapiteln als Gestaltungsparameter auf der Ebene des Produktentwicklungsbereichs bzw. der Projekte behandelt.

Projektunabhängige Gestaltungsbedingungen					
Merkmalsgruppe			**Merkmal**	**Bestimmungsgröße der Merkmalsausprägung**	**Fragebogen**
Merkmale der Unternehmung	Allgemeine Merkmale	Unternehmungsgröße	Größe der Unternehmung	Sehr groß, groß, mittel, klein, sehr klein (Anzahl Mitarbeiter)	A.2
			Größe des Produktentwicklungsbereichs	Sehr groß, groß, mittel, klein, sehr klein (Anzahl Mitarbeiter)	B.1
			Etat des Produktentwicklungsbereichs	Klein, mittel, groß (DM)	B.2
			Unternehmungskultur	Auf Bewährtes setzen, auf Innovationen setzen (Ratingskala)	A.3
	Wettbewerbsstruktur		Wettbewerbsintensität	Gering, mittel, stark (Ratingskala)	A.4
			Wachstum	Stark expandierend, wachsend, stagnierend, schrumpfend (Auswahl)	A.5
	Strategie		Unternehmungsstrategie	Branchenzugehörigkeit (Auswahl aus Vorgaben)	A.1
			Geschäftsfeldstrategie	Qualitäts- oder Kostenführerschaft (Auswahl)	A.6
	Organisatorische Gestaltung		Organisationsstruktur der Unternehmung	Sparten-, Divisions-, Produktgruppenorganisation oder Funktionsorganisation oder kundengruppenorientierte Organisation (Mehrfachauswahl)	A.7
		Organisatorische Verankerung der Produktentwicklung	Organisatorische Selbständigkeit der Produktentwicklung	Grad der Zentralisierung (Ratingskala)	A.8
			Abstimmung über organisatorische Einheit Qualitätswesen	Informations- und Beratungsrecht oder Entscheidungskompetenz (Auswahl)	A.9
			Verankerung der Aufgaben der Produktentwicklung in bestehenden Funktionsbereichen	Konzentration im Absatz- bzw. Produktionsbereich oder Verankerung von Einzelaufgaben im Absatz- bzw. Produktionsbereich (Auswahl)	A.10

Abb. 3-24: Merkmale der Unternehmung

3.2.1.3.1 Individuelle Merkmale

Bei der Betrachtung der in der Produktentwicklung entscheidenden bzw. handelnden Individuen sind zwei verschiedene Aspekte zu unterscheiden:[177] Der Zustand eines Individuums beschreibt dessen geistige, soziale, fachliche, und emotionale Situation.[178] Das Verhalten des Individuums kennzeichnet seine tatsächlich vorgenommenen Handlungen. Zwischen Zustand und Verhalten besteht ein enger Zusammenhang. Daher werden beispielsweise Einstellungsmessungen von Individuen vielfach zur Prognostizierung von Verhaltensweisen benutzt.[179] Die Einstellungs-Verhaltens-Konsistenz konnte bislang jedoch em-

177 Vgl. hierzu Specht, Schmelzer /Qualitätsmanagement in der Produktentwicklung/ 10

178 Siehe zu der Bedeutung sozialer Aspekte in der Softwareentwicklung z. B. Cockburn /Social Issues/ 40-46

179 Vgl. Hanft /Identifikation/ 14

pirisch nicht zweifelsfrei bewiesen werden.[180] In dieser Arbeit werden daher der Zustand eines Individuums und dessen Verhaltensweise getrennt betrachtet.

Zustand eines Individuums

- Menschen sind u. a. durch verschiedene *Einstellungen* geprägt. Einstellung kann beschrieben werden als eine durch Lernen erworbene Disposition, ein bestimmtes Objekt in konsistenter Weise positiv oder negativ zu beurteilen.[181] Die Einstellung einer Person zu einem Objekt ist somit ihre subjektive Bewertung des Objekts. Als Einstellungsobjekte können Reize (z. B. eine Person), Verhaltensweisen (z. B. Einhaltung von Arbeitsanweisungen) oder Begriffe bzw. Begriffssysteme (z. B. Kundenorientierung) fungieren.[182] Für die Produktentwicklung sind v. a. folgende Einstellungen relevant:
  - Die Erfahrung in anderen Bereichen der Softwareentwicklung wie etwa der CASE-Einführung zeigt, daß Projekte oft als Mißerfolg eingestuft wurden, nicht weil die Methode unzureichend war, sondern weil die Erwartungen viel zu hoch angesetzt wurden.[183] Auf der anderen Seite werden die Ergebnisse des Instrumenteneinsatzes möglicherweise in Frage gestellt, wenn eine negative Voreingenommenheit gegenüber den verwendeten Methoden herrscht. Die *Einstellung zum Instrument* stellt daher einen wichtigen Einflußfaktor auf die Effizienz der Produktentwicklung dar.
  - Hierzu zählen aber auch unbegründete Ängste gegenüber den Neuerungen, die mit der Einführung des Instruments verbunden sind. Auch die generelle *Einstellung der Mitarbeiter gegenüber Innovationen* beeinträchtigt unter Umständen die Effizienz der Produktentwicklung.[184]
  - Gerade im Rahmen der endogenen Strategiedimension der Kundenorientierung kommt dem *Qualitätsbewußtsein* der Mitarbeiter, d. h. dem Willen und der Bereitschaft Produkte entsprechend den Qualitätsvorgaben der Unternehmung zu entwikkeln, eine bedeutsame Rolle zu.[185]
  - Von herausragender Bedeutung ist im Rahmen der Kundenorientierung selbstverständlich die *Einstellung der Mitarbeiter zu den Kunden.* Tab. 3-3 zeigt Merkmale der Kundenfreundlichkeit wie sie in einer empirischen Untersuchung zur Messung der Kundenorientierung der Mitarbeiter in Softwareunternehmungen (Studie Nr. 47) verwendet wurden:

---

180 Vgl. Herkner /Sozialpsychologie/ 211

181 Vgl. Fishbein, Ajzen /Attitude/ 6

182 Verschiedene Definitionen der Einstellung beschreibt Six /Einstellung/ 56-57

183 Vgl. Mellis /Praxiserfahrungen mit CASE/ 51-97

184 Vgl. Mellis, Herzwurm, Stelzer /TQM/ 209-265

185 Vgl. Mellis, Herzwurm, Stelzer /TQM/ 209-265

Merkmal der Kundenfreundlichkeit	**Charakterisiert durch**
Unterstützung bei der Ermittlung der Bedürfnisse	Wissen über das Anwendungsgebiet, Einfühlungsvermögen, effektive Kommunikation und Kooperation
Korrekte Beschreibung des Produkts	Für den Kunden verständliche Sprache, Einhalten einer klaren Programmstruktur und bedienerfreundliche Benutzeroberfläche
Vermeidung von Druckausübung	Keine Arroganz, Transparenz der Leistungserstellung, genaue Kenntnis der Kundenanforderungen
Wunsch nach Zufriedenstellung des Kunden	Von Kundenorientierung geprägte Unternehmungskultur, Vorbildfunktion der Unternehmungsführung
Erstellung von die Bedürfnisse des Kunden erfüllender Software	Keine Technikorientierung, Berücksichtigung der Benutzerbelange während der Arbeit, Beitrag zur Verbesserung der Arbeitsbedingungen der Nutzer, arbeitspsychologisches Grundwissen
Vermeidung täuschender Beeinflussungstaktik	Kein Versprechen von Leistungen, die nicht erfüllt werden können

Tab. 3-3: Merkmale der Kundenfreundlichkeit eines Software entwickelnden Mitarbeiters

- Die Wirksamkeit der in der Produktentwicklung erforderlichen Zusammenarbeit verschiedener Personen und Bereiche wird maßgeblich beeinflußt durch die *Einstellung der Mitarbeiter zur Teamarbeit.*[186]

Die Messung der Einstellungen erfolgt auf einer 5-poligen Ratingskala als vorgegebenem Antwortmuster.[187]

- Zu den Einstellungen, insbesondere zur Kundenorientierung, stehen *Motivation und Rollenverständnis* in enger Beziehung. Empirische Studien haben ergeben, daß Mitarbeiter, die eine hohe Arbeitszufriedenheit bzw. eine starke Motivation aufweisen, tendenziell einen höheren Grad an Kundenorientierung zeigen.[188] Auch das Rollenverständnis, das sich z. B. darin äußert, daß dem Mitarbeiter seine Funktionen und Aufgaben im Projekt bewußt sind, weist eine positive Korrelation zum Grad der Kundenorientierung auf (Studie Nr. 47).
- Schließlich wird das Verhalten der Individuen durch deren *Fähigkeiten* determiniert. Hierzu gehören:
  - die Fähigkeit, im Team zu arbeiten,
  - die Kompetenz bezüglich des Produktentwicklungsinstruments,

186 Vgl. Specht, Schmelzer /Qualitätsmanagement in der Produktentwicklung/ 114

187 Vgl. z. B. Schnell, Hill, Esser /Methoden/ 193-221

188 Die von Kelley für Bankangestellte ermittelten Untersuchungsergebnisse wurden in einer vom Autor durchgeführten Studie für die Softwareentwicklung bestätigt (Studie Nr 47). Vgl. Kelley /Bank Employees/ 25-29

- die fachliche Kompetenz bezüglich des entwickelten Produkts und der zur Entwicklung erforderlichen Prozesse
- sowie Kenntnisse über den aktuellen Stand des Produktentwicklungsprojekts.

Verhalten eines Individuums

Das Verhalten eines Individuums kann für die Produktentwicklung durch folgende Merkmale beschrieben werden:

- Die *Rationalität des Handelns* drückt aus, inwiefern Entscheidungen des Individuums auf vom Verstand geleitete sachliche Argumente oder auf emotionale Affekte bzw. machtpolitisches Kalkül zurückzuführen sind.[189]
- Die *Einhaltung von Vorgaben und Richtlinien* stellt ebenfalls ein Verhaltensmuster dar, das erheblichen Einfluß auf die Effizienz der Produktentwicklung ausübt. Die effizientesten Produktentwicklungsmethoden können in ihrer Wirkung beeinträchtigt werden, wenn elementare Grundprinzipien von den Anwendern nicht befolgt werden.[190]
- Bei der in der Produktentwicklung häufig erforderlichen Teamarbeit kommt der *korrekten Durchführung der Moderation* von Gruppensitzungen eine bedeutsame Rolle zu.[191] Hierzu wird ein Moderator benötigt, der Fachwissen bezüglich des zu entwickelnden Produkts besitzt und die Einhaltung von Gruppenverhaltens- und Instrumentenregeln durchsetzt.
- Das Führungsverhalten übt einen wesentlichen Einfluß auf die Mitarbeitermotivation und somit auch auf die Effizienz der Produktentwicklung aus.[192] Üblicherweise wird nach dem Grad der Mitarbeiterbeteiligung zwischen dem autoritären und dem kooperativen *Führungsstil* unterschieden.[193]
- Auch das *Durchführungsverhalten* beeinflußt die Produktentwicklungseffizienz. Ein zu hoher Grad an Perfektionismus bei den Mitarbeitern kann zum Overengineering in der Produktentwicklung führen.[194]

3.2.1.3.2 Merkmale der Beziehungen zwischen Individuen

Da in arbeitsteiligen Systemen die Kommunikation und Zusammenarbeit von Personen erforderlich ist, stellen die Merkmale der Beziehungen zwischen Individuen ebenfalls wichtige Einflußgrößen der Effizienz der Produktentwicklung dar.

---

189 Vgl. Mellis, Herzwurm, Stelzer /TQM/ 44-49

190 Siehe zu weiteren individuellen Verhaltensmerkmalen Specht, Schmelzer /Qualitätsmanagement in der Produktentwicklung/ 10

191 Vgl. Bicknell, Bicknell /QFD/ 250-251 und Cohen /Quality Function Deployment/ 301-304

192 Vgl. Frese /Grundlagen/ 140

193 Vgl. Frese /Grundlagen/ 140-145

194 Vgl. Brockhoff /Stärken und Schwächen/ 53

Kommunikation zwischen Individuen

Wichtige Merkmale der Kommunikation zwischen Individuen sind die Regelgebundenheit und die Zielgerichtetheit der Kommunikation.[195]

- *Regelgebundene* Kommunikationswege erleichtern die Abstimmung bei standardisierten Produktentwicklungsaufgaben; weniger formale Kommunikation fördert hingegen die Kreativität und Flexibilität bei weniger strukturierten Aufgaben.
- Die *Zielgerichtetheit* der Kommunikation führt zu schnelleren Ergebnissen und vermeidet Verschwendungen und Verzögerungen infolge von Mißverständnissen bzw. Unklarheiten.

Zusammenarbeit der Individuen

- Die *Intensität* der Zusammenarbeit beschreibt ob und bei welchen Aufgaben die Individuen zusammen gearbeitet haben, d. h. wie häufig Arbeiten im Team gelöst wurden.
- Die Störungsfreiheit der Zusammenarbeit kann beispielsweise durch die Häufigkeit des Auftretens von *Gruppenkonflikten* bestimmt werden.

Abb. 3-25 faßt die Merkmale von Menschen und von deren Beziehungen in der Produktentwicklung zusammen.

3.2.2 Gestaltungsparameter

Handlungsalternativen, die bei der Gestaltung von Instrumenten der Produktentwicklung zur Erreichung der Ziele zur Verfügung stehen (Gestaltungsparameter), lassen sich in die beiden Parametergruppen Merkmale des Produktentwicklungsbereichs und Merkmale der Projekte unterteilen (siehe Abb. 3-26). Während die Merkmale des Produktentwicklungsbereichs projektunabhängige Gestaltungsparameter darstellen, variieren die Merkmale der Projekte mit der jeweils betrachteten Produktentwicklungsaufgabe.

---

195 Vgl. Specht, Schmelzer /Qualitätsmanagement in der Produktentwicklung/ 115

Projektspezifische Gestaltungsbedingungen							
Merkmalsgruppe					**Merkmal**	**Bestimmungsgröße der Merkmalsausprägung**	**Fragebogen**
Merkmale von Menschen und von deren Beziehungen	Individuelle Merkmale	Zustand	Einstellung	Einstellung zum Instrument	Grundhaltung	Instrumentenfreundlichkeit (Ratingskala)	F.1
					Erwartungshaltung	Erwartungshöhe (Ratingskala)	F.2
					Einstellung zu Qualität (Qualitätsbewußtsein)	Qualitätsfreundlichkeit (Ratingskala)	F.3
					Einstellung zu Teamarbeit	Teamarbeitsfreundlichkeit (Ratingskala)	F.4
					Einstellung zu Kunden	Kundenfreundlichkeit (Ratingskala)	F.5
					Einstellung zu Innovationen	Innovationsfreundlichkeit (Ratingskala)	F.6
			Motivation		Mitarbeiterzufriedenheit	Arbeitszufriedenheit (Ratingskala)	F.7
					Akzeptanz fremder Kompetenz	Kompetenzannahmebereitschaft (Ratingskala)	F.8
			Rollenverständnis		Wahrgenommene Aufgabe	Kenntnis der eigenen Funktion im Projekt (Ratingskala)	F.9
			Fähigkeit		Eignung zur Teamarbeit	Teamfähigkeit (Ratingskala)	F.10
					Beherrschung des Instruments	Instrumentenkompetenz (Ratingskala)	F.11
					Know-how bezüglich Produkt und Prozesse	Fachliche Kompetenz (Ratingskala)	F.12
					Wissen bezüglich Projektverlauf	Kenntnisse Projektstand (Ratingskala)	F.13
		Verhalten			Rationalität des Handelns	Objektivität von Entscheidungen (Ratingskala)	F.14
					Einhaltung von Richtlinien/Vorgaben	Einhaltung von Richtlinien/Vorgaben (Ratingskala)	F.15
					Moderation	Korrektheit der Moderation	F.16-18
					Führungsstil	Autoritär bis kooperativ (Ratingskala)	F.19
					Durchführungsstil	Grad des Perfektionismus (Ratingskala)	F.20
	Merkmale der Beziehungen zwischen Individuen	Kommunikation			Regelgebundenheit	Regelgebundenheit (Ratingskala)	F.21
					Zielgerichtetheit	Zielgerichtetheit (Ratingskala)	F.22
		Zusammenarbeit			Intensität/Grad der Teamarbeit	Phasen mit Teamarbeit (Auswahl)	F.24
					Störungsfreiheit	Häufigkeit von Gruppenkonflikten (Ratingskala)	F.23

Abb. 3-25: Merkmale von Menschen und von deren Beziehungen

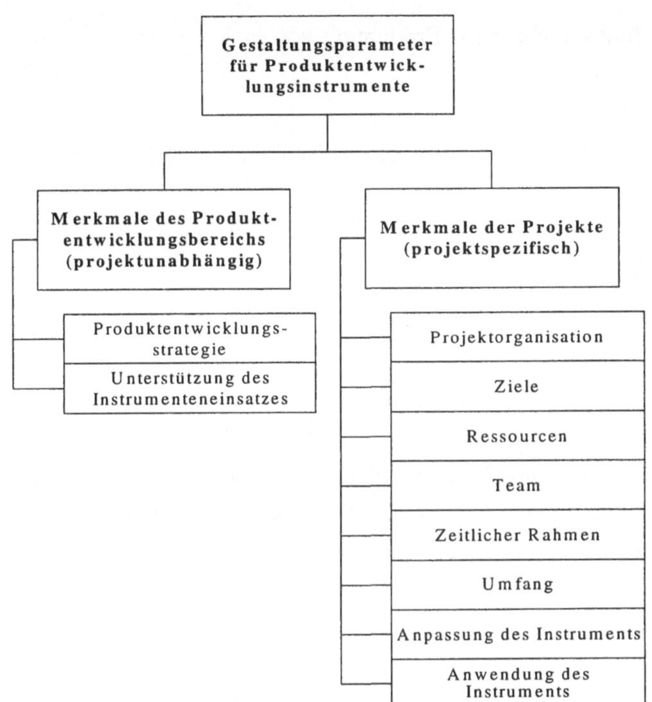

Abb. 3-26: Systematisierung der Gestaltungsparameter für Produktentwicklungsinstrumente

3.2.2.1 Merkmale des Produktentwicklungsbereichs

Die wichtigsten Gestaltungsparameter des Produktentwicklungsbereichs sind Produktentwicklungsstrategien sowie der Grad der Unterstützung des Instrumenteneinsatzes.

3.2.2.1.1 Produktentwicklungsstrategie

Die Produktentwicklungsstrategie beschreibt die Ausrichtung bei der Entwicklung neuer Produkte auf bestehende Märkte.[196] Sie bezieht sich zum einen auf die Gestaltung des Produktprogramms und zum anderen auf das Timing der Produktentwicklung.[197] Bei der Entwicklung neuer Produkte für neue Märkte wird in dieser Arbeit aufgrund der Gestaltungsrestriktion Kundenorientierung von starker Diversifikation ausgegangen.[198] Im Zusammenhang mit Instrumenten der Produktentwicklung stellen primär die strategische Aus-

196 Vgl. Meffert /Absatzpolitik/ 91

197 Vgl. Schildhauer /Software-Marketing/ 38-45

198 Vgl. Bierfelder /Innovationsmanagement/. Empirische Befunde zum Innovationsmanagement für Unternehmungen in Spitzentechnologiebranchen enthält Bierfelder /Innovationsmanagement/ 87-100

richtung des Produktentwicklungsbereichs zur Erreichung von Innovations- und von Qualitätszielen wichtige Aktionsparameter dar.[199]

- Innovationsstrategie
  In der Innovationsstrategie kommt zum Ausdruck, in welcher zeitlichen Rangordnung das Produkt auf den Markt kommen soll.[200]
  - Das Ziel des *Marktpioniers* beinhaltet die Absicht, als einer der ersten das Produkt zu entwickeln und zu vermarkten.
  - Alternativ kann der Markteintritt als *früher Nachfolger* des Pioniers oder der Pioniere auf einen noch immer dynamischen Markt angestrebt werden.
  - Schließlich stellt das *späte Einsteigen* in einen etablierten Markt eine weitere Option der Innovationsstrategie dar.

  Die Vorteilhaftigkeit der zu wählenden Strategie hängt v. a. von den Gegebenheiten des Markts (siehe hierzu die Ausführungen in Kapitel 3.1.2), aber auch von den Präferenzen der Kunden ab. In jedem Fall bestimmt die Innovationsstrategie für die Produktentwicklung die Bedeutung des Neuheitsgrads der zu entwickelnden Produkte und die anzustrebende time to market.
- Qualitätsstrategie
  Die Qualitätsstrategie bringt zum Ausdruck, wie der Produktentwicklungsbereich seine Qualitätsziele erreichen will.
  - Konzepte der *unternehmungsweiten Qualitätsverbesserung bzw. -steuerung* sind z. B. „Total Quality Managemement" (TQM), „Total Quality Control" (TQC) oder „Company Wide Quality Control" (CQC).[201] TQM ist beispielsweise eine „auf die Mitwirkung aller ihrer Mitglieder gestützte Managementmethode einer Organisation, die Qualität in den Mittelpunkt stellt und durch Zufriedenstellung der Kunden auf langfristigen Geschäftserfolg sowie auf Nutzen für die Mitglieder der Organisation und für die Gesellschaft zielt"[202]. Die Definition macht deutlich, daß der Anspruch des TQM weit über die traditionelle Qualitätssicherung hinausgeht. Qualität wird vielmehr als wirkungsvolles Mittel zur Unternehmungszielerreichung interpretiert. Das bedeutet, daß alle Mitarbeiter in der Unternehmung für Qualität zuständig sind, allerdings in unterschiedlicher Weise.[203]

---

199 Vgl. ausführlicher zu Innovations- bzw. Timingstrategien unter Berücksichtigung der Besonderheiten der Softwareentwicklung Wimmer, Zerr, Roth /Software-Marketing/ 33-36

200 Vgl. im folgenden Kotler, Bliemel /Marketing-Management/ 572-574

201 Zum TQM siehe Mellis, Herzwurm, Stelzer /TQM/ und zum TQC bzw. CQC siehe Imai /KAIZEN/

202 DIN, EN, ISO /ISO 8402: 1995/

203 Vgl. zur ausführlichen Darstellung des TQM Mellis, Herzwurm, Stelzer /TQM/ 20-61

- Andere Ansätze beinhalten eine Qualitätssicherung im Sinne einer auf hohe Produktqualität gerichteten Methodik des Prüfens in der Entwicklung und in der Fertigung durch die *jeweils handelnde Einheit.*[204]
- Schließlich kann die Qualität auch durch eine dem eigentlichen Prozeß nachgelagerte Qualitätskontrolle eines *speziellen Qualitätssicherungs- oder Qualitätskontrollbereichs* realisiert werden.[205]

Je mehr die Qualitätsverantwortung aus den handelnden Bereichen ausgelagert wird, desto größer werden die Konzentration des Qualitätswissens und die Möglichkeiten der unabhängigen Qualitätskontrolle. Gleichzeitig sinkt die Eigenverantwortung der Mitarbeiter und steigt die Notwendigkeit der Abstimmung qualitätsbezogener Entscheidungen in der Produktentwicklung.[206]

3.2.2.1.2 Unterstützung des Instrumenteneinsatzes

Der Produktentwicklungsbereich kann den Instrumenteneinsatz auf unterschiedliche Weise unterstützen.

- Managementengagement
  - Das Managementengagement beschreibt die Rolle der Führungskräfte bei der Anwendung des Instruments. Das Engagement kann in Form einer *Förderung*, z. B. durch Bereitstellung finanzieller Mittel oder Freistellung von Mitarbeitern, zum Ausdruck kommen. Die Förderung determiniert die für den Instrumenteneinsatz in den Projekten zur Disposition stehenden Mittel.
  - Die *Beteiligung* kann von der passiven Informationsaufnahme über die gelegentliche Teilnahme an Sitzungen bis zur aktiven Beteiligung an der Projektarbeit reichen. Persönliche Beteiligung des Managements übt einen positiven Einfluß auf die Motivation der Mitarbeiter aus und kann möglicherweise die Übereinstimmung der operativen Entwicklungstätigkeiten mit strategischen Zielen fördern.
- Integration des Instruments in die Produktentwicklungsprozesse
  Dieser Parameter beschreibt den Grad der Einbindung des Instruments in die Produktentwicklungsprozesse der Unternehmung. Der Instrumenteneinsatz kann in bestehende Vorgehensmodelle integriert sein, wobei zwischen einem freiwilligen oder einem verbindlichen Einsatz zu unterscheiden ist. Mit der verbindlichen Einbindung in existierende Vorgehensmodelle steigt tendenziell der Anwendungsgrad des Instruments, was zu einem entsprechenden Erfahrungszuwachs bei den Mitarbeitern führt. Andererseits sinkt

---

204 Vgl. Specht, Schmelzer /Qualitätsmanagement in der Produktentwicklung/ 33

205 Vgl. Specht, Schmelzer /Qualitätsmanagement in der Produktentwicklung/ 33

206 Vgl. zur Diskussion über die Verteilung der Qualitätsverantwortung Mellis, Herzwurm, Stelzer /TQM/ 33-34

hierdurch die Flexibilität und es besteht die Gefahr, daß der ausgeübte Druck die Motivation der Mitarbeiter mindert.

- Erfahrungen mit dem Instrument

  Die lange Anwendung eines Instruments führt zu einem Erfahrungszuwachs bei den Beteiligten. Dies führt tendenziell zur Vermeidung von Fehlern, festigt das Methodenwissen und erleichtert die schnellere Durchführung von Projekten. Gleichzeitig besteht die Gefahr, daß Verbesserungen nicht in Betracht gezogen werden oder durch die Gleichartigkeit der Tätigkeiten die Motivation der Mitarbeiter sinkt.

- Art der Einführung des Instruments

  - Die Einführung des Instruments kann entweder vom Management angeregt werden (top down) oder auf Initiative der Mitarbeiter erfolgen (bottom up). Die top down *Einführungsstrategie* sichert die Bereitstellung der erforderlichen Mittel und erzeugt einen gewisse Verpflichtung zur Anwendung des Instruments. Die bottom up Vorgehensweise verstärkt die intrinsische Motivation und führt zu einer Instrumentenauswahl, die stark an den Bedürfnissen der Mitarbeiter ausgerichtet ist. Als erstes Projekt für den Instrumenteneinsatz kann hierbei ein spezielles Pilotprojekt gewählt werden oder der Einsatz kann direkt innerhalb des Tagesgeschäfts erfolgen.
  - Für die *Schulung* des Instruments ist sowohl die Dauer der Schulung als auch die Teilnehmerstruktur relevant.

Abb. 3-27 faßt die Merkmale des Produktentwicklungsbereichs zusammen.

<table>
<tr><th colspan="6">Projektunabhängige Gestaltungsparameter</th></tr>
<tr><th colspan="3">Merkmalsgruppe</th><th>Merkmal</th><th>Bestimmungsgröße der Merkmalsausprägung</th><th>Fragebogen</th></tr>
<tr><td rowspan="10">Merkmale des Produktentwicklungsbereichs</td><td rowspan="2">Produktentwicklungsstrategie</td><td colspan="2">Innovationsstrategie</td><td>Markteintritt als Pionier, als früher Nachfolger oder als später Einsteiger (Auswahl)</td><td>B.3</td></tr>
<tr><td colspan="2">Qualitätsstrategie</td><td>Qualitätssicherung durch jeweils handelnde Einheit oder durch Qualitätswesen oder durch alle Mitarbeiter im Sinne des TQM (Auswahl)</td><td>B.4</td></tr>
<tr><td rowspan="8">Unterstützung des Instrumenteneinsatzes</td><td rowspan="2">Managementengagement</td><td>Förderung des Einsatzes</td><td>Stark, mittel, schwach (Ratingskala)</td><td>B.5</td></tr>
<tr><td>Beteiligung am Einsatz</td><td>Aktiv, gelegentlich aktiv, gelegentlich passiv, passiv, gar nicht (Auswahl)</td><td>B.6</td></tr>
<tr><td colspan="2">Integration Instrument in Produktentwicklungsprozesse</td><td>Nicht integriert in Vorgehensmodell oder integriert in Vorgehensmodell und Einsatz freiwillig oder integriert in Vorgehensmodell und Einsatz verbindlich (Auswahl)</td><td>B.7</td></tr>
<tr><td colspan="2">Erfahrungen mit Instrument</td><td>Zeitpunkt der Einführung (Jahr)</td><td>B.8</td></tr>
<tr><td rowspan="4">Art der Einführung des Instruments</td><td rowspan="2">Einführungsstrategie</td><td>Bottom up oder top down (Auswahl)</td><td>B.9</td></tr>
<tr><td>Spezielles Pilotprojekt oder integriert in Tagesgeschäft (Auswahl)</td><td>B.10</td></tr>
<tr><td rowspan="2">Schulung</td><td>Dauer der Schulung (Tage)</td><td>B.11a</td></tr>
<tr><td>Teilnehmer an Schulung (Anteil der Mitarbeiter)</td><td>B.11b</td></tr>
</table>

Abb. 3-27: Merkmale des Produktentwicklungsbereichs

3.2.2.2 Merkmale der Projekte

Die Aktionsparameter, die im engsten Zusammenhang mit der Wirkung von Instrumenten der Produktentwicklung stehen, befinden sich auf der Ebene der Projekte. Die wesentlichsten Gestaltungsmaßnahmen sind die organisatorische Gestaltung des Projekts, die Definition der Entwicklungsziele, das Management der Ressourcen, die Teamzusammensetzung, der zeitliche Rahmen sowie der Umfang des Projekts, die Instrumentenanpassung an spezifische Erfordernisse und die eigentliche Anwendung des Instruments in der Produktentwicklung.

3.2.2.2.1 Projektorganisation

Nicht nur bei Softwareentwicklungen, sondern auch bei zahlreichen Produktentwicklungen in anderen Branchen werden Produktentwicklungsaufgaben in Form von Projekten durchgeführt.[207] Für die organisatorische Verankerung des Projekts existieren verschiedene Gestaltungsoptionen:[208]

- Das Entwicklungsprojekt kann innerhalb der bestehenden Bereiche ohne die explizite Festlegung von Entscheidungskompetenzen, d. h. *ohne strukturierte Projektausrichtung*, durchgeführt werden.
- Werden dem Projekt dagegen Weisungsbefugnisse gegenüber den beteiligten Stellen zugesprochen, liegt eine *Stabs-Projektorganisation* vor.
- Bei der *Matrix-Projektorganisation* werden die Entscheidungskompetenzen zwischen dem Projekt und den beteiligten Stellen (z. B. dem Qualitätswesen) aufgeteilt.
- Besitzt das Projekt die alleinige Entscheidungsbefugnis, liegt eine *reine Projektorganisation* vor.

3.2.2.2.2 Ziele

Produktentwicklungen sind typischerweise sachzielbezogene Projekte, d. h. Projekte, die auf die Veränderung des Produktions- und Absatzprogramms einer Unternehmung gerichtet sind.[209] Wie die Ausführungen in Kapitel 3.1.1 allerdings gezeigt haben, erfordert die Erreichung des Unternehmungsgesamtziels die Formulierung entsprechender Subziele. Diese determinieren infolgedessen die Formalziele der Projekte. Zur Erreichung der Ziele müssen diese klar definiert sein und allen Beteiligten kommuniziert werden.

Als Bestimmungsgrößen können hierbei die *Art der Zieldokumentation* (z. B. schriftlich oder verbal, quantitativ oder qualitativ) sowie der *Anteil der Beteiligten mit Kenntnis der Projektziele* dienen.

---

207 Vgl. Bauer /Venture-Team/ 82-83

208 Vgl. zu den verschiedenen Formen der Projektorganisation Frese /Grundlagen/ 475-483

209 Vgl. Borm /Produktentwicklung/ 109

3.2.2.2.3 Ressourcen

Eine übliche Forderung des Projektmanagements ist, daß die Projekte über die erforderlichen Ressourcen zur Durchführung ihrer Aufgaben verfügen.[210] Für Softwareproduktentwicklungsprojekte bedeutet dies primär:

- Zeit für die Projektdurchführung
- Freistellung benötigter Personen aus allen Bereichen
- Räumlichkeiten zur Durchführung von (Gruppen-)Sitzungen und Entwicklungstätigkeiten
- Material für die eigentliche Entwicklung, für den Instrumenteneinsatz und für Besprechungen (Pinwände, Moderationsmaterial, Disketten, Papier etc.)
- Computerunterstützung, d. h. für die Entwicklungstätigkeiten und den Instrumenteneinsatz erforderliche Hardware und Software

3.2.2.2.4 Team

Bei der Zusammensetzung des Projektteams als Gestaltungsparameter sind quantitative und qualitative Aspekte zu trennen.

- Bezüglich der *quantitativen Teamzusammensetzung* stellt die Anzahl der Teammitglieder aus den einzelnen Bereichen in den jeweiligen Phasen der Produktentwicklung einen wichtigen Aktionsparameter dar. Dabei ist auch die Stabilität des Teams, gemessen am Anteil der vorzeitig aus dem Projekt ausgeschiedenen Teammitglieder, von Interesse.
- Bezüglich der *qualitativen Teamzusammensetzung* stellt die Anzahl der vertretenen Funktionen als Bestimmungsgröße für das Ausmaß der Bereichsübergreifung des Teams eine relevante Größe dar. Darüber hinaus ist die unternehmungsexterne oder -interne Herkunft des Moderators bzw. die Frage, ob der Moderator gleichzeitig als Projektleiter fungiert, bei Gruppenarbeiten ein wichtiger Aktionsparameter.

3.2.2.2.5 Zeitlicher Rahmen

Eine zeitlich orientierte Gestaltungsmaßnahme stellt der Umfang der Vorbereitungen in Form von *Schulungen* der Teammitglieder dar. Hierbei ist zu unterschieden, ob eventuell durchgeführte Schulungen allgemeiner Natur sind oder projektspezifisch unter besonderer Berücksichtigung der Rahmenbedingungen durchgeführt werden.

Weitere zeitliche Aktionsparameter sind die zeitlichen *Abstände zwischen den Sitzungen* der Teammitglieder, die *durchschnittliche Dauer einer Sitzung* sowie *die Menge der insgesamt während der Produktentwicklung durchgeführten Sitzungen.*

---

210 Siehe zur Methodik des betrieblichen Software-Projektmanagements ausführlich Pietsch /Methodik/

3.2.2.2.6 Umfang

Der Umfang eines Projekts als Gestaltungsparameter kann anhand verschiedener Größen bestimmt werden. Das *Planungsvolumen* ergibt sich u. a. durch die

- Anzahl der berücksichtigten Kundenanforderungen
- Anzahl der entwickelten Lösungsmerkmale des Produkts
- durchschnittliche Anzahl anderer Planungsmerkmale

Darüber hinaus können die *Planungsdimensionen* für das zu entwickelnde Produkt wie Funktionen, Qualität, Kosten, Zuverlässigkeit etc. gesteuert werden oder die Festlegung der *Planungstiefe* zur Abschätzung des Abdeckungsgrads des Produktlebenszyklusses gewählt werden.

3.2.2.2.7 Anpassung des Instruments

Die Anpassung des Instruments beschreibt das *Ausmaß der Berücksichtigung projektspezifischer Rahmenbedingungen* bei der Instrumentenanwendung. Hierbei kann eine Standardmethode oder eine unternehmungseigene Methode Verwendung finden, wobei in beiden Fällen die Option besteht, das Vorgehensmodell in seiner allgemeinen Form anzuwenden oder projektspezifische Variationen vorzunehmen.

Außerdem können parallel zu dem jeweils betrachteten Instrument (z. B. QFD) *ergänzende Methoden* (z. B. Conjoint Analysis, DoE, FMEA, Target Costing, TRIZ etc.)[211] eingesetzt werden.

3.2.2.2.8 Anwendung des Instruments

Bei der eigentlichen Anwendung des Instruments sind zahlreiche Gestaltungsoptionen denkbar. Die nachfolgend beschriebenen Merkmale sind daher weder vollständig noch disjunkt. Außerdem variieren die Gestaltungsoptionen stark mit dem Charakter des betrachteten Instruments.

So kann die Kundenbedürfnisanalyse beispielsweise in der Form durchgeführt werden, daß zwischen den von den Kunden genannten *Bedürfnissen bzw. Anforderungen und den Lösungen, d. h. Produktmerkmalen, unterschieden* wird.

Die *Intensität der Kundenbedürfnisanalyse* kann durch die Anzahl der außerhalb der Sitzungen befragten Kunden bzw. Personen aus Marketing, Vertrieb und anderen Unternehmungsbereichen bestimmt werden.

Die *Ermittlung der Wichtigkeit der Kundenbedürfnisse* kann mittels verschiedener Verfahren durchgeführt werden. Die Zuordnung eines Gewichts zu einer Kundenanforderung kann beispielsweise durch Diskussion und anschließende Einigung in der Gruppe, d. h. im

---

211 Siehe zur Beschreibung dieser Methoden z. B. Theden /Qualitätstechniken/

Projektteam, aber auch mit Hilfe einer Mittelwertbildung aus den ggf. unterschiedlich in die Analyse einfließenden Bewertungen der einzelnen Gruppenmitglieder erfolgen. Für die eigentliche Gewichtung existieren Techniken wie das einfache Ranking, die direkte Gewichtung oder der Analytic Hierarchie Process (AHP).[212]

Als weiterer Gestaltungsparameter kann die *Anzahl der berücksichtigten Kundengruppen* bzw. Marktsegmente genannt werden. Auch diese können wiederum gewichtet werden.

Weiterhin kann innerhalb der Produktentwicklung eine *Konkurrenzanalyse* unter Berücksichtigung einer unterschiedlichen Anzahl von Produkten vorgenommen werden.

Die Frage, ob und mit welchem Detaillierungsgrad versucht wird, einen Zusammenhang zwischen den ermittelten Kundenbedürfnissen und den entwickelten Lösungsvorschlägen herzustellen (*Korrelationsanalyse*), stellt einen Gestaltungsparameter dar.

Die in der Produktentwicklung ermittelten Zahlen (z. B. Kundenanforderungsgewichte) können als verbindliche Vorgaben für die weiteren Schritte fungieren oder lediglich als grobe Orientierungshilfe dienen. Zwischen diesen Extremen sind sicherlich noch weitere Abstufungen als Bestimmungsgröße für das Ausmaß der „*Zahlengläubigkeit*" denkbar.

Die *Protokollierung* eines Produktentwicklungsprojekts kann in unterschiedlicher Intensität erfolgen. Ein einfaches Maß zur Bestimmung des Umfangs der Projektdokumentation ist die Anzahl der DIN A 4 Seiten.

Schließlich kann auch die *Aufbereitung* der in der Produktentwicklung anfallenden Ergebnisse mit unterschiedlicher Intensität erfolgen. Dies bezieht sich zum einen auf die grafische Aufbereitung des Materials und zum anderen auf den Grad der Information von Beteiligten oder Außenstehenden in Form von Ergebnispräsentationen.

Abb. 3-28 und Abb. 3-29 fassen die Merkmale der Projekte als Gestaltungsparameter für Instrumente der Produktentwicklung zusammen.

---

212 Siehe hierzu Kapitel 6.1.2.2.1.1 dieser Arbeit

Projektspezifische Gestaltungsparameter					
Merkmalsgruppe		**Merkmal**		**Bestimmungsgröße der Merkmalsausprägung**	**Fragebogen**
Merkmale der Projekte (Teil 1)	Projektorganisation	Organisationsstruktur		Organisation ohne strukturierte Projektausrichtung oder Stabs-Projektorganisation oder Matrix-Projektorganisation oder reine Projektorganisation (Auswahl)	E.1
		Projektleiter		Herkunft (Bereich)	E.2
	Ziele	Zielklarheit		Schriftlich quantitativ oder schriftlich qualitativ oder verbal oder unklar (Auswahl)	E.3
				Anteil Projektbeteiligte mit Zielkenntnis (%)	E.4
	Ressourcen	Zeit für Projektdurchführung		Zu viel, richtig, zu wenig (Ratingskala)	E.5
		Freistellung der Beteiligten		Zu viel, richtig, zu wenig (Ratingskala)	E.5
		Räumlichkeiten		Zu viel, richtig, zu wenig (Ratingskala)	E.5
		Material		Zu viel, richtig, zu wenig (Ratingskala)	E.5
		Computerunterstützung		Zu viel, richtig, zu wenig (Ratingskala)	E.5
	Team	Quantitative Zusammensetzung	Anzahl Mitglieder	Gesamtzahl und Anzahl Moderatoren, Entwickler, Kunden, Lieferanten, Mitarbeiter aus Marketing/Vertrieb, Qualitätswesen, Instrumentenbeautragte, Manager (Anzahl)	E.6
			Verteilung Mitglieder	Anteil der Beteiligten aus den Funktionsbereichen in den jeweiligen Projektphasen (Anzahl differenziert nach Phasen)	E.6
			Stabilität Team	Stabilität des Teams (Anteil Schwund in % bis Projektende)	E.7
		Qualitative Zusammensetzung	Interdisziplinarität	Ausmaß der Bereichsübergreifung (Anzahl Funktionen)	E.6
			Moderatorquelle	Interne oder externe Herkunft des Moderators (Auswahl)	E.8
			Moderatorbefugnisse	Identischer oder unterschiedlicher Moderator und Projektleiter (Auswahl)	E.9
	Zeitlicher Rahmen	Umfang der Vorbereitung		Anteil der in der Instrumentenanwendung geschulten Teammitglieder (%)	E.10
		Abstand zwischen Sitzungen		Durschnittliche Dauer bis zur nächsten Sitzung (Tage)	E.11
		Dauer der Sitzungen		Durschnittliche Dauer einer Sitzung (Stunden)	E.12
		Intensität der Sitzungen		Menge durchgeführter Sitzungen (Anzahl)	E.13
	Umfang	Planungsvolumen	Kundenanforderungen	Menge Kundenanforderungen der untersten Ebene (Anzahl)	E.14
			Lösungsmerkmale	Menge Lösungsmerkmale der untersten Ebene (Anzahl)	E.15
			Andere Merkmale	Durchschnittlicher Umfang anderer Planungsmerkmale (Anzahl)	E.17
		Planungsdimensionen		Funktionen, Qualität, Kosten, Zuverlässigkeit, sonstiges (Mehrfachauswahl)	E.16
		Planungstiefe		Verwendete Matrizen (Anzahl und Größe)	E.17 E.18
	Anpassung des Instruments	Ausmaß der projektspezifischen Variation		Externer Standard oder Standardvariante oder unternehmungseigene Vorgehensweise oder projektindividuelle Vorgehensweise (Auswahl)	E.19
		Einsatz ergänzender Methoden		Conjoint oder Target Costing oder FMEA oder DoE oder TRIZ oder sonstiges (Mehrfachauswahl)	E.20

Abb. 3-28: Merkmale der Projekte (Teil 1)

Projektspezifische Gestaltungsparameter					
Merkmalsgruppe		**Merkmal**		**Bestimmungsgröße der Merkmalsausprägung**	**Fragebogen**
Merkmale der Projekte (Teil 2)	Anwendung des Instruments	Trennung Kundenanforderungen und Lösungen		Anteil der im nachhinein als Lösung identifizierten Kundenanforderungen (%)	E.21
		Kundenanforderungsanalyse		Menge der außerhalb der Sitzungen befragten Kunden (Anzahl)	E.22
				Menge der außerhalb der Sitzungen befragten Personen aus Marketing/Vertrieb und anderen Unternehmungsbereichen (Anzahl)	E.22
		Kundenanforderungsgewichtung		Konsens in Gruppe oder Mittelwertbildung (Auswahl)	E.23
				Ranking oder direkte Gewichtung oder paarweiser Vergleich oder AHP mit direkter Gewichtung oder AHP mit paarweisem Vergleich (Auswahl)	E.24
		Kundengruppen/ Marktsegmente		Menge der berücksichtigten Kundengruppen/Marktsegmente (Anzahl)	E.25
		Konkurrenzvergleich		Menge der berücksichtigten Konkurrenzprodukte (Anzahl)	E.26
		Korrelationsanalyse		Differenziertheit der Korrelationsanalyse (Anzahl Abstufungen des Zusammenhangs)	E.27
		Interpretation der Ergebnisse		Ausmaß der Zahlengläubigkeit (Ratingskala)	E.28
		Protokollierung der Ergebnisse		Umfang der Dokumentation der Sitzungen (DIN A4 Seiten)	E.29
		Aufbereitung der Ergebnisse	Grafiken	Umfang entwickelter grafischer Präsentationen (Anzahl Diagramme)	E.30
			Informationsveranstaltungen	Umfang von Ergebnispräsentationen (Anzahl Informationsveranstaltungen)	E.31

Abb. 3-29: Merkmale der Projekte (Teil 2)

3.3 Abgrenzung von Untersuchungsfeldern

Der im vorangegangenen Kapitel erarbeitete und in Abb. 3-30 zusammengefaßte theoretische Bezugsrahmen kann unabhängig von der verfolgten Geschäftsfeldstrategie und den angestrebten Zielgrößenausprägungen als generischer Rahmen zur Untersuchung der Effizienz von Produktentwicklungsinstrumenten verwendet werden.

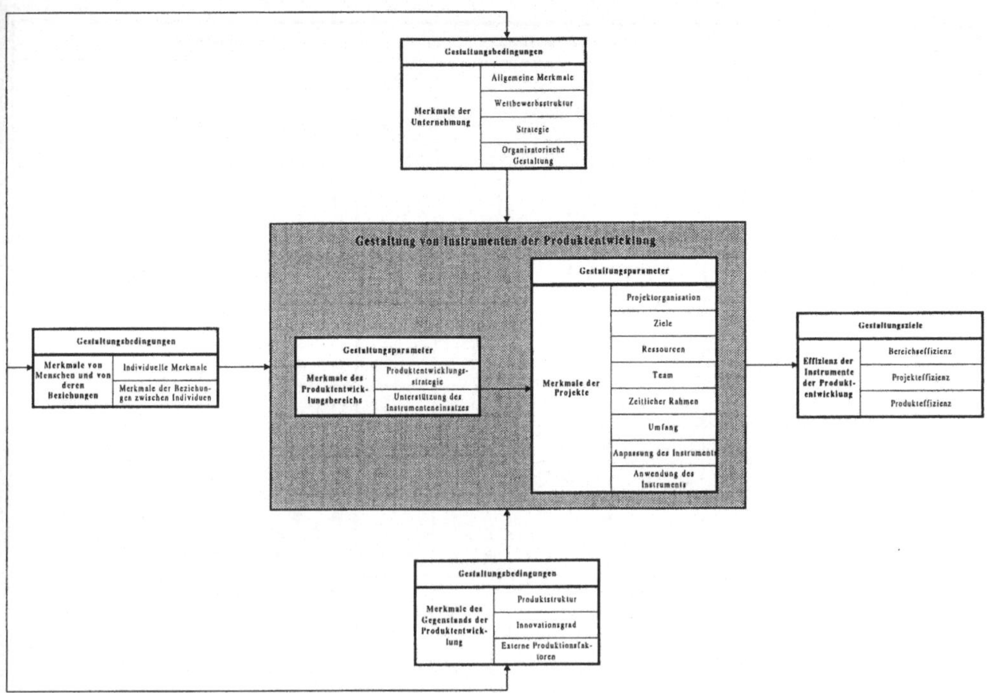

Abb. 3-30: Theoretischer Bezugsrahmen zur Untersuchung der Effizienz von Instrumenten der Produktentwicklung

Der theoretische Bezugsrahmen geht davon aus, daß sämtliche Gestaltungsdeterminanten die Effizienz der Produktentwicklung beeinflussen, d. h. einen Einfluß auf die Erreichung der Gestaltungsziele ausüben. Die vermuteten und bei der Darstellung des Bezugsrahmens bereits angesprochenen Zusammenhänge lassen sich in einer Matrix abbilden (Abb. 3-31).[213]

213 Die Zusammenhänge zwischen Gestaltungsdeterminanten und Gestaltungszielen sind hierbei lediglich schematisch angedeutet. In der Realität besteht weder eine einfache 1:1-Beziehung zwischen Gestaltungsdeterminante und Gestaltungsziel (Zelle mit ●), noch kann von der vollkommenen Unabhängigkeit eines Gestaltungsziels von einer Gestaltungsdeterminante ausgegangen werden (Zelle ohne Inhalt). Eine detaillierte Erläuterung der wichtigsten vermuteten Zusammenhänge erfolgt in Kapitel 5.

Legende:

● Determinante wirkt sich unmittelbar auf Zielerreichung aus

☐ Determinante wirkt sich nicht unmittelbar auf Zielerreichung aus

Gestaltungsziele	*Gestaltungsdeterminanten*	Gestaltungsparameter										Gestaltungsbedingungen								
		Merkmale der Projekte								Merkmale des Produktentwicklungsbereichs		Merkmale des Gegenstands der Produktentwicklung			Merkmale von Menschen und v. deren Beziehungen		Merkmale der Unternehmung			
		Projektorganisation	Ziele	Ressourcen	Team	Zeitlicher Rahmen	Umfang	Anpassung des Instruments	Anwendung des Instrumentens	Produktentwicklungsstrategie	Unterstützung des Instrumenteneinsatzes	Produktstruktur	Innovationsgrad	Externe Produktionsfaktoren	Individuelle Merkmale	Merkmale der Beziehungen zwischen Individuen	Allgemeine Merkmale	Wettbewerbsstruktur	Strategie	Organisatorische Gestaltung
Ziele auf Projektebene	Wirtschaftlichkeit	●				●				●									●	
	Methodik										●	●	●		●				●	
	Informationen		●	●			●	●	●					●				●	●	
	Zusammenarbeit				●											●	●		●	●
Ziele auf Produktebene	Markteintrittstermin	●	●	●		●					●	●	●					●	●	●
	Produktkosten/-preis				●							●	●				●	●	●	
	Produktqualität						●	●	●	●				●	●	●		●	●	
Ziele auf Produktentwicklungsbereichsebene	Entwicklungszeiten	●		●		●					●	●	●					●	●	
	Entwicklungskosten		●									●	●				●	●	●	
	Entwicklungsleistungen				●		●	●	●	●				●	●	●			●	●

Abb. 3-31: Zusammenhänge zwischen Gestaltungsdeterminanten und Gestaltungszielen

Werden alle 84 Determinanten und 51 Ziele der unteren Ebenen berücksichtigt, so ergeben sich insgesamt 4.284 mögliche Gestaltungswirkungen. Die Gewinnung detaillierter Erkenntnisse über die praxisorientierte Gestaltung von Instrumenten der Softwareproduktentwicklung erfordert demzufolge eine Konzentration der nachfolgenden Untersuchungen auf wesentliche relevante Aspekte. Die Abgrenzung der Untersuchungsfelder wird auf der Basis der Zielsetzung dieser Arbeit vorgenommen:

- Die Unterstellung einer Verfolgung der Strategie Kundenorientierung beinhaltet neben der Notwendigkeit einer Ausrichtung der Produktentwicklungsaktivitäten an heterogenen Kundenbedürfnissen v. a. eine stärkere Gewichtung von Qualitätszielen gegenüber Zeit- und Kostenzielen.[214] Bei der Ableitung von Gestaltungsempfehlungen auf Bereichs- und Projektebene erfolgt daher die Fokussierung auf die in Tab. 3-4 abgebildeten Kategorien *kundenorientierter Zielgrößen*.

214 Eine Auflistung kundenorientierter Zielgrößen enthält Falkner /Strategien/ 91-92

Indikatoren für primär kundenorientierte Zielgrößen	**Indikatoren für nicht primär kundenorientierte Zielgrößen**
Hohe relative Qualität aus Sicht des gesamten Markts: starke Überlegenheit gegenüber der Konkurrenz in bezug auf Kundennutzen An Kundenzufriedenheit und Kundenbindung ausgerichtete Qualitätsziele (hohe Priorität)	Hohe Güte der Produkte aus Sicht des gesamten Markts: starke Überlegenheit gegenüber der Konkurrenz in bezug auf technische Leistungsfähigkeit An Gütekriterien und Normen ausgerichtete Qualitätsziele (geringe Priorität)
Hohe relative Qualität aus Sicht des Kunden: möglichst individuelle Kundenbedürfnisbefriedigung Differenziertes Produktprogramm, umfangreiche Serviceangebote	Hohe Kosteneffizienz der Produktentwicklung aus Sicht des Herstellers: möglichst kostengünstige Produktion Standardisierte Massenprodukte und Serviceangebote
Hohe technische Qualität Fehlerfreiheit	Geringe Produktkosten Niedriger Produktpreis

Tab. 3-4: Vergleich kundenorientierter und nicht kundenorientierter Zielgrößen der Produktentwicklung

Bei der Untersuchung der kundenorientierten Produktentwicklung sind bezüglich der als Effizienzkriterien fungierenden Zielgrößen stets zwei verschiedene Fragestellungen zu unterscheiden:

- Die begründete Herleitung eines Instrumentariums erfordert den „Nachweis“, daß bestimmte Gestaltungsmaßnahmen zu der gewünschten Ausprägung der Zielgröße führen. Aus diesem Grund werden die Gestaltungsempfehlungen und ihre angenommenen Wirkungen in Form überprüfbarer Thesen formuliert. Die Konfrontation der Thesen mit der Realität erfolgt in Kapitel 7 anhand einer Feld- und einer Fallstudie.
- Davon zu trennen ist die Frage, inwiefern die vorgegebenen Zielgrößen zweckmäßig sind, d. h. ob diese in der angestrebten Ausprägung tatsächlich zur Erreichung des Gesamtziels der Unternehmung (z. B. Gewinnerwirtschaftung) beitragen. Die Klärung dieser Frage erfordert eine eigenständige Untersuchung (z. B. mit Hilfe der Erfolgsfaktorenanalyse) und ist nicht Gegenstand dieser Arbeit.[215] Neben den bereits in Kapitel 3.1 angestellten Plausibilitätsüberlegungen werden in Kapitel 5.1 allerdings zur Begründung der Zielgrößen empirische Befunde herangezogen, die einen Zusammenhang zum Erfolg von Unternehmungen bzw. von Softwareentwicklungsprojekten aufzeigen.

• Die Bereitstellung eines praxisorientierten Softwareproduktentwicklungsinstrumentariums bedingt die vornehmliche Untersuchung der Wirkungen solcher Gestaltungsdeterminanten, die *unmittelbar durch Verantwortliche und Mitarbeiter der Produktentwicklungsbereichs beeinflußt werden können.*

---

215 Siehe hierzu z. B. Krüger /Erklärung von Unternehmenserfolg/

Die Anwendung des in der Arbeit herzuleitenden Produktentwicklungsinstruments erfolgt in den Projekten durch die jeweils entscheidenden und handelnden Mitarbeiter. Die Auswahl der Ausprägungen der Gestaltungsparameter der Projekte beeinflußt infolgedessen primär die Ziele auf Produkt- sowie Projektebene und determiniert somit die Produkt- und Projekteffizienz von Instrumenten. Indirekt wirken sich die Projekte in ihrer Gesamtheit - als „Mittelwerte" der einzelnen Projekte - letztlich auf die Ziele des Produktentwicklungsbereichs und mithin auf die Bereichseffizienz aus. In der nachfolgenden Untersuchung erfolgt lediglich die Analyse der unmittelbaren Zusammenhänge zwischen den von Verantwortlichen und Mitarbeitern des Produktentwicklungsbereichs beeinflußbaren Gestaltungsparametern (Merkmale des Produktentwicklungsbereichs und Merkmale der Projekte) sowie den Zielgrößen auf Produkt- und Projektebene. Außerdem muß der betrachtete Parameter in engem Zusammenhang zur Gestaltung von Instrumenten der Produktentwicklung stehen. Die Umsetzung (im Sinne von Design, Programmierung und Test) der entwickelten Software ist dabei nicht Gegenstand der Arbeit.

- Das pragmatische Wissenschaftsziel dieser Arbeit bedingt, daß die *Probleme der Praxis* bei der Verwirklichung dieser kundenorientierten Zielgrößen ebenfalls Auswahlkriterien bei der Selektion der Gestaltungsempfehlungen darstellen.

  Infolgedessen werden insbesondere Aktionsparameter für die Aufgabenfelder der Produktentwicklung untersucht, die in der Praxis die größten Schwierigkeiten bereiten. Hierzu werden wiederum die in Kapitel 4 dargestellten empirischen Befunde herangezogen.

  Die Übertragung der Untersuchungsergebnisse, speziell der praktische Einsatz des entwickelten Instrumentariums, erfordert die Berücksichtigung des situativen Kontextes der handelnden Unternehmung. Infolgedessen beinhalten die Gestaltungsempfehlungen auch Hinweise zur projektspezifischen Anpassung des Instrumentariums.

Abb. 3-32 stellt die Methodik der nachfolgend vorgenommenen Herleitung eines begründeten Instrumentariums zur kundenorientierten Softwareproduktentwicklung grafisch dar.

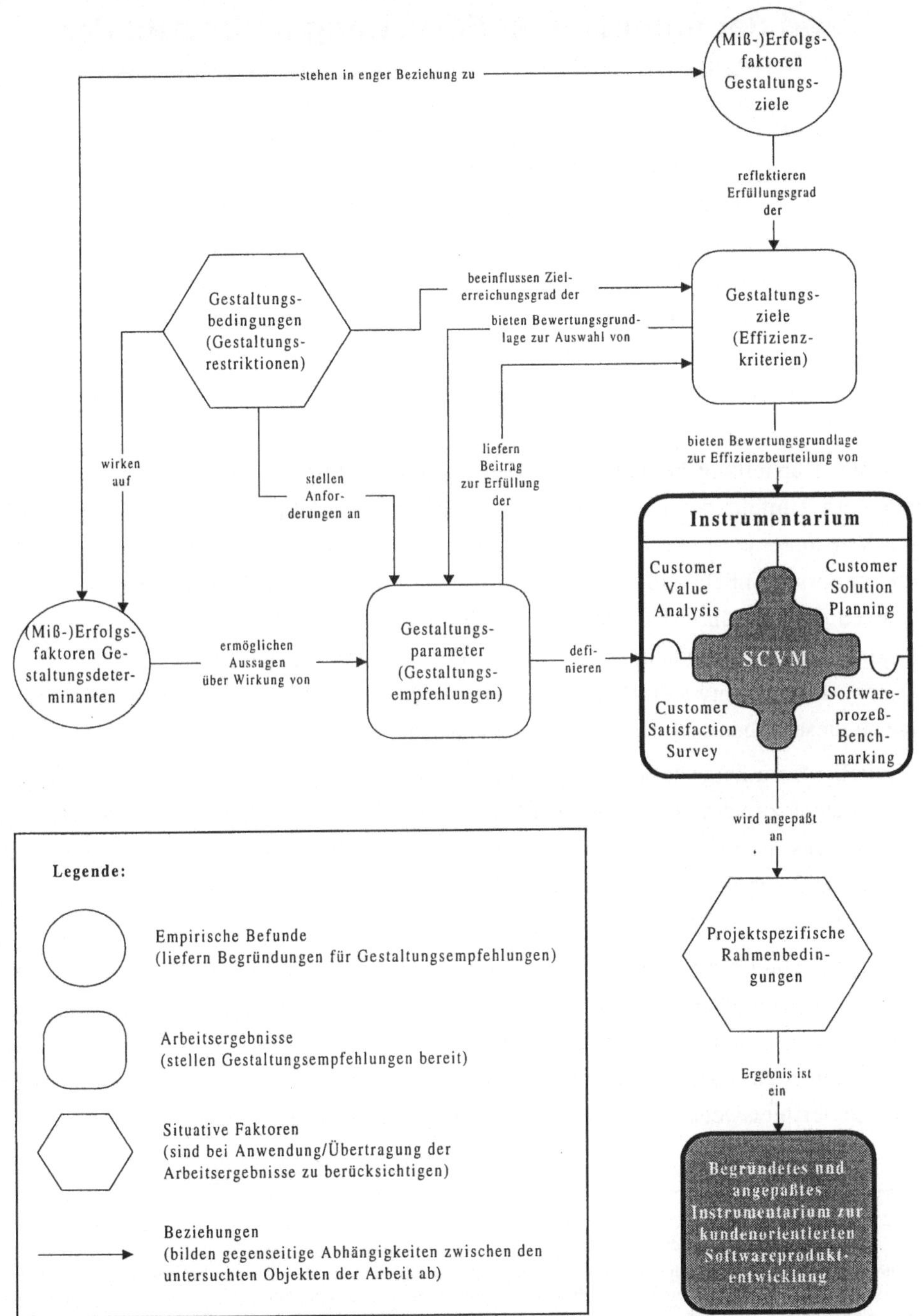

Abb. 3-32: Herleitung eines begründeten Instrumentariums zur kundenorientierten Softwareproduktentwicklung

4 Stand der empirischen Forschung im Umfeld der kundenorientierten Softwareproduktentwicklung

In der wissenschaftlichen Literatur existieren zahlreiche empirische Untersuchungen zum Thema Kundenorientierung bzw. Produktentwicklung. Zwar verhindert die mangelnde Verallgemeinerbarkeit und Übertragbarkeit der meisten Ergebnisse den direkten Einsatz der empirischen Befunde als Beleg für den Wahrheitsgehalt der in Kapitel 5.2 getroffenen praxeologischen Aussagen zur Gestaltung von Instrumenten der Produktentwicklung, diese können jedoch zur Verstärkung der Argumentation und somit als „qualifizierter" Literaturhinweis zur Begründung der aufgestellten Annahmen dienen. Eine weitere Funktion der empirischen Befunde stellt die Identifikation der in der Praxis vorherrschenden Problemlage dar.

Die folgende Darstellung bemüht sich einerseits, die wichtigsten relevanten Studien der Forschung im Umfeld der kundenorientierten Softwareproduktentwicklung zu erfassen; andererseits kann eine solche Übersicht keinen Anspruch auf Vollständigkeit erheben.[1] Es existieren wahrscheinlich einige weitere, z. B. von Unternehmungsberatungen oder von Doktoranden durchgeführte Untersuchungen, die hier nicht aufgeführt sind.[2] Insbesondere das Spektrum solcher Studien, die nicht mit der primären Zielsetzung Kundenorientierungs- bzw. Produktentwicklungsanalyse durchgeführt wurden, aber dennoch wichtige Beiträge zu diesen Themen liefern, ist unüberschaubar.[3]

Die in Tabellenform dargestellten empirischen Befunde fungieren primär als Nachschlagewerk. Um erstens zu vermeiden, daß die Studien über die gesamte Arbeit verstreut werden, und um zweitens als Einstieg in die Thematik einen Überblick zu vermitteln, werden die komprimierten Ergebnisse jedoch nicht im Anhang, sondern als Synopse im Text der Arbeit dargestellt.

Auf die Untersuchungsergebnisse wird im Verlaufe der Arbeit zwecks Fundierung getroffener Behauptungen sukzessive zugegriffen. Zum Zweck des Zitats einer Studie im Text der Arbeit wird jeweils in Klammern die Studiennummer aufgeführt. Diese Nummer dient der einfacheren Identifizierung der für das Verständnis wichtigen Informationen aus der Synopse wie beispielsweise Untersuchungsziel und Untersuchungsdesign.

---

1 Von den insgesamt 82 Studien beziehen sich 25 ausschließlich auf Softwareunternehmungen bzw. Software entwickelnde Unternehmungsbereiche.

2 Es wurden außerdem keine Studien in die Übersicht aufgenommen, die älter als 20 Jahre sind oder lediglich die Ergebnisse der bereits aufgeführten Studien ohne zusätzlichen Erkenntnisgewinn bestätigen. Die Jahresangabe in der Synopse bezieht sich nicht auf den Zeitpunkt der Veröffentlichung, sondern auf das Jahr der Durchführung der Studie.

3 So wurde z. B. die vom Massachusetts Institute of Technology (MIT) Anfang der 80er Jahre in der Automobilindustrie durchgeführte Untersuchung nicht mehr aufgeführt, da die einige Jahre später von McKinsey initiierte Studie (Studie Nr. 3) zu ähnlichen Ergebnissen kommt. Vgl. Womack, Jones, Roos /Autoindustrie/

Die Übersicht enthält neben den essentiellen Ergebnissen auch Angaben zu Zielsetzung und Forschungsdesign der aufgeführten Untersuchungen. Studien, in denen diese Angaben fehlen (ein häufig auftretendes Phänomen z. B. bei Studien von amerikanischen Unternehmungsberatern), wurden nicht in die Darstellung aufgenommen, da in diesem Fall die ohnehin problematische Beurteilung der Untersuchungsqualität und der Aussagefähigkeit der Untersuchungsergebnisse unmöglich ist. Die vorgenommene Klassifizierung der empirischen Befunde ist aufgrund der Vielfältigkeit mancher Studien nicht überschneidungsfrei und soll lediglich der groben Orientierung dienen.

Die empirischen Befunde werden in zwei Klassen eingeteilt. In Kapitel 4.1 werden zunächst Untersuchungen zitiert, die Aussagen zu Gestaltungszielen machen. Diese enthalten Ergebnisse zum Einfluß der Gestaltungsziele auf den monetären Unternehmungserfolg bzw. auf den Erfolg von Softwareentwicklungsprojekten. Außerdem werden die Einflußgrößen betrachtet, die einen positiven Beitrag zur Erreichung der Ziele leisten (Erfolgsfaktoren) bzw. die Zielerreichung verhindern (Mißerfolgsfaktoren) und daher aktuelle Probleme der Praxis reflektieren. Die Ergebnisse werden jeweils getrennt für softwarespezifische und nicht softwarespezifische Studien dargestellt.

Während bei diesen Untersuchungen zwar u. a. Aspekte der Kundenorientierung und der Softwareentwicklung, nicht jedoch spezifische Fragen der Produktentwicklung betrachtet werden, repräsentieren die in Kapitel 4.2 dargestellten empirischen Befunde spezielle Untersuchungen zu Erfolgsfaktoren und Problemen der Produktentwicklung.[4]

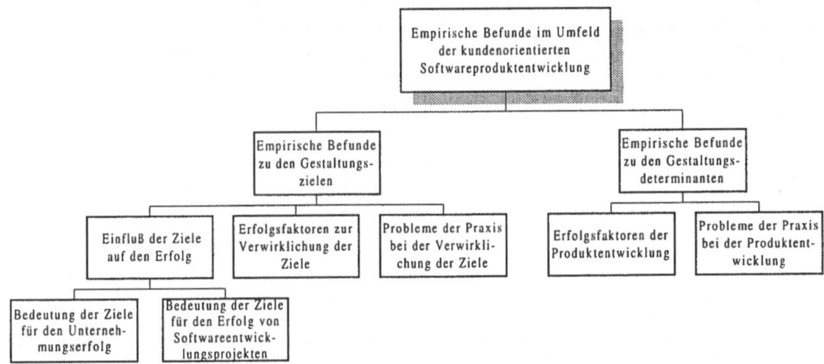

Abb. 4-1: Empirische Befunde im Umfeld der kundenorientierten Softwareproduktentwicklung

4 Da sich innerhalb dieser Untersuchungskategorie lediglich eine einzige Studie auf die Softwarebranche beschränkt, wird auf eine Trennung zwischen softwarespezifischen und nicht softwarespezifischen Befunden verzichtet.

4.1 Empirische Befunde zu den Gestaltungszielen der Produktentwicklung

4.1.1 Einfluß der Ziele auf den Erfolg

4.1.1.1 Bedeutung der Ziele für den Unternehmungserfolg

Nicht softwarespezifische Befunde

Durchführung	Branche	Untersuchungsdesign	Untersuchungsziel	Untersuchungsergebnisse	Quelle	Jahr	Ort	Nr.
SPI (Strategic Planning Institute)	Branchenübergreifend	Langzeitstudie 20-jährige Analyse einer Datenbank mit Angaben über wirtschaftliche Erfolgsdaten, Umfeldentwicklung und Wettbewerbssituation von 3.000 Geschäftseinheiten in 450 Unternehmungen	Untersuchung des Zusammenhangs zwischen wirtschaftlichen Resultaten (Gewinn, Cash Flow) und verfolgten Strategien unter Berücksichtigung der verschiedenen Marktsituationen und Wettbewerbskonstellationen	Qualität, definiert als Kundeneinschätzung der Leistungsqualität einer Geschäftseinheit im Verhältnis zur Konkurrenz korreliert stark positiv mit dem ROI (Return on Investment); (Andere Erfolgsfaktoren: Produktivität, Wettbewerbssituation, geringe Investitionsintensität, Marktwachstum, vertikale Integration)	Buzzle, Gale /PIMS-Principles/	seit 1977	USA	1
Peters & Waterman (McKinsey & Company, Inc.)	Branchenübergreifend	Benchmarking von 72 Unternehmungen, die innerhalb ihrer Branche bezüglich vier von sechs Kriterien über dem Branchendurchschnitt lagen; Unstrukturierte Interviews mit 43 als besonders erfolgreich eingestuften Unternehmungen	Ermittlung strategischer Erfolgsfaktoren für den wirtschaftlichen Unternehmungserfolg	Erfolgsfaktoren: Primat des Handelns, Nähe zum Kunden, Freiraum für Unternehmertum, Produktivität durch Menschen, sichtbar gelebtes Wertesystem, Bindung an das angestammte Geschäft, einfacher flexibler Aufbau, „straff-lockere“ Führung; Kundennähe bedeutet: Commitment zu Qualität, Zuverlässigkeit und Service, Nischenstrategie und Markenimage, Orientierung an Kundenbedürfnissen mit Offenheit für Produktideen der Kunden	Peters, Waterman /Spitzenleistungen/	1982	USA	2

Durchführung	Branche	Untersuchungsdesign	Untersuchungsziel	Untersuchungsergebnisse	Quelle	Jahr	Ort	Nr.
McKinsey & Company und Technische Hochschule Darmstadt	Automobilbranche	Langzeitstudie: 5-jährige Befragung (Fragebogen, Interviews, Konferenzen) von Managern 167 US-amerikanischer, japanischer und europäischer Unternehmungen; Messung der Qualität der Unternehmungen (Dienstleistungs- und Prozeßqualität) und Einteilung in vier Qualitätsniveaus; Messung des wirtschaftlichen Erfolgs der Unternehmungen (Wachstum, Umsatzrendite, Marktanteil etc.)	Untersuchung des Einflusses der Qualität auf den wirtschaftlichen Unternehmungserfolg	Verbesserung der Qualitätsleistung (d. h. bei Designqualität: die Fähigkeit Produkte zu entwickeln, die genau den Anforderungen der Kunden entsprechen und zudem geringe Fehlerraten erlauben, bei Prozeßqualität: die Fähigkeit, Produkte zu den mit dem Kunden vereinbarten Spezifikationen herzustellen und auszuliefern) führt direkt zu steigendem wirtschaftlichen Erfolg (z. B. Unternehmungen der untersten Qualitätsstufe: Umsatzrendite 0,6% und Wachstum 5,4%, Unternehmungen der obersten Qualitätsstufe: Umsatzrendite 9,1% und Wachstum 16%, Durchschnitt: Umsatzrendite 4% und Wachstum 8%); Unternehmungen mit dem speziellen Qualitätsziel „Zusatznutzen für Endkunden“ weisen höhere Umsatzrendite auf als Unternehmungen mit anderen Qualitätszielen (z. B. geringere Fehlerrate und strenge Toleranzen); Unternehmungen mit hoher Qualität zeichnen sich u. a. durch den Einsatz der kundenorientierten Produktentwicklungsmethode Quality Function Deployment (QFD) aus (QFD-Unternehmungen: Wachstum von 14,9%, Durchschnitt: Wachstum 8%); Spitzenunternehmungen sind nicht nur bezüglich Qualität, sondern auch bezüglich Zeit und Kosten überlegen (z. B. 30% kürzere Entwicklungszeit, 25% geringere Produktionskosten)	Rommel u. a. /Qualität gewinnt/	1987 - 1991	Europa Japan USA	3

Durchführung	Branche	Untersuchungsdesign	Untersuchungsziel	Untersuchungsergebnisse	Quelle	Jahr	Ort	Nr.
Universität Gießen	Branchenübergreifend	Untersuchung von in der Wirtschaftspresse publizierten 47 Erfolgsbeispielen und 49 Mißerfolgsbeispielen; Verwendung von 6 Erfolgssegmenten: Träger, Philosophie und Kultur, Strategie, Struktur, Systeme, Realisationspotential	Ermittlung der Ursachen für den wirtschaftlichen Unternehmungserfolg	Ursachen für Erfolg und Mißerfolg vielfältig, komplex und situativ; Wichtigste Erfolgsfaktoren: Strategie (Produkt-/Marktkonzept sowie Gewinn- und Ertragsorientierung); Realisierungspotential (Fertigung, Human Capital, Finanzpotential)	Krüger /Erklärung von Unternehmenserfolg/	1988	D	4
Harvard Business School	Hardwarebranche (Laufwerke)	Analyse von 1.400 Produkten in einer Datenbank; Wirtschaftliche Erfolgsdaten aller Laufwerk-Anbieter; 70 unstrukturierte Interviews mit 16 Herstellern von Laufwerken	Untersuchung des Einflusses von Kundennähe und strategischen Investitionen auf den wirtschaftlichen Unternehmungserfolg bei Technologieveränderungen	Wenn technologische Kompetenz fehlt, aber Kunden darauf drängen, daß Kompetenz entwickelt wird, schaffen die Unternehmungen den Wandel und sind auch ohne Änderung der Strategie erfolgreich am Markt; Wenn technologische Kompetenz vorhanden ist, aber der Kundendruck fehlt, können die Unternehmungen die Technologieinnovation nicht vermarkten	Christensen, Bower /Customer Power/	1990	USA	5
Preiß	Branchenübergreifend	Sekundäranalyse von 61 Untersuchungen zur empirischen Erfolgsfaktorenforschung	Ermittlung strategischer Erfolgsfaktoren im Marketing	Erfolgsfaktoren: Kundennutzenorientierung, innovatives Produktmanagement, Mitarbeiter; Weiche Faktoren bedeutsamer als harte Faktoren, d. h. Reihenfolge der Erfolgsfaktoren (in Klammern Anzahl der Nennungen): Mitarbeiter/Unternehmenskultur (28), Innovation (20), Problemlösungsorientierung (20), Kundennähe (17), Produktqualität (16), Marktanteil (4), Marketingaufwand (2), Vertrieb (2), Preis (2), Markenanzahl (1)	Preiß /Software-Marketing/	1990	D	6

Durchführung	Branche	Untersuchungsdesign	Untersuchungsziel	Untersuchungsergebnisse	Quelle	Jahr	Ort	Nr.
McKinsey Unternehmensberatung	Gebrauchsgüterherstellerbranche	Langzeitstudie: 5-jährige Befragung von 83.000 Haushalten und 550 Händlern	Untersuchung des Zusammenhangs zwischen wirtschaftlichem Unternehmungserfolg und Kundenzufriedenheit	Positive Korrelation zwischen Servicezufriedenheit und Händlertreue sowie zwischen Servicezufriedenheit und Herstellertreue; Korrelation zwischen Kundenzufriedenheit und Kundenloyalität nicht linear, sondern s-förmig (übertroffene Erwartungen bringen überproportionalen Zuwachs an Kundenloyalität); Positiver Zusammenhang zwischen Kundenloyalität und Herstellergewinn (10%-Punkte Zufriedenheitszuwachs bringen Gewinnsteigerung von mehreren Millionen Dollar); Positive Korrelation zwischen Kundenloyalität und Händlergewinn (Händler mit zufriedenen Kunden haben höhere Marktanteile, höheren Stückgewinn, bessere Gesamtkapitalrentabilität sowie bessere Investitionsrendite)	Müller, Riesenbeck /Kunden/	1991	USA	7

Durchführung	Branche	Untersuchungsdesign	Untersuchungsziel	Untersuchungsergebnisse	Quelle	Jahr	Ort	Nr.
McKinsey Global Institute und freie Berater (u. a. Nobelpreisträger Robert Solow vom MIT)	Dienstleistungsbranche	Auswertung der vom OECD 1991 ermittelten wirtschaftlichen Rahmendaten amerikanischer, japanischer und europäischer Unternehmungen (Produktivität, Wertschöpfung, Investitionsvolumen, Kapitalausstattung etc.); Befragung von Führungskräften der größten Dienstleistungsunternehmungen in den USA, Japan und Europa nach Strategien und Einstellungen; Analyse der politischen Rahmenbedingungen (Grad staatlicher Regulierung, Einfluß der Gewerkschaften, Wirtschaftspolitik etc.) in den betroffenen Ländern	Ermittlung der Ursachen für den ermittelten Vorsprung amerikanischer gegenüber japanischen und europäischen Wirtschaftsunternehmungen	Erfolgsfaktoren: staatliche Politik und Regulierung (d. h. geringere Staatslenkung in den USA), Arbeitsteilung (d. h. höhere Verantwortlichkeiten für amerikanische Mitarbeiter, größere Flexibilität und Mobilität), Führungsverhalten (d. h. höhere Flexibilität amerikanischer Manager bei der Unternehmungs- und Mitarbeiterführung: weniger starre Verfolgung von Strategien, höhere Bereitschaft, mit neuen Organisationsformen zu experimentieren, stärkere Berücksichtigung von Kunden- und Mitarbeiterinteressen); Technologie, Produktionsprozesse, Kapitalintensität etc. leisten keinen signifikanten Beitrag zum Erfolg bzw. Mißerfolg	zitiert nach Waterman/ Spitzenleistungen/	1992	Europa Japan USA	8
Treacy & Wiersema Unternehmensberatung	Branchenübergreifend	Untersuchung von Strategie und wirtschaftlichem Erfolg der größten Unternehmungen	Ermittlung strategischer Erfolgsfaktoren für den wirtschaftlichen Unternehmungserfolg	Haupterfolgsfaktor: Konzentration auf Kernkompetenzen; Das kann heißen: operative Überlegenheit (Standardprodukte guter Qualität zu günstigem Preis) oder Produktführerschaft (die besten innovativsten Produkte) oder Partnerschaft mit den Kunden (langfristige Kooperationen)	Treacy, Wiersema /Market Leaders/	1994	USA	9

Durchführung	**Branche**	**Untersuchungsdesign**	**Untersuchungsziel**	**Untersuchungsergebnisse**	**Quelle**	**Jahr**	**Ort**	**Nr.**
Waterman (McKinsey & Company, Inc.)	Branchenübergreifend	Detaillierte Untersuchung (Analyse wirtschaftlicher Unternehmungserfolgskennzahlen und Interviews mit Führungskräften) von sechs großen und drei kleineren Unternehmungen, die bei der Studie von 1982 als erfolgreich eingestuft wurden; Subjektive Auswahl der Unternehmungen ohne Anspruch auf statistische Repräsentativität	Ermittlung strategischer Erfolgsfaktoren für den wirtschaftlichen Unternehmungserfolg; Erlangung tieferer Einblicke als bei der Studie von 1982	Haupterfolgsfaktor: sich evolutionär entwickelnde Strategie zur Organisationsgestaltung, die zwar die Interessen der Anteilseigner und somit den Gewinn berücksichtigt, aber Bedürfnisse von Mitarbeitern und Kunden bevorzugt (Bedürfnisbefriedigung der Mitarbeiter und Kunden als Mittel zur Gewinnerwirtschaftung); Erfolgsfaktoren: Ausrichtung auf die Befriedigung der Mitarbeiterbedürfnisse: Selbständigkeit der Entscheidungen, herausfordernde Aufgaben, lebenslanges Lernen und Anerkennung; Ausrichtung auf die Befriedigung der Kundenbedürfnisse: kontinuierliche Innovation mit Blick auf Kundennutzen, umfassende Kundenbeziehungen, kostenbewußtes Denken	Waterman/ Spitzenleistungen/	1994	USA	10
Harvard Business School und Elm Square Technologies	Automobilbranche, PCs für Geschäftskunden, Dienstleistungen von Krankenhäusern, Flug- und Telefongesellschaften	Befragung von Kunden: Käufer von 32 Automodellen, 2.000 PC-Käufer, 10.000 Patienten von 82 Krankenhäusern, 20.000 Passagiere von acht Fluggesellschaften, Kunden einer Telefongesellschaft	Untersuchung des Zusammenhangs zwischen Kundenzufriedenheit und Kundenbindung (Wiederkauf)	Nur sehr zufriedene Kunden (d. h. mit Kundenzufriedenheitsindex von 4 oder 5) bleiben ihrer Unternehmung treu, wenn sich Marktbedingungen (Wettbewerb, Technologie etc.) ändern	Jones, Sasser /Customers/	1995	USA	11
Lücking	Unterhaltungselektronikbranche und Elektrokleinhandel	Befragung von 100 Produktmanagern nach ihrer Selbsteinschätzung bezüglich der Wirkung von Marketingstrategien	Überprüfung der These: Konkurrentenorientierung ist erfolgreicher als Kundenorientierung	Im Mittelpunkt steht nicht der Kunde, sondern das Ausschalten des Wettbewerbers; Daher: Empfehlung aggressiver Verkaufstaktik (z. B. langfristige Exklusivverträge, um Konkurrenten abzuhalten; kurze Produktlebenszyklen oder starke Verkaufsförderung, um Konkurrenten zur Nachahmung zu zwingen)	zitiert nach Neuberger /Kundschaft/ 23	1995	D	12

Durchführung	Branche	Untersuchungsdesign	Untersuchungsziel	Untersuchungsergebnisse	Quelle	Jahr	Ort	Nr.
University of Chicago mit Andersen Consulting	Fertigungs- und Betriebsmittelbranche	Analyse von Literaturquellen und Geschäftsberichten zur Ermittlung von Unternehmungen der Fertigungsindustrie und Betriebsmittelherstellung, die das Ziel Kundenzufriedenheit in den Mittelpunkt stellen (Ergebnis 35 Unternehmungen); Auswahl von vier Unternehmungen (Kriterien: Kooperationsbereitschaft, verschiedene Branchen, verschiedene Produktlebenszyklen); Analyse der wirtschaftlichen Erfolgskennzahlen (zehn Indikatoren wie Wachstum, Gewinn, Börsenwert etc.) der letzten zehn Jahre; Interviews mit 20 bis 40 Mitarbeitern pro Unternehmung	Ermittlung des Einflusses von Kundenzufriedenheit auf den wirtschaftlichen Unternehmungserfolg; Ermittlung der erfolgreichsten Maßnahmen zur Steigerung von Kundenzufriedenheit	Einfluß der Einführung der Kundenzufriedenheitsstrategie: in den ersten zwei Jahren Verschlechterung der Gesamtbewertung, danach kontinuierliche Verbesserung bis über den Branchendurchschnitt hinaus; der Anteil der leistungsmäßig den Branchendurchschnitt übersteigenden Unternehmungen wächst marktanteilsbezogen von 25% auf 38%, gewinnsteigerungsbezogen von 63% auf 81%, gesamtkapitalrentabilitätsbezogen von 50% auf 75% und sinkt gemessen am Börsenwert von 88% auf 63%; Voraussetzungen zur Einführung der Kundenzufriedenheitsstrategie: Commitment der ganzen Unternehmung mit allen Mitarbeitern (d. h. entsprechende Einstellungen und Unternehmungskultur), Dezentralisierung (d. h. kundennahe Organisationsstruktur mit entsprechenden Befugnissen der Mitarbeiter); Erfolgreiche Maßnahmen zur Steigerung der Kundenzufriedenheit: regelmäßige, intensive Kundenbefragungen zu qualitativen und quantitativen Faktoren, geschäftsbereichspezifische Kundenzufriedenheitsmaßstäbe, mehrdimensionale Kundenzufriedenheitsmaßstäbe, für alle Mitarbeiter zugängliche Kundenzufriedenheitsdaten; kontinuierliche Verbesserungen (z. B. Einbeziehung von Lieferanten)	Griffin u. a. /Kundenzufriedenheit/	1995	USA	13

Durchführung	**Branche**	**Untersuchungsdesign**	**Untersuchungsziel**	**Untersuchungsergebnisse**	**Quelle**	**Jahr**	**Ort**	**Nr.**
Boston Consulting Group	Branchenübergreifend	Langzeitstudie: 5-jährige Analyse der Strategie und des wirtschaftlichen Unternehmungserfolgs von 100 Unternehmungen aus 30 Branchen	Überprüfung des Zusammenhangs zwischen Unternehmungsstrategie und Unternehmungserfolg	Strategie der weniger erfolgreichen Unternehmungen: Wettbewerbsorientierung; Strategie der erfolgreichen Unternehmungen "Value Innovation": Marktdruck ausüben, alles in Frage stellen – auch vorhandene Kunden -, vollständige Kundenlösungen für möglichst breite Masse suchen	Kim, Mauborgne /Value/	1996	USA	14
Coopers & Lybrand L.L.P. mit ASQC, Rutgers University, National Quality Institute of Canada	Branchenübergreifend	Benchmarking: Fragebogenaktion bei 300 führenden (Erfolgskennzahlen, Qualitätspreise etc.) Unternehmungen in 15 Branchen; Analyse von Unternehmungsdaten wie Kundenzufriedenheit, Verbesserungsergebnisse, Innovationen; Messung von Wachstum, ROI und Marktanteil der 50 besten dieser Unternehmungen	Ermittlung von Erfolgsfaktoren für Managementpraktiken zur Qualitätsverbesserung, Kundenzufriedenheitssteigerung und Erhöhung des finanziellen Potentials	Erfolgsfaktoren: oberster Manager als Visionär und Vorbild, starker Kundenfokus (d. h. kontinuierliche Sammlung von Kundeninformationen und deren Nutzung für Verbesserungen), Mitspracherecht und Verantwortlichkeit für Mitarbeiter, Bekenntnis zum Prinzip der kontinuierlichen Verbesserung, vielfältige Messung von Verbesserungen, kundengetriebene Verbesserungen, mitarbeiterbezogenes Change Management	Yearout/ Secrets/	1996	USA	15
Technical Assistance Research Programs (TARP)	Branchenübergreifend	Langzeitstudie: 10-jährige Analyse von 600 "customer service and satisfaction systems" von 100 Unternehmungen; Benchmarking per Fragebogen und Telefoninterviews mit 21 "best practices"-Unternehmungen	Untersuchung des Einflusses des Nutzungsgrads von Kundeninformationen auf Kundenbindung; Untersuchung des Einflusses der Kundenbindung auf Unternehmungsgewinn	Durch die Identifizierung von Kundenbedürfnissen und -wünschen und deren effektive Erfüllung steigen Kundenbindungen und somit Unternehmungsgewinne; Nur 5% der unzufriedenen Kunden beschweren sich, geben aber die negativen Erfahrungen an 13 Personen weiter, während ein zufriedener Kunde seine positiven Erfahrungen an drei Personen weitergibt; Rendite von Investitionen zur zufriedenstellenden Handhabung von Beschwerden zwischen 100% (Reparaturen) und 170% (Banken)	Goodman, DePalma, Broetzmann /Customer Feedback/	1996	USA	16

Durch-führung	Branche	Untersuchungsdesign	Untersuchungsziel	Untersuchungsergebnisse	Quelle	Jahr	Ort	Nr.
Ford	Automobilbranche	Kontinuierlicher Kunden-Meinungsspiegel seit 1987: jeder Ford-Kunde wird jeweils 2 Monate und 2 Jahre nach Auslieferung zur PKW-Qualität und Servicezufriedenheit befragt	Ermittlung der Ursachen von Kundenzufriedenheit und Kundenloyalität	68% der zufriedenen Kunden sind marken- und 40% händlertreu; 40% der unzufriedenen Kunden sind marken- und 20% händlertreu	Müller /Wettbewerbsvorteile/	1997	USA	17

Softwarespezifische Befunde

Durch-führung	Branche	Untersuchungsdesign	Untersuchungsziel	Untersuchungsergebnisse	Quelle	Jahr	Ort	Nr.
Englert	Softwarebranche	Befragung von 71 Standardsoftwareanbietern und 47 Standardsoftwareanwendern nach der Wichtigkeit von 24 Entscheidungskriterien auf einer siebenstufigen Skala	Ermittlung von Anforderungen an Standardsoftware	Rangfolge der Kaufkriterien: Zuverlässigkeit, Programmdokumentation, Preis absolut, Preisvergleich mit Eigenentwicklungsaufwand, Flexibilität, Bedienerfreundlichkeit, Serviceleistungen, Programmiersprachen, zusätzliche Leistungen, Implementierungsaufwand, Garantieleistungen, Anwendungsspektrum, Integrationsmöglichkeiten, Implementierungszeit, Vertragsbedingungen, Programmdesign, Hardwarekonfiguration, Lieferzeit, Speicherbedarf, Installationsanzahl, Referenzen, Übergabekonditionen, Produzentenimage, Programmiermethoden	Englert /Standard-Anwendungssoftware/	1977	D	18
GMD (Gesellschaft für Mathematik und Datenverarbeitung)	Softwarebranche	Sekundäranalyse von 128 Standard- und Individualsoftwareanbietern; Einteilung in wirtschaftliche Erfolgsgruppen	Ermittlung strategischer Erfolgsfaktoren für den wirtschaftlichen Unternehmungserfolg	Erfolgsfaktoren: umfassendes Schulungs- und Beratungsangebot, Technikorientierung, Kundenorientierung; Kundenorientierung bedeutet: Serviceangebot, Kundendienstnähe, Finanzierungsangebot	Neugebauer /Software-Unternehmen/	1986	D	19

Durch-führung	Branche	Untersuchungsdesign	Untersuchungsziel	Untersuchungsergebnisse	Quelle	Jahr	Ort	Nr.
Preiß	Software-branche	Befragung von sieben Marketing- und Vertriebsexperten nach der Gewichtung von 24 zuvor in Interviews und Experten-Workshops ermittelten Erfolgsfaktoren auf einer neunstufigen Skala	Ermittlung strategischer Erfolgsfaktoren für den wirtschaftlichen Unternehmungserfolg	Erfolgsfaktoren: Produktqualität, Produktflexibilität, Funktionalität, Dokumentation, Preis, Mitarbeiter, Image des Anbieters, Serviceangebot	Preiß /Software-Marketing/	1991	D	20
Zeitschrift Datamation	Informationstechnologie-branche (Hardware und Software)	Befragung von 300 DV-Managern nach Kriterien für Kaufverhalten und nach der Erfüllung dieser Kriterien durch die Hersteller; Analyse der wirtschaftlichen Erfolgsdaten von 150 Unternehmungen	Ermittlung strategischer Erfolgsfaktoren für den wirtschaftlichen Unternehmungserfolg	Kaufkriterien (in Klammern Wichtigkeit von 1 bis 10): Produktqualität/Zuverlässigkeit (9,6), Produktleistung (9,2), Servicequalität (8,8), Vertrauenswürdigkeit des Herstellers (8,2), Preis-Leistungs-Verhältnis (8,1), Einfachheit der Geschäftsabwicklung (7,7), Unterstützung von Standards (7,6), Aufgeschlossenheit gegenüber künftigen Entwicklungen (7,4), Ertragskraft des Herstellers (7,0); Unternehmungen, deren Produkte nach dem Urteil der Befragten diesen Kriterien entsprechen, sind gemäß Analyse der Erfolgsdaten auch die erfolgreichsten	Meachim /Users to Vendors/	1993	USA	21

4.1.1.2 Bedeutung der Ziele für den Erfolg von Softwareentwicklungsprojekten

Durchführung	Branche	Untersuchungsdesign	Untersuchungsziel	Untersuchungsergebnisse	Quelle	Jahr	Ort	Nr.
ETH Zürich	Softwarebranche	Analyse von 26 Softwareentwicklungsprojekten im Büro- und Verwaltungsbereich bei 22 Unternehmungen (Softwareunternehmungen sowie interne DV-Bereiche von Banken, Versicherungen und Industrieunternehmungen)	Ermittlung der Probleme bei der Softwareentwicklung	Mit zunehmender Arbeitsteilung sinkende Motivation und steigende Änderungs- bzw. Fehlerrate; Fehlende Handlungsspielräume der unteren Ebenen, da nicht in Entscheidungsprozeß eingebunden; Je mehr Zeit in frühe Phasen investiert wird, desto geringer der Wartungsaufwand; Phasenrücksprünge wegen unzureichender Anforderungsermittlungen oder Anforderungsänderungen; Lediglich 20% aktive Benutzerbeteiligung, obwohl Termin- und Kostenüberschreitungen bei Projekten mit aktiver Benutzerbeteiligung geringer	Strohm /Benutzerorientierung/	1990	CH	22
Justus-Liebig-Universität Gießen	Softwarebranche	Standardisierte Betriebs- und Arbeitsplatzuntersuchung bei 200 Mitarbeitern von 29 Softwareentwicklungsprojekten	Untersuchung des Einflusses der Benutzerbeteiligung auf die Qualität des Softwareentwicklungsprozesses	Projekte mit hoher Benutzerbeteiligung sind gegenüber Projekten mit niedriger Benutzerbeteiligung schlechter zu bewerten bezüglich folgender Kriterien: gute Termin- und Kosteneinhaltung (33% zu 57%), niedrige Streßbedingungen (36% zu 60%), gute Interaktion im Team (36% zu 67%)	Heinbokel /Benutzerbeteiligung/	1994	CH D	23
Standish Group International, Inc.	Softwarebranche	Befragung (Fragebogen und Interview) von 365 DV-Managern in Unternehmungen aller Größen und Branchen bezüglich 8.380 Softwareprojekten; Differenzierung der Projekte nach Erfolg (d. h. Einhaltung von Zeit und Budget), Mißerfolg, Abbruch	Ermittlung der Ursachen für den Erfolg oder Mißerfolg von Projekten	Verteilung der Projekte: 16,2% Erfolg, 52,7% Mißerfolg, 31,1% Abbruch; 53% überschritten das Budget um mehr als 50% (4,4% übersteigen das Budget sogar um mehr als 400%); Erfolgsfaktoren: Benutzerbeteiligung, Managementsupport, klare Anforderungen, sorgfältige Planung; Mißerfolgsfaktoren: mangelnder Kundeninput, unvollständige Anforderungen und Spezifikationen, Änderung von Anforderungen	Standish Group /CHAOS/	1995	USA	24

Durch-führung	Branche	Untersuchungsdesign	Untersuchungsziel	Untersuchungsergebnisse	Quelle	Jahr	Ort	Nr.
American University Washington	Softwarebranche	Schriftliche Befragung von Softwareentwicklern in 15 Standardsoftware herstellenden Unternehmungen	Ermittlung von Ansätzen zur Verringerung der Entwicklungszeit	Verkürzung der Entwicklungszeit stellt kein strategisches Ziel dar; Verringerung der Entwicklungszeit wird über Intensivierung der Arbeitszeit zu erreichen versucht; Erfolgsfaktoren: Bildung eines kleinen, eng zusammenarbeitenden Kernteams mit Unternehmergeist und einer gemeinsamen, langfristigen Sicht auf das Produkt, das Produktdesign und die Produktverwendung; Integration der Qualitätssicherung in Softwareentwicklungsprozeß	Carmel /Cycle Time/	1995	USA	25
Software Productivity Research Inc.	Softwarebranche	Analyse von 6.700 Softwareentwicklungsprojekten in 500 Unternehmungen	Ermittlung der Ursachen für den Erfolg oder Mißerfolg von Projekten	Erfolgsfaktoren: Projektplanung, Aufwandsschätzung, Messungen, Meilensteinsetzung, Qualitätssicherung, Change-Management, Prozeßdefinition, Kommunikation, Projektmanager, technisches Personal, Spezialisten, Wiederverwendung; Wichtige soziale Faktoren u. a. Kooperation mit Kunden und gute Teamkommunikation	Jones /Failure and Success/	1996	USA	26
Vanderbilt University Nashville, European Institute of Business Administration	Softwarebranche	Sekundäranalyse amerikanischer und japanischer Studien; Fragebogenaktion mit 98 DV-Managern größerer Softwareentwicklungsunternehmungen	Vergleich von Zeitbedarf und Produktivität in unterschiedlichen Phasen der Softwareentwicklung bei europäischen, amerikanischen und japanischen Unternehmungen; Untersuchung, welche Faktoren aus Sicht von Softwaremanagern zu kürzeren Entwicklungszeiten beitragen	Keine großen Differenzen beim Landvergleich, größere Differenzen beim länderunabhängigen Unternehmungsvergleich; Wichtigster Faktor zur Entwicklungszeitverkürzung: mehr Zeit in die Ermittlung der Kundenanforderungen investieren, um den Kunden besser zu verstehen und die Anforderungen klarer spezifizieren zu können, Einsatz von Prototyping	Blackburn, Scudder, van Wassenhove /global survey of software developers/	1996	Europa Japan USA	27

4.1.2 Erfolgsfaktoren zur Verwirklichung der Ziele

Nicht softwarespezifische Befunde

Durchführung	Branche	Untersuchungsdesign	Untersuchungsziel	Untersuchungsergebnisse	Quelle	Jahr	Ort	Nr.
Universität Münster	Automobilreparatur- und Fernsehgerätebranche	Befragung von 773 Kunden per standardisiertem Einzelinterview	Untersuchung des Zusammenhangs zwischen Kundenzufriedenheit und Beschwerdeverhalten	Kunden mit hoher Beschwerdezufriedenheit weisen auch höhere Kundenzufriedenheit auf; Bei unzufriedenen Kunden (allgemeine Kunden- und Beschwerdezufriedenheit) ist Wechselbereitschaft hoch; Nur ein Drittel (KFZ) bzw. die Hälfte (Fernseher) aller unzufriedenen Kunden beschwert sich	Meffert, Bruhn /Beschwerdeverhalten/	1981	D	28
Science University, Rythm Motor Parts, University of Electro-Communication	Fernsehgerätebranche	Fragebogenaktion bei 899 Käufern von Fernsehgeräten	Ermittlung des Einflusses der Produktqualität auf Kundenzufriedenheit	Zwei Dimensionen der Qualität: erwartete Qualität (objektive Qualität) und überraschende Qualität (subjektive Qualität); Grundlage für Kano-Modell (Unterscheidung von Basis-, Leistungs- und Begeisterungsmerkmalen); Bei Nicht-Erfüllung von Basisanforderungen überproportionale Abnahme der Kundenzufriedenheit, bei Erfüllung von Begeisterungsanforderungen überproportionaler Anstieg der Kundenzufriedenheit	Kano u. a. /Attractive quality and must-be quality/	1982	Japan	29

Durchführung	Branche	Untersuchungsdesign	Untersuchungsziel	Untersuchungsergebnisse	Quelle	Jahr	Ort	Nr.
Universität Mannheim	KFZ-Werkstätten	Fragebogenaktion bei 540 privaten Kunden einer KFZ-Werkstatt	Ermittlung eines validen Konzepts zur Messung der Kundenzufriedenheit (Vergleich zweier Modelle)	Validestes Kundenzufriedenheitsmeßkonzept: multiplikative Verknüpfung von Urteils- und Bedeutungskomponente und anschließende Summation der so gewichteten Einzelzufriedenheiten	Lingenfelder, Schneider /Kundenzufriedenheit/ und Lingenfelder, Schneider /Zufriedenheit von Kunden/	1988	D	30
Marketing Science Institute	Dienstleistungsbranche (von Banken, Kreditkartengesellschaften, Wertpapiermaklern, Reparaturwerkstätten, Telefonvermittlungen)	Interviews mit zwölf Fokusgruppen von Kunden (jeweils drei pro Dienstleistungsart); Befragung von insgesamt 731 Kunden nach Qualitätswahrnehmung und Zufriedenheit mit Dienstleistungen; Interviews mit Führungskräften aus den Bereichen Marketing, Betriebsleitung und Kundenbetreuung von einer Bank, einer Kreditkartengesellschaft, einer Wertpapiermaklergesellschaft und einer Reparaturwerkstatt	Wie ermitteln Kunden die Qualität von Dienstleistungen? Was sind die wichtigsten Dimensionen zur Beurteilung der Qualität von Dienstleistungen? Wie entsteht Kundenunzufriedenheit mit der Qualität von Dienstleistungen?	Wahrgenommene Servicequalität ergibt sich als Differenz zwischen erwartetem Service und erlebtem Service; Schlüsselfaktoren für Kundenerwartungen: mündliche Empfehlungen, persönliche Bedürfnisse, bisherige Erfahrungen, externe Kommunikation; Kundenkriterien für Servicequalität: Materielles, Zuverlässigkeit, Vertrauenswürdigkeit, Sicherheit, Erreichbarkeit, Kommunikation, Kundenverständnis; Zusammenfassung der Kriterien zu fünf Servicequalitätsdimensionen; Bedeutung der Dimensionen: Zuverlässigkeit (32%), Entgegenkommen (22%), Souveränität (19%), Einfühlung (16%), Materielles (11%); Gap-Modell der Servicequalität mit vier Lücken (Ursachen für die Entstehung von Unzufriedenheit mit der Dienstleistungsqualität)	Zeithaml, Parasuraman, Berry /Qualitätsservice/	1988	USA	31

Durchführung	Branche	Untersuchungsdesign	Untersuchungsziel	Untersuchungsergebnisse	Quelle	Jahr	Ort	Nr.
Development Dimensions International	Dienstleistungsbranche	Befragung von 1.300 Kunden von Dienstleistungsunternehmungen und 900 Angestellten von neun Dienstleistungsunternehmungen nach Wichtigkeit und Erfüllungsgrad von 17 Dimensionen der Servicequalität von Dienstleistungspersonal	Ermittlung von Anforderungen an Dienstleistungspersonal aus der Sicht der Kunden und des Personals; Ermittlung der Unterschiede zwischen beiden Sichten bezüglich Einschätzung und Realität; Ermittlung des Einflusses von Servicequalität auf Kundenverhalten	Einschätzungen der Kunden durchweg negativer als die des Personals, Personal daher nicht als Maßstab zur Kundenzufriedenheitsbeurteilung geeignet; Schlechte Beurteilung des Servicepersonals durch die Kunden; 97% der befragten Kunden geben an, daß Zufriedenheit mit dem Personal einen großen Effekt (3 Stufen waren möglich) auf Wiederinanspruchnahme des Dienstleisters hat; 38% der zufriedenen Kunden geben Erfahrungen mit gutem Service weiter; 75% der unzufriedenen Kunden geben Erfahrungen mit schlechtem Service weiter; Schlechte Erfahrungen werden an 10 bis 20 andere Personen weitervermittelt	Becker, Wellin /Customer-Service/	1990	GB Kanada USA	32
University of Kentucky	Bankbranche	Befragung von 249 Bankangestellten nach Arbeitszufriedenheit und Einstellung zur Kundenorientierung	Untersuchung des Zusammenhangs zwischen Arbeitszufriedenheit und Kundenorientierung der Mitarbeiter	Positiver Zusammenhang zwischen Arbeitszufriedenheit und kundenorientierter Einstellung der Bankangestellten; Keine signifikanten Unterschiede bezüglich des Angestelltentyps	Kelley /Bank Employees/	1990	USA	33
McKinsey Unternehmensberatung	Gebrauchsgüterbranche	Benchmarking: Ermittlung der Kundenbindung bei 30 Unternehmungen; Interviews mit den bezüglich Kundenbindung erfolgreichsten Unternehmungen zur Ermittlung der best practices	Untersuchung der Erfolgsfaktoren für Kundenbindung	Erfolgsfaktoren: Kundenzufriedenheit definieren (d. h. messen), Kundenzufriedenheit gestalten (d. h. Kundenerwartungen erfüllen), Serviceleistungen verbessern, Handels-/Absatzkanäle aktiv beeinflussen, gesamtes Geschäftssystem auf Kundenzufriedenheit ausrichten	Müller, Riesenbeck /Kunden/	1991	USA	34

Durch-führung	Branche	Untersuchungsdesign	Untersuchungsziel	Untersuchungsergebnisse	Quelle	Jahr	Ort	Nr.
Arizona State Universi-ty, Uni-versity of Washing-ton-Tacoma, Georgia State Uni-versity	Dienstlei-stungs-branche (Hotels, Restau-rants, Flugge-sellschaf-ten)	Methode der kriti-schen Ereignisse mit Service-Personal be-züglich der Erlebnisse während der Verrich-tung von Dienstlei-stungen bei 58 Hotels, 152 Restaurants und vier Fluggesellschaf-ten; Ergebnis: 781 Items	Wie bewertet das Personal kritische Service-Situationen im Hinblick auf de-ren Auswirkungen auf die Kundenzu-friedenheit? Auf welche Ver-haltensweisen des Kunden führt das Personal die Kun-denzufriedenheit zurück?	Die Erwartungen an eine Service-Situation werden von Personal und Kunden weitgehend gleich einge-schätzt; Unterschiedliche Ansichten resultieren aus den verschie-denen Ursachen, die den Ereignissen zugeordnet wer-den: Reaktion des Personals auf Servicefehler und auf Kundenbedürfnisse, uner-wünschte Handlungen des Personals, Problemkunden	Bitner, Booms, Mohr /Critica l Ser-vice En-coun-ters/	1994	USA	35
Universi-tät Trier	Bran-chenüber-greifend	Befragung von 365 Kunden nach 40 aus-gewählten Produkten; Differenziertere Be-urteilung von 10 re-präsentativen Pro-dukten anhand von 48 Kaufkriterien	Ermittlung der Kri-terien für eine Kauf-entscheidung (Schaffung einer Typologie von Kaufprozessen auf der Basis der In-formationsökono-mie statt auf der Basis von Gütern)	Drei Grundformen des Kaufprozesses: Suche (ra-tionale Informationsbe-schaffung , Beurteilung vor dem Kauf möglich), Erfah-rung (Beurteilung nach dem Kauf möglich durch Ge-oder Verbrauch), Vertrauen (Beurteilung weder vor noch nach dem Kauf möglich); i. d. R. herrschen alle Di-mensionen beim Kauf vor; Neun Kaufentscheidungsdi-mensionen: Leistungsquali-tät, gegenwärtiges und zu-künftiges Leistungspotential, Reputation, persönliche Be-ratung, Fremderfahrungen, Eigenerfahrungen, Vor-kenntnisse, Preis	Wei-ber, Adler /Positio nie-rung/	1995	D	36
WHU (Wissen-schaft-liche Hoch-schule für Unterneh-mens-führung)	Ferti-gungs-branche	Teilstrukturierte Inter-views mit 30 hochran-gigen Führungskräften	Definition des Kon-zepts Kundennähe (diente zur Vorbe-reitung auf eine empirische Erhe-bung) aus der Sicht der Kunden	Vier Dimensionen der Kun-dennähe: Eigenschaften der Leistung (Produkt-/Prozeß-qualität, Flexibilität), Inter-aktion von Kunde und Liefe-rant, Kundenwahrnehmung des Commitment auf Seiten des Lieferanten für die Be-ziehung, Atmosphäre (Ver-trauen, Verpflichtung zur Aufrechterhaltung der Be-ziehung)	Hom-burg /Close-ness/	1995	D	37

Durch-führung	Branche	Untersuchungsdesign	Untersuchungsziel	Untersuchungsergebnisse	Quelle	Jahr	Ort	Nr.
IFMU (Institut für Markt-orientier-te Unter-neh-mensfüh-rung)	Automo-bilbran-che	Befragung von 154 Automobilhändlern (Markenhändler und freie Werkstätten) nach der Zufriedenheit mit ihrem Kontaktper-sonal in bezug auf 17 Persönlichkeits-merkmale	Ermittlung der Ur-sachen für Händler-zufriedenheit mit dem Kundenkon-taktpersonal im In-ternal Marketing	Zentrale Beurteilungsdimen-sionen: Leistungsbereit-schaft, Interaktionspotential und Anpassungskonformität	Müller /Ange-wandte Kun-den-zufrie-den-heits-for-schung/	1996	D	38
Katholi-sche Uni-versität Eichstätt	Finanz-dienstlei-stungs-branche	Befragung von 365 Privatkunden mittels voll standardisierter Interviews	Untersuchung des Einflusses des Zu-friedenheitsempfin-dens auf den Wie-derkauf	Trotz gleicher Globalzufrie-denheitswerte unterschiedli-che emotionale Empfindun-gen gegenüber der Unter-nehmung; Differenzierte Erwartungen in Form unterschiedlicher Anspruchsniveaus; Verschiedene Wie-der(nicht)kaufmotive	Stauss, Neu-haus /Unzu-frieden-heits-po-tential/	1996	D	39
imug (In-stitut für Markt, Umwelt, Gesell-schaft)	Schuh-branche	Fragebogenaktion mit 187 Schuhhändlern (hier: als Kunden der Hersteller)	Ermittlung der Ein-flußfaktoren auf die Güte und Stabilität der Geschäftsbezie-hung zwischen Her-steller und Händler aus der Sicht des Fachhandels	Neben der Kundenzufrie-denheit spielen noch die Faktoren Vertrauen (Ver-trauen des Kunden in den Anbieter und umgekehrt) und Commitment (Wunsch zur Fortsetzung der Ge-schäftsbeziehung) eine Rolle	Hen-ning /Bezie-hungs-qua-lität/	1996	A CH D	40

Softwarespezifische Befunde

Durch-führung	Branche	Untersuchungsdesign	Untersuchungsziel	Untersuchungsergebnisse	Quelle	Jahr	Ort	Nr.
GMD (Gesell-schaft für Mathema-tik und Datenver-ar-beitung)	Software-branche	Fallstudienanalyse von 41 neu gegründeten Softwareunternehmungen; Einteilung in wirtschaftliche Erfolgsgruppen	Ermittlung strategischer Erfolgsfaktoren für den wirtschaftlichen Erfolg neu gegründeter Softwareunternehmungen	Standardsoftwareanbieter erfolgreicher als Individualsoftwareanbieter; Erfolgsfaktoren: intensive Absatzakquisition und systematische Absatzmarktforschungen	Klandt, Kirschbaum /Software- und Systemhäuser/	1979 - 1982	D	41
SEI (Software Enginee-ring In-stitute)	Software-branche	Analyse der Projekterfolgsdaten von 13 Unternehmungen, die über einen Zeitraum von durchschnittlich 27 Monaten Maßnahmen zur Verbesserung des Qualitätsmanagements durchgeführt haben	Untersuchung des Einflusses des Qualitätsmanagements auf den Erfolg der Softwareentwicklung	Qualitätsmanagement bringt im Durchschnitt Produktivitätszuwächse von 35%, eine jährliche Abnahme des Anteils der frühzeitig entdeckten Fehler um 22%, eine jährliche Abnahme des time to market um 19%, eine jährliche Abnahme der nach Freigabe entdeckten Fehler um 39%	Herbsleb u. a. /Software Process Improvement/ und Herbsleb u. a. /Benefits/	1994	USA	42
Universi-tät zu Köln	Software-branche	Fragebogenaktion bei 20 Unternehmungen mit zertifiziertem ISO 9000-Qualitätsmanagementsystem für Softwareentwicklung; Interviews mit Qualitätsmanagern von 36 europäischen Softwareunternehmungen	Beurteilung der Wirkung des Qualitätsmangementsystems; Ermittlung der Ursachen für ggf. erzielte Verbesserungen	Verbesserungen durch Qualitätsmanagementsystem laut Selbsteinschätzung erzielt, jedoch selten gemessen; Erfolgsfaktoren: Ermittlung des Status Quo, Identifizierung der best practices, Identifizierung der Geschäftsprozesse, Vereinfachung von Routinetätigkeiten, interne Audits, Motivation und Antrieb, Teamgeist, Workshops und regelmäßige Treffen, Definition einer gemeinsamen Sprache, Kundenbefragungen	Stelzer, Mellis, Herzwurm /Software Process Improvement via ISO 9000/	1994	Europa	43
Universi-ty of North Carolina, Bond Univer-sity	Informa-tions-techno-logie-branche (Bild-Imaging-Systeme)	Befragung von 306 Vetriebsleuten	Untersuchung des Einflusses von Unternehmungszielen auf die Kundenorientierung des Verkaufspersonals; Untersuchung des Einflusses der Arbeitszufriedenheit auf die Zielorientierung des Verkaufspersonals	Marktorientierung der Unternehmung beeinflußt Kundenorientierung und Arbeitseinstellung des Verkaufspersonals (allerdings mit gewisser Verzögerung); Kundenorientierung hat keinen Einfluß auf Arbeitseinstellung	Siguaw, Brown, Widing /Market Orientation/	1994	USA	44

Durchführung	Branche	Untersuchungsdesign	Untersuchungsziel	Untersuchungsergebnisse	Quelle	Jahr	Ort	Nr.
Universität zu Köln	Softwarebranche	Benchmarking: Ermittlung der Kompetenzkommunikationsleistung [Neukundenumsatz * (Mitarbeiterzahl/ Marketingaufwendungen)] des Marketing von 14 Individualsoftwareherstellern	Ermittlung von Erfolgsfaktoren für Kompetenzkommunikation von Individualsoftwareanbietern	Erfolgsfaktoren: persönlicher Verkauf sowie Durchführung von Messen und Ausstellungen, Prototyping zur Produktpräsentation	Hierholzer/ Kompetenzkommunikation/	1996	D	45
Universität zu Köln	Softwarebranche	Benchmarking: Befragung von 80 Kunden deutscher CASE-Tool Anbieter per Fragebogen nach der Kundenzufriedenheit; Untersuchung der beiden hinsichtlich Kundenzufriedenheit erfolgreichsten Anbieter	Identifikation der best practices	Best practices: viele Funktionen im Marketing integriert, umfassende Schulung und Beratung; Produktanforderungen aus Kundenbedürfnissen abgeleitet (infolgedessen größere Kundenzufriedenheit und weniger nicht gewünschte Funktionalität, wodurch günstigerer Preis realisiert werden konnte)	Hierholzer /Kundenorientierung/	1996	D	46
Universität zu Köln	Softwarebranche	Benchmarking: Ermittlung der Kundenzufriedenheit mit 26 DV-Abteilungen der 100 größten Unternehmungen durch Fragebogenaktion mit deren DV-Managern; Ermittlung von Arbeitszufriedenheit, Kundenorientierung, Rollenverständnis und Motivation durch Fragebogenaktion mit jeweils 50 Angestellten der beiden besten CASE-Tool Anbieter	Untersuchung des Zusammenhangs zwischen Kundenzufriedenheit und Einstellung der Mitarbeiter	Positive Korrelation zwischen kundenorientierter Einstellung und Kundenzufriedenheit; Schwache positive Korrelation zwischen Arbeitszufriedenheit und Kundenorientierung; Mittlere positive Korrelation zwischen Leistungsmotivation und Kundenorientierung; Mittlere positive Korrelation zwischen Rollenverständnis und Kundenorientierung	Eigene Untersuchung	1997	D	47

4.1.3 Probleme der Praxis bei der Verwirklichung der Ziele

Nicht softwarespezifische Befunde

Durchführung	Branche	Untersuchungsdesign	Untersuchungsziel	Untersuchungsergebnisse	Quelle	Jahr	Ort	Nr.
Deutsche Schmalenbach Gesellschaft	Branchenübergreifend	Fallstudie mit zehn Unternehmungen über deren Erfahrungen bzw. Maßnahmen bezüglich Kundennähe durch Informationstechnologien	Konkretisierung der Strategie Kundennähe; Ermittlung des Einflusses der Strategie Kundennähe auf Organisationsstrukturen; Ermittlung des Einflusses der Informationstechnologie auf die Ablauforganisation	Kundennähe zur Abhebung von Wettbewerbern im Rahmen einer Differenzierungsstrategie hat hohen Stellenwert; Ziele der Kundennähe: Zuverlässige Abwicklung, kostengünstige Abwicklung, Beschleunigung von Prozessen, höhere Transparenz über Leistungen und Konditionen, längere Offenhaltung von Handlungsspielräumen der Kunden, besserer Informationsstand und höhere Fachkompetenz von Kundenberatern; Dominant kundenorientierte Aufgabengliederung eher selten anzutreffen, niedrige bis mittlere Problemkomplexität und geringe Kundenanzahl günstige Randbedingungen für kundenbezogene Aufgabengliederung; Keine gravierenden, sondern graduelle Änderungen der Ablauforganisation durch Einsatz der Informationstechnologie	Frese, Maly/ Kundenorientierung/, insbesondere von Werder, Gemünden /Kundennähe/	1989	D	48
Hochschule St. Gallen	Branchenübergreifend	Fragebogenaktion mit 143 nach ISO 9000 zertifizierten sowie 180 zufällig ausgewählten Unternehmungen, davon 173 Fragebögen ausgewertet	Ermittlung des Stands der Kundenorientierung bei den Unternehmungen (Bedeutung der Produktmerkmale, Häufigkeit von Bedürfnisanalysen, Art und Weise der Ermittlung von Kundenbedürfnissen)	Wichtigste Produktmerkmale: Zuverlässigkeit und Übereinstimmung mit Anforderungen; Überwiegend sporadische Bedürfnisanalysen; überwiegend Bedürfnisermittlung über informelle Kontakte oder Rückmeldungen seitens des Verkaufsbereichs; Technische Sichtweise; keine systematische Beschäftigung mit Kunden; Reaktion statt Aktion	Reiner/ Kundenzufriedenheit/	1991	CH	49

Durchführung	Branche	Untersuchungsdesign	Untersuchungsziel	Untersuchungsergebnisse	Quelle	Jahr	Ort	Nr.
RWTH Aachen	Branchenübergreifend	Schriftliche Befragung von 507 Unternehmungen	Stand des Einsatzes von Qualitätsmethoden in der Praxis	Einschätzung des Wissensstandes über Qualitätsmethoden: bei 40% defizitär; 80% der Befragten messen Qualitätsmethoden eine mittlere bis große Bedeutung bei; 17% der Befragten setzen mindestens eine der Qualitätsmethoden FMEA, FTA oder QFD ein; Kleinere Unternehmungen setzen weniger Qualitätsmethoden ein als größere (mehr als 1.000 Mitarbeiter)	Hartung /Produktplanung und -entwicklung/	1993	D	50
Droege & Comp. mit Universität zu Köln	Branchenübergreifend (Maschinenbau, KFZ-Herstellung, chemische Industrie, Handel)	Befragung von 800 europäischen und japanischen sowie 1.100 US amerikanischen Unternehmungen	Ermittlung des Einflusses der Kundenorientierung auf Organisationsstrukturen	70% der 400 europäischen Unternehmungen, die eine Reorganisation ihrer Organisationsstruktur vornehmen wollen, geben als Ziel Verbesserung der Kundenorientierung an; Aufbauorganisation: 6% sind nach Kunden(gruppen) organisiert; Ablauforgansiation: 4% haben prozeßbezogene Maßnahmen zur Umsetzung der Kundenorientierung getroffen; Schnittstellenprobleme v. a. bei Vertriebsstellen (mit Forschung und Entwicklung, Logistik, Produktion); Tendenzen: Einrichtung von Teams und Projekten, Einsatz von Schnittstellenmanagern, Bildung kleiner autonomer Einheiten, Abbau von Hierarchieebenen, Vereinfachung von Prozessen, Auslagerung	Droege /Zukunft/ und Frese /Organisationskonzepte/	1994	Europa Japan USA	51

Durchführung	Branche	Untersuchungsdesign	Untersuchungsziel	Untersuchungsergebnisse	Quelle	Jahr	Ort	Nr.
Droege & Comp.	Branchenübergreifend	Untersuchung von 804 Unternehmungen unterschiedlicher Umsatz- und Mitarbeitergrößenklassen	Ermittlung des Stands der Kundenorientierung in deutschen Unternehmungen; Identifikation von Defiziten einzelner Branchen und Anbieter; Formulierung erfolgskritischer Merkmale der Kundenorientierung	Kundengeleitete Unternehmen sind auch die am Markt erfolgreichen Unternehmen (Basis: Selbsteinschätzung); Nur 24% der untersuchten Unternehmungen haben sehr zufriedene Kunden; 66% der Mitarbeiter und 20% der Manager kennen ihre externen Kunden nicht; 50% der Mitarbeiter kennen ihre internen Kunden nicht oder nur wenig; 50% der Mitarbeiter sind sich der Bedeutung zufriedener Kunden für die Arbeitsplatzsicherung nicht bewußt; 50% der Forschungs- und Entwicklungsabteilungen haben Informationen über Kundenzufriedenheit	Droege & Comp. /Triebfeder Kunde/ und Schnitzler /Kundenorientierung/	1995	D	52
Learning International	Branchenübergreifend	Befragung von an Einkaufsentscheidungen mitwirkenden Managern in 1.000 Unternehmungen aus zehn europäischen Ländern auf Basis eines Kriterienkatalogs mit 65 Anforderungen an Lieferanten	Ermittlung der Erfüllung der Kundenerwartungen durch die Lieferanten im europäischen Vergleich	Deutschland liegt mit einem Erfüllungsgrad von 15% an drittletzter Stelle; Schweiz liegt mit einem Erfüllungsgrad von 62% an erster Stelle	Schnitzler /Nicht das Beste/	1995	Europa	53
Coopers & Lybrand L.L.P. mit ASQC, Rutgers University, National Quality Institute of Canada	Branchenübergreifend	Fragebogenaktion mit 300 führenden Unternehmungen (Erfolgskennzahlen, Qualitätspreise etc.) in 15 Branchen	Ermittlung der Bedeutung des Qualitätsmanagements in führenden Unternehmungen	60% der Qualitätsverantwortlichen berichten unmittelbar der Geschäftsführung; 37% der Unternehmungen glauben, daß die Bedeutung der Angestellten im Qualitätsbereich in den nächsten drei Jahren steigen wird; 34% der Unternehmungen glauben die Qualitätsfunktion vollständig in alle Unternehmungsbereiche integriert zu haben	Yearout /Secrets/	1996	USA	54

Durchführung	Branche	Untersuchungsdesign	Untersuchungsziel	Untersuchungsergebnisse	Quelle	Jahr	Ort	Nr.
Deutsche Marketing Vereinigung e. V. und Deutsche Post AG	Branchenübergreifend (40 Branchen)	Langzeitstudie: seit 1992 jährliche Fragebogenaktion bei mehr als 700 Unternehmungen mit je nach Branche zwischen 1.000 und 12.000 befragten Kunden	Ermittlung des Stands der Kundenorientierung in Deutschland	Bis 1996 kontinuierliche Abnahme von Kundenzufriedenheit, von Beschwerdezufriedenheit sowie von Kundenbindung und stetige Schlechterbewertung des Preis-Leistungsverhältnisses seitens der Kunden; ab 1997 Verbesserung der Werte Positiver Zusammenhang zwischen Kundenzufriedenheit und Kundenbindung sowie zwischen Kundenzufriedenheit und Cross-Buyingabsicht; Zunahme der Ansprüche der Kunden; Diskrepanzen bezüglich der Einschätzung der eigenen Kundenorientierung bei Führungskräften und Mitarbeitern	Meyer, Dornbach /Kundenbarometer 1999/	1999	D	55

Softwarespezifische Befunde

Durchführung	Branche	Untersuchungsdesign	Untersuchungsziel	Untersuchungsergebnisse	Quelle	Jahr	Ort	Nr.
ESPITI (European Software Process Improvement & Training Initiative)	Softwarebranche	Fragebogenaktion mit 756 vornehmlich kleinen und mittelständischen Softwareentwicklungsunternehmungen	Ermittlung der Probleme bei der Softwareentwicklung	Gemäß Einschätzung schwierigstes Problem: Spezifikation von Kundenanforderungen (50%); Danach: Fehlen von Standards (33%), Fehlen eines Qualitätsmangementsystems (32%), Tests (31%), Umgang mit Kundenanforderungen (30%), Dokumentation (23%), Projektmanagement (25%), Konfigurationsmanagement (19%), Analyse und Design (18%), Installation und Wartung (8%), Codierung (3%)	Ungermann /Softwarehersteller/	1995	D	56

Durchführung	Branche	Untersuchungsdesign	Untersuchungsziel	Untersuchungsergebnisse	Quelle	Jahr	Ort	Nr.
ICLP (International Customer Loyalty Programs)	Softwarebranche	Befragung von 300 Unternehmungen mit zwei bis 3.000 Entwicklern	Ermittlung des Stands der Qualitätssicherung	20% der Qualitäts-Manager nicht in Entwicklung involviert (Test am Ende); Zwar wird angeblich bei 76% der Befragten die Qualitätssicherung in den Vordergrund (vor Zeit- und Budgeteinhaltung) gestellt, allerdings erklären 57%, daß sie Software mit bekannten Bugs ausliefern; 47% der Befragten glauben, Software werde nicht ausreichend getestet, 33% glauben, daß in zwischen 20 und 30% der Fälle überhaupt nicht getestet werde; 89% der Programmierer empfinden das Testen ihrer Programme als langweilig, 89% halten den Projektleiter, 62% die Qualitätssicherung für verantwortlich in bezug auf das Testen	o. V. /Qualitätssicherung mangelhaft/	1995	Europa	57
4P Marketing GmbH	Softwarebranche	Fragebogenaktion bei 70 Softwareunternehmungen mit einem Umsatz von über 5 Millionen DM	Ermittlung des Stands der Kundenorientierung	Nur selten systematische Kundenbefragungen und Kundenzufriedenheitsmessung; Starke Technikorientierung; Geringe Marktkenntnis; Gemäß Selbsteinschätzung liegt die größte Schwachstelle des gegenwärtigen Marketings in den befragten Unternehmungen im Bereich des direkten Kundenkontaktes, daher werden Schulungsmaßnahmen für alle Mitarbeiterebenen als dringendste Aufgabe zur Absicherung der Marketingstrategien gesehen; Positiver Zusammenhang zwischen Return on Investment und Kundenzufriedenheit (Basis Selbsteinschätzung); 97% der Unternehmungen sehen Kundenorientierung als erfolgskritisch an	IT-Marketing /IT-Marketing '96/	1996	D	58

Durchführung	Branche	Untersuchungsdesign	Untersuchungsziel	Untersuchungsergebnisse	Quelle	Jahr	Ort	Nr.
MC-Team Management Consulting GmbH	Softwarebranche	Befragung von Managern innerbetrieblicher DV-Abteilungen in 30 Großunternehmungen	Ermittlung eines Stimmungsbilds innerbetrieblicher DV-Abteilungen	Stand: Synergiedenken, Abnahmezwang, Kostenverrechnung nach Aufwand oder Gemeinkostenumlage, starke Technikorientierung, geringe Kundenorientierung, Belastung mit Altsystemen; Zukunft: Outsourcing, v. a. Netze und Rechenzentrum; eigene Anwendungsentwicklung nur noch für strategisch wichtige Systeme, DV-Abteilungen als Dienstleister für Fachbereiche	o. V. /IT-Abteilungen/	1996	D	59
Ovum	Softwarebranche	Befragung von 350 Managern innerbetrieblicher DV-Abteilungen mit Gesamtbudget von 7 Millionen £	Ermittlung der Zukunftseinschätzung innerbetrieblicher DV-Abteilungen	37% der Manager sehen im Netzwerkbereich einen Kandidaten für das Outsourcing; 26% der Manager erwarten Return on Investment für DV-Ausgaben innerhalb von zwei Jahren; Wettbewerb wird sich nicht über Qualität oder Preis der Produkte, sondern über Kommunikation mit und Service für den Kunden entscheiden	Ring /IS Organisation/	1996	Europa	60
Universität zu Köln	Softwarebranche	Moderiertes Gruppeninterview mit acht Softwareentwicklern aus acht großen und kleinen Unternehmungen zur Erstellung eines Ursache-Wirkungs-Diagramms	Ermittlung der Probleme bei der kundenorientierten Softwareentwicklung in der Praxis; Analyse der Problemursachen	Die wichtigsten Probleme: Ermittlung von Kundenanforderungen, Messung von Kundenzufriedenheit, Umsetzung von Kundenanforderungen; Die wichtigsten Probleme bei Ermittlung der Kundenanforderungen: „schwammige“ Anforderungen, Bewertung von Anforderungen, Identifizierung des Kunden, Änderung von Anforderungen, Dokumentation von Anforderungen, Nicht-Akzeptanz von Anforderungen; Problemursachen für „schwammige“ Anforderungen liegen v. a. im methodischen und psychologischen Bereich	Eigene Untersuchung	1996	D	61

Durchführung	Branche	Untersuchungsdesign	Untersuchungsziel	Untersuchungsergebnisse	Quelle	Jahr	Ort	Nr.
University of Westminster	Softwarebranche	Befragung (Fragebogen und Interviews) von 123 Mitarbeitern der DV-Abteilungen von zwei Unternehmungen	Ermittlung der möglichen Diskrepanz zwischen Anspruch und Wirklichkeit der Softwareentwicklung in den Unternehmungen	Differenzen zwischen der Wahrnehmung der Manager und dem Arbeitsalltag; Unterschiedliche Einschätzung der Qualitätsziele bei Softwareentwicklungsprojekten zwischen Führungskräften und Mitarbeitern, Ausnahme: Benutzerzufriedenheit hat bei allen Gruppen erste Priorität; Qualitätsziele werden nicht immer auf operative Ziele heruntergebrochen; Inspektionen werden nur selten durchgeführt	Hall, Fenton /Software quality programmes/	1996	GB	62

4.2 Empirische Befunde zu den Gestaltungsdeterminanten der Produktentwicklung

4.2.1 Erfolgsfaktoren der Produktentwicklung

Durchführung	Branche	Untersuchungsdesign	Untersuchungsziel	Untersuchungsergebnisse	Quelle	Jahr	Ort	Nr.
McMaster University	Branchenübergreifend	Befragung von 122 Unternehmungen nach ihrer Neuproduktstrategie und Verdichtung auf 19 Dimensionen mit Hilfe der Faktorenanalyse, anschließende Clusteranalyse mit Bildung von fünf Gruppen; Untersuchung der Innovationserfolge anhand von neun Erfolgsmaßen	Ermittlung der Erfolgsfaktoren von Produktinnovationsstrategien	Erfolgreichste Innovationsstrategie „balanced strategy“ als Verbindung von Technologie-, Forschungs- und Entwicklungs-Orientierung mit einer ebenso ausgeprägten Marktnähe und Bedarfsausrichtung	Cooper /New Product Strategies/	1984	USA	63
Universität Stuttgart	Elektrotechnikbranche	Standardisierte Befragung (200 Fragen) von drei Großunternehmungen	Ermittlung der Ursachen für Budgetüberziehungen und Forschungs- & Entwicklungsmißerfolge	Wichtige Mißerfolgsmerkmale: strategisches Management, Planung, Organisation, Überwachung und Steuerung des Forschungs- & Entwicklungsbereichs und der einzelnen Forschungs- & Entwicklungsvorhaben	Schuster /Erfolgs- und Mißerfolgsfaktoren/	1985	D	64

Durch-führung	Branche	Untersuchungsdesign	Untersuchungsziel	Untersuchungsergebnisse	Quelle	Jahr	Ort	Nr.
Souder	Branchenübergreifend	Untersuchung von 289 Neuprodukt-entwicklungen; Einteilung der Entwicklungen in drei wirtschaftliche Erfolgsgrade; Einteilung der Harmonie-/Disharmoniebeziehungen an der Schnittstelle Marketing/Forschung & Entwicklung in drei Gruppen	Ermittlung des Einflusses von Harmonie-/Disharmonie-beziehungen an der Schnittstelle Marketing/Forschung & Entwicklung	Anteil der Projekte mit Harmonie 40,8%, mit leichter Disharmonie 20,5%, mit schwerer Disharmonie 38,7%; Erfolgsrate bei Harmonie 52%, bei leichter Disharmonie 32%, bei schwerer Disharmonie 11%; Mißerfolgsrate bei Harmonie 13%, bei leichter Disharmonie 23%, bei schwerer Disharmonie 68%	Souder /Managing Relations/	1988	USA	65
Marketing Science Institute	Branchenübergreifend	Analyse von 35 Produktentwicklungsprojekten bei neun Unternehmungen; Befragung der beteiligten Personen nach ihrer Erfolgseinschätzung gemäß neun Kriterien	Ermittlung der Eignung der kundenorientierten Produktentwicklungs-methode Quality Function Deployment (QFD)	QFD führt kurzfristig zu geringen, langfristig zu großen Verbesserungen gegenüber der bisherigen Vorgehensweise; Erfolgsursachen: strukturierter funktionsübergreifender Entscheidungsprozeß, Bildung von Gruppendynamik und Steigerung der Motivation, transparenter Informationsfluß von der Quelle bis zum Verwender; Mißerfolgsursachen: mangelnder Mangementsupport für QFD, falsche Einstellung zu QFD, mangelhafte Teamarbeit, geringe Bereichsübergreifung, Teamveränderungen, großes Ausmaß an geplanten Produktveränderungen	Griffin /Evaluating development processes/ und Griffin /Evaluating QFD´s Use/	1989	USA	66
Universität Regensburg	Investitionsgüterbranche (Maschinen- und Gerätebau, Elektrotechnik)	Fragebogenaktion bei 120 Unternehmungen bezüglich 74 erfolgreicher und 46 nicht erfolgreicher neuer Produkte; Überblick über 21 empirische Studien zur Neuprodukteinführung und zehn empirische Studien zum Erfolgseinfluß unterschiedlicher Innovationshöhen	Ermittlung der Erfolgsfaktoren für neue Produkte	Kein einheitliches Bild; Demand pull Innovationen tendenziell erfolgreicher als technology push Konzepte; Wichtig: Synergieeffekte im Markt- und Technikbereich, bisherige Erfahrungen, starkes Marketing, Managementunterstützung; Softwareproduktinnovationen vergleichbar mit anderen Produktinnovationen	Kotzbauer /Erfolgsfaktoren/ und dort angegebene Literatur	1991	D	67

Durchführung	Branche	Untersuchungsdesign	Untersuchungsziel	Untersuchungsergebnisse	Quelle	Jahr	Ort	Nr.
McMaster University Ontario	Branchenübergreifend	Schriftliche Befragung 86 britischer und 116 japanischer Unternehmungen	Ermittlung von Erfolgs- und Mißerfolgsfaktoren bei der Entwicklung neuer Produkte; Vergleich der Faktoren zwischen den beiden Ländern	Erfolgsfaktoren: Übereinstimmung mit Kundenanforderungen, qualitative, technische und Preis-/Leistungsverhältnis bezogene Überlegenheit gegenüber Konkurrenz; Mißerfolgsfaktoren: Verfehlen der Kundenbedürfnisse, zu hohe Produktkosten, verfehlte Vorfeldentwicklung, mangelnde Einzigartigkeit, schwache Vertriebsleistungen; Keine signifikanten Landesunterschiede	Edgett, Shipley, Giles /Factors to Success/	1992	GB Japan	68
Schmalenbach-Gesellschaft	Fertigungsbranche (Elektrotechnik/ Elektronik, Luft- und Raumfahrzeugbau, Kraftfahrzeugbau)	Fragebogenaktion bei Führungskräften (v. a. Geschäftsführer, Hauptabteilungsleiter, Abteilungsleiter), die zugleich überwiegend für das Qualitätswesen in Forschung und Entwicklung verantwortlich sind, von 37 Unternehmungen; Frage nach der Wirksamkeit von acht Qualitätsinstrumenten bezüglich zehn Kriterien auf einer fünfstufigen Skala	Überprüfung der Wirksamkeit der in Forschung und Entwicklung eingesetzten Instrumente zur Qualitätsgestaltung	Unternehmungen, die einen umfassenden Total Quality Management (TQM) Ansatz verfolgen, erzielen mit den Qualitätsinstrumenten größere Wirkungen als solche ohne TQM Konzept; Die kundenorientierte Produktentwicklungsmethode Quality Function Deployment (QFD) liegt als einzige bei allen Kriterien über dem Durchschnitt; QFD führt v. a. dazu, daß die Produkte genau den Leistungs- und Preisanforderungen der Kunden entsprechen	Specht, Schmelzer /Qualitätsmanagement in der Produktentwicklung/ und Specht, Schmelzer /Produktentwicklung/	1992	D	69
University of Texas at Arlington	Softwarebranche	Analyse von 25 Softwareentwicklungsprojekten bei fünf Unternehmungen (Digital Equipment, AT&T, Hewlett-Packard, Texas Instruments, IBM, CSK); Befragung der beteiligten Personen nach ihrer Einschätzung des Erfolgs gemäß zwölf Kriterien	Ermittlung der Eignung der kundenorientierten Produktentwicklungsmethode Quality Function Deployment (QFD) für Software	Softwareentwicklung mit QFD wird bezüglich aller zwölf Kriterien besser eingeschätzt als Softwareentwicklung mit bisher verwendeten Methoden; Erfolgsursachen: bessere Kommunikation innerhalb des Entwicklungsteams sowie zwischen Kunden und Entwicklern, bessere Erfüllung der Kundenerwartungen	Haag /field study/	1992	USA	70

Durchführung	Branche	Untersuchungsdesign	Untersuchungsziel	Untersuchungsergebnisse	Quelle	Jahr	Ort	Nr.
WHU Koblenz	Fertigungsbranche (Maschinenbau, Automobile, Medizintechnik, Computer, sonstige)	Schriftliche Befragung von 120 Unternehmungen	Ermittlung der Determinanten des Unternehmungserfolgs unter besonderer Berücksichtigung des Einsatzes analytischer Instrumente der Qualitätsgestaltung in der Produktentwicklung	Einsatz von Instrumenten wirkt sich positiv auf den Unternehmungserfolg aus; Weitere Determinanten des Unternehmungserfolgs: Mitarbeiter (Teamfähigkeit, Kommunikationsbereitschaft), Technologieintensität, Innovationsstrategie, Marktwachstum, geringe Wettbewerbsintensität; Erfolgsfaktoren des Einsatzes analytischer Instrumente: Einsatzintensität, frühzeitiger Einsatzzeitpunkt	Mierzwa /Produktentwicklungsprozesse/	1992	D	71
Universität München	Branchenübergreifend	Sekundäranalyse 29 empirischer Studien zur Untersuchung der Beziehungen zwischen Forschung & Entwicklung und Marketing	Ermittlung des Stands wissenschaftlicher Forschung zur Interaktion von Forschung & Entwicklung und Marketing im Produktentwicklungsprozeß	Positiver Zusammenhang zwischen Zusammenarbeit von Forschung & Entwicklung und Marketing und Innovationserfolg, Intensitätsbedarf variiert in Abhängigkeit vom Zeitablauf des Produktentwicklungsprozesses; Konfliktarten und Konfliktursachen: sachlich-intellektuelle Konflikte (Informations-, Ziel-, Organisations-, Verteilungskonflikte), sozio-emotionelle Konflikte (Persönlichkeitsunterschiede, „too-good-friends“), wertmäßig-kulturelle Konflike (Wertorientierungskonflikte, unterschiedliche Zeit- und Planungshorizonte); Schnittstellenmanagementvorschläge: strategisches Schnittstellenmanagement, Teamarbeit, Projektorganisation, Kommunikation, Erreichbarkeit, Interdisziplinarität; Abstimmungsdefizite: Konkurrenz-/Wettbewerbssituation, Kundenwünsche/-feedback, kommerzielle Ideenanwendung, Projektziele u. a.); Informationsverhaltensempfehlungen: offene Kommunikation, schriftliche Fixierung	Euringer /Marktorientierte Produktentwicklung/	1993	D B USA	72

Durchführung	Branche	Untersuchungsdesign	Untersuchungsziel	Untersuchungsergebnisse	Quelle	Jahr	Ort	Nr.
Universität München	Chemie-, Automobil-, Elektronik-, Elektrogeräte-, Informationstechnologie-/ Computer-, Konsumgüterbranche	Teilstandardisierte Interviews mit 55 Mitarbeitern und Führungskräften aus der Forschung & Entwicklung (20) und dem Marketing (35)	Analyse der Interaktion von Forschung & Entwicklung und Marketing im Produktentwicklungsprozeß; Ableitung von Erfolgsfaktoren marktorientierter Produktentwicklung	Analyseergebnisse: Interaktionsvariablen verändern sich im Verlauf des Produktentwicklungsprozesses; Erfolgsfaktoren: gezielte statt anarchische Interaktion, phasenspezifische Interaktionsgestaltung, ständiger Überblick über alle Projektvorgänge, straffe Projektdurchführungskontrolle, Strukturierung der Informationsflut, transparente formale Kommunikationskanäle, gelenkte Freiräume, informales Netzwerk von Kommunikationsbeziehungen	Euringer /Marktorientierte Produktentwicklung/	1994	D	73
Universität Osnabrück	Branchenübergreifend	Analyse der Forschungs- & Entwicklungsausgaben von 504 amerikanischen Industrieunternehmungen	Ermittlung der Determinanten von Forschungs- & Entwicklungsausgaben	Wichtige Determinanten für erhöhte Ausgaben: Branchen- bzw. Technologiezugehörigkeit (Technologieintensität), Konzentration- Wichtige Determinanten für sinkende Ausgaben: Wirtschafts- bzw. Unternehmungs- und Gewinnwachstum, Wettbewerbsintensität, Unternehmungsgröße	Keuter /Determinanten/	1994	USA	74
WHU Koblenz	Branchenübergreifend	Sekundäranalyse von 12 empirischen Studien zur Wirkung einer qualitätsorientierten Produktpolitik auf den Unternehmungserfolg	Ermittlung der Erfolgsfaktoren von Produktentwicklungen und von deren Beitrag zum ökonomischen Unternehmungserfolg	Erfolgsfaktoren: Produktqualität, markt- bzw. kundenorientierte Produktentwicklung	Mierzwa /Produktentwicklungsprozesse/	1994	D USA	75
IBM Unternehmensberatung GmbH und Universität Regensburg	Fertigungsbranche (Chemie, Elektronik/ Elektrotechnik, Fahrzeugbau, Maschinenbau u. a.)	Benchmarking: Interviews mit Topmanagern von 123 deutschen Industrieunternehmungen; Analyse der wirtschaftlichen Erfolgszahlen	Ermittlung der Erfolgsfaktoren für Forschung und Entwicklung in den Unternehmungen	Unternehmungen, die zur Weltspitze gehören, beziehen den Kunden in den Innovationsprozeß ein; In den 16% der Unternehmungen, die bezüglich Innovationen zur Weltspitze zählen, erfassen 50% die Kundenwünsche und orientieren sich hieran bei Forschung und Entwicklung; Quelle der meisten Ideen sind die Kunden, im Stammhaus entwickelte Ideen nehmen erst die zweite Stelle ein	Deutsch /Gute Kontakte/	1995	D	76

Durchführung	Branche	Untersuchungsdesign	Untersuchungsziel	Untersuchungsergebnisse	Quelle	Jahr	Ort	Nr.
McMaster University	Chemie-, Telekommunikations-, Maschinenbau-, Elektronik-, Lebensmittel-, Automobilbranche	Benchmarking von 135 Unternehmungen bezüglich ihrer Neuproduktentwicklungen auf der Basis von zehn Metriken der Produktprogrammprofitabilität und des Produktprogrammmarkterfolgs	Ermittlung der Ursachen für den Erfolg von Neuproduktentwicklungen	Erfolgsfaktoren: Qualitativ hochwertiger Produktentwicklungsprozeß; Klare, gut kommunizierte Produktstrategie der Unternehmung; Adäquate Ressourcen für den Produktentwicklungsprozeß; Top Management Commitment für die neuen Produkte; Unternehmerisches Klima für Innovationen; Verantwortungsübernahme durch das Top Management; Strategischer Fokus und Synergien; Qualitativ hochwertige Entwicklungsteams; Bereichsübergreifende Teams	Cooper, Kleinschmidt /New Product Development/	1995	Europa Kanada USA	77
University of Hong Kong	Fertigungs- und Dienstleistungsbranche	Vorbereitende Interviews und schriftliche Befragung bei 275 Unternehmungen; Ermittlung des Produkterfolgs anhand der Kriterien Markt- und Projekterfolg; Ermittlung der Marktorientierung anhand der Kriterien Sammlung/Verwendung von Marktinformationen sowie Entwicklung und Implementierung einer marktorientierten Strategie	Ermittlung des Einflusses der Marktorientierung auf den Erfolg neuer Produkte; Bedeutung des Neuheitsgrads der Produkte in diesem Zusammenhang	Marktorientierung besitzt einen großen Einfluß auf den Erfolg neuer Produkte; Der Einfluß der Marktorientierung variiert in Abhängigkeit vom Neuheitsgrad des Produkts: wenn das Produkt sowohl neu für den Kunden als auch neu für die Unternehmung ist, steigt die Bedeutung der Marktorientierung	Atuahene-Gima, /New Product Performance/	1995	Australien	78

Durch-führung	Branche	Untersuchungsdesign	Untersuchungsziel	Untersuchungsergebnisse	Quelle	Jahr	Ort	Nr.
Michigan State University	Bran-chenüber-greifend	Vorbereitende Interviews und schriftliche Befragung der Projektmanager von 788 Neuprodukteinführungen in 404 Unternehmungen	Ermittlung der Ursachen für erfolgreiche Neuprodukteinführungen	Wichtigste Erfolgsfaktoren: Produktüberlegenheit, Projektplanung, Ausnutzung von Marketingsynergien und von technischen Synergien, Steuerung über kontrollierbare Variablen; Andere Erfolgsfaktoren: Markt: Marktpotential, Konkurrenzfähigkeit; Entwicklungsprozeß: Kenntnisse über Markt und Technik sowie technisches Verständnis, Top Management Unterstützung, Leistungsfähigkeit der Produktplanung, Konzeptentwicklung und Konzept-evaluierung, Leistungsfähigkeit der Marktforschung, des Markttests und der Markteinführung, technische Leistungsfähigkeit	Song, Parry /Japanese New Product Winners/	1996	Japan	79

4.2.2 Probleme der Praxis bei der Produktentwicklung

Durch-führung	Branche	Untersuchungsdesign	Untersuchungsziel	Untersuchungsergebnisse	Quelle	Jahr	Ort	Nr.
Boston Consulting Group, manager magazin, Universität Kiel	Bran-chenüber-greifend (Schwerpunkt Maschinenbau-, Chemie- und Elektro-branche)	Schriftliche Befragung der Unternehmungs- bzw. Forschungs- und Entwicklungsleiter aus 269 Industrieunternehmungen; Wiederholung der Befragung bei Basis-Mitarbeitern in Forschung und Entwicklung aus ca. 50 Unternehmungen (159 Antworten); Effizienzindikatoren: verschwendeter Budgetanteil, Produktivitätseinbußen, technologische Aufholjagd, Beitrag zum Produkterfolg	Ermittlung der Stärken und Schwächen industrieller Forschung und Entwicklung	Unzufriedenheit bei Management und Mitarbeitern bezüglich der Effizienz der Forschung und Entwicklung; Schwächen: verspäteter Start von Entwicklungsarbeiten, zu lange Plan-Entwicklungsdauer, Überschreitung der Entwicklungsdauer, Budgetüberschreitungen, mangelnde Abstimmung und Kommunikation mit anderen Bereichen, Hang zur Überperfektionierung, organisatorische kommunikationsbeschränkende und demotivierende Mängel; Stärken: hohe Intensität der Forschung und Entwicklung, hoch motivierte Mitarbeiter, Internationalisierung	Brockhoff /Stärken und Schwächen/	1989	D	80

Durchführung	Branche	Untersuchungsdesign	Untersuchungsziel	Untersuchungsergebnisse	Quelle	Jahr	Ort	Nr.
Fraunhofer-Institut für Arbeitswirtschaft und Organisation	Maschinenbau-, Anlagenbau-, Elektrotechnik-, Computer-, Fahrzeug-, KFZ-Zuliefererbranche	Schriftliche Befragung von 149 Unternehmungen mit mehr als 1.000 Mitarbeitern	Ermittlung des Stands der Praxis bezüglich industrieller Forschung & Entwicklung	Verkürzung der Produktlebenszeiten bei gleichzeitiger Zunahme der Pay-off-Periode; 33,7% des Entwicklungsaufwands wird als vermeidbarer Änderungsaufwand eingeschätzt, bei Unternehmungen mit hoher Simultaneous Engineering Ausprägung nur 29%; Erfolgsfaktoren zur Verkürzung der Entwicklungszeit: frühzeitige Einbindung aller Bereiche, effektives Projektmanagement, intensive Produktplanung, Pragmatismus statt Perfektionsmus, Werkzeugeinsatz Erfolgsfaktoren für den Erfolg von Produkten: Neuheitsgrad (Elektrotechnik/ Computerbau), genaue Marktkenntnis, hohe Mitarbeitermotivation, richtige Bewertung neuer Technologien, effektives Projektmanagement, kurze Entwicklungszeiten	Bullinger /IAO-Studie/	1990	D	81
University of Texas und Marketing Science Institute (MIS)	Branchenübergreifend	Schriftliche Befragung von 78 Geschäftsbereichsverantwortlichen aus 69 Unternehmungen	Bedeutung von Instrumenten („new product models") bei der Neuentwicklung von Produkten	Neue Produkte tragen zum Unternehmungserfolg bei; Bewertung des Produkterfolgs aus kurzfristiger Perspektive; Instrumenteneinsatz erfolgt nicht durchgängig in allen Phasen der Produktentwicklung; Motive für Instrumenteneinsatz: Erhöhung Erfolgsrate neuer Produkte und Lösung bestehender Probleme; Motive gegen Instrumenteneinsatz: Mangelnde Eignung für Prognosen, lange Implementierungszeit, unzureichende Eignung für komplexe Aufgaben	Mahajan, Wind /New Product Models/	1992	USA	82

5 Thesen zur Gestaltung eines Instrumentariums zur kundenorientierten Softwareproduktentwicklung

In diesem Kapitel erfolgt die Erarbeitung von Empfehlungen zur Gestaltung eines Instrumentariums zur kundenorientierten Softwareproduktentwicklung. Die Gestaltungsempfehlungen werden hierbei in Form von Thesen formuliert, um zu verdeutlichen, auf welchen Prämissen das in Kapitel 6 vorgeschlagene Instrumentarium beruht.

5.1 Auswahl und Begründung von kundenorientierten Gestaltungszielen

In Kapitel 3.1 wurden mögliche Ziele der Produktentwicklung beschrieben und dargelegt, wie sich die Wahl der Strategie Kundenorientierung auf die anzustrebenden Zielgrößen auswirkt. Die Verfolgung der mit der Kundenorientierung angestrebten Ziele stellt jedoch nur dann eine sinnvolle Empfehlung dar, wenn diese Ziele positiv zur Erreichung des Gesamtziels der Unternehmung beitragen. Zur Begründung der Ziele werden daher in diesem Kapitel empirische Befunde zum Einfluß der sich aus der Kundenorientierung ergebenden Gestaltungsziele der Produktentwicklung auf den Erfolg untersucht.

Unterstellt man das Ziel Gewinnmaximierung, ist die kundenorientierte Ausrichtung der Produktentwicklung positiv zu beurteilen, wenn sie das Geschäftsergebnis positiv beeinflußt. In Kapitel 5.1.1.1 wird daher zunächst für erwerbswirtschaftliche Softwareunternehmungen der Beitrag der Kundenorientierung zum wirtschaftlichen Erfolg untersucht. Erfolgt keine automatische „Vererbung" der Strategie Kundenorientierung auf die innerbetrieblichen DV-Bereiche oder werden DV-Bereiche öffentlicher Verwaltungen bzw. gemeinnütziger Einrichtungen[1] betrachtet, so stellt die Größe Gewinn kein geeignetes Erfolgsmaß dar. Die Auswirkungen der Kundenorientierung auf den Erfolg von Softwareproduktentwicklungsprojekten wird daher in einem separaten Kapitel 5.1.1.2 behandelt.

---

1 So hat sich beispielsweise auch die Bundesanstalt für Arbeit Kundenorientierung zum Ziel gesetzt. Vgl. Kellinghaus /Kundenorientierte Organisation/ 1-4

5.1.1 Bedeutung kundenorientierter Subziele für die Gesamtziele

5.1.1.1 Bedeutung kundenorientierter Subziele für den Unternehmungserfolg

5.1.1.1.1 Bedeutung relativer Qualität

Als wichtigste Bestimmungsgrößen für den Erreichungsgrad des Ziels relative Qualität bei der Strategie Kundenorientierung bieten sich Kundenzufriedenheit und Kundenbindung an.[2]

Wie die Untersuchungen des Marketing Science Instituts gezeigt haben (Studie Nr. 31), ist *Kundenzufriedenheit* das Ergebnis eines Informationsverarbeitungsprozesses des Kunden, bei dem die Erwartungen an eine Leistung mit der wahrgenommenen, d. h. erlebten, Leistung verglichen werden.[3] Die Erwartungen des Kunden werden hierbei geprägt durch seine individuellen Bedürfnisse, aus denen sich z. B. seine Kriterien zur Bewertung der Leistungsqualität ergeben.[4] Ferner beeinflussen mündliche Empfehlungen und selbst gemachte Erfahrungen die Erwartungen des Kunden an die Leistung. Schließlich prägt der über Produktinformationen, Werbung, Verkaufsgespräche und ggf. durch Prüfung des Produkts oder der Prototypen erworbene Kenntnisstand des Kunden ebenfalls das Bild über die vermutete Leistung.[5] Beim Kauf des Produkts bzw. bei der Verrichtung der Dienstleistung erlebt der Kunde die erworbene Leistung. Die Kundenzufriedenheit drückt aus, ob und in welchem Umfang die vom Kunden wahrgenommene Leistung mit der von ihm erwarteten Leistung übereinstimmt. Werden die Erwartungen durch die wahrgenommene Leistung erfüllt, entsteht Kundenzufriedenheit, wenn nicht, ist Kundenunzufriedenheit die Folge.[6] Das Kundenurteil bezieht sich nicht nur auf eine einzelne Leistung, sondern entsteht ggf. im Vergleich mit Konkurrenzprodukten (Studien Nr. 1, 68 und 79).

Die Folgen der Kundenzufriedenheit bzw. Kundenunzufriedenheit sind vielfältig.[7] Zunächst wird selbstverständlich die persönliche Erfahrung des Kunden geprägt, die bei der

---

2 Kundenzufriedenheit stellt auch ein ideales Ziel für innerbetriebliche, nicht in Form von Profit-Centern organisierte DV-Bereiche dar. Kundenbindung kann hier nur so interpretiert werden, daß die Fachbereiche auch im Fall marktlicher Alternativen ihre Software lieber durch den DV-Bereich beziehen. Siehe zum Konzept des Profit-Centers z. B. Frese /Profit Center/ 942-951

3 Vgl. auch Scharnbacher, Kiefer /Kundenzufriedenheit/ 10-11

4 Vgl. im folgenden Zeithaml, Parasuraman, Berry /Qualitätsservice/ 28-38

5 Studie Nr. 36 unterscheidet in Abhängigkeit von der Art der Leistung drei Grundformen des Kaufprozesses: Suche (rationale Informationsbeschaffung, Beurteilung vor dem Kauf möglich), Erfahrung (Beurteilung nach dem Kauf möglich durch Gebrauch oder Verbrauch), Vertrauen (Beurteilung weder vor noch nach dem Kauf möglich); i. d. R. herrschen alle drei Dimensionen beim Kauf vor.

6 Ähnliche Definitionen der Kundenzufriedenheit finden sich z. B. bei Hierholzer /Kundenorientierung/ 40 und Kotler, Bliemel /Marketing-Management/ 54

7 Griffin hat den positiven Zusammenhang zwischen Kundenzufriedenheit als Zielgröße und wirtschaftlichem Unternehmungserfolg in Studie Nr. 13 für Fertigungsunternehmungen und Betriebsmittelproduzenten aufgezeigt. Das deutsche Kundenbarometer versucht, ähnliche Zusammenhänge nachzuweisen (Studie Nr. 55). Die Vielzahl der

nächsten Kaufentscheidung die Wahl des Anbieters beeinflußt. Der Kunde gibt seine Erfahrungen aber darüber hinaus an Personen seines Umfeldes, d. h. potentielle andere Kunden, weiter, so daß ein Multiplikatoreffekt entsteht. Wie die Langzeitstudie des TARP ergeben hat (Studie Nr. 16), werden negative Erfahrungen an durchschnittlich 13 Personen, positive Erfahrungen im Mittel an drei Personen weitergegeben. Aus der Dienstleistungsbranche sind folgende Zahlen bekannt: So geben in Studie Nr. 32 insgesamt 38% der 1.300 befragten Kunden von Dienstleistungsunternehmungen an, daß sie Erfahrungen mit gutem Service weitergeben; 75% hingegen geben Erfahrungen mit schlechtem Service weiter, und zwar an zehn bis 20 andere Personen. Die eigenen und mitgeteilten Erfahrungen prägen demzufolge die Erwartungen der Kunden beim nächsten Kauf und tragen zu einem positiven bzw. negativen Image der Unternehmung bei. Das Image des Anbieters bzw. seiner Leistungen ist wiederum ein wichtiges Kaufkritierium (Studien Nr. 2 und 20). Das bisherige (ex post) und das zukünftige (ex ante) Kauf- und Weiterempfehlungsverhalten sind Ausdruck für die Bindung eines Kunden an einen Anbieter oder an dessen Leistung.[8] Eine hohe *Kundenbindung*[9], auch Kundenloyalität genannt, entsteht folglich aus hoher Kundenzufriedenheit (Studien Nr. 7, 11, 16, 17), wobei der Zusammenhang nicht linear ist. Übertroffene Erwartungen bringen einen überproportionalen Zuwachs an Kundenloyalität (Studie Nr. 7). Eine umfassende Untersuchung der Harvard Business School hat ergeben, daß nur sehr zufriedene Kunden (d. h. Kunden mit einem Kundenzufriedenheitsindex von vier oder fünf bei einem Maximalwert von fünf) weiterhin bei derselben Unternehmung kaufen, wenn sich Marktbedingungen (Wettbewerb, Technologie etc.) ändern (Studie Nr. 11). Kundenbindung ist u. a. deshalb ein so wichtiges Subziel, weil es gemäß Schätzungen von Marketingexperten sechsmal teurer ist, einen neuen Kunden zu gewinnen als einen alten Kunden zu halten.[10] Diese These trifft insbesondere auf Individualsoftwareanbieter zu, da bei diesen die Kundenakquisition, z. B. infolge der aufwendigen Angebotserstellung und der schwierigen Vermittlung der Potentialqualität[11], einen bedeutsamen Aufwand verursacht.[12] Loyale Kunden fragen außerdem häufig auch andere Leistungen des Anbieters nach (Studie Nr. 55), was auch als Cross-Selling bzw. Cross-Buying Effekt bezeichnet wird. Eine Langzeitstudie von McKinsey bei Gebrauchsgüterherstellern und -händlern

---

intervenierenden und teilweise nur schwer zu operationalisierenden Variablen verdeutlicht jedoch die methodische Komplexität eines empirischen Nachweises der Wirkungszuammenhänge. Vgl. Meffert, Bruhn /Dienstleistungsmarketing/ 146 und Neuberger /Kundschaft/ 7. Siehe hierzu auch explizit Studie Nr. 4

8 Vgl. Meyer, Oevermann /Kundenbindung/ 1341

9 Siehe zur ausführlichen begrifflichen Abgrenzung und zu verschiedenen Möglichkeiten der Operationalisierung der Kundenbindung Diller /Kundenbindung/

10 Vgl. Schnitzler /Kunde als König/ 92-93

11 Siehe zur Erläuterung des Begriffs Potentialqualität die Ausführungen in Kapitel 5.1.1.1.2 dieser Arbeit

12 Für Investitionsgüter besagen Untersuchungsergebnisse, daß die Kosten für die Angebotserstellung zwischen einem und fünf Prozent des Auftragswertes liegen und die einem Auftrag infolge erfolgloser Angebotserstellungen zuzurechnenden Gemeinkosten ca. vier bis zwölf Prozent des Auftragswertes ausmachen. Vgl. Frese, Hüsch /Kundenorientierte Angebotsabwicklung/ 178 und die dort angeführte Literatur

kommt zu dem Ergebnis, daß ein positiver Zusammenhang zwischen Kundenloyalität und Herstellergewinn[13] sowie zwischen Kundenloyalität und Händlergewinn[14] besteht (Studie Nr. 7). Untersuchungen in der Bankbranche zeigen, daß eine Erhöhung der Kundenbindung um zehn Prozentpunkte zu einer Erhöhung des Deckungsbeitrags um 7,7 Prozentpunkte führt und daß ein Kunde mit geringer Kundenbindung 71% weniger Deckungsbeitrag liefert als ein Kunde mit hoher Kundenbindung.[15] Loyale Kunden besitzen eine geringere Preiselastizität der Nachfrage, eine höhere Kaufhäufigkeit, ein ausgeprägteres Weiterempfehlungsverhalten und verursachen geringere Kosten der Geschäftsbeziehung, so daß sie über einen längeren Zeitraum einen Gewinnzuwachs induzieren.[16] In der Literatur finden sich Berichte, nach denen in bestimmten Märkten 70% des Umsatzes auf Wiederkäufe entfallen[17] und eine fünfprozentige Steigerung der Wiederkaufsrate in der Softwarebranche eine mindestens 35%ige Gewinnerhöhung zur Folge hat.[18]

Abb. 5-1 gibt die Entstehung von Kundenzufriedenheit und Kundenbindung sowie deren Konsequenzen in grafischer Form wieder.

Eine besondere Form der Kunden(un)zufriedenheit ist die *Beschwerde(un)zufriedenheit.* Beschwerden sind Artikulationen von Unzufriedenheit gegenüber dem Leistungsgeber bzw. den Distributoren, mit denen auf ein subjektiv als schädigend wahrgenommenes Verhalten des Anbieters aufmerksam gemacht wird, mit dem Ziel, Wiedergutmachung für erlittene Beeinträchtigungen zu erreichen und/oder eine Änderung des kritisierten Verhaltens zu erwirken.[19] Die Beschwerdezufriedenheit drückt demzufolge den Grad der Übereinstimmung zwischen der Erwartung des Kunden an die Wirkung der Beschwerde und der vom Kunden wahrgenommenen Reaktion des Anbieters auf die Beschwerde aus. Zwar beschwert sich nur ein geringer Prozentsatz unzufriedener Kunden (die Zahlen variieren von 5% in Studie Nr. 16 bis 50% in Studie Nr. 28 und sind u. a. von der Branche bzw. vom Wert der Leistung abhängig), allerdings weisen Kunden mit einer höheren Beschwerdezufriedenheit auch eine höhere Kundenzufriedenheit auf (Studie Nr. 28).

---

13 Zehn Prozentpunkte Zufriedenheitszuwachs bringen einen Gewinnzuwachs von mehreren Millionen Dollar.

14 Händler mit zufriedenen Kunden haben höhere Marktanteile, einen höheren Stückgewinn, eine bessere Gesamtkapitalrentabilität sowie eine bessere Investitionsrendite.

15 Vgl. Neuberger /Kundschaft/ 13

16 Vgl. z. B. Homburg, Rudolph /Kunden/ 43, Müller /Angewandte Kundenzufriedenheitsforschung/ 149 und Koppelmann /Produkte/ 3310

17 Vgl. Griffin u. a. /Kundenzufriedenheit/ 65. Studie Nr. 55 zitiert eine empirische Untersuchung von Reichheld und Sasser bezüglich der Entwicklung des Gewinnpotentials von 100 Unternehmungen aus 24 Branchen differenziert nach Grundgewinn, Gewinn aus erhöhter Kauffrequenz, Gewinn aufgrund geringerer Verwaltungs- und Vertriebskosten, Gewinn aufgrund von Weiterempfehlungen und Gewinn aus Preisaufschlägen. Hierbei führt eine fünfprozentige Erhöhung der Kundenbindung sogar je nach Branche zu einer Gewinnerhöhung von 125%.

18 Vgl. Bednarczuk, Friedrich /Kundenorientierung/ 91

19 Vgl. Stauss /Beschwerdemanagement/ 226-227

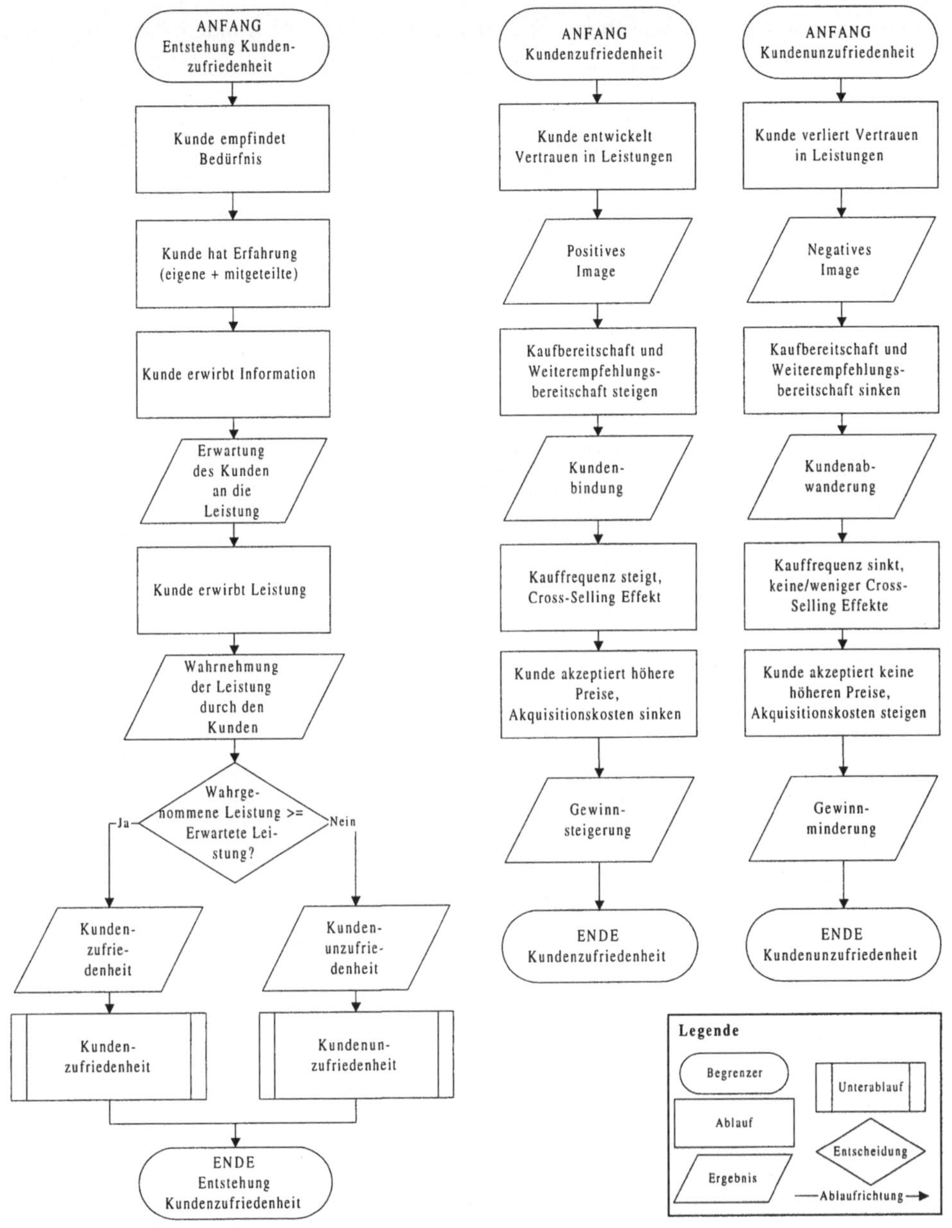

Abb. 5-1: Entstehung und Folgen von Kundenzufriedenheit

Praxisberichte schildern Erfahrungen, nach denen z. B. 82% der Kunden, deren Reklamation zufriedenstellend gelöst wird, wieder bei der gleichen Unternehmung kaufen würden.[20] Die Langzeitstudie Nr. 16 von TARP belegt Renditen für Investitionen in die zufriedenstellende Handhabung von Beschwerden zwischen 100% und 170%. Die Notwendigkeit der Beschwerdebearbeitung impliziert jedoch unter Umständen einen Mangel der Leistungsqualität, so daß neben der Behebung der Symptome (d. h. eine den Kunden zufriedenstellende Bearbeitung der Beschwerde) auch stets die Ursachen für die Reklamation untersucht und behoben werden sollten.[21]

Abb. 5-2 gibt die Entstehung von Beschwerdezufriedenheit sowie deren Konsequenzen in grafischer Form wieder.[22]

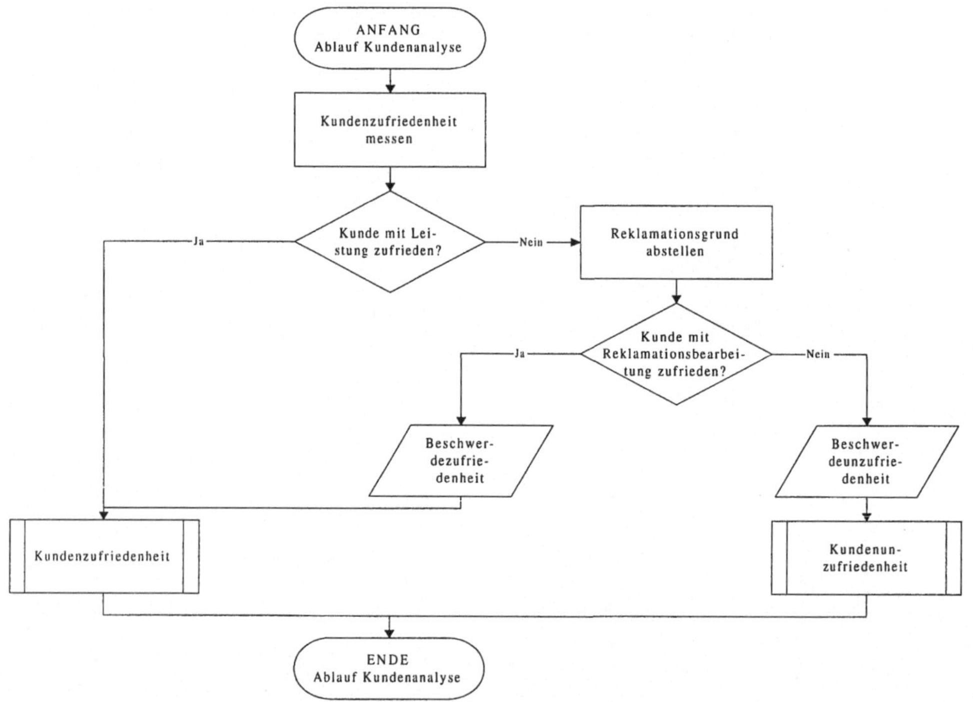

Abb. 5-2: Entstehung und Folgen von Beschwerdezufriedenheit

Als Konsequenz für die Gestaltung von Instrumenten zur kundenorientierten Produktentwicklung ergibt sich folgende These:[23]

---

20 Vgl. Bednarczuk, Friedrich /Kundenorientierung/ 90

21 Vgl. Bednarczuk, Friedrich /Kundenorientierung/ 96

22 Siehe zur Bedeutung der Symbole die Legende in Abb. 5-1

23 Die nachfolgenden Thesen werden zwecks eindeutiger Identifizierung mit einem Buchstaben und einer fortlaufenden Nummer versehen. Der Buchstabe Z kennzeichnet hierbei Thesen, die sich auf die Begründung von (Ge-

These Z1:	Die nachhaltige Zufriedenheit von Kunden mit der entwickelten Leistung (absolut und ggf. relativ im Vergleich zur Konkurrenz) stellt eine bedeutende Zielgröße kundenorientierter Produktentwicklung und infolgedessen ein wichtiges Effizienzkriterium zur Beurteilung entsprechender Instrumente dar.

5.1.1.1.2 Bedeutung technischer Qualität

Eine hohe Produktqualität[24] wirkt sich nach den Ergebnissen der Studien Nr. 1, 2, 3 und 6 positiv auf den Unternehmungserfolg aus. Insbesondere die PIMS-Datenbank (Studie Nr. 1) belegt eine signifikante Korrelation zwischen der Produktqualität und dem Return on Investment.

Die Erklärung dieses Zusammenhangs kann aus zwei unterschiedlichen Perspektiven vorgenommen werden:

- Zum einen stellt die Produktqualität beispielsweise in Form von Zuverlässigkeit laut Ergebnissen der Studien Nr. 18, 20 und 21 das wichtigste Kaufkriterium für Software dar und rangiert in ihrer Wichtigkeit z. B. weit vor dem Preis. Dies hat unmittelbare Folgen für den erzielten Umsatz.
- Zum anderen resultiert aus einer zufriedenstellenden technischen Produktqualität im Sinne von Fehlerfreiheit eine Abnahme der Fehlleistungskosten verursacht durch Nacharbeit, Gewährleistung oder sonstige Formen der Verschwendung im Entwicklungs- und Produktionsprozeß (Studie Nr. 3).

Als Konsequenz für die Gestaltung von Instrumenten zur kundenorientierten Produktentwicklung ergibt sich daher folgende These:

These Z2:	Die hohe technische Qualität eines Produkts stellt eine bedeutende Zielgröße kundenorientierter Produktentwicklung und infolgedessen ein wichtiges Effizienzkriterium zur Beurteilung entsprechender Instrumente dar.

Voraussetzung für eine den Kunden zufriedenstellende Produktqualität ist nach Auffassung internationaler Normungsgremien eine hohe Qualität des Leistungserstellungsprozesses.[25] Unternehmungen, die mit Hilfe von Qualitätsmanagementsystemen oder Prozeßmanagementmodellen (z. B. ISO 9000 und CMM) ihre Prozeßqualität verbessern, erzielen gemäß den Ergebnissen der Studien Nr. 42, 43 bedeutsame Verbesserungen der Softwareentwicklung.

---

staltungs-)Zielen beziehen; der Buchstabe P charakterisiert Thesen, die eine Wirkung von (Gestaltungs-)Parametern postulieren.

24 Aus den Studien geht nicht immer eindeutig hervor, ob der technische oder der relative Aspekt der Qualität gemessen wird.

25 Vgl. DIN, EN, ISO /ISO 9000-1: 1994/

Während die Evaluierung der Qualität von Standardsoftware durch den Kunden vor dem Kauf möglich ist, wird die Beurteilung der Qualität von Individualsoftware für den Kunden durch die Tatsache erschwert, daß der Absatz vor der Erstellung der Leistung erfolgt. Der Kunde kann die Qualität der Leistung des Anbieters demzufolge erst während oder nach dem Erstellungsprozeß beurteilen.[26] Die Prozeßqualität stellt infolgedessen ein eigenständiges Bewertungsmerkmal für die Lieferantenauswahl dar. Analog zur Dienstleistungsproduktion kann daher zwischen Potential-, Verrichtungs- und Ergebnisqualität differenziert werden, wobei diese nicht voneinander unabhängig sind.[27] Entsprechend der Mehrstufigkeit des Dienstleistungsprozesses stellt die Potentialqualität auf die Vorkombination, d. h. auf das Leistungspotential des Anbieters, ab. Hierbei spielen personenbezogene Merkmale des Anbieters (Kompetenz, Flexibilität, Einfühlungsvermögen, Kommunikationsfähigkeit etc.), sachbezogene Merkmale (Hard- und Softwareausstattung, Räumlichkeiten etc.) und organisatorische Merkmale (z. B. verwendetes Vorgehensmodell) eine Rolle. Mit Hilfe der Verrichtungsqualität kann der Endkombinationsprozeß der Dienstleistungsproduktion beurteilt werden. Hierbei führt der externe Faktor dazu, daß der Anbieter infolge der aktiven Mitarbeit des Kunden die Qualität nicht mehr autonom steuern kann. Besitzen die vom Kunden zur Verfügung gestellten Mitarbeiter z. B. nicht die erforderliche Fachkompetenz, wirkt sich dies zwangsläufig negativ auf die entwickelte Software aus. Auf der anderen Seite ermöglicht die Präsenz dem Kunden, die Qualität in seinem Sinne zu beeinflussen. Bei der Softwareproduktion als Dienstleistung treten demzufolge neben den interpersonellen (Leistungsvarianzen einer Person oder zwischen Personen) auch intraindividuelle Leistungsschwankungen (Leistungsvarianzen aufgrund unterschiedlicher Qualität des externen Faktors) auf. Die Beurteilung der Ergebnisqualität entspricht im wesentlichen der Beurteilung der Produktqualität bei Standardsoftware.[28] Sie ergibt sich aus der vergleichenden Gegenüberstellung von erwarteter und wahrgenommener Qualität.

Als Subziel für eine hohe Prozeßqualität empfehlen die Studien Nr. 2, 6, 8, 10 und 13 beispielsweise eine Unternehmungskultur, die allen Aspekten der Qualität Rechnung trägt, sowie intensiv kommunizierende, bereichsübergreifend zusammenarbeitende Mitarbeiter mit entsprechenden Einstellungen, Fähigkeiten und Verhaltensweisen.

---

26 Siehe zur (spieltheoretischen) Erfassung der Dienstleistungsqualität Bruhn /Erfassung der Dienstleistungsqualität/ 310-322

27 Vgl. zur Beurteilung der Dienstleistungsproduktion im folgenden Corsten /Dienstleistungsproduktion/ 771-772

28 Siehe hierzu die Ausführungen in Kapitel 3.1.3 dieser Arbeit

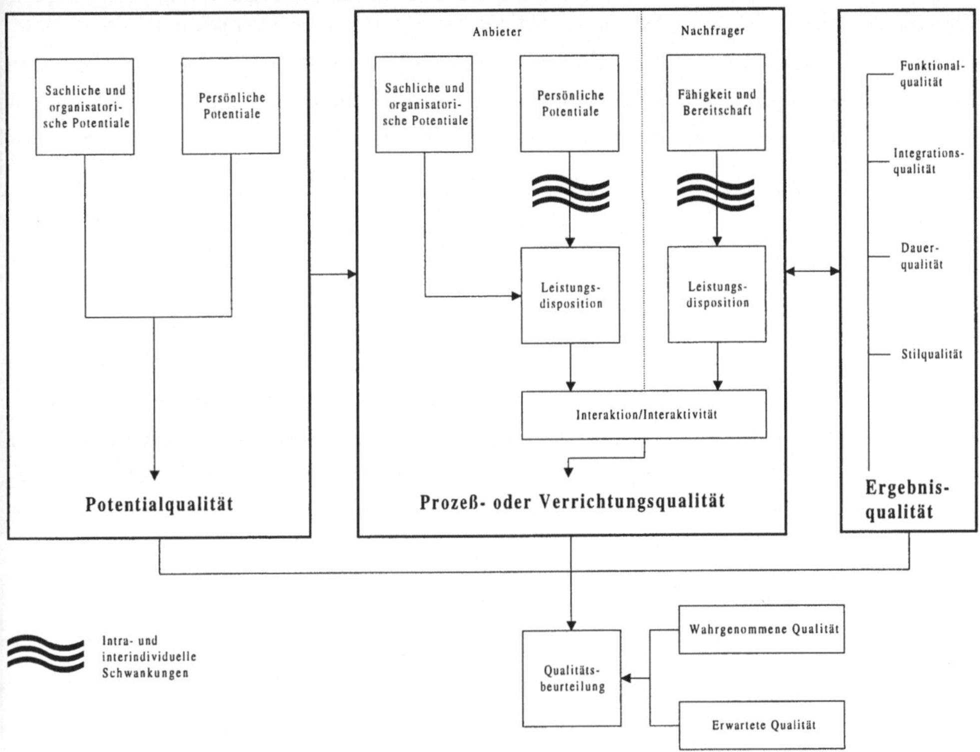

Abb. 5-3: Modell der Dienstleistungsqualität[29]

Eine hohe Prozeßqualität führt zu einer Fokussierung auf das Wesentliche und zu verbesserten Zwischenergebnissen, was die Wiederverwendung von Planungsergebnissen und somit eine beschleunigte Produktplanung ermöglicht. Starke Fokussierung und gute (Zwischen-)Ergebnisse führen letztlich zu weniger Verschwendung (z. B. Entwicklung nicht benötigter Merkmale der Software) und Nacharbeit (z. B. Fehlerbehebung), so daß durch eine hohe Prozeßqualität neben einer positiven Beeinflussung von Qualitätszielen auch eine positive Wirkung auf Zeit- und Kostenziele zu erwarten ist (Studie Nr. 3 und softwarespezifisch Studien Nr. 42 und 43). Infolge des Projektcharakters von Softwareproduktentwicklungen kann für die in dieser Arbeit untersuchten Instrumente die Prozeßqualität synonym zur Projektqualität interpretiert werden.

29 Corsten /Dienstleistungsproduktion/ 774

These Z3: Eine hohe, zur Erreichung technischer und relativer Produktqualität geeignete, durch entsprechende Wertsysteme und Mitarbeiter gestaltete Prozeßqualität in den Projekten (Projektqualität) stellt eine bedeutende Zielgröße kundenorientierter Produktentwicklung und infolgedessen ein wichtiges Effizienzkriterium zur Beurteilung entsprechender Instrumente dar.

5.1.1.1.3 Bedeutung individueller Kundenbedürfnisbefriedigung

Individuelle Kundenbedürfnisbefriedigung ist nicht gleichbedeutend mit Kundenproduktion, sondern bedeutet die Ausrichtung an mitunter heterogenen Kundenbedürfnissen, z. B. durch zusätzliche Leistungserweiterungen oder Serviceangebote, statt der undifferenzierten Entwicklung für eine breite Masse. Dieses Ziel kann auch als Kundennähe bezeichnet werden und beinhaltet z. B. eine Präferierung von kundennutzenorientierten Zielen gegenüber fehlerorientierten Zielen oder dem Streben, dem aktuellen Stand der Technik zu entsprechen. Die Studien Nr. 2, 3, 6, 10, 15, 19 und 20 kommen zu dem Ergebnis, daß Service und Kundennutzenorientierung zum wirtschaftlichen Unternehmungserfolg beitragen.

These Z4: Die Ausrichtung auf die heterogenen Bedürfnisse der Kunden stellt eine bedeutende Zielgröße kundenorientierter Produktentwicklung und infolgedessen ein wichtiges Effizienzkriterium zur Beurteilung entsprechender Instrumente dar.

5.1.1.2 Bedeutung kundenorientierter Subziele für den Erfolg von Softwareentwicklungsprojekten

Die Meßproblematik bezüglich des Projekterfolgs stellt sich bei innerbetrieblichen Entwicklungen oder nicht-erwerbswirtschaftlich ausgerichteten DV-Bereichen besonders schwierig dar, da die Zielgröße Gewinn ohne Relevanz ist. Der Erfolg kann aus zwei unterschiedlichen Perspektiven betrachtet werden. Aus der Sicht der Entwickler bedeutet Erfolg i. d. R., ein Projekt zum vereinbarten Termin mit den geplanten Ressourcen entsprechend den Anforderungen abzuschließen.[30] Für den Kunden stellt sich der Erfolg der Software ein, wenn sich die Unterstützung der betrieblichen Aufgabe quantitativ oder qualitativ verbessert hat und dieser Nutzen größer ist als der investierte Aufwand.[31] Folglich kommen auch die Studien Nr. 25, 26 und 27 zu dem Schluß, daß qualitätsorientierte Ziele den Gesamterfolg eines Softwareentwicklungsprojekts fördern. Aus diesem Grund stellt die Kunden- bzw. Benutzerzufriedenheit auch zur Erfolgsbeurteilung von Softwareentwicklungsprojekten eine wichtige Zielgröße dar. Die enge Anlehnung an Bedürfnisse von Benutzern

30 Beispiele für Produktivitätsmessungen u. ä. für Software bietet Boehm /Economics/ 4-21

31 Die Problematik der Wirtschaftlichkeit von Informationssystemen ist nicht Gegenstand der Arbeit und wird nachfolgend nicht näher betrachtet. Siehe hierzu konzeptionell Seibt /Leistungs- und Qualitätskriterien/ und zu konkreten empirischen Befunden aus der Praxis Griese u. a. /Wirtschaftlichkeit der Informationsverarbeitung/

und deren Beteiligung an der Softwareentwicklung legen die Studien Nr. 22, 24, 26 und 27 nahe.[32]

Als anzustrebende Subziele empfehlen die Studien neben einer guten Zusammenarbeit aller Beteiligten (Studien Nr. 22, 23, 24, 26, 27) v. a. eine sorgfältige Planung (Studien Nr. 26, 27), eine systematische (Studien Nr. 22, 24, 26) und beschleunigte (Studien Nr. 25, 27) Vorgehensweise auf der Basis einer soliden Informationsgrundlage (Studien Nr. 22, 24, 27) unter Wiederverwendung früherer Ergebnisse (Studie Nr. 26).

These Z5:	Eine auf Qualitätserzielung ausgerichtete, gute Zusammenarbeit aller Beteiligten sowie eine sorgfältige Planung und eine systematische, beschleunigte Vorgehensweise auf der Basis einer soliden Informationsgrundlage unter Wiederverwendung früherer Ergebnisse stellen bedeutende Zielgrößen kundenorientierter Produktentwicklung und infolgedessen wichtige Effizienzkriterien zur Beurteilung entsprechender Instrumente dar.

5.1.2 Probleme der Praxis bei der Erreichung kundenorientierter Subziele

Die Probleme in der Softwareentwicklung sind vielfältig.[33] Die Standish Group lieferte 1995 in einer Befragung von 365 DV-Managern in Unternehmungen aller Größen und Branchen in den USA zu 8.380 Softwareprojekten eine ernüchternde Bilanz (Studie Nr. 24): Nach dem Kriterium der Einhaltung von Zeit- und Budgetvorgaben wurde eine Differenzierung der Projekte in drei Kategorien vorgenommen: Erfolg (d. h. Zeit und Budget eingehalten), Mißerfolg und vorzeitiger Abbruch des Projekts. Lediglich 16,2% der Projekte wurden als Erfolg eingestuft. Mehr als die Hälfte aller Projekte (52,7%) führten zum Mißerfolg und 31,1% wurden überhaupt nicht bis zum Ende durchgeführt. Bei den Mißerfolgen haben 53% der Projekte das Budget um mehr als 50% überschritten (4,4% um mehr als 400%). Die umfangreiche Analyse von 6.700 Softwareentwicklungsprojekten durch Jones (Studie Nr. 26) ermittelt eine Abbruchrate von durchschnittlich 23,9%, die bei sehr großen Projekten sogar auf bis zu 65% steigt. Zwar wird von der Standish Group die Ermittlung von klaren Anforderungen infolge aktiver Benutzerbeteiligung als Haupterfolgsfaktor zur Vermeidung von Termin- und Kostenüberschreitungen genannt (zu einem ähnlichen Ergebnis kommt auch Studie Nr. 22), aber die Untersuchung von Jones zeigt,

32 Die einzige Ausnahme bilden die Ergebnisse der Universität Gießen (Studie Nr. 23), in deren Untersuchung von 20 Softwareprojekten solche mit hoher Benutzerbeteiligung gegenüber Projekten mit geringer Benutzerbeteiligung bezüglich Termin- und Kostenüberschreitung schlechter abschneiden. Berücksichtigt man allerdings, daß die größten Probleme der Softwareentwicklung offensichtlich den Phasen zugeordnet werden, in denen die Kommunikation mit den Benutzern erfolgt (Studien Nr. 22, 23, 24, 26), wird evident, daß Benutzerbeteiligung mehr oder weniger effizient ausgestaltet sein kann und demzufolge auch in unterschiedlicher Weise den Erfolg beeinflußt. Eine Analyse möglicher Störungen bei der Integration von Kunden in die Produktentwicklung enthält Brockhoff /Wenn der Kunde stört/ 361-367

33 Siehe hierzu z. B. Brooks /No Silver Bullet/ 10-19, Glass /Software-Research Crisis/ 42-47 und Herzwurm /Wissensbasiertes CASE/ 46-50

daß für die Kosteneffizienz noch einige weitere methodische (z. B. Projektmanagementtechniken), technische (z. B. Einsatz von Tools) und soziale (z. B. Erfahrung der Beteiligten) Faktoren von Relevanz sind. Die nachfolgende Problemanalyse konzentriert sich lediglich auf solche Probleme der Praxis, welche die Erreichung *kundenorientierter* Zielgrößen behindern.

Tab. 5-1 enthält eine Aufstellung softwarespezifischer (Studien Nr. 22 bis 27 und 56 bis 62) und breit angelegter branchenübergreifender (Studien Nr. 49 bis 55) Untersuchungen, mit deren Hilfe Probleme der Praxis bei der Erreichung kundenorientierter Subziele der Softwareproduktentwicklung erkannt werden können. Ähnliche Mißerfolgsfaktoren bzw. festgestellte Schwierigkeiten sind in der Tabelle zu Problemfeldern zusammengefaßt.[34]

5.1.2.1 Probleme der Praxis bei der Erreichung relativer Qualität

Wie in der Einleitung bereits dargestellt wurde, liegt Deutschland im internationalen Vergleich in bezug auf die Kundenzufriedenheit weit zurück (Studien Nr. 52, 53 und 55). Dies ist einer der Gründe, die z. B. auf dem Markt für preiswerte PC-Software zu einer vollständigen Dominanz amerikanischer Unternehmungen wie Microsoft geführt haben.[35] Eine ähnliche Entwicklung zeichnet sich in anderen Marktsegmenten der Standardsoftware ab.[36] Aber auch viele Anwender der Fachabteilungen sind unzufrieden mit ihrem DV-Bereich (Studien Nr. 59 und 61). Die zu beobachtende Unzufriedenheit vieler Kunden resultiert möglicherweise aus mangelnder Prozeßqualität, die sich z. B. in einer unsystematischen Vorgehensweise bzw. einem unzureichenden Informationsstand der Beteiligten äußert.

- Unsystematisches Vorgehen

  Viele erfolglose Projekte in der Praxis sind durch eine unsystematische Vorgehensweise (z. B. Fehlen von Projektplänen und Meilensteinen, mangelnder Einsatz von Software Engineering Techniken etc.) gekennzeichnet (Studie Nr. 26).

Bezogen auf Kundenorientierung zeigt sich das z. B. im qualitativen und quantitativen Umgang mit den Kunden. Die *Kommunikation mit den Kunden* über seine Anforderungen findet häufig informell und unregelmäßig statt.

34 Tab. 5-1 erlaubt keine sinnvolle Interpretation der Häufigkeiten des Auftretens eines Problemfelds. Vielmehr ist eine detaillierte Diskussion der Untersuchungsergebnisse erforderlich, die Gegenstand der nachfolgenden Abschnitte ist.

35 Vgl. Zobel /Deutsche Softwarefirmen/ 7

36 Siehe zur Ursachenforschung den Dialog zwischen König /Krise/ 611-612, Mülder, Fechtner /Führung/ 612 und Riemenschneider /Marktorientierung/ 612-613

Problemfeld / **Studie Nr.**	**22**	**23**	**24**	**25**	**26**	**27**	**49**	**50**	**51**	**52**	**53**	**54**	**55**	**56**	**57**	**58**	**59**	**61**	**62**
Unsystematische Verwendung von Kundeninformationen	●		●							●				●				●	
Unsystematische Kommunikation mit den Kunden	●	●	●		●	●	●			●						●		●	
Fehlendes Qualitätswissen								●				●			●				
Fehlende Informationen über Kunden	●	●				●	●			●			●			●		●	
Fehlende Informationen über Kundenbedürfnisse	●	●	●			●	●			●	●			●		●		●	
Fehlende Informationen über Kundenzufriedenheit							●			●			●			●		●	
Fehlende Informationen über Konkurrenz							●			●								●	
Fehlende Transparenz der Entwicklungsziele					●	●	●											●	
Fehlende Transparenz der Leistungen und Prozesse	●				●					●			●					●	
Unzureichende Abstimmung der Beteiligten	●		●	●	●				●	●			●		●				●
Ungelöste Zielkonflikte der Beteiligten	●			●	●				●				●		●				●
Geringe Eigenverantwortung	●												●						
Ungeklärte Verantwortlichkeiten					●										●				
Dominante Technikorientierung							●								●	●	●		
Fehlende Akzeptanz der Kunden (-bedürfnisse)																	●	●	
Ungeschickte Kommunikation mit Kunden			●		●								●			●		●	
Unregelmäßige Beachtung von Unternehmungsstandards					●									●					●
Mangelnde Bereitschaft der Kunden zur aktiven Mitarbeit		●	●															●	
Fehlende Akzeptanz der Entwickler(-bedürfnisse)		●	●															●	

Legende: ● Schwierigkeiten im Problemfeld identifiziert

Tab. 5-1: Probleme der Praxis bei der Erreichung kundenorientierter Subziele der Softwareproduktentwicklung

- Informelle Kommunikation mit den Kunden
  Viele Kundenkontakte kommen lediglich bei User Group Meetings, Messen und Vertriebsaktivitäten zustande. Der Versuch, aus diesen unstrukturierten Gesprächen aussagekräftige Vorgaben in Form von Kundenanforderungen für die Softwareentwicklung zu erhalten, führt zwangsläufig zu vagen, schlecht dokumentierten Ergebnissen und bietet keine gute Grundlage für den späteren Softwareentwurf sowie für die Testbarkeit der Programme (Studien Nr. 22, 24, 56, 61 und branchenübergreifend Studie Nr. 52). Eine weitere Folge mangelnder Methodenunterstützung bei der Kommunikation mit den Kunden sind Mißverständnisse bezüglich der inhaltlichen Interpretation der Aussagen und die Verfälschung der Ergebnisse bei der Weitergabe an Dritte (Studie Nr. 61).
- Unregelmäßige Kommunikation mit den Kunden
  Kundenbefragungen (v. a. Kundenbedürfnis- und Kundenzufriedenheitsanalysen) werden vielfach überhaupt nicht oder lediglich sporadisch durchgeführt (Studie Nr. 58). Dies führt nicht nur zu einer unzureichenden Informationsgrundlage für einzelne Softwareentwicklungsprojekte, sondern verhindert darüber hinaus die Möglichkeit zur Beobachtung von Trends in den Kundenerwartungen (z. B. Möglichkeit des frühzeitigen Agierens in Form zukunftsweisender Softwaremerkmale) und in der Kundenzufriedenheit (z. B. Möglichkeit des frühzeitigen Reagierens auf Leistungsabfälle in Form von Prozeßverschlechterungen).

Die Art und Weise der *Verwendung der Kundeninformationen* ist häufig nicht eindeutig geregelt (Studien Nr. 22, 24, 52, 56 und 61). Dadurch können zwei Arten von Problemen im Zusammenhang mit der Kundenorientierung auftreten:

- Keine durchgängige Verwendung von Kundeninformationen
  Die Verwendung der Kundeninformationen erfolgt sporadisch und nicht durchgängig im Softwareentwicklungsprozeß. Das hat z. B. die später noch betrachteten Probleme zur Folge, daß bestimmte Beteiligte im nachgelagerten Softwareentwicklungsprozeß keine Informationen über Kundenbedürfnisse besitzen oder diese nicht angemessen berücksichtigen können. In der Praxis ist häufig zu beobachten, daß Benutzer darüber klagen, daß sie zwar in Workshops bezüglich ihrer Anforderungen befragt werden, danach aber nichts mehr vom DV-Bereich oder der Softwareunternehmung hören und schließlich viele der geäußerten Anforderungen im ausgelieferten Softwareprodukt vermissen. Die Zuordnung von Kundenbedürfnissen zu bestimmten Merkmalsausprägungen der Software und umgekehrt ist in zahlreichen Softwareentwicklungsprojekten nicht möglich, so daß sich die Ursachen für untererfüllte oder übererfüllte Kundenbedürfnisse nicht mehr ermitteln lassen.
- Willkürliche Verwendung von Kundeninformationen

Die Bedürfnisse der Kunden ändern sich häufig, weil sich z. B. die von der Software zu unterstützenden Geschäftsprozesse durch interne oder externe Einflußfaktoren wandeln. Bei Individualsoftwareprojekten sind Änderungen von Kundenwünschen häufig dadurch zu erklären, daß sich die Kunden erst im Verlaufe des Projekts mit zunehmender Konkretisierung und dem Vorliegen erster Zwischenergebnisse bzw. Prototypen über ihre Bedürfnisse klar werden. Ähnliche Phänomene sind bei Standardsoftwareanbietern bei der Kommunikation zwischen Marketing und Softwareentwicklungsbereichen festzustellen. Gelegentlich hält der Kunde Anforderungen zunächst sogar bewußt zurück, weil er sich noch nicht festlegen will. Regelungen zwischen Kunden bzw. Marketing und Entwicklern, wie bei solchen Änderungen zu verfahren ist, werden häufig nicht getroffen. Die Entscheidung über die Durchführung von Änderungen hängt dann von den durch Kompetenz, Handlungsspielraum, Kapazitätsauslastung und Motivation geprägten Präferenzen der Entscheidungsträger der betroffenen Prozeßphase ab. Das Bestehen auf den Inhalten eines möglicherweise bei Vertragsabschluß fixierten Anforderungsdokuments (z. B. Pflichtenheft) bei Individualsoftwareprojekten hilft dem Auftragnehmer im Falle juristischer Auseinandersetzungen, wird aber die Entstehung von Kundenunzufriedenheit nicht verhindern können (Studie Nr. 61).

- Fehlende Informationen

  Die unsystematische Vorgehensweise bei der Kommunikation mit dem Kunden und der Ermittlung der Kundenbedürfnisse ist die Hauptursache für die Entstehung des Problemfelds fehlende Information.

  - Fehlende Informationen über Kunden

    Die branchenübergreifende Droege-Studie (Studie Nr. 58) hat beispielsweise gezeigt, daß 66% der Mitarbeiter und 20% der Führungskräfte ihre externen Kunden nicht kennen. Die internen Kunden sind ebenfalls zu 50% unbekannt.

    In der Softwareentwicklungspraxis erfolgt vielfach keine Unterscheidung zwischen Kunden in Form von Entscheidungsträgern (z. B. Einkaufsbereich der belieferten Unternehmung oder bei innerbetrieblicher Entwicklung der Projektleiter des Fachbereichs), Benutzern (d. h. Personen, die mit der gelieferten Software arbeiten) und indirekt Betroffenen (z. B. Systemadministratoren des Rechenzentrums), so daß deren Bedürfnisse nur undifferenziert berücksichtigt oder sogar vergessen werden (Studie Nr. 61).

  - Fehlende Informationen über Kundenbedürfnisse

    Infolge der unsystematischen und/oder unregelmäßigen Durchführung von Kundenbedürfnisanalysen steht für die Erarbeitung kundengerechter Lösungen häufig keine ausreichende Informationsbasis zur Verfügung (Studien Nr. 22, 23, 27, 49, 52, 58 und 61).

Dies betrifft sowohl die Menge als auch die Qualität der Informationsbasis (nachfolgende Ergebnisse basieren auf Studie Nr. 61). Kunden formulieren ihre Wünsche aus Sicht ihrer Arbeitsabläufe unter Verwendung entsprechender Fachausdrücke. Das Verständnis dieser fachlichen Abläufe stellt hohe Anforderungen an den Kommunikationspartner, denen nicht alle Mitarbeiter gewachsen sind. Umgekehrt reicht das DV-Wissen vieler Kunden nicht aus, um das mögliche technische Leistungsspektrum, mit dem ihre Bedürfnisse befriedigt werden können, zu überblicken. Das führt v. a. dann zu einem Problem, wenn Kunden ihnen zufällig bekannte Lösungen vorschlagen (oder bei einer Kundenproduktion verbindlich in das Pflichtenheft aufnehmen lassen) und somit zum einen den Handlungsspielraum des Herstellers einengen und zum anderen die Entwicklung einer vielleicht für den Kunden geeigneteren Lösung verhindern. Es entsteht eine Unzufriedenheit des Kunden mit seiner selbst vorgeschlagenen Lösung, für die er jedoch i. d. R. den Hersteller verantwortlich macht. Das Informationsdefizit bezieht sich demzufolge nicht auf das Fehlen von Kunden*aussagen*, sondern auf mangelnde Kenntnisse des erwarteten Kunden*nutzens*, der sich hinter den Aussagen verbirgt. Damit verbunden ist der Mangel an Wissen bezüglich der Wichtigkeit der Kundenbedürfnisse, die jedoch eine Voraussetzung für die zielgerichtete Allokation der vorhandenen Ressourcen und für eine strategiekonforme Entscheidung des Entscheidungsträgers in der jeweiligen betroffenen Softwareentwicklungsphase darstellt. Das Fehlen von Vorgaben bezüglich nichtfunktionaler Kundenbedürfnisse (z. B. Benutzbarkeit, Änderbarkeit) stellt auch ein in der Praxis weit verbreitetes Phänomen dar, obwohl gerade diese Softwaremerkmale für Kunden von hoher Bedeutung sind.[37]

- Fehlende Informationen über Kundenzufriedenheit

  Aufgrund der lediglich sporadisch durchgeführten und unsystematischen Kundenbefragungen liegen in der Softwareentwicklung nur selten Informationen über die Zufriedenheit der Kunden vor (Studien Nr. 49, 52, 55, 58 und 61). Die Kenntnis des gegenwärtigen Erfüllungsgrads der Kundenbedürfnisse stellt allerdings eine unabdingbare Voraussetzung für die gezielte Verbesserung der Leistungen und der Leistungserstellungsprozesse dar.

- Fehlende Informationen über Konkurrenz

37 In einer empirischen Untersuchung der Universität Marburg, bei der 189 Softwareentwickler nach ihren Beurteilungskriterien für CASE-Tools befragt wurden, bezogen sich mehr als zwei Drittel aller Nennungen auf nichtfunktionale Merkmale wie Bedienbarkeit und Erlernbarkeit. Vgl. Bittner, Schnath, Hesse /Werkzeugeinsatz/ 18. Die Spezifikation nicht-funktionaler Softwaremerkmale gestaltet sich infolgedessen auch bei der Vertragsgestaltung problematisch. Vgl. Belli, Bonin /Qualitätsvorgaben/ 46-57

Das Wissen über Konkurrenzprodukte und andere Marktteilnehmer ist verhältnismäßig schwach ausgebildet, so daß die im Rahmen der Differenzierungsstrategie unerläßliche Abhebung von der Konkurrenz und der gezielte Vergleich der eigenen Leistungen (z. B. Merkmalsausprägungen der Leistungen oder erzielte Kundenzufriedenheitswerte) mit denen der Konkurrenten nicht systematisch erfolgen kann (Studien Nr. 49, 52, 55, 61 und 66).

- Fehlende Transparenz der Entwicklungsziele
  Die unsystematische und nicht durchgängige Verwendung von Kundeninformationen führt in den verschiedenen Phasen des Softwareentwicklungsprozesses dazu, daß die jeweiligen Entscheidungsträger keine klaren Zielvorgaben besitzen. Die Erstellung eines physischen Datenmodells z. B. kann ohne das Wissen, ob der Kunde bei der Durchführung von Datenbankabfragen kurze Antwortzeiten oder hohe Sicherheit präferiert, nicht effizient durchgeführt werden. Häufig sind diese Informationen jedoch überhaupt nicht vorhanden oder werden von den Mitarbeitern der vorgelagerten Phasen der Softwareentwicklung nicht oder lediglich verfälscht weitergegeben (Studien Nr. 26, 27, 49 und 61).
- Fehlende Transparenz der Leistungen und Prozesse
  Insbesondere bei Marktproduktion besteht die Gefahr, daß die ausgelieferte Software nicht mehr der ursprünglichen auf der Basis der vom Marketing in der Marktforschung abgeleiteten Kundenbedürfnisse erfolgten Produktplanung entspricht (nachfolgende Ausführungen basieren auf Studie Nr. 61). Die Ursachen hierfür sind möglicherweise Verfälschung der Kundenbedürfnisse aufgrund zunehmender Abstrahierung im Verlauf des Softwareentwicklungsprozesses, technische bzw. finanzielle Restriktionen, Nachlässigkeit von Mitarbeitern, neue Kenntnisse der Entwickler bezüglich Änderungen von Kundenwünschen oder mangelnde Einsicht von Programmierern. In der Praxis führt die daraus resultierende Unkenntnis des Marketing hinsichtlich der wahren Leistungsmerkmale häufig zu einer verfälschten Präsentation der Software gegenüber den Kunden.
  Die fehlende Transparenz der Leistungen macht sich sowohl bei Markt- als auch bei Kundenproduktion außerdem noch in anderen Unternehmungsbereichen bemerkbar. Wenn es z. B. der Schulungsbereich versäumt, nachträglich hinzugekommene oder bei der Dokumentation vergessene Funktionen der Software vorzustellen, kann dies zur Kundenunzufriedenheit führen. In der Wahrnehmung des Kunden macht es keinen Unterschied, ob die Funktionalität nicht in der Software enthalten ist oder ob er sie nur infolge mangelnder Schulung oder fehlender Dokumentation nicht nutzen kann.

Neben der fehlenden Transparenz der Leistungen für Anbieter und Abnehmer ist vielfach die unzureichende Transparenz der Prozesse in der Praxis zu bemängeln. Dieses Problem tritt beispielsweise bei innerbetrieblichen Projekten auf, wenn für an der Softwareentwicklung beteiligte Kunden aus den Fachbereichen nicht nachvollziehbar ist, anhand welcher Kriterien über die Befriedigung ihrer Bedürfnisse entschieden wird und wie die von ihnen gelieferten Informationen bei der weiteren Softwareentwicklung Verwendung finden. Dies führt zum einen dazu, daß die Kunden ihre Bedürfnisse nicht zielgerichtet artikulieren können und verursacht zum anderen möglicherweise Frustration, welche die Motivation der Kunden bezüglich der zukünftigen Partizipation an Softwareentwicklungsprojekten beeinträchtigt.

- Fehlendes Qualitätswissen

  Viele Unternehmungen haben Qualitätssicherungsmaßnahmen erst in den letzen Jahren eingeführt. Infolgedessen erscheint es verständlich, daß z. B. in der Studie Nr. 50 der RWTH Aachen 40% der Befragten ihren Wissensstand bezüglich Qualitätsmethoden als defizitär bezeichnen. Selbst bei den mit Qualitätspreisen ausgezeichneten Unternehmungen glauben immerhin nur 34% der Befragten, die Qualitätssicherungsfunktion vollständig in alle Unternehmungsbereiche integriert zu haben (Studie Nr. 54). Für die Softwarebranche deuten Untersuchungsergebnisse, nach denen 20% der Qualitätsmanager nicht in die Entwicklung involviert sind und die Verantwortlichkeiten bezüglich der Qualität unzureichend festgelegt sind (Studie Nr. 57), ebenfalls auf eine mangelnde Etablierung des Qualitätswissens hin.

5.1.2.2 Probleme der Praxis bei der Erreichung technischer Qualität

Eine fehlende Systematik in der Vorgehensweisen sowie ein unzureichender Informationsstand der Beteiligten sind möglicherweise ebenfalls Ursachen für die in der Praxis oftmals nicht vorhandene Übereinstimmung des Softwareprodukts mit der technischen Spezifikation. Darüber hinaus spielen im Rahmen der kundenorientierten Softwareproduktentwicklung auch ungenügende Handlungsspielräume der Mitarbeiter sowie eine mangelhafte Koordination zwischen Schnittstellen eine Rolle.

- Ungenügende Handlungsspielräume der Mitarbeiter
  - Geringe Eigenverantwortung

    Entscheidungen über die Verwirklichung von Softwaremerkmalen zur Befriedigung bestimmter Kundenbedürfnisse werden in der Praxis häufig auf der Führungsebene getroffen. Die Mitarbeiter der unteren Ebenen sind in diesen Entscheidungsprozeß ungenügend eingebunden und besitzen selbst nur unzureichende Handlungsspielräume. Dies verhindert die schnelle Reaktion der Mitarbeiter auf Kundenwünsche vor Ort (z. B. Zusagen von Marketingmitarbeitern oder sofortige Programmänderungen durch den Entwickler beim Kunden) und wirkt sich negativ auf die Arbeitszufriedenheit sowie Motivation aus (Studie Nr. 22). Dies gilt in besonderem Maße, wenn die Kriterien der Entscheidungen auf der Führungsebene für die Betroffenen nicht transparent sind.

- Ungeklärte Verantwortlichkeiten
  Die Befragung von 300 Unternehmungen, die zwischen zwei und 3.000 Entwicklern beschäftigen, durch ICLP (Studie Nr. 57) offenbart ungeklärte Verantwortlichkeiten bei der Zuständigkeit für Qualität. Hiernach meinen 89% der Entwickler der Projektleiter und 62% die Mitarbeiter der Qualitätssicherung seien verantwortlich für das Testen. Zahlreiche Mängel in der Regelung von Verantwortlichkeiten beim Projektmanagement deckt Studie Nr. 26 auf. Auch die vom Autor durchgeführte Studie Nr. 47 zeigt, daß zahlreiche Softwareentwickler nur unklare Vorstellungen von ihrer Rolle bei der Kundenorientierung in der Unternehmung aufweisen. Die Abstimmung kann mitunter gar nicht vorgenommen werden, weil die betroffenen Personen wie etwa Kunden und Qualitätsmanager überhaupt nicht in den Entwicklungsprozeß integriert sind, sondern lediglich die fertige Software abnehmen bzw. testen (Studie Nr. 57).

• Mangelnde Koordination zwischen Schnittstellen
Zielkonflikte zwischen produkt- und kundenorientierten Organisationsstrukturen treten v. a. zwischen Vertriebsstellen und Logistik sowie zwischen Produktion und Forschung und Entwicklung auf (Studie Nr. 51). Ungeklärte Verantwortlichkeiten und unzureichende Abstimmung führen aber auch innerhalb des Softwareentwicklungsprozesses zu unterschiedlichen Zielvorstellungen der Beteiligten, die mitunter Konflikte hervorrufen können. Studie Nr. 62 berichtet über unterschiedliche Einschätzungen der Qualitätsziele bei Softwareentwicklungsprojekten zwischen Führungskräften und Mitarbeitern. Qualitätsziele werden in der Praxis nicht immer auf operative Ziele heruntergebrochen und innerhalb der Bereiche abgestimmt. Der Softwareentwicklungsprozeß ist daher nicht kohärent auf die Befriedigung der Kundenbedürfnisse ausgerichtet.

5.1.2.3 Probleme der Praxis bei der individuellen Kundenbedürfnisbefriedigung

• Ungenügend kundenorientierte Mitarbeiter

- Dominante Technikorientierung
  Die Softwareentwicklung wird traditionell durch eine starke Technikorientierung der Mitarbeiter geprägt (Studien Nr. 47, 49, 58 und 59). Dies hat häufig zur Folge, daß die Bereitschaft zur Beschäftigung mit dem Kunden und dessen Geschäftsprozessen gering ist. Designentscheidungen werden anhand berufsständischer Gütekriterien und technischer Eleganz statt auf der Basis des Kundennutzens bewertet.

- Fehlende Akzeptanz der Kunden(-bedürfnisse)
  Der Stimme des Kunden wird aufgrund seiner mangelnden DV-Kenntnisse kein großes Gewicht bei der Gestaltung der Software eingeräumt. Der Nicht-Akzeptanz von Kundenwünschen liegt dabei oft kein böser Wille zugrunde. Diese basiert auf der Überzeugung, daß der Entwickler aufgrund seiner höheren DV-Kompetenz eher in der Lage ist als der Kunde, die Vorteilhaftigkeit einer bestimmten Lösung einzuschätzen (Studien Nr. 47, 61 und 62).
- Mangelnde Bereitschaft zur Kommunikation mit Kunden
  Diese Einstellungen behindern in der Praxis sehr häufig eine funktionierende Kommunikation mit dem Kunden (Studien Nr. 24, 26, 55, 58 und 61). Kunden und Entwickler können oder wollen ihre verschiedenen Denkwelten und Fachgebiete nicht verlassen. Bei Individualsoftwareentwicklungen werden aus taktischen Erwägungen Informationen bewußt zurückgehalten und bei der Existenz mehrerer Kunden Spielräume zur Vermeidung klarer Entscheidungen ausgenutzt. Vielfach fehlt introvertierten Mitarbeitern aber auch die Fähigkeit und Bereitschaft zur offenen Diskussion mit den Gesprächspartnern.
- Ungenügende Anerkennung von Unternehmungsstandards
  Die Schwerpunkte der Entwicklungsarbeit konzentrieren sich als Folge der technikorientierten Einstellung wiederholt auf technisch interessante und nicht auf die aus Kundensicht wichtigen Aufgaben. So halten z. B. 89% der Programmierer in Studie Nr. 57 das Testen ihrer Programme für langweilig, was nach Einschätzung von immerhin 47% der Programmierer zur Folge hat, daß die Software nicht ausreichend getestet wird. Die Zweckmäßigkeit vieler Unternehmungsstandards (z. B. in Form von Vorgehensmodellen) wird von Entwicklern häufig angezweifelt, so daß die Nichteinhaltung solcher Vorgaben auch in anderen Bereichen der Softwareentwicklung zu beobachten ist (Studien Nr. 26, 56 und 62).

• Ungenügend kooperative Kunden

- Mangelnde Bereitschaft zur Teilnahme an Sitzungen
  Häufig sind Kunden offensichtlich nicht zur Mitarbeit an Softwareentwicklungsprojekten zu bewegen. Dieses Problem tritt insbesondere bei Standardsoftware auf, bei der für den Kunden i. d. R. keine starke intrinsische Motivation vorhanden ist.
  Die mangelnde Bereitschaft von Kunden zur Teilnahme an Sitzungen führt jedoch auch vielfach bei Individualsoftware zu Schwierigkeiten. Hinter den vorgebrachten Argumenten des Zeitdrucks und der Unabkömmlichkeit verbergen sich oftmals negative Einstellungen gegenüber dem DV-Bereich. Diese resultieren häufig aus negativen Erfahrungen in der Form, daß erhobene Kundenbedürfnisse später nicht umgesetzt wurden oder daß Entwickler die Sitzungen aufgrund ihres DV-Wissens domi-

nierten. Eine andere Ursache kann in einem mangelnden Verantwortungsgefühl der Kunden gesehen werden, da diese die Wichtigkeit ihres Beitrags für den Erfolg des Projekts nicht erkennen oder für ihre Arbeit andere Prioritäten setzen. Diese Gründe führen in der Praxis häufig dazu, daß Kunden bestehende psychologische Barrieren nicht überwinden und keine Zeit in Sitzungen und Besprechungen mit dem DV-Bereich investieren (Studien Nr. 23, 24 und 61).

- Fehlende Akzeptanz der Entwickler(-bedürfnisse)
  Die traditionell dominierende Rolle vieler DV-Bereiche innerhalb der Unternehmung hat eine große Distanz zu den Fachbereichen entstehen lassen. Dies führt dazu, daß viele Kunden die Bedürfnisse der Softwareentwickler nicht kennen oder/und akzeptieren. Die unterschiedlichen Arbeitswelten mit ihren jeweiligen Fachtermini, Problemlösungstechniken sowie fachlichen und sozialen Voraussetzungen stellen hohe Anforderungen an die gegenseitige Akzeptanz der Kommunikationspartner, die jedoch in vielen Unternehmungen nicht vorhanden ist (Studien Nr. 23, 24 und 61).

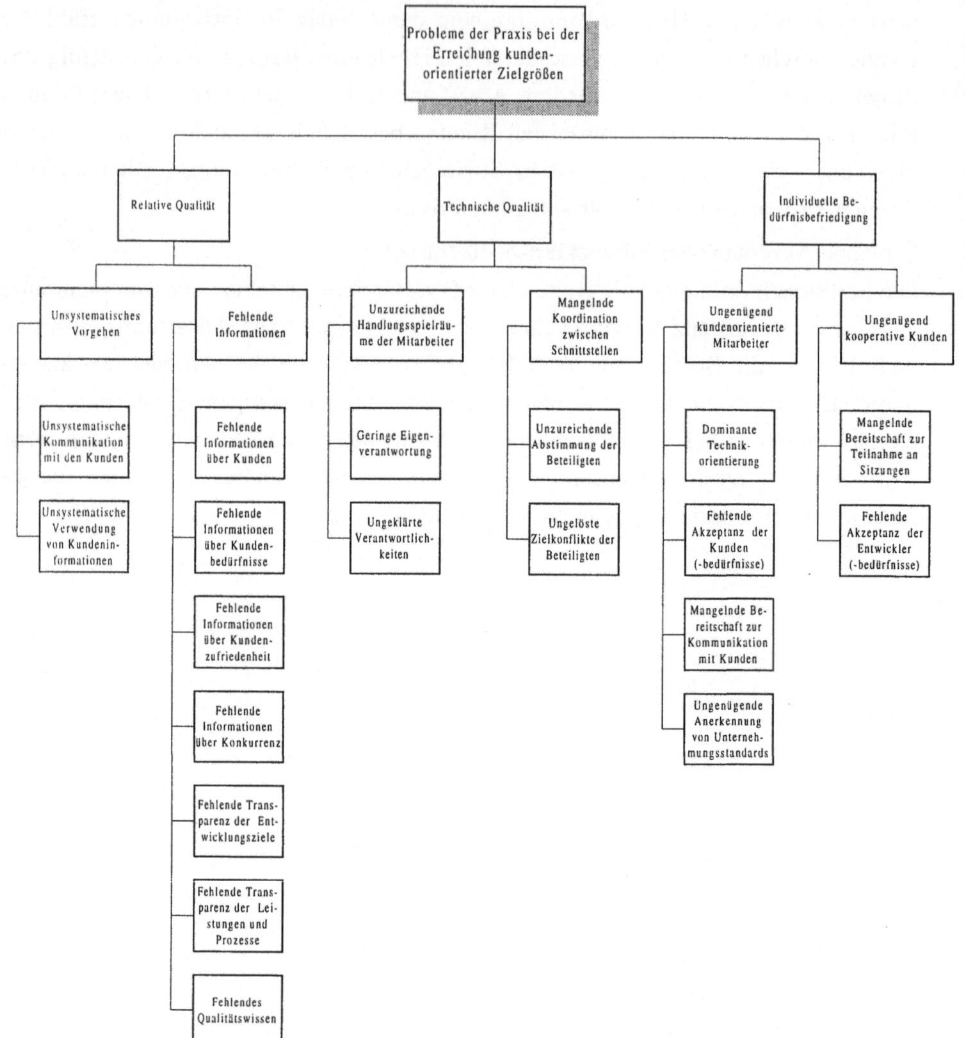

Abb. 5-4: Probleme der Praxis bei der Erreichung kundenorientierter Subziele der Softwareproduktentwicklung

Zusammenfassend läßt sich aus den Problemen der Praxis bei der Erreichung kundenorientierter Subziele der Softwareproduktentwicklung die nachfolgende These formulieren:

These Z6:	Die Probleme der Praxis bei der Erreichung der kundenorientierten Subziele resultieren aus einer unsystematischen Vorgehensweise bei der Softwareentwicklung, einer zur Kundenbedürfnisbefriedigung insuffizienten Informationsbasis, unzulänglichen Handlungsspielräumen der Mitarbeiter, einer mangelnden Koordination der Schnittstellen sowie ungenügend kundenorientierten Mitarbeitern und unzureichend kooperativen Kunden. Ein Instrumentarium zur kundenorientierten Softwareproduktentwicklung muß zur Lösung dieser Probleme beitragen.

5.1.3 Ableitung von Effizienzkriterien

Es wird evident, daß sowohl aus Sicht der Strategie Kundenorientierung als auch aus Sicht der Probleme der Praxis im Prinzip alle in Kapitel 3.1.4 genannten Ziele auf Projektebene für die kundenorientierte Produktentwicklung eine hohe Relevanz aufweisen (Thesen Z3, Z5 und Z6).

Besondere Schwerpunkte durch die Wahl der Strategie Kundenorientierung ergeben sich primär aus der Gewichtung der Ziele auf Bereichs- bzw. Produktebene (Thesen Z1, Z2 und Z4). Für die nachfolgende Untersuchung werden daher neben diesen Zielen alle in Kapitel 3.1.4 aufgeführten Ziele auf Projektebene als Effizienzkriterien zur Beurteilung der Gestaltungsoptionen von Instrumenten zur kundenorientierten Softwareproduktentwicklung verwendet. Danach sind folgende Anforderungen an ein Instrumentarium zur Unterstützung der kundenorientierten Softwareproduktentwicklung zu stellen:

1. Ermöglichung der Planung, Steuerung und Kontrolle der Zufriedenheit von Kunden mit der entwickelten Leistung absolut und im Vergleich mit der Konkurrenz (These Z1)
2. Gewährleistung einer hohen technischen Qualität des Produkts (These Z2)
3. Förderung der Entwicklung von eng an heterogenen und sich verändernden Kundenbedürfnissen ausgerichteten Produkten und Zusatzleistungen (These Z4)
4. Unterstützung einer auf hohe technische und relative Produktqualität fokussierten Projektqualität (Thesen Z3 und Z5), d. h.:
   - Systematische, durchgängige, objektiv nachvollziehbare Vorgehensweise (adäquate Methodik) in allen Phasen der Produktentwicklung (These Z6)
   - Bereitstellung und Verarbeitung aller zur Kundenbedürfnisbefriedigung benötigten und verfügbaren Informationen (These Z6)
   - Förderung der bereichsinternen und bereichsübergreifenden Zusammenarbeit aller Beteiligten (Bereiche/Mitarbeiter/Kunden): Austausch von Informationen und Wissen, Koordinierung von Zielen und Entscheidungen, Förderung kooperativer Zustände und Verhaltensweisen (Thesen Z3, Z5 und Z6)

Effizienzkriterium Nr. 1 entspricht im wesentlichen dem Gestaltungsziel „relative Qualität", Effizienzkriterium Nr. 2 bezieht sich auf das Gestaltungsziel „technische Qualität", Effizienzkriterium Nr. 3 kongruiert mit dem Gestaltungsziel „Befriedigung individueller Kundenbedürfnisse", während Effizienzkriterium Nr. 4 die Gestaltungsziele auf der Projektebene („Projektqualität") umfaßt. Instrumente der Produktentwicklung, die diesen Kriterien genügen, tragen demzufolge zur Erreichung der kundenorientierten Zielgrößen bei.

5.2 Auswahl und Begründung von Gestaltungsparametern

Unter Berücksichtigung der in Kapitel 5.1.3 hergeleiteten Effizienzkriterien lassen sich Gestaltungsparameterausprägungen in Form von Handlungsempfehlungen beschreiben, die ein Instrumentarium zur kundenorientierten Softwareproduktentwicklung aufweisen sollte.

Die Empfehlungen zur Gestaltung des Produktentwicklungsbereichs und der Projekte werden hierbei nachfolgend in Form von Thesen formuliert. Diese Thesen postulieren einen Zusammenhang zwischen einer Gestaltungsparameterausprägung und deren Wirkung auf Zielgrößen der Projekt- und Produktebene (siehe Abb. 5-5).[38]

5.2.1 Empfehlungen zur Gestaltung des Produktentwicklungsbereichs

Der Innovation wird in vielen Untersuchungen eine Bedeutung als strategischer Erfolgsfaktor beigemessen (Studien Nr. 6, 10, 14, 21 und 71). Dabei bezieht sich der Innovationsaspekt nicht nur auf die zu entwickelnden Produkte, sondern umfaßt auch die kontinuierliche Verbesserung der Prozesse (Studien Nr. 10, 13 und 15).

Die Studie der Schmalenbach-Gesellschaft zur Überprüfung der Wirksamkeit der in Forschung und Entwicklung eingesetzten Instrumente zur Qualitätsgestaltung (Studie Nr. 69) hat dabei gezeigt, daß Unternehmungen, die einen umfassenden TQM-Ansatz verfolgen, bei dem die Qualitätsverantwortung jedem einzelnen Mitarbeiter obliegt, mit den untersuchten Qualitätsinstrumenten höhere Wirkungen erzielen als solche ohne TQM-Konzept.

---

38 In den Thesen wird in Klammern jeweils auf die Stellen des Fragebogens verwiesen, an denen die Gestaltungsparameter und Gestaltungsziele erfaßt werden.

Legende:
Pn Nummer der These zum Zusammenhang zwischen Gestaltungsparameter und Gestaltungsziel

Gestaltungsziele	*Gestaltungsparameter*	Merkmale des Produktentwicklungsbereichs		Merkmale der Projekte							
		Produktenwicklungs-strategie	Unterstützung des Instrumenteneinsatzes	Projektorganisation	Ziele	Ressourcen	Team	Zeitlicher Rahmen	Umfang	Anpassung des Instruments	Anwendung des Instruments
Ziele auf Projektebene	Wirtschaftlichkeit	P1		P3				P7			P13
	Methodik		P2								
	Information				P4	P5			P8, P14	P9	P10-P12, P15
	Zusammenarbeit						P6				
Ziele auf Produktebene	Markteintrittstermin		P2	P3	P4	P5		P7			
	Produktkosten/-preis						P6				
	Produktqualität	P1							P8, P14	P9	P10-P13, P15

Abb. 5-5: Thesen zum Zusammenhang zwischen Gestaltungsparametern und Gestaltungszielen

These P1:	Eine Produktentwicklungsstrategie, die auf Innovation bzw. Qualitätsverantwortung aller Mitarbeiter beruht (B.3-B.4), verbessert die Wirtschaftlichkeit der Produktentwicklung (C.31-C.33) und erhöht die Produktqualität (C.8-C.11).

Ein ausreichender Managementsupport wird von einer ganzen Reihe empirischer Untersuchungen als wichtiger Erfolgsfaktor für eine wirksame Produkt- bzw. Softwareentwicklung genannt (Studien Nr. 24, 64, 66, 67 und 77). Hierzu gehört die aktive Förderung des Instrumenteneinsatzes und eine saubere Integration des Instruments in die bestehenden Produktentwicklungsprozesse (Studien Nr. 25, 46, 67 und 71) ebenso wie eine Einführungsstrategie, bei der die Interessen der Mitarbeiter in ausreichender Weise Berücksichtigung finden (Studie Nr. 15).

These P2:	Eine effiziente Unterstützung des Instrumenteneinsatzes durch den Produktentwicklungsbereich in Form eines ausreichenden Managementengagement, einer Integration des Instruments in die Produktentwicklungsprozesse und einer mitarbeitergerechten Einführung des Instruments (B.5-B.11) führt zu einer verbesserten Ausnutzung des Methodenpotentials (C.12-C.17) und verkürzt die Entwicklungszeit (C.1).

5.2.2 Empfehlungen zur Gestaltung der Projekte

5.2.2.1 Allgemeine Empfehlungen zur Gestaltung der Projekte

Die in der Softwarebranche obligatorische Abwicklung der Produktentwicklung in Form von Projekten führt bezüglich der Projektorganisation zu Handlungsempfehlungen, die für nahezu jede Art von Projekten typisch sind. Ein wichtiger Erfolgsfaktor stellt z. B. das Projektmanagement dar (Studien Nr. 26, 73 und 81). Zu einem effizienten Projektmanagement gehören sorgfältige Planung (Studien Nr. 64, 73, 79 und 81), durchgängige Transparenz (Studien Nr. 66 und 73) sowie die Bildung überschaubarer Einheiten (Studie Nr. 51).

These P3:	Eine strukturierte Projektorganisation (E.1-E.2) erhöht die Wirtschaftlichkeit der Produktplanung (C.30-C.33) und verkürzt die Entwicklungszeit (C.1).

Der eindeutigen Definition (kundenorientierter) Zielvorgaben für die Produktentwicklung (Studien Nr. 44, 47, 69, 73 und 77) kommt hierbei eine besondere Bedeutung zu. Bezüglich der Diffusion des Zielwissens über die Projektteammitglieder schlägt Studie Nr. 72 die offene Kommunikation bei anschließender schriftlicher Fixierung der Ergebnisse vor. Dabei stellt die Bereitstellung einer zur Strukturierung der Informationsflut geeigneten Projektdokumentation durch das Instrument einen Einflußfaktor auf die Effizienz einer Produktentwicklung dar (Studie Nr. 73). Die Untersuchung des Fraunhofer Instituts (Studie Nr. 81) empfiehlt dabei, einem gesunden Pragmatismus Vorrang vor allzu großer Zahlengläubigkeit zu gewähren.

These P4:	Eine klar definierte Zielsetzung (E.3-E.4) fördert die Identifikation sämtlicher für die Produktentwicklung wichtiger Informationen (C.18-C.29) und verkürzt die Entwicklungszeit (C.1).

Es ist evident, daß die adäquate Anwendung der Methodik sowie die termingerechte Durchführung des Produktentwicklungsprojekts ausreichend verfügbare Ressourcen erfordert (Studie Nr. 77). Die Investition der Projektressource Zeit in die frühen Phasen der Produktentwicklung amortisiert sich hierbei im Zeitablauf aufgrund der vollständigeren Informationsbasis für die nachfolgenden Entwicklungsschritte (Studien Nr. 22, 24 und 27).

These P5:	In ausreichender Menge zur Verfügung stehende Projektressourcen (E.5) ermöglichen die Ermittlung sämtlicher für die Produktentwicklung wichtiger Informationen (C.18-C.29) und verkürzen die Entwicklungszeit (C.1).

Aus der Bedeutung des Personals für die Erzeugung qualitativ hochwertiger Software und für die Beurteilung der Leistung durch den Kunden ergibt sich für ein Instrument zur Produktentwicklung die Notwendigkeit der Berücksichtigung der Bedürfnisse der Mitarbeiter, d. h. der internen Kunden (Studien Nr. 2, 6, 8, 10 und 13).[39] Bei aller Mitarbeiterorientierung darf das primäre Ziel der Unternehmung, nämlich die Orientierung am externen Kunden, jedoch nicht aus den Augen verloren werden. Die Arbeitsabläufe müssen vorrangig nach den Bedürfnissen der externen Kunden ausgerichtet sein und dürfen nicht den Arbeitnehmerinteressen den Vorzug geben.[40] Es gilt also, einen geeigneten Mittelweg zwischen Mitarbeiter- und Kundenorientierung zu finden, bei dem gemäß den Präferenzen im Entscheidungsmodell die Kundenorientierung den Vorrang besitzt (Studien Nr. 8, 10, 46, 68 und 75). Bereichsübergreifende Gruppenarbeit (Studien Nr. 70, 71, 72 und 73) unter Einbeziehung von Kunden (Studien Nr. 2, 5, 14, 75, 76 und 78) und Lieferanten (Studie Nr. 13) stellt hierbei ein wesentliches Element dar. Durch die Einbeziehung mehrerer Bereiche und externer Produktionsfaktoren in den Entwicklungsprozeß können Ziele und Entscheidungen der Betroffenen abgestimmt, eine gemeinsame Sicht auf das Produkt entwickelt, ein umfassender Informations- und Wissenstransfer etabliert sowie ein gegenseitiges Verständnis erzeugt werden. Außerdem können Fehlleistungskosten infolge mangelnder Abstimmung vermieden werden.

These P6:	Ein bereichsübergreifendes Projektteam (E.6-E.9) fördert die Zusammenarbeit bei der Produktentwicklung (C.34-C.40) und führt zu niedrigeren Produktkosten/-preisen (C.3-C.7).

Dabei dürfen jedoch Wirtschaftlichkeitsaspekte nicht vernachlässigt werden (Studie Nr. 26). Je besser Teamsitzungen vorbereitet und zeitlich dimensioniert sind und je geeigneter der Moderator ist, desto reibungsloser funktioniert die Zusammenarbeit der Mitarbeiter und desto stärker werden Einstellungen, Motivation, Rollenverständnis, Fähigkeiten und geeignetes Verhalten der Mitarbeiter gefördert.

39 So zeigen Erfahrungsberichte aus dem Dienstleistungssektor, daß 70% der Kundenwechsel keine Folge der Produktqualität, sondern der Leistung des Personals sind: 20% der Kunden wechselten, weil sie zu wenig Kontakt und Aufmerksamkeit erhielten; 45% gaben an, die Servicemitarbeiter seien unfreundlich und nicht hilfsbereit gewesen. Vgl. Neuberger /Kundschaft/ 13

40 Vgl. Köhler /Kommunikationsmanagement/ 93

These P7:	Gut vorbereitete und zeitlich straff dimensionierte Teamsitzungen (E.10-E.13) erhöhen die Wirtschaftlichkeit der Produktentwicklung (C.30-C.33) und verkürzen die Entwicklungszeit (C.1).

Die Berücksichtigung heterogener Kundenbedürfnisse bei der Produktentwicklung erfordert eine entsprechend differenzierte Palette von Lösungsmerkmalen, die sich nicht nur auf funktionale Merkmale der Software beschränkt, sondern auch nicht-funktionale Softwareeigenschaften einschließt (Studie Nr. 61).[41] Da der Kunde sein Urteil u. a. auf der Basis von Preis-Leistungsverhältnisabwägungen fällt, sind bei der Entwicklung der Lösungen auch stets aufwands- bzw. kostenbezogene Aspekte zu berücksichtigen.

These P8:	Eine hinsichtlich Volumen, Dimensionen und Tiefe umfassende Planung bei der Produktentwicklung (E.14-E.18) erhöht die Vollständigkeit der zur Produktion erforderlichen Informationen (C.18-C.29) und führt zu einer höheren Produktqualität (C.8-C.11).

Mit zunehmender Anzahl der gleichzeitig zu planenden bzw. zu entwickelnden Elemente steigen allerdings Komplexität und Aufwand; außerdem besteht die Gefahr einer mangelnden Fokussierung auf die Projektziele (Studie Nr. 61).

These P9:	Die Anpassung der Instrumente an projektspezifische Bedingungen (E.19-E.20) erhöht die Vollständigkeit der zur Produktion erforderlichen Informationen (C.18-C.29) und führt zu einer höheren Produktqualität (C.8-C.11).

Um mit Hilfe des Produktentwicklungsinstruments alle benötigten Informationen über Kundenanforderungen und Produktmerkmale zu gewinnen, ist die Einhaltung der dem Instrument zugrunde liegenden Prinzipien und Techniken erforderlich.

These P10:	Die Einhaltung der dem Instrument zugrunde liegenden Prinzipien und Techniken (E.21-E.31) führt zu einer adäquaten methodischen Vorgehensweise bei der Produktentwicklung (C.12-C.17) und erhöht die Produktqualität (C.8-C.11).

Zur Erläuterung der Prinzipien und Techniken eines Instruments zur *kundenorientierten* Produktentwicklung werden nachfolgend Gestaltungsempfehlungen formuliert, die sich auf die in Kapitel 3.3 aufgeführten drei kundenorientierten Zielgrößen der Produktentwicklung beziehen:

- Empfehlungen zur Erreichung „relativer Qualität" (Kapitel 5.2.2.2)
- Empfehlungen zur Erreichung „technischer Qualität" (Kapitel 5.2.2.3)

41 Vgl. Sivess /Non-functional requirements/ 285-294

- Empfehlungen zur Erreichung „individueller Kundenbedürfnisbefriedigung“ (Kapitel 5.2.2.4)

5.2.2.2 Empfehlungen zur Erreichung relativer Qualität

Zwecks Entwicklung eines zur Befriedigung von Kundenbedürfnissen geeigneten Produkts ist es zunächst unabdingbar, daß die Bedürfnisse der Kunden bekannt sind. Die Ermittlung von Kundenbedürfnissen erfordert die *direkte Befragung bzw. Beobachtung* der späteren (potentiellen) Abnehmer des Produkts. Regelmäßige, intensive, qualitative und quantitative Kundenbefragungen stellen daher eine wichtige Voraussetzung für den Erfolg einer kundenorientierten Produktentwicklung dar (Studien Nr. 13, 28, 32 und 41). Kundenorientierte Produktentwicklung setzt daher bei Marktproduktion kundengerichtete Marktforschung und bei Kundenproduktion intensive Kommunikation mit dem Kunden voraus (Studien Nr. 26, 31, 45, 69 und 70). Bei der Kundenproduktion wirkt sich die Intensität der Kommunikation nicht nur auf die Produkt- bzw. Ergebnisqualität aus, sondern stellt darüber hinaus ein Element der Prozeß- bzw. Verrichtungsqualität dar (Studien Nr. 31 und 37). Je individueller das zu entwickelnde Produkt ist, desto wichtiger ist die Güte der Kommunikation mit den Kunden folglich für dessen Beurteilung der Leistung v. a. im Hinblick auf prozeßbezogene Bewertungskriterien.

Zur Kontrolle der Effizienz der Produktentwicklung ist die Kenntnis, inwieweit die Kundenbedürfnisse durch die Leistungen der Unternehmung befriedigt werden, zwingend erforderlich (Studie Nr. 34). Die in Kapitel 5.1.1 dargestellte geringe Reklamationsrate unzufriedener Kunden zwingt die Unternehmung über das Beschwerdemanagement oder eine Auswertung der Hotline bzw. der Inanspruchnahme des Benutzerservices hinaus, aktiv Maßnahmen zur *Messung der Kundenzufriedenheit* durchzuführen. Die Einschätzung des Personals (z. B. der mit dem Fachbereich zusammenarbeitende Softwareentwickler) ist als alleiniger Maßstab zur Beurteilung der Kundenzufriedenheit nicht ausreichend. Wie Development Dimensions International bei einer Befragung von 1.300 Kunden und 900 Angestellten aus neun Dienstleistungsunternehmungen festgestellt hat, ist die Einschätzung der Kunden durchweg negativer als die des Personals (Studie Nr. 32). Das Wissen, ob das gesetzte Ziel erreicht wurde, kann sich natürlich auch nicht einstellen, wenn, wie in Studie Nr. 62 für die Softwarebranche ermittelt, bereits innerhalb der Unternehmung unterschiedliche Einschätzungen der Qualitätsziele bei Führungskräften und Mitarbeitern vorliegen.

Empirische Untersuchungen (Studie Nr. 39) haben gezeigt, daß bei Kunden von Finanzdienstleistern trotz gleicher Globalzufriedenheitswerte unterschiedliche emotionale Empfindungen gegenüber der Unternehmung auftreten, die verschiedene Wieder(nicht)kaufmotive zur Folge haben. Kundenbefragungen müssen daher sowohl das Erwartungsniveau des Kunden, d. h. z. B. die Bedeutung der Kundenbedürfnisse, als auch eine in *mehreren Dimensionen zu bestimmende Zufriedenheitsmessung* enthalten (Studien

Nr. 13, 30 und 34). Als weitere Erfolgsfaktoren für Kundenzufriedenheitsmessungen nennen die empirischen Untersuchungen die Flexibilität der Messungen bezogen auf Produkte und Geschäftsbereiche (Studien Nr. 13 und 34) sowie die Zugänglichkeit der Befragungsergebnisse für alle Mitarbeiter (Studie Nr. 13). Die Kontrolle der Befriedigung von Kundenbedürfnissen erfordert die direkte Befragung des Kunden nach der Zufriedenheit mit dem Produkt. Je differenzierter die Messung hinsichtlich Bewertungsmerkmalswichtigkeiten und Zufriedenheit mit den Bewertungsmerkmalsausprägungen durchgeführt wird, desto eher entspricht das Meßergebnis der tatsächlichen Wahrnehmung des Kunden.

These P11:	Die intensive Befragung des Kunden (E.22) ist Voraussetzung zur Erlangung der für die Kundenbedürfnisbefriedigung erforderlichen Informationen (C.18-C.29) und somit für die Erzielung einer hohen relativen Qualität (C.9-C.11).

Kunden stellen die kompetentesten Gesprächspartner für die Ermittlung von Bedürfnissen dar. Kunden sind allerdings aufgrund eines mangelnden softwaretechnischen Wissens ohne Unterstützung durch Spezialisten nur selten in der Lage, geeignete Produktmerkmale zur Befriedigung dieser Bedürfnisse zu artikulieren (Studie Nr. 61).

Andererseits sind Entwickler bei ausreichender Kenntnis der Kundenbedürfnisse die kompetentesten Gesprächspartner für die Ermittlung softwaretechnischer Lösungen. Hinzu kommt, daß die gewünschten Effekte wie Kundenzufriedenheit und vor allem Kundenbindung nur dann in der gewünschten Intensität eintreten, wenn die Erwartungen nicht nur erfüllt, sondern darüber hinaus übertroffen werden (Studien Nr. 7 und 29). Hierzu ist z. B. eine intensive Auseinandersetzung mit den Geschäftsprozessen des Kunden erforderlich, um aufgrund des technologischen Wissensvorsprungs des Herstellers Leistungen anbieten zu können, auf die der Kunde selbst nicht gekommen wäre.[42] Außerdem stellt auch für diesen Zweck eine *Trennung zwischen Bedürfnissen und Lösungen* eine wichtige Voraussetzung zur Vermeidung der Entwicklung von aus Unkenntnis geforderten, aber letztlich ungeeigneten Produktmerkmalen dar (Studie Nr. 61).

These P12:	Eine stringente Trennung zwischen Bedürfnissen und (technischen) Lösungen bei der Analyse von Kundenbefragungsergebnissen (E.21) fördert ein methodisches Vorgehen bei der Produktentwicklung (C.12-C.17) und senkt die Gefahr der Entwicklung nicht geeigneter, zur Verminderung der relativen Qualität führender Produktmerkmale (C.9-C.11).

Bezüglich der weiteren Empfehlungen zur Erreichung relativer Qualität ist zwischen Marktproduktion und Kundenproduktion zu unterscheiden.

42 Siehe zur Geschäftsprozeßmodellierung in der Softwareentwicklung z. B. Scheer /Wirtschaftsinformatik/

Marktproduktion

Die unter Kosten- und Risikogesichtspunkten auf den ersten Blick attraktiv erscheinende Alternative der Ableitung von Kundenbedürfnissen aus Merkmalen erfolgreicher Produkte der Wettbewerber[43] ist nach einer Langzeitstudie der Boston Consulting Group bei 100 Unternehmungen aus 30 Branchen weitaus weniger erfolgreich als die offensive Ausübung von Marktdruck durch kundennutzengesteuerte Innovationen (Studie Nr. 14).[44] Gegen eine kundengetriebene Produktinnovation werden vielfach Argumente vorgebracht, nach denen durch Kunden höchstens marginale Produktverbesserungen, aber keine echten Innovationen zu erzielen sind.[45] Es besteht die Gefahr der Fehlurteile, wenn die Kunden nicht in der Lage sind, ihre Bedürfnisse zu artikulieren.[46] Möglicherweise sind die geäußerten Kundenwünsche unrealistisch bzw. nur unter unwirtschaftlichen Bedingungen realisierbar.[47] Bei Produkten mit langer Entwicklungsdauer besteht ferner die Gefahr, daß man von der technologischen Entwicklung überrannt wird.[48] Alternativ zur kundengetriebenen Innovation („demand pull") wird eine starke Technologieorientierung („technology push") gefordert.[49]

Die Frage nach der „besseren" Innovationsstrategie kann letztlich nur empirisch beantwortet werden.[50] Die empirischen Befunde beinhalten im wesentlichen die gleiche Kernaussage: Die erfolgreichste Produktentwicklung verbindet die Vorteile beider Innovationsstrategien („*balanced strategy*"). Coopers Untersuchung von Neuproduktionen bei 122 Unternehmungen (Studie Nr. 63[51]) kommt zu dem Schluß, daß die Verbindung von Technologie- und Forschungs- und Entwicklungsorientierung mit einer ebenso ausgeprägten Marktnähe und Bedarfsausrichtung die erfolgreichste Strategie darstellt.[52] Die Universität Regensburg (Studie Nr. 76) kommt bei einer ähnlich umfangreichen Untersuchung in

---

43 Siehe zu unterschiedlichen Umsetzungsmöglichkeiten des Prinzips der Kundenorientierung Mellis, Herzwurm, Stelzer /TQM/ 22-26

44 Auch Robinson, Formell /Market Pioneer/ und Urban u. a. /Pioneering/ kommen in empirischen Untersuchungen zu dem Ergebnis, daß Imitatoren weniger Marktanteile erzielen als Pionierunternehmungen.

45 Vgl. Kühn /Kundenorientierung im Marketing-Management/ 98

46 Vgl. Kühn /Kundenorientierung im Marketing-Management/ 98

47 Vgl. Kühn /Kundenorientierung im Marketing-Management/ 98

48 Vgl. Albers, Eggert /Kundennähe/ 10. Eine Fallstudie zur erfolgreichen kundenorientierten Produktinnovation in einer High-Tech-Unternehmung kommt allerdings zu anderen Schlußfolgerungen. Vgl. Bentley /Discussion/ 19-34

49 In der Literatur finden sich auch generelle Bedenken gegen Innovationen, die darauf gerichtet sind, mit neuartigen Produkten bzw. Technologien als erster ein Marktsegment zu betreten. So wollen Tellis und Golder bei der Analyse verschiedener Unternehmungen in den USA herausgefunden haben, daß Marktpioniere überdurchschnittlich oft Fehlschläge mit ihren Innovationen erleiden. Vgl. Tellis, Golder /Market Leadership/ 56-65

50 Auch an dieser Stelle ist auf die Methoden-Problematik der Erforschung des Zusammenhangs zwischen Unternehmungserfolg und Produktinnovation hinzuweisen. Vgl. Köhler /Produktinnovationsmanagement/ 154-156

51 In einer vergleichbaren Untersuchung bei 135 Unternehmungen kommt Cooper 1995 zu ähnlichen Ergebnissen. Vgl. Cooper, Kleinschmidt /New Product Development/

52 Erfolgreiche Innovationen setzen das vertiefte Verständnis des Kundennutzens neuer Technologien und somit das Wissen beider Seiten voraus. Vgl. Zahn /Innovation und Wettbewerb/ 130

Deutschland zwar zu keiner eindeutigen Entscheidung; sie beobachtet allerdings die Tendenz, daß demand pull Innovationen tendenziell erfolgreicher sind als technology push Konzepte, wenn die Unternehmung es schafft, Synergieeffekte zwischen Markt- und Technikbereich sowie bisherige Erfahrungen zu nutzen (zu ähnlichen Ergebnissen kommen auch die Studien Nr. 5 und 15). Waterman (Studie Nr. 2) betrachtet ebenfalls die Offenheit für Produktideen der Kunden als strategischen Vorteil. Schließlich hat auch die IBM in Studie Nr. 76 festgestellt, daß Unternehmungen, die zur Weltspitze gehören, Kunden in den Innovationsprozeß einbeziehen.[53] Bei der Ermittlung von Produktmerkmalen können Kundenbefragungen bzw. -beobachtungen daher wesentliche Impulse für Produktinnovationen geben. Daher besteht die in These P11 bereits angesprochene Notwendigkeit einer intensiven Zusammenarbeit zwischen potentiellen Kunden und Entwicklern auch für die Ermittlung von Produktmerkmalen bei Marktproduktion.

Kundenproduktion

Bei Kundenproduktion kann „Produktentwicklung“ mit der Erstellung der Anforderungsspezifikation gleichgesetzt werden. Unter einer Anforderungsspezifikation wird die Zusammenstellung aller Leistungsanforderungen an das Softwaresystem verstanden. Diese Anforderungen werden wie in Kapitel 2.1.2 dargestellt in Form von Lasten- bzw. Pflichtenheften dokumentiert. Bei Individualsoftware liegt die Verantwortung für die Erstellung des Lastenhefts üblicherweise beim Auftraggeber bzw. bei den Fachbereichen. Die Erstellung des Pflichtenhefts erfolgt in diesen Fällen unter Federführung des Auftragnehmers bzw. des DV-Bereichs. Lastenheft oder/und Pflichtenheft stellen darüber hinaus bei Fremdbezug von Software oftmals die Grundlage für Ausschreibungen bzw. für die Abgabe von Angeboten dar.[54] Kundenorientierte Produktentwicklung bedeutet, daß diese oftmals starre Aufgabenteilung ersetzt wird durch eine eng verzahnte Zusammenarbeit zwischen Auftraggeber und Auftragnehmer. Benutzerbeteiligung als Erfolgsfaktor für Softwareentwicklungsprojekte im Sinne der in Kapitel 4.1.1.2 zitierten Untersuchungen (insbesondere Studien Nr. 22 und 24) beschränkt sich nicht nur auf die sorgfältige Anforderungsentwicklung, sondern schließt die *Integration des Kunden* in den gesamten Produktionsprozeß, z. B. in Form von Prototyping oder von anderen Techniken des Requirements Engineering[55], ein.

---

53 Eine empirische Studie der Firma Diebold kommt zu dem Ergebnis, daß die frühzeitige Einbeziehung von Kunden v. a. „Flops“ und Kosten vermeidet. Zitiert nach Wildemann /Kundenorientierung/ 10

54 Kundenakquisition und Angebotsbearbeitung sind i. d. R. Aufgaben des Vertriebs und werden daher in diesem Kapitel nicht näher behandelt. Allerdings ist an dieser Stelle auf die Schnittstellenproblematik zwischen Vertrieb und Produktion hinzuweisen. Siehe hierzu bezogen auf die kundenorientierte Auftragsabwicklung Frese, Noetel /Auftragsabwicklung/ 105-137

55 Requirements Engineering ist die systematische Anwendung von Prinzipien, Methoden, Verfahren und Werkzeugen zur Ermittlung, Dokumentation und Analyse von Benutzeranforderungen. In Anlehnung an Davis /Requirements Engineering/ 1943. Siehe hierzu ausführlich z. B. Thayer, Dorfman /Requirements Engineering/

Fazit

Das Ausmaß der Integration des Kunden in die Produktentwicklung reicht demzufolge von einer oberflächlichen Befragung im Rahmen der Marktforschung bei Standardsoftware über eine intensive Kommunikation während der Entwicklung bzw. der Erprobung unfertiger Produkte (Beta-Softwareversionen) durch freiwillige Kunden bis hin zu der Entwicklung durch den Kunden selbst.[56] In vielen Branchen werden von sogenannten „lead-users", d. h. von Anwendern, die in ihrer Branche als besonders fortschrittlich gelten, Produktentwicklungskonzepte vorgelegt, die dann vom Hersteller bis zur Marktreife weiterentwickelt, werden.[57] Den Extremfall der Kundenproduktentwicklung praktiziert z. B. IBM, eine Unternehmung, die 30% ihrer Software von Anwendern ohne Auftrag entwickeln läßt, indem sie gelungene Anwenderprogramme gegen eine Lizenz übernimmt.[58] Das Ausmaß der Integration des Kunden in den Entwicklungsprozeß hängt außer von den in diesem Abschnitt diskutierten Faktoren besonders von den in Kapitel 3.2 dargestellten Gestaltungsbedingungen wie Standardisierungsgrad der Produkte, Art der Auslösung der Entwicklung und Änderungseinflüsse während der Entwicklung ab.[59] Abb. 5-6 illustriert die verschiedenen Möglichkeiten der Kundenintegration in die Produktentwicklung.

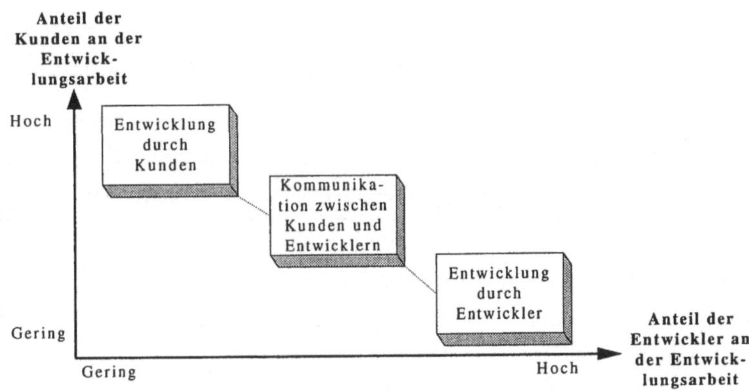

Abb. 5-6: Integration des Kunden in die Produktentwicklung[60]

56 Siehe hierzu branchenübergreifend Wind, Mahajan /New Product Development/ 110

57 Vgl. Breuer, Schwamborn /Lead-User Ansatz/ 845-847

58 Vgl. Albers, Eggert /Kundennähe/ 9

59 Ein differenziertes Schema zur Erfassung von Phasen des Produktentwicklungsprozesses und zum Grad der Einbeziehung von Kunden enthält Brockhoff /Wenn der Kunde stört/ 356-361

60 Vgl. Artz /Begriff der Kundenorientierung/ 49

5.2.2.3 Empfehlungen zur Erreichung technischer Qualität

Die frühzeitige, möglichst objektive Evaluierung von Produktideen erfordert die *Formulierung von Testkriterien*, mit deren Hilfe die Zweckmäßigkeit eines vorgeschlagenen Produktmerkmals überprüft werden kann (Studien Nr. 3 und 61).

These P13:	Eine fundierte[61] Analyse des Zusammenhangs zwischen Kundenbedürfnissen und Produktmerkmalen (E.27) erhöht die Wirtschaftlichkeit der Produktentwicklung (C.30-C.32) und mindert die Gefahr der Entwicklung überflüssiger bzw. nicht der technischen Spezifikation entsprechender Produktmerkmale (C.8).

In jedem Fall ist das Vorhandensein genauer *Vorgaben für die Produktmerkmalsausprägungen* Voraussetzung für eine Produktionsprozeßplanung, die sicherstellt, daß die spezifizierten Produkte in der gewünschten Weise gefertigt werden können (Studien Nr. 3, 61, 66 und 82).

These P14:	Eine hinreichend detaillierte Planung (E.14-E.18) sichert die zur Erstellung der Spezifikation erforderlichen Informationen (C.18-C.29) und erhöht die technische Qualität des Produkts (C.8).

5.2.2.4 Empfehlungen zur Erreichung individueller Kundenbedürfnisbefriedigung

Die Komplexität von Softwareprodukten sowie die Heterogenität der Kunden und die Vielschichtigkeit von deren Bedürfnisstruktur[62] erfordern den gezielten Zuschnitt der Produktentwicklung auf bestimmte Kunden oder Kundengruppen (Studien Nr. 40 und 68).

These P15:	Eine Differenzierung zwischen den Bedürfnissen unterschiedlicher Marktsegmente bei Marktproduktion bzw. eine Differenzierung zwischen den Bedürfnissen unterschiedlicher Kundengruppen bei Kundenproduktion (E.25) führt zu einer adäquaten Berücksichtigung des unternehmungsexternen Umfelds sowie zu anderen erforderlichen Informationen (C.18-C.29) und erhöht die relative Qualität des Produkts (C.8-C.11).

Zur Begründung der These P15 ist zwischen Markt- und Kundenproduktion zu unterscheiden.

---

61 Zur Operationalisierung der Begriffe „fundierte Analyse“ (These P13) bzw. „hinreichend detaillierte Planung“ (These P14) oder anderer in den Thesen vorgeschlagener Gestaltungsparameterausprägungen können die im Fragebogen vorgegebenen Wertebereiche herangezogen werden.

62 Siehe hierzu die Ausführungen in Kapitel 3.2.1.1 dieser Arbeit

Marktproduktion

Massensoftware und ggf. nicht kundenindividuelle Teile der Variantensoftware werden für einen anonymen Markt produziert, so daß im Extremfall die Produktentwicklung ausschließlich auf den Daten der Marktforschung[63] basiert. Bei Verfolgung der Strategie Kundenorientierung bedeutet dies, aus Bedürfnissen einzelner potentieller Kunden auf den Bedarf zu schließen und die Absatzchancen unter Berücksichtigung der Konkurrenzsituation abzuschätzen. Aufgabe der Produktentwicklung ist dann die Erarbeitung einer *zielgruppenspezifischen Problemlösung*.[64] Auf diese Weise wird sichergestellt, daß die neue Software nicht an den Gegebenheiten der Märkte und insbesondere nicht an den Bedürfnissen der Kunden vorbei entwickelt wird.[65] Wichtige Voraussetzungen für den Erfolg stellen hierbei gute Marktkenntnisse (Studien Nr. 41, 78, 79 und 81) und das Übertreffen der Konkurrenz (Studien Nr. 68 und 79) dar. Bei der Ermittlung von Produktmerkmalen sind daher die Bedürfnisse unterschiedlicher Marktsegmente und die Produkte der Konkurrenz zu berücksichtigen.

Im Fall der Marktproduktion wird die auf Kundengruppen zugeschnittene Marktbearbeitung in amerikanischen Veröffentlichungen meist als Target Marketing bezeichnet.[66] Mit Hilfe der Kundensegmentierung kann die Unternehmung die *Kundengruppen* identifizieren, für die sie mit ihrem zu entwickelnden Leistungsangebot tätig sein will. Anhand bestimmter Kriterien werden im Zuge des Segment-Marketing[67] homogene Kundengruppen gebildet, die ähnliche, vergleichbare individuelle Bedürfnisse besitzen.[68] Bei der hier betrachteten Investitionsgüterentwicklung empfiehlt sich eine zweistufige Segmentierung, die mit institutionellen Abnehmern beginnt und in einem zweiten Schritt Angaben zu deren Entscheidungsträgern im Einkauf ergänzt.[69] Über eine portfolioorientierte Kundenanalyse kann dann beispielsweise eine kundenbezogene Deckungsbeitragsrechnung wichtige Entscheidungsgrundlagen bezüglich der Fortsetzung von Geschäftsbeziehungen mit dem Kunden bzw. dem Kundensegment liefern.[70]

Eine Analyse der Kaufkriterien und der Erfolgsfaktoren für den wirtschaftlichen Unternehmungserfolg von Softwareanbietern zeigt (Studien Nr. 2, 18, 19, 20 und 21), daß der Kunde nicht nur die „nackte" Software wünscht, sondern darüber hinaus vielfältige Anforderungen im Schulungs-, Beratungs-, Finanzierungsbereich oder in anderen *Zusatzservice-*

63 Vgl. Köhler /Marktforschung/ 2782

64 Vgl. Köhler /Marketing-Organisation/ 1637

65 Vgl. Rust, Zahorik /Qualitätsmanager/ 65-66

66 Vgl. Köhler /Marketingcontrolling/ 62

67 Vgl. Theiler /Kunden/ 486

68 Vgl. Koppelmann /Marketing/ 29-30. Zur Kundensegmentierung siehe auch Habla /Kunden/ 14-15

69 Vgl. Köhler /Marketingcontrolling/ 64

70 Vgl. Köhler /Portfolioorientierte Kundenanalyse/ 169

bereichen besitzt. Eine Produktentwicklung, die sich lediglich auf den reinen Programmcode beschränkt, erscheint unter diesen Umständen nicht ausreichend.[71] Die Software mit ihrer produktbezogenen Qualität macht nur einen Teil dessen aus, was der Kunde erwartet. Ein wesentlicher Teil seiner Erwartungen liegt im sogenannten „After-Sales-Bereich".[72] Die Beziehung zwischen Kunde und Anbieter ist mit dem Kauf des Produkts nicht beendet, sondern geht über den Kauf hinaus.[73] Da die Beziehung zum Kunden fortgeführt werden soll, wird die Wichtigkeit der Einhaltung von Zusagen bzw. Garantien und der sofortigen Fehlerbehebung während der Produktbetreuungsphase deutlich.[74] Dies gilt insbesondere für Software, deren Fehler sich oft erst während der Betriebsphase zeigen.[75] Produktentwicklung in diesem Sinne umfaßt jede Art von Folge-, Zusatz- oder Nebenleistung, die mit dem Produktkauf in Verbindung steht.[76] Hierunter fallen z. B. Auslieferung, Installation, Wartung, Fehlerbeseitigung und Schulung des Kunden bei der Softwareanwendung. Auch die Versorgung des Kunden mit Informationen, die kaufbestätigend und nutzenerleichternd (z. B. Produktgütesiegel oder Bedienerhandbuch), wirken, ist ebenso Gegenstand der Produktbetreuungsphase wie die *soziale Integration der Kunden* in Kundenbeiräten (wie das z. B. bei der Software AG der Fall ist) bzw. in Focus Groups[77].[78]

Kundenproduktion

Vordergründig betrachtet, ist der Kunde diejenige Person, die für die Software zahlt. Für den hier nicht untersuchten Fall der Standardsoftware als Massenprodukt für den privaten Haushalt kann diese Definition zweckmäßig sein, für die meisten großen Softwaresysteme in Unternehmungen und insbesondere bei Kundenproduktion ist sie allerdings unzureichend. Zum einen „zahlt" i. d. R. nicht eine Person, sondern eine Organisation nach Ablauf eines bestimmten Entscheidungsverfahrens;[79] zum anderen wird Software nur extrem selten für eine einzige Person erstellt. Vielmehr sind Softwaresysteme i. d. R. zur gemeinsamen Verwendung durch viele Benutzer vorgesehen und berühren darüber hinaus noch die Interessen von Personen, die keine Benutzer sind (z. B. Datenschutzbeauftragte oder Betriebsräte). Die Bedürfnisse des „Kunden" (z. B. die Fachabteilungsleiter als Käufer) können sich allerdings von den Bedürfnissen der Benutzer (z. B. die Sachbearbeiter einer

71 Vgl. Peter, Schneider /Kundennähe/ 7

72 Siehe zu einem umfangreichen Ansatz zum After-Sales-Marketing auf industriellen Märkten Schütze /Kundenzufriedenheit/

73 Vgl. Peters, Waterman /Spitzenleistungen/ 191 und Meyer, Oevermann /Kundenbindung/ 1341

74 Vgl. Peters, Waterman /Spitzenleistungen/ 192

75 Vgl. Boehm /Economics/ 4-21

76 Vgl. Meffert /Absatzpolitik/ 411-418

77 Vgl. Nielson /Focus Groups/ 94-95

78 Vgl. Peter, Schneider /Kundennähe/ 10-11

79 Siehe zum Beschaffungsprozeß von Software Keller /Entscheidungsprozeß/

Fachabteilung, die mit der gelieferten Software arbeiten) und der indirekt betroffenen Personen (z. B. die Anwendungsadministratoren des Rechenzentrums) unterscheiden (Studie Nr. 61).

Auch bei Kundenproduktion erfordert die Vielzahl der Benutzer und Betroffenen der Software daher eine *differenzierte Betrachtung der Kundengruppen* (Studie Nr. 61).

6 Vorschlag zur Gestaltung eines Instrumentariums zur kundenorientierten Softwareproduktentwicklung: Software Customer Value Management (SCVM)

Entsprechend den in Kapitel 5.2 dargestellten Gestaltungsempfehlungen weist das in diesem Abschnitt beschriebene SCVM folgende konstituierende Merkmale auf:

- Frühzeitige und durchgängige Einbeziehung des Kunden in den Produktentwicklungsprozeß durch direkte Befragung nach dessen Bedürfnissen und Zufriedenheit sowie durch unmittelbare Konfrontation mit Lösungsvorschlägen der Entwickler (Thesen P11 und P14)[1]
- Differenzierte Analyse von Kundenbedürfnissen und Kundenzufriedenheit gegliedert nach verschiedenen Kundentypen bzw. Marktsegmenten (These P15)[2]
- Stringente Trennung sowohl zwischen Kundenaussagen bzw. Kundenbeobachtungen und hieraus abgeleiteten Kundenbedürfnissen als auch zwischen Kundenbedürfnissen und Lösungen, d. h. Merkmalsausprägungen der Produkte bzw. des Leistungserstellungsprozesses (These P12).[3] Die innerhalb des SCVM verwendete Terminologie zeigt Tab. 6-1:

Definition	**Kundenwunsch = Anforderung**	**Produktcharakteristikum = Lösung**	
	Sich aus der Verwendung des Produkts (Geschäftsprozeß) ergebende Bedürfnisse („business needs")	Implementationsunabhängige Eigenschaften oder Fähigkeiten des Produkts, die den Kunden bei hohem Erfüllungsgrad die Vorteile der dazu in Beziehung stehenden Kundenanforderungen bringen	
Definition	*Kundenanforderung*	*Produktmerkmal*	*Qualitätsmerkmal*
	In der Sprache der Kunden formulierte, kurze prägnante Aussagen über Vorteile, welche die Kunden durch die Nutzung des Produkts erzielen bzw. erzielen könnten	Funktionales i. d. R. nicht meßbares Produktcharakteristikum	Nicht-funktionales, möglichst während der Entwicklung und vor der Auslieferung meßbares Produktcharakteristikum
Beispiel	Termine pflegen	Aktionen anhand von Terminen anstoßen	Schnelle Antwortzeit

Tab. 6-1: Wichtige Begriffsdefinitionen des SCVM

1 Siehe hierzu insbesondere die Kapitel 6.2.2.1.2, 6.2.2.2.2 und 6.2.2.3.2

2 Siehe hierzu insbesondere die Kapitel 6.2.2.1.2 und 6.2.2.2.2

3 Siehe hierzu insbesondere Kapitel 6.2.2.1.2

- Heranziehung des Beitrags eines Produktcharakteristikums zur Erfüllung von Kundenbedürfnissen als wichtigstes Kriterium bei der Bewertung von Produktideen (These P13)[4]
- Entwicklung möglichst genauer, überprüfbarer Vorgaben für alle Produktcharakteristika (Thesen P8 und P14)[5]
- Einbeziehung aller beteiligten Personen und Bereiche, die über das für die Produktentwicklung relevante Wissen verfügen bzw. die von den gefällten Entscheidungen betroffen sind, in Form von Teamarbeit (These P6)[6]
- Projektspezifische Planung jedes Bausteins mit klar formulierten Zielen, gut vorbereiteten sowie zügig durchführbaren Sitzungen und durchgängiger Dokumentation (Thesen P3 bis P10)[7]

Das SCVM bietet Methoden und Hilfsmittel, um

1. Kunden zu ermitteln und deren Bedürfnisse zu verstehen, zu operationalisieren und zu bewerten (Customer Value Analysis),
2. Kundenzufriedenheit mit den eigenen Produkten/Dienstleistungen (ggf. im Vergleich zu konkurrierenden Produkten/Dienstleistungen) in allen Dimensionen objektiv zu messen (Customer Satisfaction Survey) und um
3. einen strukturierten Dialog zwischen allen Beteiligten zur Transformation von Kundenbedürfnissen in Leistungsmerkmale und zur rationalen, transparenten, abgestimmten Entscheidungsfindung zu institutionalisieren (Customer Solution Planning).

In einem innovativen Marktsegment wie der Softwareentwicklung mit kurzen Produktlebenszyklen und fortdauerndem technologischen Wandel ist der Produktentwicklungsprozeß hierbei stets den veränderten Bedingungen anzupassen, so daß über Methoden und Hilfsmittel zur Softwareproduktentwicklung hinaus Maßnahmen zur

4. zielgerichteten kontinuierlichen Verbesserung der Kundenorientierung zu treffen sind (Continuous Improvement of Customer Orientation).

Zur Verbesserung von Softwareentwicklungsprozessen sind drei grundsätzliche Alternativen denkbar: die Orientierung an Gestaltungsvorschlägen von Spezialisten (z. B. Forscher oder Unternehmungsberater), das Lernen aus eigenen Erfahrungen oder die Übernahme von Praktiken erfolgreicher Unternehmungen.[8] Es ist evident, daß die Verbesserung von Leistungserstellungsprozessen ein vielschichtiges Problem darstellt, dessen

---

4 Siehe hierzu insbesondere Kapitel 6.2.2.3.2

5 Siehe hierzu insbesondere Kapitel 6.2.2.3.2

6 Siehe hierzu insbesondere Kapitel 6.2.1.2

7 Siehe hierzu insbesondere Kapitel 6.2.2.1.1, 6.2.2.2.1 und 6.2.2.3.1

8 Vgl. Mellis /Geleitwort/ V

Ursachen nicht in der Art des Verbesserungsziels begründet sind, sondern auch auftreten, wenn statt der Steigerung von Kundenorientierung beispielsweise die Minimierung von Softwarefehlern oder die Erhöhung der Produktivität angestrebt werden.[9] Eine intensive Betrachtung derartiger nicht nur bei Kundenorientierung auftretender Forschungsprobleme sprengt den Rahmen dieser Arbeit, weshalb für den Aufgabenkomplex kontinuierliche Verbesserung der Kundenorientierung lediglich kurz zwei in der Praxis erfolgreich angewandte Alternativen vorgestellt werden, ohne hierbei den Anspruch zu erheben, daß diese eine „optimale" Prozeßverbesserungsmethode repräsentieren.[10] Für das Prozeß-SCVM werden daher weder Thesen überprüft noch Thesen aufgestellt.

Bei der Bearbeitung der Aufgabenfelder sind alle Aktivitäten so zu gestalten, daß die entwickelte Software für den Kunden einen Wert bzw. Nutzen („Value") darstellt. Dies ist die Voraussetzung für eine nachhaltige Kundenzufriedenheit und eine langfristige, für beide Seiten profitable Partnerschaft, die sich nicht nur auf einen einzelnen Geschäftsabschluß bzw. eine einzelne Softwareentwicklung beschränkt. Aus diesem Grund wird das in dieser Arbeit vorgestellte Instrumentarium Software Customer Value Management (SCVM) genannt.[11]

Für die Erarbeitung eines Instrumentariums zur kundenorientierten Softwareproduktentwicklung erscheint es zweckmäßig, bestehende Instrumente auf ihren Erfüllungsgrad bezüglich der entwickelten Effizienzkriterien zu überprüfen. Bei entsprechender Eignung können Elemente des existierenden Instrumentariums, ggf. nach einer Anpassung zur Behebung etwaiger Mängel, übernommen werden. Daher erfolgt vor der in Kapitel 6.2 vorgenommenen Darstellung der Bausteine des SCVM in Kapitel 6.1.1 zunächst eine Analyse der Eignung traditioneller Instrumente zur kundenorientierten Softwareproduktentwicklung. Anschließend werden in Kapitel 6.1.2 die in das SCVM integrierten Instrumente kurz beschrieben.

6.1 Instrumente des SCVM

6.1.1 Eignung traditioneller Instrumente zur kundenorientierten Softwareproduktentwicklung

Die Analyse der Kunden und der Kundenbedürfnisse sowie die Ableitung von Lösungsmerkmalen stellt im Rahmen des traditionellen Software Engineering eine Aufgabe des

---

9 Vgl. Mellis, Herzwurm, Stelzer /TQM/ 39-44

10 Siehe zum Prinzip der kontinuierlichen Verbesserung ausführlich Imai /KAIZEN/

11 Der Name SCVM ist in dieser Form nicht in der Literatur zu finden. Allerdings stammt aus den USA das Konzept des Value Management, das mit der deutschen Wertanalyse vergleichbar ist. Ziel dieser Ansätze ist die Erfüllung vorgegebener Anforderungen zu minimalen Kosten. Der Wert eines Produkts ergibt sich aus dem Nutzen der Funktionen eines Produkts und den Kosten, die zur Realisierung dieser Funktionen erforderlich sind. Vgl. Gale, Wood /Managing Customer Value/, Naumann /Customer Value/ und Jehle /Wertanalyse/

Requirements Engineering dar. Software Requirements Engineering ist die systematische Anwendung bewährter Prinzipien, Methoden, Verfahren und Werkzeuge zur effizienten Analyse, Dokumentation und Fortschreibung von Benutzerbedürfnissen und zur Spezifikation des externen Verhaltens des zur Bedürfnisbefriedigung vorgesehenen Softwaresystems.[12] Aufgrund dieser besonderen Bedeutung des Requirements Engineering für die Softwarebranche werden die entsprechenden Instrumente getrennt von den anderen konstruktiven Instrumenten der Produktentwicklung untersucht.

Beurteilung der Requirements Engineering Instrumente

Existierende Requirements Engineering Techniken verfolgen das primäre Ziel der Transformation von in natürlichsprachlicher Form vorliegenden Benutzeranforderungen in formalere Spezifikationen als Basis für Design und Implementierung.[13] Der IEEE-Standard zum Requirements Engineering definiert zwar neben dem „User" (= Benutzer) auch den „Customer" (= Kunde) als die Person, die für die Software zahlt und i. d. R. auch die Anforderungen festlegt.[14] Die Ausführungen zur Gestaltung des Requirements Engineering beschränken sich jedoch auf Benutzeranforderungen. Kunden als Organisationen werden ebenso wenig behandelt wie Interessenvertreter, die nur mittelbare Beziehungen zur entwickelten Software haben (z. B. Systemadministratoren im Rechenzentrum).[15] Daher ist es auch nicht verwunderlich, daß die meisten traditionellen Requirements Engineering Techniken keine detaillierte Differenzierung zwischen Kunden- bzw. Benutzertypen vornehmen. Darüber hinaus berücksichtigen die Ansätze i. d. R. keine Kundenzufriedenheitswerte bei der Produktentwicklung. Die traditionellen Requirements Engineering Techniken bieten infolgedessen bezüglich der Effizienzkriterien „Ermöglichung Kundenzufriedenheitsmanagement" und „Förderung Kundenbedürfnisdifferenzierung" nur unzureichende Elemente an.

Die Requirements Engineering Instrumente stellen lediglich eine zufriedenstellende Basis für eine technische Spezifikation als Grundlage für Prüf- und Testverfahren (Effizienzkriterium „Gewährleistung Einhaltung der technischen Spezifikation") dar. Informationen über die Wichtigkeit von Anforderungen, die Zufriedenheit mit der Erfüllung von Anforderungen und Merkmale der Konkurrenz werden jedoch nicht verarbeitet.

Die Ergebnisse weisen teilweise einen hohen Abstraktionsgrad auf. Die eher formalen Methoden haben den Vorteil, daß ihre Ergebnisse ohne großen Aufwand und mit geringer

---

12 Vgl. Davis /Requirements Engineering/ 1943. Siehe hierzu ausführlich z. B. Thayer, Dorfman /Requirements Engineering/

13 Die Ergebnisse einer Untersuchung an der Universität Zürich zur Ermittlung „repräsentativer" Requirements Engineering Techniken enthält Hofmann /Requirements Engineering/ 28-42

14 Vgl. IEEE /Software Requirements Specifications/ 10

15 Einen Überblick über Interessengruppen bei der Softwareentwicklung enthält z. B. Bächle /Qualitätsmanagement/ 79

Fehlergefahr in Softwareprodukte transformiert werden können. Je länger man allerdings mit formalen Methoden arbeitet, desto eher sinkt tendenziell die Motivation und die Kompetenz des Kunden bzw. Benutzers, da dieser nicht in seiner gewohnten Sprache kommunizieren kann; je länger man jedoch mit informalen Methoden arbeitet, desto höher ist die Gefahr von Fehlern bzw. Lücken und Mißverständnissen in den späteren Phasen der Softwareentwicklung. Kundenorientierte Produktentwicklungsinstrumente setzen daher auch formale Techniken ein, aber erst in einer späteren Phase, nachdem zuvor explizit zwischen Anforderung und Lösung getrennt wurde. Die traditionellen Techniken stellen zwar implementationsabhängige Aspekte zunächst zurück, erarbeiten aber i. d. R. bereits in einem recht frühen Stadium konkrete Lösungen. Die meisten traditionellen Techniken basieren auf Interviews und Beobachtungen. Teamarbeit oder moderierte Gruppensitzungen, in denen auch Entscheidungen unter Beteiligung aller Betroffenen bzw. deren Vertreter getroffen werden, sind kein expliziter Bestandteil gängiger Requirements Engineering Techniken. Der in den letzten Jahren in den USA zunehmend populärer werdende Joint Application Development (JAD) Ansatz versucht diesen Mangel auszugleichen, indem in einer Zeitspanne von wenigen Tagen moderierte Teamsitzungen mit Kunden und Entwicklern durchgeführt werden.[16] In diesen Sitzungen werden gemeinsam die Projektziele festgelegt sowie die Ergebnisse traditioneller Requirements Engineering Ansätze erarbeitet.[17] Allerdings zielen auch die hierbei verwendeten Techniken primär auf die Erstellung von Daten-, Funktions- und Ablaufmodellen ab und orientierten sich somit überwiegend an den technischen Aspekten der zu entwickelnden Informationssysteme.[18] Kunden, die mit diesen für Spezialisten geschaffenen Methoden nicht vertraut sind und den erforderlichen hohen Lernaufwand nicht investieren wollen, verstehen derartige Modelle jedoch nur unzureichend, was zu permanenten Kommunikationsschwierigkeiten mit den Softwareentwicklern führt.[19] Insofern stellen Requirements Engineering Instrumente auch bezüglich des Effizienzkriteriums „Unterstützung Prozeßqualität" keine ausreichende Lösung dar.

Beurteilung anderer Instrumente

Die Überprüfung anderer wichtiger Instrumente der Produktentwicklung anhand der Effizienzkriterien (Tab. 6-2) führt u. a. zu folgenden Ergebnissen:

- Die meisten Instrumente nehmen nur Teilaufgaben im Rahmen der Produktentwicklung wahr. So dienen Kreativitätstechniken lediglich der Ableitung von Lösungsmerkmalen. Die sieben Management- und Planungstechniken beschränken sich ebenso wie Qualitätszirkel, Design-Reviews und Qualitäts-Audits im wesentlichen auf die Behebung von

16 Vgl. Wood, Silver /Joint Application Development/ 7-10

17 Zur Integration traditioneller Requirements Engineering Techniken mit JAD siehe Andrews, Leventhal /Fusion/

18 Vgl. Seibt /Informationssystem-Architekturen/ 266

19 Vgl. Seibt /Informationssystem-Architekturen/ 266-267

Qualitätsproblemen, so daß auch sie nur einen Teil der Effizienzkriterien erfüllen. Solche Instrumente können jedoch ebenso wie die Erhebungs-/Gewichtungs- und Priorisierungstechniken (diese v. a. im Rahmen der Kundenbedürfnisermittlung und Kundenzufriedenheitsmessung) ergänzend zu anderen Instrumenten der kundenorientierten Softwareproduktentwicklung zum Einsatz gelangen.

- Einige Instrumente sind aufgrund der in Kapitel 2.1.3 dargestellten Besonderheiten der Softwarebranche nur bedingt oder gar nicht für die Entwicklung von Softwareprodukten geeignet. Hierunter fallen hauptsächlich die Failure Mode and Effect Analysis sowie die statistische Prozeßkontrolle und die Methode Design of Experiments.
- Die Wertanalyse ist zwar insbesondere im Hinblick auf die Effizienzkriterien „Gewährleistung der Einhaltung der technischen Spezifikation“ und „Unterstützung Prozeßqualität“ positiv zu bewerten; sie verfolgt jedoch primär kostenorientierte Ziele und weist daher Schwächen in bezug auf kundenzufriedenheitsbezogene Zielgrößen auf.
- Quality Function Deployment (QFD) ist bezüglich aller Effizienzkriterien am besten zu bewerten. Im Gegensatz zu zahlreichen anderen Instrumenten dominiert bei QFD die Zielsetzung einer hohen Kundenzufriedenheit, die über den zusätzlichen Schritt einer nicht formalen Lösungsbeschreibung und die kohärente, kundenfokussierte Ausrichtung des Entwicklungsprozesses erreicht werden soll. QFD verarbeitet alle relevanten Informationen über die nach Kundentypen differenzierte Wichtigkeit von Kundenbedürfnissen, die Zufriedenheit mit der Erfüllung von Anforderungen und die Merkmale der Konkurrenz (Benchmarking). Allerdings deckt bei näherer Betrachtung auch QFD nicht alle Anforderungen an ein Instrumentarium zur kundenorientierten Softwareproduktentwicklung ab. So kann QFD beispielsweise Kundenzufriedenheitswerte bei der Produktplanung berücksichtigen, bietet allerdings selbst kein Instrument zur Messung solcher Kennzahlen.[20]

20 Siehe zur Kritik an QFD z. B. Engelhardt, Freiling /Marktorientierte Qualitätsplanung/ 10-16

Effizienzkriterium / Instrument	Ermöglichung der Planung, Steuerung und Kontrolle von Kundenzufriedenheit	Gewährleistung der Einhaltung der technischen Spezifikation	Förderung der differenzierten Kundenbedürfnisbefriedigung	Unterstützung der Prozeßqualität
Requirements Engineering Techniken	○	●	○	○
Sieben Management-/ Planungstechniken	○	○	○	○
Erhebungstechniken	●	○	●	○
Qualitätszirkel	○	○		○
Kreativitätstechniken			○	○
Gewichtungs-/Priorisierungstechniken	○	○	○	
Wertanalyse	○	●	○	●
Quality Function Deployment (QFD)	●	●	●	●
Failure Mode and Effect Analysis (FMEA)		○		○
Statistische Prozeßkontrolle (SPC)		●		○
Design-Review		●		○
Design of Experiments (DoE)		●		●
Kundenzufriedenheitsmessungen	●	○	●	○
Qualitäts-Audit	○	●		●
Benchmarking	●		●	●

Legende: ● Hohe Effizienz ○ Mittlere Effizienz

Tab. 6-2: Effizienz von Instrumenten zur Produktentwicklung

6.1.2 Überblick über die Instrumente des SCVM

Die nachfolgenden Kapitel beschreiben zunächst die verwendeten Instrumente in Form von Basistechniken und erläutern, wie diese innerhalb des SCVM zum Einsatz kommen. Anschließend werden die SCVM-Bausteine selbst dargestellt.

6.1.2.1 Konstruktive Instrumente

6.1.2.1.1 Requirements Engineering Techniken

In Abhängigkeit vom Abstraktionsgrad der erhobenen Kundenanforderungen handelt es sich bei Requirements Engineering Techniken um informale, semi-formale oder formale Ansätze.

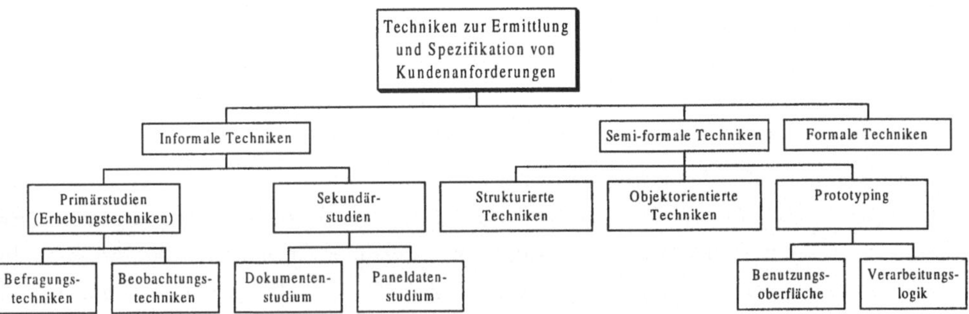

Abb. 6-1: Systematik der Requirements Engineering Techniken

SCVM basiert im wesentlichen auf informalen und semi-formalen Techniken. Formale Techniken kommen bei der anschließenden Spezifizierung und Formalisierung bzw. bei der Formulierung von Entwicklungsvorgaben zum Einsatz.

SCVM-Baustein / *Technik*	**Customer Value Analysis (CVA)**	**Customer Satisfaction Survey (CSS)**	**Customer Solution Planning (CSP)**	**Softwareprozeß-Benchmarking**
Informale Techniken	●	●	●	●
Semi-formale Techniken	O		O	
Formale Techniken				

Legende: ● Standard O Ergänzung

Tab. 6-3: Requirements Engineering Techniken im SCVM

6.1.2.1.2 Erhebungstechniken

Bei Erhebungstechniken kann es sich entweder um Beobachtungen oder um Befragungen handeln.[21] Die bewußte Beobachtung der Kunden bei der Nutzung des Produkts, also der direkte Kontakt der Entwickler mit dem Kunden vor Ort, wird auch als „going to the gemba" bezeichnet.[22] Diese Vorgehensweise stellt eine sehr aufwendige Analyse und Aufnah-

21 Zum Einsatz solcher Instrumente in der Marktforschung siehe z. B. Köhler /Marktforschung/ 2788

22 „Gemba" steht dabei für den Ort, an dem das Softwareprodukt Nutzen für den Kunden stiftet. Vgl. Zultner /Requirements Exploration/ 309

me der Kundenstimme dar und gestaltet sich bei immateriellen Softwareprodukten in der Praxis besonders schwierig.

Infolgedessen stellen Befragungen beim SCVM die am häufigsten verwendete Erhebungstechnik dar. Um bei der Ermittlung von Kundenbedürfnissen dennoch Lösungsmerkmale zu erhalten, die aus Sicht des Kunden eine positive Überraschung darstellen, wird z. B. eine gemeinsame Gruppensitzung mit Entwicklern und Kunden abgehalten, in der in erster Linie die Kunden frei ihre Wünsche äußern können, die Entwickler aber gleichzeitig Einblicke in die realen Probleme bekommen und so zu neuen Ideen inspiriert werden. Diese können die Entwickler in späteren Gruppensitzungen einbringen, in denen explizit ihr Einfallsreichtum bei der Entdeckung der Produktmerkmale gefragt ist.

Generell gilt, daß mit zunehmender Anzahl der zu befragenden Personen der Einsatz von Fragebögen im SCVM erfolgt (z. B. zur Gewichtung von Kundenanforderungen und Ermittlung von Kundenzufriedenheit) und daß mit steigender Komplexität der Aufgabe der Einsatz von Gruppeninterviews vorgezogen wird (z. B. Ermittlung von Kundenanforderungen und von Produktcharakteristika). Moderierte Gruppeninterviews unter Einsatz der Metaplantechnik bilden hierbei ein wesentliches SCVM-Element. Dabei gelten für die Gruppenmitglieder analoge Verhaltensregeln wie bei den nachfolgend beschriebenen Kreativitätstechniken. Tab. 6-4 zeigt den Einsatz unterschiedlicher Befragungstechniken im Rahmen des SCVM.

SCVM-Baustein	**Customer Value Analysis (CVA)**		**Customer Satisfaction Survey (CSS)**		**Customer Solution Planning (CSP)**		**Softwareprozeß-Benchmarking**	
Technik	Ermittlung Anforderungen	Gewichtung Anforderungen	Ermittlung Bewertungsmerkmale	Ermittlung Zufriedenheit	Ermittlung Produktcharakteristika	Ermittlung Korrelationen	Ranking Konkurrenz	Ermittlung Best Practices
Interview	○	○	●	○	○		○	●
Fragebogen	○	●	○	●			●	○
Metaplantechnik	●	○	○	○	●	●		○

Legende: ● Standard ○ Ergänzung

Tab. 6-4: Befragungstechniken im SCVM

6.1.2.1.3 Kreativitätstechniken

Kreativitätstechniken kommen v. a. bei den SCVM-Bausteinen CVA und CSP zur Anwendung. Das Ziel der Kundenorientierung des SCVM bedingt die Freisetzung existierender Ideen der Entwickler zur gezielten Befriedigung von Kundenbedürfnissen, weshalb insbesondere assoziative Techniken wie das Brainstorming, das Brainwriting und die Kartentechnik eingesetzt werden. Das Aufstellen eines Zusammenhangs zwischen Kundenbedürfnissen und möglichen Merkmalen der Software ist dagegen eine Aufgabe, bei der bisoziative Techniken wie Matrizen Verwendung finden. Selbstverständlich ist die Erweiterung des SCVM um weitere Kreativitätstechniken möglich. Bei der getroffenen Auswahl waren im Sinne der praxisorientierten Ausrichtung des SCVM insbesondere Einfachheit und Wirtschaftlichkeit der Technik wichtige Kriterien. Im Zuge der kontinuierlichen Verbesserung sollte jedoch v. a. der Einsatz morphologischer Ansätze oder die Ideenfindung durch Konfliktauflösungen (TRIZ-Methode) erwogen werden.[23]

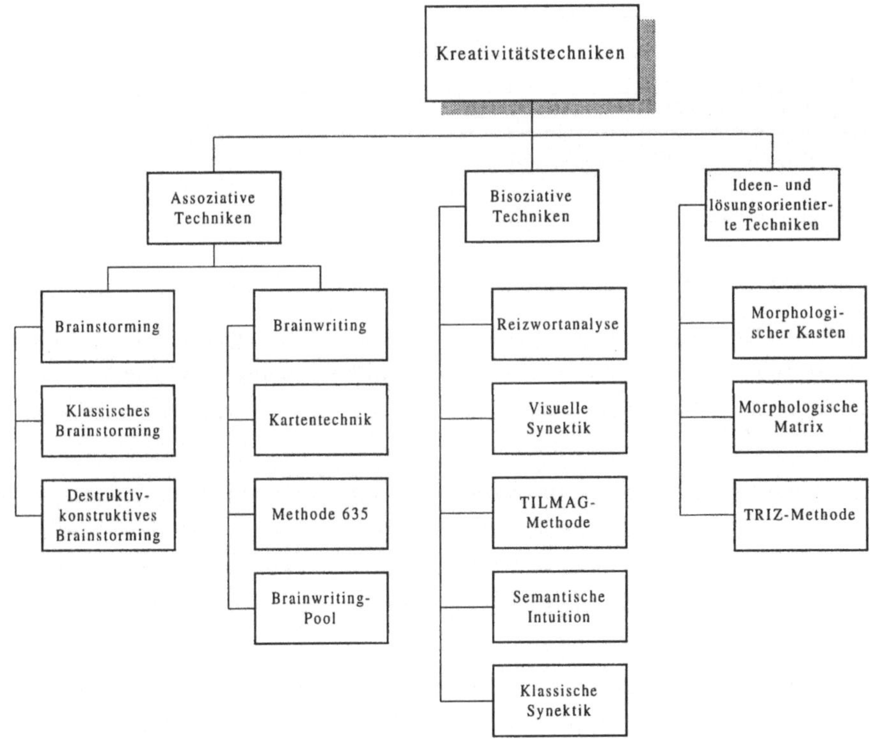

Abb. 6-2: Systematik der Kreativitätstechniken[24]

Dem Moderator kommt beim SCVM während der Durchführung von Gruppenarbeiten die Schlüsselrolle zu, das Team durch den gesamten SCVM-Prozeß inhaltlich wie zeitlich zu leiten und den Konsens aller Beteiligten bei den Entscheidungen zu erwirken. Bei manchen

23 Siehe hierzu Altshuller /Creativity/. TRIZ ist ein russisches Akronym und wird im allgemeinen als „Theory of the Solution of Inventive Problems" übersetzt. Eine Fallstudie zur Anwendung von TRIZ enthält Tsourikov, Waldmann /TRIZ/

24 Erstellt nach Angaben aus Schlicksupp /Kreativitätstechniken/ 1292-1303

Kreativitätstechniken wird der Moderator oftmals sogar als entscheidender Erfolgsfaktor bezeichnet.[25] Zentrale Aufgabe des Moderators ist die „Vermittlung" zwischen Kunden und Entwicklern (z. B. die Verhinderung des „Zerredens" von Kundenanforderungen durch die Entwickler), aber auch innerhalb der einzelnen Gruppen (z. B. die Verhinderung des „Zerredens" von abgegebenen Ideen bei der Ermittlung von Lösungen durch die Entwickler).

SCVM-Baustein / *Technik*	**Customer Value Analysis (CVA)**	**Customer Satisfaction Survey (CSS)**	**Customer Solution Planning (CSP)**	**Softwareprozeß-Benchmarking**
Kartentechnik	●	●	●	
Brainwriting	●	●	●	
Brainstorming	○		○	●
Bisoziative Techniken	○	○	○	○

Legende: ● Standard ○ Ergänzung

Tab. 6-5: Kreativitätstechniken im SCVM

6.1.2.1.4 Die sieben Management- und Planungstechniken

Die nachfolgende Darstellung der sieben Management- und Planungstechniken beschränkt sich auf die im Rahmen des SCVM eingesetzten Affinitäts-, Baum- bzw. Hierarchie- und die zweidimensionalen Matrixdiagramme inklusive deren Erweiterung zur Priorisierungsmatrix.[26]

Zweck des *Affinitätsdiagramms*[27] ist die Systematisierung von qualitativen Informationen durch eine hierarchische, oftmals über mehrere Ebenen reichende Strukturierung in Form einer Bildung von „natürlichen" Gruppen verwandten Inhalts. Dieser Gruppierung ist eine Sammlung von Ideen vorgelagert, die sowohl unabhängig vom SCVM-Vorgehen als auch intern in den Teamsitzungen erfolgen kann.

Das *Baum- bzw. Hierarchiediagramm* setzt auf einer schon existierenden Struktur der Informationen auf, typischerweise auf die mittels des Affinitätsdiagramms gebildete Gruppierung. Beginnend auf der höchsten Ebene wird jede Aussage auf die Korrektheit ihrer Gruppenzuordnung und gemeinsam mit ihren verwandten Aussagen der gleichen Ebene auf Vollständigkeit der Abbildung der übergeordneten „Gruppenüberschrift" untersucht. Das Baumdiagramm wird zum Hierarchiediagramm, sobald eine Aussage nicht eindeutig einer Gruppe zugeordnet werden kann, sondern mindestens zwei Gruppen logisch angehört.

25 Vgl. Bicknell, Bicknell /QFD/ 251-3 und Cohen /Quality Function Deployment/ 301-304

26 Vgl. im folgenden Cohen /Quality Function Deployment/ 45-67

27 Oft wird synonym von der KJ-Methode (benannt nach Jiro Kawakita) gesprochen. Vgl. King /Konkurrenz/382-386 und zu den Unterschieden Shiba, Graham, Walden /American TQM/ 153-155

Das *Matrixdiagramm* und seine Erweiterung zur *Priorisierungsmatrix* repräsentieren das Herzstück von QFD und somit auch von Teilen des SCVM, denn diese ist die Grundlage für das sogenannte House of Quality (HoQ)[28], das im nachfolgenden Abschnitt noch eingehender beschrieben wird. Durch die Untersuchung der Beziehungen zweier Informationstypen zueinander und die Quantifizierung der Korrelationsstärke (i. d. R. mit den Werten 0, 1, 3 und 9) ist es möglich, aus den bekannten Gewichtungen der Aussagen einer der beiden Informationstypen (i. d. R. Eintragungen in den Zeilen) die Aussagen des anderen Typs (i. d. R. Eintragungen in den Spalten) zu priorisieren. Diese Weiterreichung der Gewichtungen ist ein entscheidender Punkt bei der Bildung einer Matrixsequenz. Als Beispiel (Abb. 6-3) sei eine Matrix mit n = 4 Zeilen und m = 3 Spalten sowie mit den Zeilenaussagen x_i (i = 1,...,n) und den Spaltenaussagen y_j (j = 1,...,m) gegeben. Das absolute Gewicht von y_j ergibt sich aus der Spaltensumme der Multiplikationen der einzelnen Korrelationswerte w_{ij} mit den zugehörigen Zeilengewichten der x_i:

$$\text{Absolutes Gewicht } (y_j) = \sum_{i=1}^{n} \text{Relatives Gewicht } (x_i) * w_{ij}$$

Für y_1 ergibt sich also ein absolutes Gewicht von 3,4 (= 0,4∗1+0,3∗9+0,2∗0+0,1∗3). Um das relative Gewicht der y_j zu erhalten, müssen die einzelnen absoluten Gewichte jeweils durch die Summe aller absoluten Gewichte dividiert werden:

$$\text{Relatives Gewicht } (y_j) = \frac{\text{Absolutes Gewicht } (y_j)}{\sum_{j=1}^{m} \text{Absolutes Gewicht } (y_j)}$$

Das relative Gewicht von y_1 im Beispiel beträgt somit 0,32 (= 3,4÷10,6).

Das Affinitätsdiagramm kommt in allen Bausteinen des SCVM zum Einsatz. Matrixdiagramm und Priorisierungsmatrix sind dagegen typische Techniken des CSP. Baum- und Hierarchiediagramme werden in erster Linie zur Strukturierung von Kundenbedürfnissen und für Lösungen im Rahmen des CVA und CSP herangezogen, können jedoch unter Umständen auch innerhalb des CSS und des Softwareprozeß-Benchmarking Verwendung finden.

28 Siehe hierzu Hauser, Clausing /House of Quality/ 63-73

	y_1	y_2	y_3	Relatives Gewicht
x_1	$w_{11} = 1$	$w_{12} = 9$	$w_{13} = 3$	0,4
x_2	$w_{21} = 9$	$w_{22} = 0$	$w_{23} = 1$	0,3
x_3	$w_{31} = 0$	$w_{32} = 3$	$w_{33} = 3$	0,2
x_4	$w_{41} = 3$	$w_{42} = 0$	$w_{43} = 9$	0,1
Absolutes Gewicht	3,4	4,2	3,0	Σ 10,6
Relatives Gewicht	0,32	0,4	0,28	Σ 1

Abb. 6-3: Beispiel für eine Priorisierungsmatrix[29]

SCVM-Baustein / *Technik*	**Customer Value Analysis (CVA)**	**Customer Satisfaction Survey (CSS)**	**Customer Solution Planning (CSP)**	**Softwareprozeß-Benchmarking**
Affinitätsdiagramm	●	●	●	●
Baum-/Hierarchiediagramm	●	○	●	○
Matrixdiagramm			●	
Priorisierungsmatrix			●	

Legende: ● Standard ○ Ergänzung

Tab. 6-6: Die sieben Management- und Planungstechniken im SCVM

6.1.2.2 Analytische Instrumente

6.1.2.2.1 Auswertende Instrumente

6.1.2.2.1.1 Gewichtungs- und Priorisierungstechniken

Techniken zur Ermittlung von Präferenzen betreffen innerhalb des SCVM v. a. die Wichtigkeit von Kriterien zur Beurteilung von Kundengruppen sowie die Wichtigkeit von Kun-

29 Herzwurm, Schockert, Mellis /Qualitätssoftware/ 42

denbedürfnissen und von Bewertungsmerkmalen. Ziel ist hierbei die Abbildung der Bedeutung, die z. B. Kunden einem Bedürfnis beimessen, auf eine Verhältnisskala, i. d. R. eine Prozentzahl zwischen null und 100. Zur Ermittlung von Gewichten für zu bewertende Objekte kommen verschiedene Techniken in Frage.[30]

- Direkte Vergabe von Gewichten
  Bei diesen Techniken erfolgt die Zuordnung eines Gewichts als Ausdruck der dem Objekt beigemessenen Bedeutung unmittelbar durch den bzw. die Entscheidungsträger.
  - Unmittelbare Vergabe von Prozentzahlen
    Bei einer geringen Anzahl zu bewertender Alternativen kann das Gewicht ohne Zwischenschritte direkt dem zu bewertenden Objekt zugeordnet werden. Die innerhalb des SCVM vorhandenen Entscheidungsfelder sind jedoch i. d. R. zu komplex für eine direkte Bewertung.
  - Vergabe von Wichtigkeiten auf einer ordinalen Skala
    Bei dieser Variante werden Gewichte durch die Bewertung auf einer ordinalen Skala (z. B. von eins „unwichtig" bis zehn „wichtig") ermittelt. Anschließend erfolgt entweder die Berechnung der prozentualen Bedeutung des Bewertungsobjekts mittels Division der erreichten Punktzahl durch die Summe der insgesamt vergebenen Punkte oder im Rahmen des Category Scaling werden auf einer definierten Skala unmittelbar Gewichtungen vorgegeben (z. B. eins entspricht 20%, zwei entspricht 40% usw.).[31] Das letztgenannte Verfahren verursacht wenig Aufwand und eignet sich daher insbesondere bei einer Vielzahl zu gewichtender Kriterien (SCVM als Qualitätssicherungsinstrument) oder bei Gewichtungsentscheidungen, die im Konsens innerhalb einer Gruppe gefällt werden sollen. Es besteht hierbei allerdings die Gefahr der „Anspruchsinflation", da Individuen häufig dazu neigen, alles als wichtig einzustufen.[32] Ferner stellt die multiplikative Verknüpfung ordinaler und rationaler Bewertungen eine unzulässige Skalentransformation dar.[33]
  - Konstantensummenverfahren (Constant-Sum Methode)
    Einen Zwang zur eindeutigeren Gewichtung übt das Konstantensummenverfahren aus,[34] bei dem der Entscheidungsträger eine bestimmte Anzahl von Punkten (z. B. das zwei- bis dreifache der Anzahl der zu bewertenden Elemente) auf die zu bewer-

---

30 Bei allen Verfahren zur Entscheidungsfindung muß zwischen Ansätzen, die vom rational handelnden Entscheidungsträger ausgehen, und Ansätzen, die das tatsächliche, intuitive Entscheidungsverhalten von Menschen abbilden, unterschieden werden. Beispiele für intuitives Verhalten in Entscheidungssituationen enthält z. B. Eisenführ, Weber /Rationales Entscheiden/ 327-351

31 Vgl. Shilito, De Marle /Value/ 85-87

32 Vgl. Akao /Quality Deployment/ 82

33 Vgl. Saaty /Analytic Hierarchy Process/ 225-226

34 Vgl. Lingenfelder, Schneider /Kundenzufriedenheit/ 111

tenden Elemente zu verteilen hat.[35] Diese Punktzahlen werden anschließend normalisiert, d. h. auf Prozentwerte umgerechnet. Dieses Verfahren eignet sich insbesondere bei schriftlichen Befragungen. Es besteht allerdings die Gefahr, daß die Entscheidungsträger falsche Berechnungen durchführen und die Bewertungsergebnisse unbrauchbar werden.

- Paarweiser Vergleich
  Beim paarweisen Vergleich von je zwei „Dingen" (Items) fällt für jedes zu bewertende Objekt die Entscheidung, wieviel wichtiger oder unwichtiger es im Vergleich zu einem anderen Objekt bezüglich der Erfüllung eines beliebigen Kriteriums ist.[36] Die einfache Art der Anwendung mit den drei Kategorien „besser", „gleich" und „schlechter" führt allerdings nur zu ordinalen Reihenfolgen und kann deswegen lediglich die grobe Erkennung der wichtigsten verglichenen Items leisten. Zur konkreten Priorisierung in Form relativer Gewichte muß eine feinere Differenzierung der möglichen Vergleichsbeziehungen (mindestens fünf Kategorien) und eine dementsprechende Zuordnung von Zahlenwerten zu den einzelnen Kategorien (i. d. R. im Intervall [$\frac{1}{9}$,9], wobei 1 für „gleich" steht) erfolgen. Oberhalb der mit Einsen gefüllten Diagonalen einer Matrix werden die Werte entsprechend dem Verhältnis der „Zeilen" zu den „Spalten" eingetragen, unterhalb der Diagonalen die reziproken Werte für die entgegengesetzten Beziehungen. Nach der Normalisierung der Spalten erfolgt die Gewichtung durch zeilenweises Summieren der Matrixwerte und Division durch die absolute Anzahl der verglichenen Items.

- Analytic Hierarchy Process (AHP)

  Der Analytic Hierarchy Process (AHP) umfaßt eine Vielzahl von Techniken und Problemlösungsansätzen, die ursprünglich zur Entscheidungsunterstützung bei komplexen Problemen der strategischen Unternehmungsführung entwickelt wurden.[37] Durch die breite mathematische Fundierung und die allgemein gehaltene Beschreibung der Vorgehensweise läßt sich die grundlegende Idee des AHP auf nahezu jegliche Art von Entscheidungsproblemen anwenden.

  Die Erklärungsbeziehung der Gruppenüberschriften durch ihre Mitglieder innerhalb eines zur Strukturierung von vorhandenen Informationen genutzten Baum- bzw. Hierarchiediagramms wird zur anteiligen Verteilung von Gewichten der höheren Ebenen auf alle zugehörigen Informationen der niedrigeren Ebenen verwendet. Dabei können z. B.

35 Vgl. Griffin, Hauser /Voice Of The Customer/ 17

36 Vgl. Saaty /Decision Making/ 72

37 Siehe hierzu Saaty /How to make a decision/ und zu einer umfassenden Darstellung die grundlegenden Werke Saaty /Analytic Hierarchy Process/ sowie Saaty /Decision Making/

sowohl der Paarvergleich als auch das Konstantensummenverfahren zur Anwendung gelangen.[38]

- Conjoint Analyse
  Bei vielen Gewichtungsverfahren erfolgt die Bewertung von Merkmalen (z. B. Benutzerfreundlichkeit versus Antwortzeitverhalten) statt von Merkmalsausprägungen (z. B. grafische Oberfläche versus zwei Sekunden Wartezeit), was in bestimmten Entscheidungssituationen zu Fehlurteilen führen kann. Außerdem stellt die Bewertung einer bestimmten Kombination von Merkmalsausprägungen eine sehr viel realistischere Entscheidungssituation dar als die Einzelbewertung. Bei der Conjoint-Analyse kann der Entscheidungsträger aus einer Reihe von Varianten die von ihm präferierte auswählen.[39] Darüber hinaus kann aus den Gesamturteilen des Bewertenden auf die Bedeutung einzelner Items (z. B. Kundenanforderungen oder Produktmerkmalsausprägungen) geschlossen werden.[40] So kann beispielsweise nach der Bestimmung der wichtigsten Produktmerkmale und -merkmalsausprägungen mit Hilfe des SCVM eine sogenannte „Trade-Off-Matrix“ zur Priorisierung von Produktmerkmalskombinationen verwendet werden.

Aus Sicht der Entscheidungstheorie weisen alle hier geschilderten Verfahren zur Gewichtung und Priorisierung zahlreiche Mängel auf. Beim Einsatz der Priorisierungsmatrix wird z. B. auf der Grundlage ordinaler Korrelationswerte ein rationales Gewicht der Spalte berechnet, was gegen die Regeln der Skalentransformation verstößt.[41]

An dieser Stelle ist jedoch explizit darauf hinzuweisen, daß diese Techniken keinen Anspruch auf entscheidungstheoretische oder mathematische Korrektheit erheben.[42] Sie sind lediglich methodische Hilfsmittel, um in einer Gruppe von Entscheidungsträger einen Konsens zu erzielen. Einigt sich z. B. eine Gruppe von Kunden bei der Bewertung von Anforderungen unmittelbar auf ein bestimmtes Gewicht, kann auf sämtliche beschriebene Verfahren verzichtet werden. Die partnerschaftliche Kommunikation unter Verwendung me-

---

38 Vgl. im folgenden Herzwurm, Schockert, Mellis /Qualitätssoftware/ 77-78

39 Zur Conjoint-Analyse siehe Theuerkauf /Kundennutzenmessung mit Conjoint/; zur Verbindung von Conjoint-Analyse und QFD siehe Gustafsson /Conjoint Analysis and QFD/ und zur Verbindung von Conjoint-Analyse und Target Costing siehe Coenenberg/Marktorientiertes Kostenmanagement/ 374-381

40 Siehe zur Validität von Conjoint-Analysen Müller-Hagedorn, Sewing, Toporowski /Conjoint-Analysen/

41 Siehe zu methodischen Aspekten der Entscheidungsfindung z. B. Eisenführ, Weber /Rationales Entscheiden/

42 Problematisch ist z. B. die Tatsache, daß teilweise unterschiedliche Skalen verwendet werden, oder die Gefahr, daß Merkmale statt Merkmalsausprägungen bewertet werden, was in der Praxis durchaus zu unterschiedlichen Ergebnissen führen kann. Die benutzte additive Verknüpfung erfordert u. a. die Präferenzunabhängigkeit, die im Falle von Kundenanforderungen nicht immer gegeben sein muß. Vgl. zur Kritik an verschiedenen Gewichtungsverfahren und insbesondere am additiven Modell Eisenführ, Weber /Rationales Entscheiden/ 115-139. Allerdings löst selbst der zweifelsfrei „korrekte“ Einsatz entscheidungstheoretischer Konzepte nicht das Problem einer etwaigen mangelnden Repräsentativität von Gruppenentscheidungen.

thodischer Hilfsmittel stellt den eigentlichen Fortschritt gegenüber der von der Gruppe nicht zu beeinflussenden und nicht transparenten Entscheidungen einzelner Personen dar.[43]

Die Gewichtungstechniken eignen sich in unterschiedlicher Weise für die im Rahmen des SCVM anfallenden Bewertungsaufgaben. Die in Tab. 6-7 dargestellten Varianten stellen hierbei die nachfolgend näher beschriebenen Techniken dar. In Abhängigkeit von der jeweiligen Problemstellung und den daraus resultierenden Charakteristika der Entscheidungssituation (z. B. Anzahl zu bewertender Items) können jedoch auch andere Verfahren zum Einsatz gelangen.

Bewertungsgegenstand / *Verfahren*	**Kundengruppen**	**Kundenanforderungen**	**Bewertungsmerkmale**
Analytic Hierarchy Process (AHP)	−	++	−
Conjoint Analysis	−	+	−
Konstantensummenverfahren	+	+	++
Paarweiser Vergleich	+	++	−
Priorisierungsmatrix	++	−	−
Unmittelbare Vergabe von Prozentzahlen	+	+	+
Vergabe von Werten auf einer ordinalen Skala	−	+	+

Legende: ++ Empfohlen + Möglich − Ungeeignet

Tab. 6-7: Gewichtungsverfahren im SCVM

Als wichtigste Technik, mit der die Präferenzen in bestimmte Ergebnisse *transformiert* werden, ist im SCVM die Korrelationsbewertung in Form einer Priorisierungsmatrix zu nennen (siehe z. B. Kapitel 6.2.2.3.2 und das vorangegangene Kapitel 6.1.2.1.4).

6.1.2.2.1.2 Quality Function Deployment (QFD)

Das in Japan Mitte der 60er Jahre zunächst für Schiffswerften entwickelte Quality Function Deployment (QFD) ist eine Methode zur Umsetzung von Kundenbedürfnissen in Produkt- und Prozeßanforderungen.[44] Ziel ist ein Produkt, das nicht alle technisch möglichen, sondern die vom Kunden gewünschten Merkmale aufweist („fitness for use“) und gleichzeitig den Wettbewerb berücksichtigt.[45] Alle Aktivitäten in der Produkterstellung sollen zumindest mittelbar auf Kundenanforderungen zurückführbar sein. In jeder Entwicklungsphase soll der größte Aufwand auf die Verrichtung der Aufgaben verwendet werden, welche den

43 Siehe zu Gruppenentscheidungen und Abstimmungsregeln z. B. Eisenführ, Weber /Rationales Entscheiden/ 297-323

44 Vgl. z. B. Mizuno, Akao /QFD/

45 Vgl. Pfeifer /Qualitätsmanagement/ 38

höchsten Anteil an der Erhöhung des Kundennutzens und an der Befriedigung der Kundenbedürfnisse haben.

Die japanische Wortfolge „Hin Shitsu Kino Ten Kai“ ist als „Quality Function Deployment“ in die englische Sprache übersetzt worden. Allgemein wird dieser Name als irreführend und wenig aussagekräftig bezeichnet.[46]

品質	機能	展開
Hin Shitsu	Kino	Ten Kai
Quality Features Attributes Qualities	*Function* Mechanization	*Deployment* Diffusion Development Evolution
Qualität Eigenschaften Merkmale Qualitäten	Funktion Aufgabe Zweck Tätigkeit	Entfaltung Entwicklung Aufmarsch Gliederung Verteilung

Abb. 6-4: Übersetzungen von QFD[47]

Schlüssel zum besseren Verständnis der Intention hinter dieser Bezeichnung ist der Begriff „deployment“. Er steht innerhalb des QFD für die detaillierte Analyse und systematische Berücksichtigung bestimmter ausgewählter Aspekte der Produktentwicklung (z. B. Produktzuverlässigkeit) an jeder notwendigen Stelle im Entwicklungsprozeß.[48] Bei QFD werden also sowohl die unternehmungsinternen Prozesse zur Erreichung von Qualität (z. B. in Form von kundennah entwickelten Produkten) als auch die geforderten Qualitätsmerkmale der Produkte selbst betrachtet.

Das bekannteste Instrument des QFD ist das sogenannte House of Quality (HoQ). Die Ursprünge dieser erweiterten Priorisierungsmatrix liegen bei der 1972 in der Schiffswerft von Mitsubishi Heavy Industries in Kobe (Japan) entwickelten Qualitätstabelle,[49] ebenso wie der prägnante Name „House of Quality“ auf japanische Quellen zurückgeht.[50] Den hohen Bekanntheitsgrad erlangte der Begriff allerdings erst durch die frühen amerikanischen An-

46 Vgl. ASI /Quality Function Deployment/ 26, Cohen /Quality Function Deployment/ 17 und Guinta, Praizler /The QFD Book/ 4

47 Herzwurm, Schockert, Mellis /Qualitätssoftware/ 25

48 Vgl. Zultner /Satisfying Customers/ 33

49 Vgl. Takayanagi /Quality Chart/ 32

50 Vgl. Akao /History/ 190-191

wender. Diese bezeichnen das HoQ mit Blick auf dessen universelle Einsatzmöglichkeiten als eine Art „konzeptionelle Landkarte“ für die interdisziplinäre Planung und Kommunikation, auf deren Grundlage Personen mit unterschiedlichen Interessen und Verantwortlichkeiten gemeinsam fundierte Entwurfsentscheidungen treffen und Entwicklungsprioritäten setzen können.[51]

Das HoQ ist im allgemeinen die Matrix, in der die Kundenanforderungen detailliert analysiert und in die Sprache der Entwickler übersetzt werden. Die Beziehung zwischen der „wahren“, von den Kunden geforderten Qualität und den „substitute quality characteristics“, also den die geforderte Qualität technisch beschreibenden Eigenschaften, wird untersucht.[52] Etwas konkreter ausgedrückt werden die in der internen Sprache der Entwickler formulierten Produktcharakteristika mittels Korrelationsbildung zu den in systematischer Form vorliegenden gewichteten Kundenanforderungen zu Entwicklungsschwerpunkten priorisiert. Da QFD seine Wurzeln in der Fertigungsindustrie hat, entsprechen dabei die Produktcharakteristika ursprünglich meßbaren Qualitätsmerkmalen.

Das HoQ bildet das Gerüst der meisten in QFD verwendeten Matrizen und besteht generell aus sechs verschiedenen Räumen, die auch mit den generischen Namen WAS, WIE, WAS zu WIE, WARUM, WIE zu WIE und WIEVIEL bezeichnet werden (Abb. 6-5).[53] Die grundsätzliche Idee ist, gewisse vorgegebene Anforderungen (WAS) den Möglichkeiten zur Anforderungserfüllung (WIE) gegenüberzustellen (WAS zu WIE). Konkrete Angaben zur Existenz der Anforderungen (WARUM), die vorhandenen Abhängigkeiten der Lösungsmöglichkeiten untereinander (WIE zu WIE) und die konkreten Entwicklungsvorgaben (WIEVIEL) komplettieren das Haus. Diese generischen Namen passen allerdings nicht zu den ursprünglichen Inhalten des HoQ, denn die Kundenanforderungen stehen mehr für die Gründe, *warum* etwas gefordert wird, die Produktcharakteristika stehen mehr für das, *was* konkret gefordert wird.[54]

---

51 Vgl. Hauser, Clausing /House of Quality/ 63-64

52 Vgl. Takayanagi /Quality Chart/ 31, 44

53 Vgl. Saatweber /Quality Function Deployment/ 445-446

54 Vgl. Zultner /Requirements Exploration/ 306 und Zultner /Software Quality/ 140

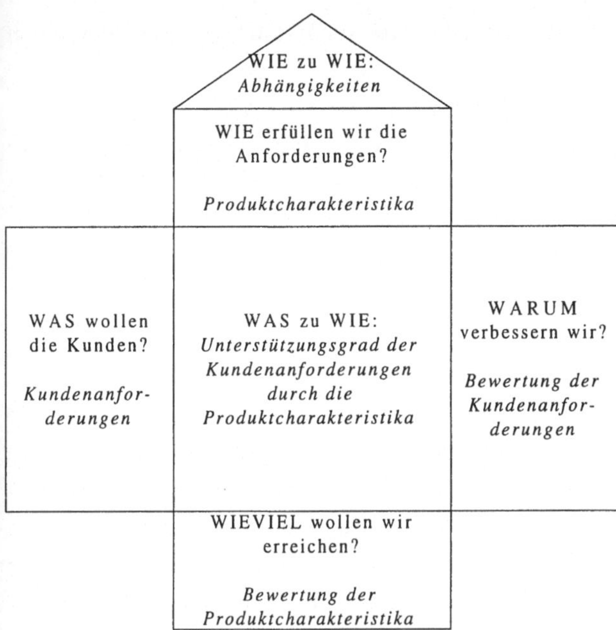

Abb. 6-5: Schematische Darstellung des House of Quality[55]

Die Bildung des HoQ wird oftmals fälschlicherweise mit QFD gleichgesetzt,[56] doch sie ist zwar die wichtigste, aber nur eine Matrix unter mehreren. Trotzdem führt die Anwendung von QFD (fast) immer zuerst zur Bildung des HoQ als Grundlage für alle weiteren Aktivitäten. Deswegen bildet das HoQ den Kern von QFD.

Als Mittel, um die priorisierten Informationen der im QFD verwendeten Matrizen durch den ganzen Entwicklungsprozeß zu tragen, fungiert das Deployment in Form von mehreren, hinsichtlich vertikalem Output und horizontalem Input gekoppelten Matrizen. Dies ist in der Weise zu verstehen, daß die Spalten einer Matrix zu den Zeilen der nächsten Matrix werden, um dann wiederum mit detaillierteren Informationen in den Spalten in Beziehung gesetzt zu werden. Diese Spalten dienen dann in einer nächsten Matrix wiederum als Zeileninput usw. Das HoQ bildet bei den meisten QFD-Anwendungen zumindest den Anfang einer zentralen Matrixsequenz. Die weiteren Matrizen sind dann i. d. R. weniger umfangreich und bauen auf das HoQ-Gerüst auf. Die anderen Matrizen sind im Prinzip in gleicher Weise, nur mit anderen Inhalten zu bilden.

55 In Anlehnung an Cohen /House of Quality/ 13, Cohen /Quality Function Deployment/ 12 und Saatweber /Quality Function Deployment/ 446

56 Vgl. Zultner /Blitz QFD/ 25, 27. In Zultner /Software quality function deployment/ 152-153 wird dafür auch die Bezeichnung „Kindergarten QFD“ geprägt.

Der japanische Ansatz von Akao kann in speziellen Anwendungsfällen aufgrund der vielen möglichen deployments (zumindest Qualität, Zuverlässigkeit, Kosten, neue Technologien) bis zu 150 unterschiedliche Matrizen und Tabellen in einem weiträumigen Matrizengeflecht umfassen.[57] King hat diesen ganzheitlichen Ansatz zur Produktentwicklung aus der schwer verständlichen japanischen Fassung für den amerikanischen Markt in ein direkt umsetzbares „Kochrezept" übersetzt und Pughs Methoden zur Selektierung neuer innovativer Konzepte hinzugefügt.[58] Dieser auch als „Matrix der Matrizen" bekannte Vorgehensrahmen, bestehend aus insgesamt 30 Matrizen und Tabellen, wurde nochmals auf 17 Matrizen heruntergebrochen.[59]

Die frühen amerikanischen Anwender orientierten sich an vier Phasen und bildeten diese durch vier Matrizen in einer Matrixsequenz ab (Abb. 6-6).[60] Die erste Matrix, in der die Kundenanforderungen in meßbare Qualitätsmerkmale transformiert werden, entspricht dabei dem klassischen HoQ. Die wichtigsten dieser Qualitätsmerkmale werden in der zweiten Matrix den Eigenschaften möglicher Produktkomponenten gegenübergestellt. Diese wiederum korrelieren in der dritten Matrix mit den zentralen Prozeßparametern, welche in der vierten Matrix mit konkreten Produktionsplänen und -mitteln in Verbindung gebracht werden. Die vier Phasen repräsentieren also die Produkt-, Komponenten-, Prozeß- und Produktionsplanung.[61]

Erfahrungen in den U.S.A. und Japan zeigen, daß sich das QFD grundsätzlich auch für Dienstleistungs- und Softwareprodukte eignet. Allerdings sind die Besonderheiten des Softwareerstellungsprozesses bei der QFD-Anwendung zu beachten. Diese führen zu einer Modifikation der o. a. klassischen Vorgehensweise.[62] Eine in den letzen Jahren zunehmende Verbreitung findet die Anwendung von QFD bei der kundenorientierten Planung von Prozessen.[63]

---

57 Vgl. Akao /Einführung/ 17, 26-27

58 Vgl. King /Konkurrenz/ 7, 15-20. King ordnet 24 der 30 Matrizen in vier Zeilen (1-4) und sechs Spalten (A-F) sowie die restlichen sechs Matrizen in einer separaten Zeile (G1-G6) an.

59 Vgl. Nakui /Comprehensive QFD/

60 Vgl. im folgenden ASI /Quality Function Deployment/ 75-78 und Hauser, Clausing /House of Quality/ 71-73

61 In Kings Ansatz sind dies die Matrizen A1(+A3), A4, G3, G6. Die Bezeichnungen und auch die Abgrenzung der Phasen voneinander weichen von Akaos Original ab. Vgl. Akao /Quality Deployment/ 54

62 Vgl. z. B. Mazur, Gibson, Harries /QFD for Service Industries/ und Zultner /Software Quality/

63 Vgl. Bicknell, Bicknell /QFD/ und Zultner /Reengineering/

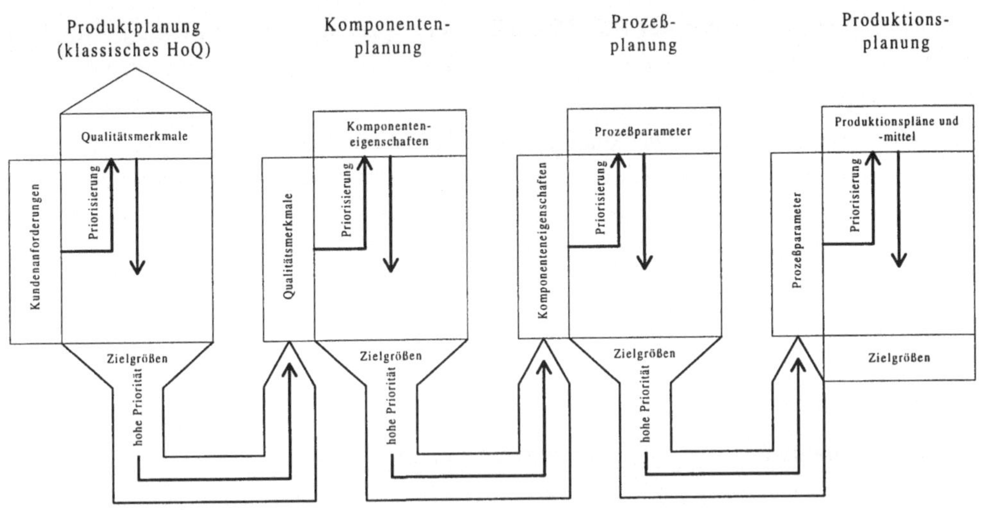

Abb. 6-6: Quality Deployment nach dem Vier-Phasen-Modell[64]

QFD, das in den Studien Nr. 3, 66, 69 und 70 als Kennzeichen erfolgreicher Unternehmungen identifiziert wird und, wie im vorangegangenen Kapitel beschrieben, als effizientestes Produktentwicklungsinstrument zur Erzielung von Kundenzufriedenheit bezeichnet werden kann, stellt den Ursprung der SCVM-Methode dar. Da QFD prinzipiell von existierenden Kundeninformationen ausgeht und demzufolge primär als Methode zur Lösungsplanung - im folgenden Customer Solution Planning (CSP) genannt - interpretiert werden kann, werden im SCVM die frühen Phasen um eine *Kundenbedürfnisanalyse* Customer Value Analysis (CVA) ergänzt. Damit soll dem Postulat der intensiven Beschäftigung mit dem Kunden genüge getan werden (Studien Nr. 2, 3, 5, 6, 8, 10, 11, 13, 15, 16, 19, 24, 26, 27, 34, 43, 63, 68, 75, 76 und 78). Die auf Software zugeschnittenen CVA- und CSP-Bausteine können demzufolge auch als umfassendes Software-QFD interpretiert werden,[65] wobei in dieser Arbeit zur Vermeidung von Begriffsirritationen mit QFD lediglich das von Akao[66] geprägte und von anderen Autoren wie Zultner[67] weiterentwickelte Verfahren bezeichnet wird.[68]

Einerseits handelt es sich beim CSP-Baustein des SCVM also um eine Teilmenge des QFD, die sich auf die erste Phase des QFD-Prozesses (Produktplanung) bezieht; anderer-

64 In Anlehnung an ASI /Quality Function Deployment/ 77 und Pfeifer /Qualitätsmanagement/ 40

65 Dieser Ansatz ist ausführlich dargestellt in Herzwurm, Schockert, Mellis /Qualitätssoftware/. Abgesehen von Beiträgen auf Konferenzen oder von Forschungsberichten handelt es sich hierbei um das erste Buch, in dem ein speziell für Software konzipiertes QFD vorgestellt wird. Diese Quelle beschreibt die nachfolgend aus konzeptioneller Sicht geschilderte CVA- und CSP-Komponente des SCVM in Form von Handlungsanweisungen für den Praktiker.

66 Vgl. Akao /QFD/

67 Vgl. Zultner /Software Quality/

68 Siehe zur Geschichte von QFD Akao /History/

seits wird QFD im Rahmen des SCVM um Techniken zur Kundenanforderungsermittlung (CVA) und Kundenzufriedenheitsmessung (CSS) ergänzt. Spätere QFD-Ansätze beziehen jedoch wiederum Elemente der hier unter CVA subsumierten Techniken ein.[69] Tendenziell läßt sich im Bereich der Softwareentwicklung und insbesondere im Bereich des Qualitätsmanagements ein Zusammenwachsen unterschiedlicher Techniken beobachten, so daß eine zweifelsfreie Zuordnung kaum noch möglich ist. Abb. 6-7 zeigt den Bezug von QFD zu den SCVM-Bausteinen CVA, CSP und CSS.

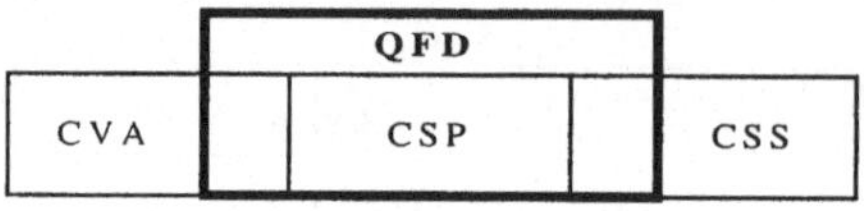

QFD

CVA | CSP | CSS

Abb. 6-7: Quality Function Deployment (QFD) im SCVM

6.1.2.2.2 Prüfende Instrumente

6.1.2.2.2.1 Kundenzufriedenheitsmessungen

Zur Messung der Kundenzufriedenheit existieren zahlreiche Ansätze, die sich nach verschiedenen Kriterien klassifizieren lassen.[70]

Objektive Techniken gehen von der These aus, daß Kundenzufriedenheit durch Indikatoren meßbar ist, die eine hohe Korrelation mit der Zufriedenheit aufweisen und nicht durch persönliche Wahrnehmungen verzerrt werden können.[71] Tab. 6-8 zeigt Beispiele für Maßzahlen zur Kundenzufriedenheitsmessung mittels objektiver Techniken.

These über vermuteten Zusammenhang	Beispiele für Maßzahlen zur Kundenzufriedenheitsmessung
Korrelation Kundenzufriedenheit und Kundenbindung	Abwanderungsrate, Wiederkaufsrate, Zurückgewinnungsrate
Korrelation Kundenzufriedenheit und wirtschaftlicher Unternehmungserfolg	Umsatz, Marktanteil
Korrelation Kundenzufriedenheit und Qualität der Leistung	Abweichungen bei interner Qualitätskontrolle (Test beim Softwareanbieter), Abweichungen bei externer Qualitätskontrolle (Test beim Softwareabnehmer)

Tab. 6-8: Beispiele für Maßzahlen zur Kundenzufriedenheitsmessung mittels objektiver Techniken

Subjektive Techniken ermitteln hingegen merkmalsgestützt oder ereignisorientiert die vom Kunden subjektiv wahrgenommenen Zufriedenheitswerte. Diese können implizit, d. h. bei-

69 Vgl. Nakui /Comprehensive QFD/

70 Siehe zu einem umfassenden Überblick Hayes /Customer Satisfaction/

71 Vgl. zur Darstellung der verschiedenen Techniken zur Messung der Kundenzufriedenheit Homburg, Rudolph /Kundenzufriedenheit/ 42-45

spielsweise durch Analyse des Beschwerdeverhaltens oder Befragung von Mitarbeitern (z. B. Hotline), oder explizit durch Messung des Erfüllungsgrads oder durch direkte Befragung der empfundenen Zufriedenheit gemessen werden. Die Messung des Erfüllungsgrads kann ex-ante/ex-post erfolgen, in dem vor dem Kauf der Software die Erwartungen und nach dem Kauf die Erfahrungen mit der Softwarenutzung abgefragt und verglichen werden. Bei der Ex-post-Messung erfolgt die Befragung nach der ursprünglichen Erwartung und der tatsächlichen Erfahrung nach der Softwarenutzung und vom Erfüllungsgrad der Erwartungen wird auf die Zufriedenheit geschlossen. Diese Zufriedenheit kann sich auf die gesamte Leistung (generelle Zufriedenheit) oder auf mehrere Bewertungsmerkmale (multiattributive Messung) beziehen. Abb. 6-8 illustriert die unterschiedlichen Ansätze zur Messung der Kundenzufriedenheit.

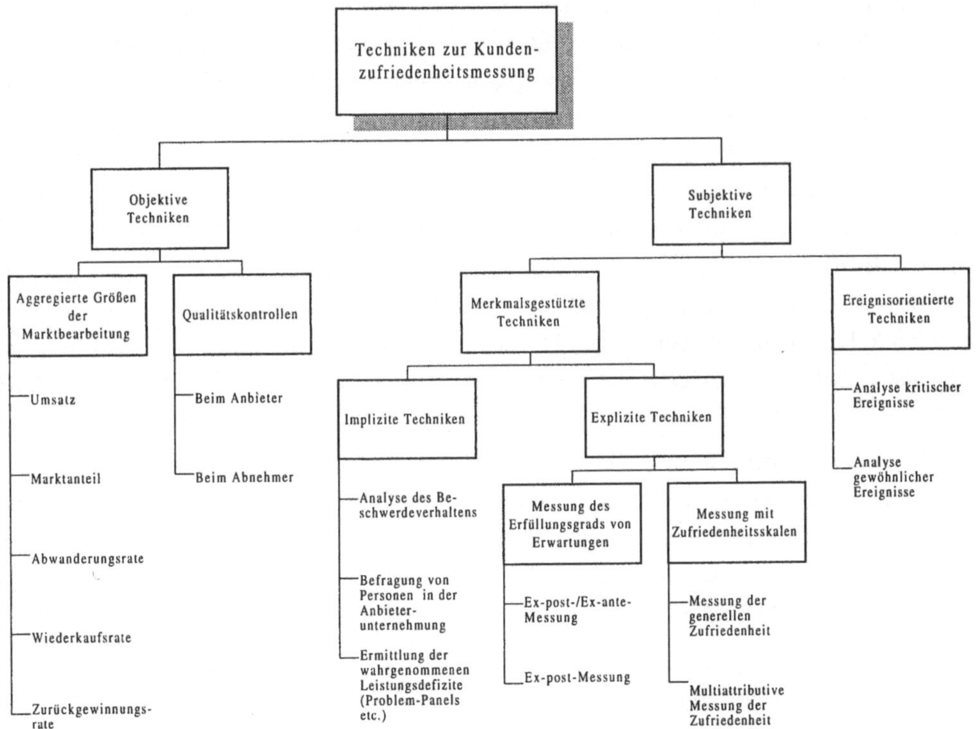

Abb. 6-8: Systematik der Techniken zur Kundenzufriedenheitsmessung[72]

Die verschiedenen Techniken zur Messung von Kundenzufriedenheit können danach beurteilt werden, inwieweit sie sich auf Sekundärdaten stützen müssen, wieviel Aufwand ihre

72 In Anlehnung an Homburg, Rudolph /Kundenzufriedenheit/ 43 und Reiner /Kundenzufriedenheit/ 184

Anwendung verursacht oder wie differenziert die Analyse der Zufriedenheit erfolgt. Weitere Beurteilungskriterien sind Objektivität, Validität und Reliabilität.[73]

Objektive Techniken vernachlässigen den Aspekt, daß Kennzahlen wie Umsatz oder Marktanteil auch durch andere Faktoren als durch Kundenzufriedenheit verursacht werden können. Wie in Kapitel 5.1.1 dargelegt ist Kundenzufriedenheit jedoch das Ergebnis eines subjektiven Informationsverarbeitungsprozesses beim Konsum einer Leistung, bei dem der Kunde seine Erwartungen (Soll-Zustand) mit dem wahrgenommenen Zustand (Ist-Zustand) vergleicht und dabei eine Reihe unterschiedlicher Kriterien zugrunde legt. Infolgedessen sind subjektive Techniken grundsätzlich eher zur validen Messung der Kundenzufriedenheit geeignet. Merkmals- und ereignisgestützte Techniken messen unterschiedliche Aspekte der Kundenzufriedenheit, weshalb ihre Kombination zu den aussagefähigsten Ergebnissen führt. Ob bei den ereignisorientierten Ansätzen kritische Ereignisse (Critical Incident Technique[74]), die auf eine besonders starke Ausprägung von (Un-)Zufriedenheit hinweisen, oder gewöhnliche Ereignisse (sequentielle Ereignismethode[75]), die eher auf Vollständigkeit hinzielen, angewendet werden, hängt vom Ziel der Messung ab. Die verzerrte Wahrnehmung der Kundenzufriedenheit durch Mitarbeiter der Anbieterunternehmung sowie das wenig ausgeprägte Beschwerdeverhalten der meisten Kunden (siehe Kapitel 5.1.1) lassen implizite Messungen als wenig geeignet erscheinen. Eine explizite Messung des Erfüllungsgrads ex-ante/ex-post berücksichtigt unzureichend kognitive Aspekte (Kontrast- bzw. Konsistenzeffekt) und führt infolge der zweimaligen Verwendung derselben Meßskala zu dem meßtechnischen Problem, daß Personen in diesem Fall dazu neigen, konsistente Antworten zu geben, die jedoch möglicherweise nicht die tatsächliche Einschätzung wiedergeben.[76]

Der CSS-Baustein des SCVM setzt subjektive, multiattributive Techniken ein, bei denen die Bewertungsmerkmale entweder über moderierte Gruppensitzungen im Rahmen des CVA als Vorstufe zum CSP oder mit Hilfe der Critical Incident Technique (Technik der kritischen Ereignisse) abgeleitet werden. Die generelle Zufriedenheit wird hierbei zusätzlich erhoben, um eine ergänzende Kontrollmöglichkeit für die Validität der Bewertungsmerkmale zu erlangen.

Für Kundenzufriedenheitsuntersuchungen, die zur Verbesserung von mit Hilfe des SCVM entwickelten Softwareprodukten durchgeführt werden, liegen die Bewertungsmerkmale in Form von Kundenanforderungen des CVA bereits vor, weshalb sich eine merkmalsgestützte Kundenzufriedenheitsmessung anbietet. Für Kundenzufriedenheitsuntersuchungen

73 Vgl. Homburg, Rudolph /Kundenzufriedenheit/ 45

74 Vgl. Flanagan /Critical Incident Technique/

75 Vgl. Stauss, Seidel /Prozessuale Zufriedenheitsermittlung/ 184-202

76 Vgl. Homburg, Rudolph /Kundenzufriedenheit/ 43-44

bei anderen Softwareprodukten (d. h. bei selbst erstellter Software, die nicht mit Hilfe des SCVM entwickelt wurde, und bei Software der Konkurrenz im Rahmen des Benchmarking) kommt dagegen die eher explorativen Charakter besitzende Methode der kritischen Ereignisse zur Ableitung von verschiedenen Bewertungsmerkmale in Frage.

SCVM-Baustein / *Technik*	**Customer Satisfaction Survey (CSS) *ohne* Customer Solution Planning (CSP)**	**Customer Satisfaction Survey (CSS) *mit* Customer Solution Planning (CSP)**	**Customer Satisfaction Survey (CSS) für Softwareprozeß-Benchmarking**
Merkmalsgestützte Techniken		●	
Ereignisorientierte Techniken	●		●

Legende: ● Standard O Ergänzung

Tab. 6-9: Techniken zur Kundenzufriedenheitsmessung im SCVM

6.1.2.2.2.2 Benchmarking

Anders als das ältere *Produktbenchmarking*, das sich mit dem Vergleich von Leistungsmerkmalen konkurrierender Produkte oder Dienstleistungen beschäftigt, geht das Prozeßbenchmarking weiter und untersucht die Eigenschaften der diesen Leistungen vorausgehenden Prozesse.

Unter *Prozeßbenchmarking* wird die systematische, kontinuierliche Suche und Identifikation vorbildlicher Methoden und Prozesse in einer explizit gebildeten Klasse von zu vergleichenden Organisationen verstanden.[77]

Benchmarking kommt im Rahmen des SCVM sowohl bei der Produkt- als auch bei der Prozeßplanung zum Einsatz (Tab. 6-10). Im Rahmen des CSS und CSP erfolgt ein Vergleich der Leistungsfähigkeit der eigenen Produkte bzw. Dienstleistungen mit denen der Konkurrenz.

Zur Verbesserung des Softwareerstellungsprozesses benutzt das SCVM in einer Variante das External Softwareprozeß-Benchmarking, in dem Best Practices zur Erzielung von Kundenzufriedenheit gesucht und adaptiert werden. Aufgrund der Schwächen des Benchmarking (z. B. hoher Aufwand, problematische Vergleichbarkeit von Unternehmungen und Prozessen, mangelhafte Verfügbarkeit aller erforderlichen Informationen, schwieriger Nachweis von Ursache-/Wirkungszusammenhängen) wird die Vorgehensweise jedoch durch eine Anwendung des CVA, CSS und CSP für den Softwareerstellungsprozeß ergänzt.

77 In der Literatur wird Benchmarking unterschiedlich abgegrenzt. Siehe zu andere Definitionen des Benchmarking z. B. Camp /Benchmarking/ 12, Leibfried, MacNair /Benchmarking/ 40-41 und Watson /Strategic Benchmarking/ 2-3

SCVM-Baustein *Technik*	**Customer Value Analysis (CVA)**	**Customer Satisfaction Survey (CSS)**	**Customer Solution Planning (CSP)**	**Softwareprozeß-Benchmarking**
Produkt-Benchmarking	○	●	●	
Prozeß-Benchmarking				●

Legende: ● Standard ○ Ergänzung

Tab. 6-10: Benchmarking im SCVM

6.2 Bausteine des SCVM

6.2.1 Überblick

6.2.1.1 Elemente des SCVM

Das SCVM besteht aus vier Bausteinen, von denen einige unabhängig voneinander und in unterschiedlicher Intensität ausgeführt werden können (Abb. 6-9). Gegenstand des CVA, CSS und CSP können sowohl kundenorientierte Softwareprodukte (Produkt-SCVM) als auch kundenorientierte Softwareerstellungsprozesse (Prozeß-SCVM) sein. Das als Continuous Improvement of Customer Orientation (CICO) Methode fungierende kundenzufriedenheitsbasierte Softwareprozeß-Benchmarking stellt eine ergänzende oder alternative Vorgehensweise zum prozeßbezogenen CVA, CSS und CSP dar.

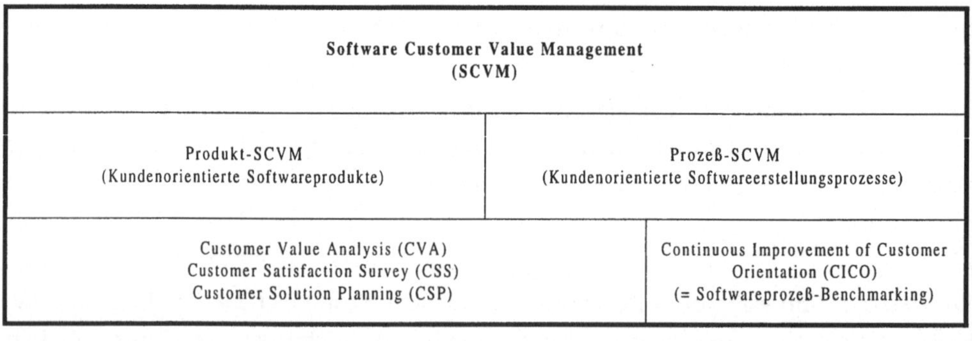

<table>
<tr><td colspan="2">Software Customer Value Management
(SCVM)</td></tr>
<tr><td>Produkt-SCVM
(Kundenorientierte Softwareprodukte)</td><td>Prozeß-SCVM
(Kundenorientierte Softwareerstellungsprozesse)</td></tr>
<tr><td>Customer Value Analysis (CVA)
Customer Satisfaction Survey (CSS)
Customer Solution Planning (CSP)</td><td>Continuous Improvement of Customer Orientation (CICO)
(= Softwareprozeß-Benchmarking)</td></tr>
</table>

Abb. 6-9: Bausteine des SCVM

Ausgangspunkte stellen in jedem Fall die über Befragungen (Interviews, Fragebogen, Gruppensitzungen etc.) erhobene Stimme und das durch Beobachtung (Dokumentenstudium, Auswertung Hotline oder Benutzerberatungen, Videoaufnahmen, Selbstaufzeichnungen, Softwarerecorder etc.) ermittelte Verhalten der Kunden dar.

- In Abhängigkeit vom Projektziel hat das *CVA* unterschiedliche Funktionen. Als Vorbereitung des CSS liefert das CVA Bewertungsmerkmale, auf deren Basis der Kunde sein Zufriedenheitsurteil fällt. In der Funktion als vorgelagerter Schritt des CSP stellt das

CVA Ausprägungen und Wichtigkeit von Kundenanforderungen an ein Produkt oder eine Dienstleistung (Produkt-SCVM) bzw. an einen Leistungserstellungsprozeß (Prozeß-SCVM) zur Verfügung.

- Auch das *CSS* erfüllt je nach Projektziel verschiedene Aufgaben. Als ergänzender Schritt des CVA und als Input des CSP liefert das CSS die Bedeutung einer Kundenanforderung für die weitere Entwicklung des Produkts oder der Dienstleistung (Produkt-SCVM) bzw. für die Verbesserung des Leistungserstellungsprozesses (Prozeß-SCVM). Wird das CSS bei der Verbesserung der Kundenorientierung eingesetzt, liefert es mit der Kundenzufriedenheit die Zielgröße für das Ranking der im Rahmen des Benchmarking zu vergleichenden Unternehmungen.
- Aufgabe des *CSP* ist die kundenorientierte Planung von Software (Produkt-SCVM) bzw. die Planung eines kundenorientierten Leistungserstellungsprozesses (Prozeß-SCVM) unter Verwendung der Ergebnisse des CVA und des CSS. Hierzu müssen die Entwickler bzw. Experten der Unternehmung (z. B. Forschung und Entwicklung, Marketing, Qualitätsmanagement) Lösungen erarbeiten, die zur Befriedigung der im CVA ermittelten Bedürfnisse in der Lage sind. Das Ergebnis des CSP sind funktionale (Produktmerkmale) und nicht-funktionale (Qualitätsmerkmale) Merkmale eines Produkts oder einer Dienstleistung (Produkt-SCVM) bzw. eines kundenorientierten Leistungserstellungsprozesses (Prozeß-SCVM). Hierzu gehören neben den Ausprägungen der Merkmale auch deren Bedeutung und Zusammenhänge (Design Points).
- Das *CICO* strebt die Verbesserung der Kundenorientierung durch die Adaption von bezüglich der Erreichung von Kundenzufriedenheit erfolgreichen Praktiken der Wettbewerber an und setzt infolgedessen das Softwareprozeß-Benchmarking ein.

Abb. 6-10 stellt die Bausteine des SCVM und ihre Informationsbeziehungen grafisch dar.

Die einzelnen SCVM-Bausteine wurden bereits an anderer Stelle ausführlich beschrieben, so daß sich die nachfolgenden Ausführungen auf die für das Verständnis wesentlichen Aspekte beschränken.[78]

78 Siehe zum CVA Herzwurm, Hierholzer /SCVM/ 11-23 und Herzwurm, Schockert, Mellis /Qualitätssoftware/ 80-100; zum CSS Herzwurm, Hierholzer /SCVM/ 38-55 und Hierholzer /Kundenorientierung/ 66-84; zum CSP Herzwurm, Schockert, Mellis /Qualitätssoftware/ und zum Softwareprozeß-Benchmarking Herzwurm, Hierholzer /SCVM/ 56-78 und Hierholzer /Kundenorientierung/

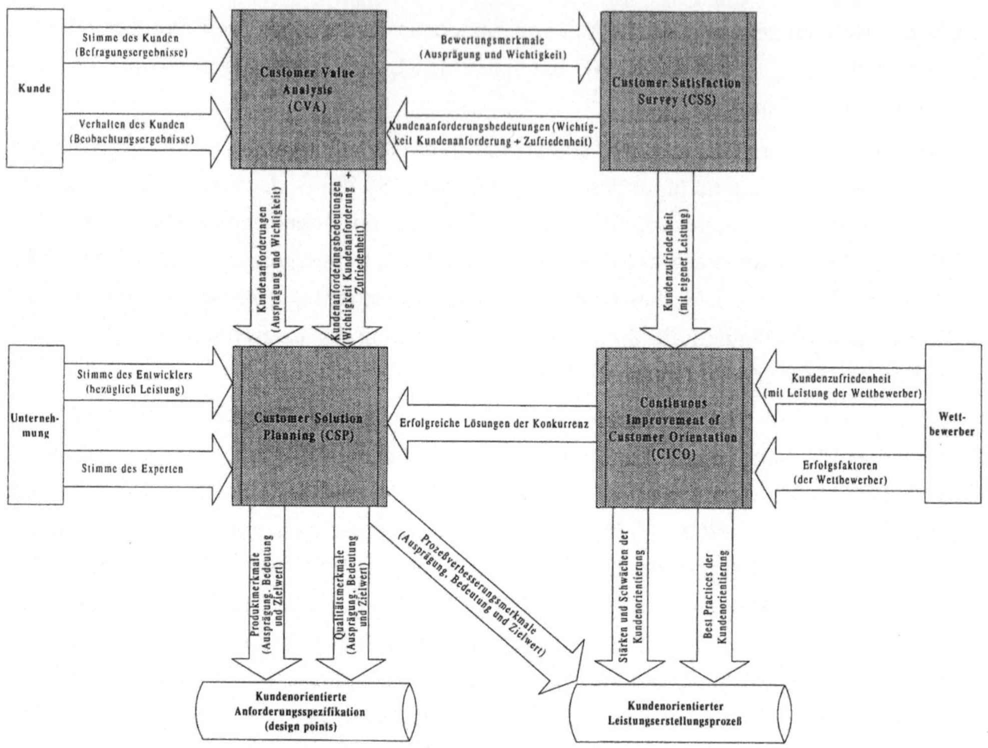

Abb. 6-10: Beziehungen zwischen den Bausteinen des SCVM

6.2.1.2 Planung eines SCVM-Projekts

Wie in Kapitel 5.1.1.2 erörtert stellen die effiziente Planung und Steuerung eines Projekts wichtige Erfolgsfaktoren in der Softwareentwicklung dar. Infolgedessen sind auch die Aktivitäten des SCVM-Prozesses zielgerichtet zu planen. Die nachfolgenden Ausführungen beschränken sich hierbei allerdings auf solche Aspekte, die spezifisch für die Planung eines SCVM-Projekts sind.[79] Die Illustrierung einzelner SCVM-Schritte wird in den nächsten Kapiteln am Beispiel der Weiterentwicklung der in das Standardanwendungssystem R/3 der deutschen Softwareunternehmung SAP AG integrierten Kalendersoftware dargestellt.[80] Bei dem Kalender handelt es sich um eine Software, mit der verschiedene Personen an unterschiedlichen Orten ihre Termine pflegen und gegenseitig einsehen können. Überwiegend sind die dargestellten Beispiele Ergebnisse, die in einem vom Autor und dessen Kollegen

79 Siehe zu Theorie und Praxis des Projektmanagements in der Softwareentwicklung Weltz, Ortmann /Softwareprojekt/

80 Siehe zum Standardanwendungssystem R/3 der deutschen Softwareunternehmung SAP AG z. B. Wenzel /SAP/

durchgeführten Projekt mit der SAP AG tatsächlich erzielt wurden; teilweise wurden die tatsächlichen Ergebnisse jedoch zur Wahrung der Vertraulichkeit der Daten und/oder zur Reduzierung des Beispielumfangs modifiziert.

Bevor die Planung eines SCVM-Projekts dargestellt wird, muß darauf hingewiesen werden, daß der Einsatz des SCVM nicht in jedem Projekt sinnvoll oder möglich ist. Als Kriterien, nach denen beurteilt werden kann, ob der SCVM-Einsatz sinnvoll ist,[81] können beispielsweise herangezogen werden:

- Ausreichend großer Handlungsspielraum des SCVM-Teams
  Je vollständiger und unflexibler beispielsweise beim Produkt-SCVM ein vom Kunden bereitgestelltes Pflichtenheft hinsichtlich Kundenanforderungen und Zielvorgaben ist, desto weniger Nutzen verspricht der Einsatz des SCVM et vice versa. Ähnliches gilt beim Prozeß-SCVM für den Gestaltungsspielraum des Softwareerstellungsprozesses, der möglicherweise durch unternehmungsweite Standards eingeschränkt ist.
- Vorhandensein von Kundenunzufriedenheit
  Mit zunehmender Unzufriedenheit interner oder externer Kunden und/oder vorhandener Unsicherheit bezüglich der Produkt- bzw. Prozeßgestaltung steigt demgegenüber das Potential des SCVM-Einsatzes.
- Existenz vielfältiger Planungsvariablen
  Die Stärke des SCVM liegt in der systematischen Entscheidungsfindung bei einer Vielzahl zu berücksichtigender Planungsvariablen. Hierzu gehören z. B. die Anzahl von Kundengruppen, Kundenbedürfnissen, möglicher Produktcharakteristika oder existierender Wettbewerber.

Festlegung der SCVM-Variante

Als erster Planungsschritt ist festzustellen, ob ein kundenorientiertes Softwareprodukt oder ein kundenorientierter Produktentwicklungsprozeß als im Rahmen des SCVM zu entwickelndes Objekt fungieren.

- Beim *Produkt-SCVM* ergeben sich aufgrund der Merkmale des Gegenstands der Produktentwicklung verschiedene SCVM-Varianten. Der besonderen Bedeutung der Einbeziehung des Kunden in den Produktentwicklungsprozeß bei Verfolgung der Strategie Kundenorientierung wird innerhalb des SCVM durch die Integration des Kunden in das SCVM-Team Rechnung getragen. Da mit zunehmendem Individualisierungsgrad der Software die Bedeutung des Kunden steigt, wird zwischen SCVM für Kunden- und

81 Derartige Kriterien sind vergleichbar mit Maßstäben für die Eignung eines Produkts oder eines Prozesses bezüglich des Einsatzes von QFD. Siehe hierzu Bicknell, Bicknell /QFD/ 283-296, Herzwurm, Schockert, Mellis /Qualitätssoftware/ 66-67, Saatweber /QFD/ 467, Shillito /Advanced QFD/ 125-126, Streckfuß /Quality Function Deployment/ 124 und Streckfuß /Checkliste/ 4

SCVM für Marktproduktion unterschieden. Je größer die Produktkomplexität ist, desto höher sind die Anforderungen an Kundenvertreter als Mitglieder des SCVM-Teams. Auch bezüglich des Neuheitsgrads existieren zwei verschiedene SCVM-Varianten: das SCVM für Neuentwicklungen und das SCVM für Weiterentwicklungen.

- Beim *Prozeß-SCVM* ist zu prüfen, ob die Prozeßverbesserung auf der Basis eigener Erfahrungen mit Kunden und Mitarbeitern erfolgt oder ob ein Vergleich mit der Konkurrenz angestrebt wird.

Es ergeben sich somit sechs verschiedene SCVM-Varianten (siehe die Variablen A bis F in Abb. 6-11). Alle SCVM-Varianten, die sich v. a. durch die Reihenfolge[82] und die Intensität[83] bestimmter Aktivitäten voneinander unterscheiden, beinhalten die gleichen Basisbausteine.[84] Der erste Schritt des SCVM-Planungsprozesses ist demzufolge die Zuordnung des Projekts zu einer der in Abb. 6-11 dargestellten Varianten.

82 Die Zahlen in den Tabellen der Abb. 6-11 repräsentieren die Reihenfolge der durchzuführenden Aktivitäten in Abhängigkeit von der vorliegenden SCVM-Variante A bis F.

83 Als Intensitäten stehen detailliert, im Sinne von vollständiger Analyse, und fokussiert, im Sinne der Konzentration auf die wichtigsten Merkmale, zur Verfügung. Die Anzahl der „wichtigsten" Merkmale ist subjektiv und hängt vom Projektumfang (Größe und Komplexität des zu entwickelnden Softwareprodukts bzw. des Softwareerstellungsprozesses) bzw. der Auffassungsgabe der Projektbeteiligten ab. Als Heuristik für die fokussierte Vorgehensweise können aufgrund der bislang erzielten Erfahrungen *maximal* 80 Kundenanforderungen und *höchstens* 120 Produktcharakteristika angenommen werden. Eine größere Anzahl zu berücksichtigender Merkmale ermöglicht eine detailliertere Planung mit dem Ziel der Qualitätssicherung, aber erlaubt keine Transparenz bezüglich der bedeutsamsten Merkmale. Vergleichbare Zahlen finden sich in Akao /Quality Deployment/ 82 und Cohen /Quality Function Deployment/ 52

84 Bei Weiterentwicklungen kann ein Vergleich der eigenen Software mit Produkten der Konkurrenz (Produkt-Benchmarking) durchgeführt werden. Dieser Schritt ist in Abb. 6-11 separat dargestellt, bei der nachfolgenden Darstellung der SCVM-Bausteine jedoch als inhärenter Bestandteil des CSP behandelt.

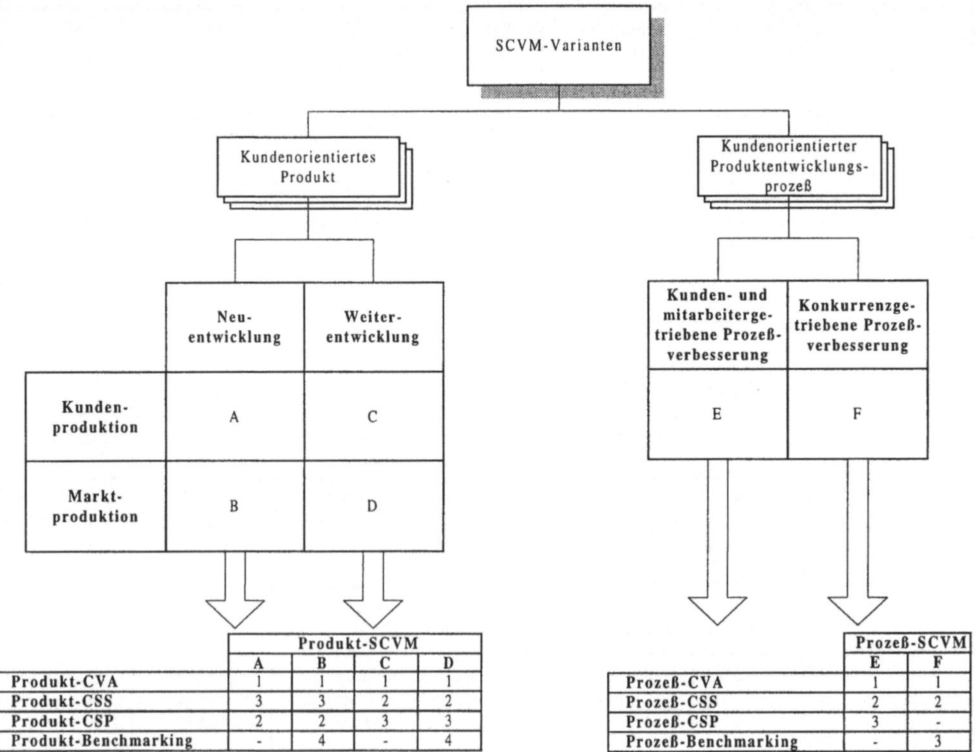

	Produkt-SCVM			
	A	B	C	D
Produkt-CVA	1	1	1	1
Produkt-CSS	3	3	2	2
Produkt-CSP	2	2	3	3
Produkt-Benchmarking	-	4	-	4

	Prozeß-SCVM	
	E	F
Prozeß-CVA	1	1
Prozeß-CSS	2	2
Prozeß-CSP	3	-
Prozeß-Benchmarking	-	3

Abb. 6-11: Varianten des SCVM

Die Übersicht verdeutlicht, daß sich bezüglich des SCVM-Ablaufs Kunden- und Marktproduktion lediglich durch den bei Marktproduktion hinzukommenden Konkurrenzvergleich unterscheiden, weshalb nachfolgend auf eine getrennte Darstellung dieser SCVM-Varianten verzichtet wird und statt dessen innerhalb der Beschreibung der SCVM-Aktivitäten auf eventuell bestehende Besonderheiten hingewiesen wird. Tab. 6-11 stellt die Charakteristika der verschiedenen SCVM-Varianten zusammen. Unterschiede ergeben sich v. a. durch Objekt, Ziel, Priorität, Ausgangspunkt des CVA, Reihenfolge der weiteren Aktivitäten, primär eingesetzte Erhebungstechniken, Integration des Kunden in den Entwicklungsprozeß und Teamzusammensetzung.

	SCVM-Variante A	SCVM-Variante B	SCVM-Variante C	SCVM-Variante D	SCVM-Variante E	SCVM-Variante F
Beschreibung	Kundenindividuelle Neuentwicklung	Standard-Neuentwicklung	Kundenindividuelle Weiterentwicklung	Standard-Weiterentwicklung	Kunden- und mitarbeitergetriebene Prozeßverbesserung	Konkurrenzgetriebene Prozeßverbesserung
Objekt	Kundenorientiertes Produkt	Kundenorientiertes Produkt	Kundenorientiertes Produkt	Kundenorientiertes Produkt	Kundenorientierter Produktentwicklungsprozeß	Kundenorientierter Produktentwicklungsprozeß
Ziel	Produkt- und Prozeßqualität	Produktqualität	Produkt- und Prozeßqualität	Produktqualität	Prozeßverbesserung	Prozeßverbesserung
Priorität	Vollständigkeit und Überprüfbarkeit der Ergebnisse	Fokussierung und Priorisierung der Ergebnisse	Vollständigkeit und Überprüfbarkeit der Ergebnisse	Fokussierung und Priorisierung der Ergebnisse	Fokussierung und Priorisierung der Ergebnisse	Priorisierung und Vergleichbarkeit der Ergebnisse
Ausgangspunkt des CVA	Neu zu erhebende Kundenanforderungen	Neu zu erhebende Kundenanforderungen	Zu aktualisierende Kundenanforderungen	Zu aktualisierende Kundenanforderungen	Zu aktualisierende Kundenanforderungen	Zu aktualisierende Kundenanforderungen
Reihenfolge der weiteren Aktivitäten	Zunächst CSP, anschließend Gewichtung Kundenanforderungen und CSS	Zunächst Gewichtung Kundenanforderungen und CSP, anschließend CSS	Zunächst Gewichtung Kundenanforderungen und CSS, anschließend CSP	Zunächst Gewichtung Kundenanforderungen und CSS, anschließend CSP	Zunächst Gewichtung Kundenanforderungen und CSS, anschließend CSP	Zunächst Gewichtung Kundenanforderungen und CSS, anschließend Prozeß-Benchmarking
Primär eingesetzte Erhebungstechniken	Einzel- und Gruppeninterviews repräsentativer Kunden	Befragungen und Experimente innerhalb statistisch repräsentativer Erhebungen	Einzel- und Gruppeninterviews repräsentativer Kunden	Befragungen und Experimente innerhalb statistisch repräsentativer Erhebungen	Einzel- und Gruppeninterviews repräsentativer Kunden	Einzel- und Gruppeninterviews repräsentativer Kunden
Integration des Kunden in Entwicklungsprozeß	Unverzichtbar	Hohe Notwendigkeit	Sehr hohe Notwendigkeit	Mittlere Notwendigkeit	Sehr hohe Notwendigkeit	Geringe Notwendigkeit
Teamzusammensetzung	Entwickler, Qualitätsmanagement, Kunden, Interessenvertreter	Entwickler, Qualitätsmanagement, Forschung & Entwicklung, Marketing/Vertrieb, Kundenrepräsentanten	Entwickler, Qualitätsmanagement, Kunden (v. a. Benutzer), Interessenvertreter, Benutzerberatung	Entwickler, Qualitätsmanagement, Forschung & Entwicklung, Marketing/Vertrieb, Hotline, Kundenrepräsentanten	Entwickler, Qualitätsmanagement, Forschung & Entwicklung, Marketing/Vertrieb, Kundenrepräsentanten	Entwickler, Qualitätsmanagement, Forschung & Entwicklung, Marketing/Vertrieb, Methoden & Verfahren

Tab. 6-11: Charakteristika der verschiedenen Varianten des SCVM

Festlegung der Projektziele[85]

Um die notwendigen Voraussetzungen für die spätere Erfolgskontrolle des SCVM-Einsatzes zu erhalten und um das SCVM den projektspezifischen Bedingungen anzupassen, ist die Festlegung des erwarteten Nutzens bzw. der erwarteten Ergebnisse des SCVM-Einsatzes der nächste wichtige Schritt im Rahmen der Projektorganisation. Sinnvolle Projektziele sind z. B. die Erhöhung der Kundenzufriedenheit, die Fokussierung der Ressourcen auf das Wesentliche, das Aufholen eines Konkurrenzvorsprunges, eine beschleunigte Entwicklungszeit oder aber eine verbesserte Kommunikation zwischen Fachbereichen/Kunden und Entwicklern/Marketing/Vertrieb/Qualitätsmanagement etc. Beispiele für konkrete Ergebnisse sind ein vollständiges Pflichtenheft, ein detailliertes Stärken-Schwächen Profil des aktuellen Releases bzw. des momentanen Softwareerstellungsprozesses, Vorgaben für die Qualitätssicherung oder grobe Vorgaben für den Projektplan. Zweck dieser Aufgaben ist es, die SCVM-Anwendung an den Vorstellungen der Projektverantwortlichen auszurichten, d. h. aus dem SCVM-Ablauf die für das konkrete Projekt zur Erreichung der Ergebnisse notwendigen Komponenten aus den Bausteinen herauszugreifen und weniger wichtige Elemente zu vernachlässigen. So könnte z. B. bei keinerlei Bestrebungen, sich mit der Konkurrenz zu messen (z. B. bei innerbetrieblicher Softwareentwicklung), sowohl der prinzipiell im SCVM vorgesehene Wettbewerbsvergleich aus Kunden- als auch aus Unternehmungssicht entfallen (Produkt-Benchmarking).

Primär ist jedoch zu klären, ob der Einsatz des SCVM in erster Linie der Befriedigung von Kundenbedürfnissen (relative Qualität) oder der Sicherstellung der Übereinstimmung mit der technischen Spezifikation (technische Qualität) dient.

- SCVM mit Fokus technische Qualität
  Bei dieser Form der Anwendung fungiert das SCVM primär als Methode zur Unterstützung der Einhaltung bestimmter Vorgaben im Entwicklungsprozeß. Infolgedessen müssen die Kundenbedürfnisse möglichst *vollständig* erfaßt, *sämtliche* Leistungsmerkmale geplant und *alle* Zufriedenheitsbewertungsmerkmale gemessen werden. Es ist daher die Durchführung eines möglichst *detaillierten* CVA und CSS erforderlich.

  Der Einsatz des SCVM als Qualitätssicherungsinstrumentarium ist dann empfehlenswert, wenn nicht in erster Linie die Entdeckung neuer Leistungsmerkmale beabsichtigt wird oder/und Zeit- bzw. Budgetengpässe bestehen, sondern sichergestellt werden soll, daß eine Leistung möglichst exakt die Kundenbedürfnisse erfüllt. Das ist z. B. dann der Fall, wenn der Kunde sehr genaue Vorstellungen über die erwartete Leistung hat (z. B. in Form eines detaillierten Lastenhefts) oder wenn eine wenig innovative, geringen Ge-

85 Vgl. Herzwurm, Schockert, Mellis /Qualitätssoftware/ 66-73

staltungsspielraum gewährende Software (z. B. Finanzbuchhaltungssystem) zu entwickeln ist.

- SCVM mit Fokus relative Qualität

  Vorrangiges Ziel dieser SCVM-Variante ist die Fokussierung der Entwicklungstätigkeiten auf das Wesentliche. Aus diesem Grund müssen die *wichtigsten* Kundenbedürfnisse erfaßt, die *bedeutsamsten* Leistungsmerkmale geplant und *wesentliche* Zufriedenheitsbewertungsmerkmale gemessen werden. Infolgedessen ist die Durchführung eines *fokussierten* CVA und CSS notwendig.

  Die Eignung des SCVM-Einsatzes als Produktentwicklungsinstrumentarium ist dann gewährleistet, wenn beim Abnehmer oder/und Hersteller keine klaren Vorstellungen über die Kundenbedürfnisse bzw. die Leistungsmerkmale bestehen (z. B. sehr innovative Softwareprodukte) oder/und weniger Ressourcen zur Verfügung stehen als zur Erfüllung sämtlicher Kundenbedürfnisse erforderlich sind (z. B. bei innerbetrieblicher Softwareentwicklung oder bei Marktproduktion) oder/und die zu entwickelnde Software umfangreiche Gestaltungsspielräume (z. B. Management-Informationssystem) gewährt.

Abgrenzung des SCVM-Objekts

- Abgrenzung der Software beim Produkt-SCVM

  Ohne die Festlegung und Identifikation der Hauptfunktionalitäten bzw. der beabsichtigten Zweckerfüllung und Nutzenstiftung beim Kunden kann auch nicht nach zu erfüllenden Anforderungen gesucht werden, da der organisatorische Rahmen, in dem die Software eingesetzt werden soll, unklar ist. Der Kunde kauft bzw. bestellt nicht nur die Software, sondern darüber hinaus die Vorteile und den Nutzen, die er durch die Benutzung der Software in seinem organisatorischen Umfeld erlangt. Die Einordnung des Softwareprodukts in das organisatorische Aufgabensystem des (potentiellen) Kunden stellt daher bei ausreichender Informationslage eine wertvolle Hilfe bei der Produktabgrenzung dar.[86] Die Fragen, die hierbei zu beantworten sind, lauten wie folgt:

  - Welche organisatorischen Aufgaben soll das Produkt unterstützen? Warum existiert das Produkt? Welche Zwecke soll das Produkt erfüllen?
  - Was sind die Basisfunktionen/Hauptfunktionalitäten des Produkts? Welche Kernaufgaben nimmt das Produkt wahr? Wie kann das Produkt die organisatorischen Aufgaben/Geschäftsprozesse unterstützen?
  - Welchen unmittelbaren (Haupt-)Nutzen soll der Kunde bei Anwendung des Produkts haben?

---

86 Siehe dazu auch McDonald /Product Development/

Die Basisfunktionen repräsentieren die Essenz des Softwareprodukts. Ihre unzureichende Erfüllung führt zu geringer Wertschätzung der Software und zu geringem Kundennutzen. Tab. 6-12 zeigt die Produktabgrenzung mit Hilfe einer Priorisierungsmatrix am stark vereinfachten Beispiel des SAP R/3 Kalenders. Die wichtigsten Basisfunktionen des Kalenders betreffen demzufolge das Terminmanagement.

Organisatorische Aufgaben / **Basisfunktionen der Software**	Termine verwalten	Räume verwalten	Personengruppen verwalten	Termine bekanntgeben	**Gewicht**
Planung von individuellen Terminen	9			3	10,00%
Planung von Besprechungen	9	3	3	3	60,00%
Planung von Dienstreisen	9	1		1	15,00%
Planung von Kundenbesuchen	9	1	1	1	15,00%
Absolute Bedeutung	9,00	2,10	1,95	2,40	
Relative Bedeutung	58,25%	13,59%	12,62%	15,53%	
Rang	1	3	4	2	

Tab. 6-12: Vereinfachte Produktabgrenzung für den SAP R/3 Kalender

Bei umfangreichen Softwareprodukten sollte eventuell eine weitere Abgrenzung erfolgen wie etwa die Produktzerlegung in Teilkomponenten oder die Reduzierung des SCVM-Einsatzes auf bestimmte Teilfunktionen. Auch die Begrenzung auf bestimmte (der wichtigsten) Kundengruppen oder die Beschränkung auf die Planung der Funktionalität der Software helfen bei unzureichenden Ressourcen, die Komplexität großer Projekte zu mindern.

- Abgrenzung der Prozeßkomponenten beim Prozeß-SCVM
  Analog zur Abgrenzung beim Produkt-SCVM ist auch beim Prozeß-SCVM die Fokussierung auf bestimmte Teilkomponenten des Softwareerstellungsprozesses sinnvoll. Auf einer groben Planungsebene werden z. B. die von den Bedürfnissen der Mitarbeiter betroffenen Prozeßkomponenten identifiziert. Im Zuge der Verbesserung der Kundenorientierung sind voraussichtlich die frühen Phasen des Softwareentwicklungsprozesses Gegenstand der Verbesserungsbemühungen.

Team-, Termin- und Aufwandsplanung

Die Zusammenstellung des SCVM-Teams erfolgt auf der Grundlage der bis zu diesem Zeitpunkt vorgenommenen Planung und ist abhängig von der SCVM-Variante.

Die Anwendung des SCVM erfolgt überwiegend in moderierten Gruppensitzungen, bei denen eine Teilnehmerzahl von zwölf Personen nicht überschritten werden sollte.[87] Die an den Treffen teilnehmenden Personen bilden gleichzeitig den Kern des SCVM-Teams. Bei der Vor- und Nachbereitung der Zusammenkünfte wirken ggf. noch weitere Personen mit.

Geleitet wird das SCVM-Team von einem methodenerfahrenen Moderator. Dabei kann es sich in Abhängigkeit von der organisatorischen Verankerung des SCVM z. B. um einen Mitarbeiter aus dem für die Produktentwicklung zuständigen Unternehmungsbereich oder um eine neutrale Person (z. B. aus dem Qualitätsmanagement) handeln. Es sind Kenntnisse und Fertigkeiten in bezug auf die Durchführung moderierter Gruppensitzungen sowie auf die Anwendung der SCVM-Methode erforderlich; Kenntnisse über das zu entwickelnde Produkt sind dagegen nützlich, stellen jedoch keine Voraussetzung dar, da der Moderator die Sitzungen neutral koordiniert und selbst keine inhaltlichen Beiträge leistet. Zur Unterstützung des SCVM-Teamleiters während der Sitzungen sowie zur Vor- und Nachbereitung ist darüber hinaus eine weitere Person erforderlich.

Dem Kontingenz-Ansatz folgend, nach dem Empfehlungen für eine bestimmte Form der organisatorischen Gestaltung nicht ohne Kenntnis der speziellen Gegebenheiten einer Unternehmung gegeben werden sollten,[88] werden die Mitglieder des SCVM-Teams in Tab. 6-13 in Form von Rollen sowie der zur Erfüllung der Rollen erforderlichen Kenntnisse und Fähigkeiten beschrieben.[89]

Rolle	**Qualifikation (erforderliche Kenntnisse und Fähigkeiten)**	**Anzahl**
Projektleiter SCVM	SCVM, Moderation, Projektmanagement	1
Projektleiter Softwareproduktentwicklung	Projektmanagement, Softwareentwicklung, Markt (ökonomische Sicht)	1
Experte Softwareerstellungsprozeß	Prinzipien, Methoden, Verfahren und Werkzeuge der Softwareentwicklung, Vorgehensmodelle, Stand der Forschung	1 - 2
Experte Softwareprodukt	Softwareentwicklung, Markt (technische Sicht), Stärken und Schwächen der Software, Entwicklungspotentiale, Schwierigkeiten und Probleme in der Entwicklung, Aufwand für Entwicklung	2 - 4
Experte Kunden	Kunden, Kundenwünsche, Kundenreklamationen, Kundenbedeutung, zu unterstützende Geschäftsprozesse, Marktforschung	1 - 2
Repräsentant Kunde	Anforderung der eigenen Unternehmung, zu unterstützende Geschäftsprozesse, möglicher Nutzen alternativer Lösungen	2 - 6

Tab. 6-13: Rollen und erforderliche Qualifikationen der Mitglieder eines SCVM-Teams

87 Vgl. Feix /Moderationsmethoden/ 77

88 Vgl. Köhler /Unternehmungssituation/ 129

89 Siehe zur unterschiedlichen Teamzusammensetzung bei Markt- und Kundenproduktion Tab. 5-8

Der konkrete Zeitaufwand für die Durchführung des SCVM ist von vielen Einflüssen abhängig.[90] Zu betonen ist dabei insbesondere, daß der Aufwand nicht nur durch die Gruppensitzungen, sondern auch durch die Vor- und Nachbereitungen verursacht wird, welche oftmals ein Vielfaches der Dauer der Meetings beanspruchen. Bei insgesamt acht Gruppensitzungen und einem aus vier Personen bestehenden SCVM-Team (hinzu kommen noch die Kundenvertreter) kann sich der Aufwand selbst bei kleineren Projekten schon auf 50 Personentage[91] und mehr belaufen. Dies unterstreicht nochmals die Wichtigkeit der sorgfältigen Planung einer spezifischen SCVM-Anwendung und der Fokussierung auf die zur Erreichung der Projektziele wichtigsten Aktivitäten in der SCVM-Planung.

Die Meetings sollten möglichst regelmäßig (mindestens einmal, besser zweimal pro Woche) jeweils in den gleichen Räumlichkeiten stattfinden, damit der Anschluß an vorherige Sitzungen reibungslos hergestellt werden kann. Das ganze Projekt sollte auf nicht mehr als zwei bis sechs Wochen ausgedehnt werden.

Es werden ein ausreichend großer Raum für ca. zwölf Personen sowie die üblichen Moderationsmaterialien (Karten, Stifte, Nadeln, Flipcharts etc.) benötigt. Für die Softwareunterstützung (z. B. Präsentations-Tools, Workgroupcomputing-Software, QFD-Tool, Tabellenkalkulation etc.) sollte der Raum abdunkelbar sein und ein lichtstarker Overhead-Projektor oder ein guter Beamer zur Verfügung stehen.

Den Abschluß der SCVM-Projektplanung bilden die praktischen Fragen nach den bereits existierenden Daten über die Kunden und deren Bedürfnisse sowie nach möglichen Informationen, die noch vor der ersten Gruppensitzung zur Ermittlung der Kundenanforderungen beschafft werden müssen.

Bausteinspezifische Planung

Während z. B. der Detaillierungsgrad und die Reihenfolge der Schritte durch die SCVM-Gesamtplanung festgelegt sind, enthalten die einzelnen SCVM-Bausteine weitere Parameter, die bausteinspezifisch zu planen sind. Diese Planungsaktivitäten sind in Tab. 6-14 aufgeführt.

---

90 Vgl. im folgenden Herzwurm, Schockert, Mellis /Qualitätssoftware/ 70-73

91 Acht Gruppensitzungen à durchschnittlich drei Stunden mit vier Personen und einem Moderator beanspruchen 16 Personentage (Personentag = 7,5 Stunden); bei durchschnittlich zwei Personentagen zur Vor- und Nachbereitung der Meetings verursachen diese 32 Personentage; also ergibt sich insgesamt ohne Berücksichtigung der Planungsphase und der Kunden bereits ein Aufwand von 48 Personentagen.

Planungsobjekt	Planungsaktivität
Ziele der SCVM-Baustein-Anwendung	Bestimmung der Ausprägung des SCVM-Bausteins gemäß der gewählten SCVM-Variante A bis F (z. B. detailliertes versus fokussiertes CSP)
Zusammensetzung des SCVM-Teams	Auswahl der beteiligten Personen, insbesondere der zu befragenden Kunden, im Rahmen schriftlicher Befragungen (z. B. Benutzer versus Betroffene)
Umfang der Befragung	Entscheidung über Totalerhebung oder Stichprobenerhebung, Art und Umfang der Stichprobe (z. B. Kundenrepräsentanten des SCVM-Teams versus größere Zufallsstichprobe der jeweiligen Kundengruppen)
Art der Befragung	Festlegung der Befragungsform: Schriftlich oder mündlich (Einzel- oder Gruppen-interview) (z. B. Fragebogenaktion zur Gewichtung von Kundenanforderungen)
SCVM-bausteinspezifische Parameter	Selektion individueller Merkmalsausprägungen einzelner Bausteine (z. B. Verfahren zur Bestimmung der Bewertungsmerkmale beim CSS)

Tab. 6-14: SCVM-bausteinspezifische Planung

6.2.2 Produkt-SCVM

6.2.2.1 Identifizierung von Kundenbedürfnissen mit Customer Value Analysis (CVA)

6.2.2.1.1 Planung des CVA

- Ziele der CVA-Anwendung

  Bei der Anwendung des CVA sind zwei Fälle zu unterscheiden. Das *CVA als Basis für das Customer Solution Planning (CSP)* liefert die erforderlichen Informationen über Kundenbedürfnisse und deren Wichtigkeit für die kundenorientierte Entwicklung von Softwareprodukten. Das *CVA als Basis für das Customer Satisfaction Survey (CSS)* liefert die erforderlichen Informationen über Bewertungsmerkmale, auf deren Basis die Kunden das Zufriedenheitsurteil fällen. Als Bewertungsmerkmale werden i. d. R. die gewichteten Kundenbedürfnisse herangezogen, da diese die Erwartungen des Kunden repräsentieren. Für spezifische Kundenzufriedenheitsmessungen kann allerdings auch ein separates CVA zur Ermittlung von Bewertungsmerkmalen erforderlich sein. Dies wird z. B. immer dann erforderlich sein, wenn abzusehen ist, daß sich die identifizierten Kundenbedürfnisse zwischenzeitlich stark verändert haben und daher als Bewertungsmerkmale nicht mehr geeignet sind.

- Zusammensetzung des CVA-Teams

  Prinzipiell werden beim Produkt-CVA nur die Kundenvertreter und die Kundenkenner zur Durchführung des CVA benötigt, denn nur deren unverfälschte Meinung, unbeeinflußt durch die Präsenz der Entwickler, ist gefragt. Auf der anderen Seite wird dem direkten Kontakt zwischen Kunden und Entwicklern hohe Bedeutung beigemessen, denn dadurch kann das gegenseitige Verständnis für die Probleme der jeweils anderen Gruppe gefördert werden und ein „fruchtbares" Miteinander erwachsen. Wenn sich die internen SCVM-Teammitglieder an die Grundregel halten, die Kundenwünsche nicht direkt zu bewerten und zu kommentieren, können insbesondere die Entwickler durch die Einblikke in die wirklichen Probleme der Kunden zu neuen Einsichten und Ideen kommen. Zudem könnte eine Nicht-Beteiligung der Entwickler unnötige Widerstände auslösen und die oftmals ohnehin vorhandenen Akzeptanzprobleme verschärfen, einerseits bezüglich des SCVM-Einsatzes generell, andererseits gegenüber den strukturierten Kundenanforderungen als Ergebnis der Sitzung.[92] Darüber hinaus sind „Kundenkenner" wichtige Teilnehmer des CVA-Teams. Hierzu zählen beispielsweise bei innerbetrieblicher Softwareentwicklung die Mitarbeiter der Benutzerberatung oder bei Marktproduktion die Personen, welche Untersuchungen im Rahmen der Marktforschung durchgeführt bzw. Erfahrungen bei der Kundenschulung bzw. Kundenberatung gesammelt haben.

- Art und Umfang der Befragung
  Durchgeführt wird das CVA grundsätzlich in moderierten Gruppensitzungen.[93] Während die Repräsentativität der Kunden beim Sammeln von Kundenanforderungen noch verhältnismäßig unproblematisch ist, verlangt eine valide Gewichtung der Kundenanforderungen unter Umständen eine breitere Basis bis hin zur statistischen Repräsentativität. Bei der Planung des CVA ist daher zu erwägen, statt der Gewichtung durch die Kundenrepräsentanten in der Sitzung eine Fragebogenaktion mit einer größeren Anzahl von Kunden durchzuführen.
- CVA-bausteinspezifische Parameter
  Die Gewichtung in der Gruppe kann durch gemeinsame Diskussion bis zur Erreichung eines Gruppenkonsens oder mit Hilfe des AHP unter Verwendung des Konstantensummenverfahrens bzw. des paarweisen Vergleichs erfolgen.

Tab. 6-15 zeigt die vor der CVA-Anwendung durchzuführenden Planungsschritte.

92 Analog sollten beim Prozeß-CVA nicht nur Softwareentwickler und andere betroffene Mitarbeiter (interne Kunden) an den Sitzungen teilnehmen, sondern darüber hinaus auch jene Personen, die für die Verbesserung der jeweiligen Prozesse verantwortlich sind (Prozeßverantwortliche, in Analogie zum Entwickler beim Produkt-CVA).

93 Das Vorgehen ähnelt der Durchführung von sogenannten Focus Groups, in denen derzeitige und potentielle Kunden zusammen mit internen Mitarbeitern in moderierten Gruppensitzungen über ihre Anforderungen an ein Produkt und die Probleme bei dessen Nutzung diskutieren. Focus Groups gehen allerdings i. d. R. über die reine Produktentwicklung hinaus und beschäftigen sich auch mit produktübergreifenden bzw. produktunabhängigen Fragestellungen. Vgl. Bailey /Customer/ 3-7

Planungsobjekt	Planungsaktivität
Ziele der CVA-Anwendung	CVA zur Ermittlung von Kundenanforderungen versus CVA zur Ermittlung von Bewertungsmerkmalen
Zusammensetzung des CVA-Teams	CVA nur mit Kunden versus CVA mit Kunden und Entwicklern sowie ggf. anderen Vertretern des Softwareanbieters
Umfang der Befragung	Gewichtung der Kundenanforderungen durch Kundenrepräsentanten des CVA-Teams versus umfangreichere Kundenbefragung
Art der Befragung	Diskussion (Gruppenkonsens) versus Fragebogen (Mittelwertbildung) zur Gewichtung von Kundenanforderungen
CVA-bausteinspezifische Parameter	AHP mit Konstantensummenverfahren versus AHP mit paarweisem Vergleich

Tab. 6-15: Planung des CVA

6.2.2.1.2 Elemente des CVA

Customer Deployment

- Identifikation von Kundengruppen

  Bei der Identifikation von Kundengruppen ist zu differenzieren zwischen:[94]

  - Kunden als Personen und Kunden als ganze Unternehmungen bzw. Unternehmungsbereiche (z. B. Entscheider, Beeinflusser, Einkäufer Informationsselektierer, Benutzer im Buying-Center)[95]

    Hier ist es die primäre Aufgabe des nachfolgend beschriebenen CVA, die Organisation, welche als solche nicht direkt befragt werden kann, in Personen aufzuspalten und deren eventuell divergierende Bedürfnisse zu analysieren und zu aggregieren.

  - Kunden als Auftraggeber bzw. Käufer, Kunden als Benutzer und Kunden als indirekt Betroffene

    Hierbei gilt es, die Bedürfnisse der Kunden mit Hilfe des CVA zu verstehen, zu priorisieren und umzusetzen. Verschiedene Kundengruppen haben divergierende Bedürfnisse, aus denen unterschiedliche Anforderungen und Qualitätsbeurteilungsmaßstäbe resultieren. Zur Erzielung einer hohen Kundenzufriedenheit stellt die Berücksichtigung dieser Unterschiede einen wichtigen Erfolgsfaktor dar.

  Für die Bildung von Kundengruppen ist zu unterscheiden zwischen Markt- und Kundenproduktion:

  - Identifikation von Kundengruppen bei Marktproduktion

    Bei Standardsoftware ist die Identifizierung potentieller Käufer, also der anvisierten Kunden, im wesentlichen vom Markt und somit direkt von der strategischen Zielset-

94 Vgl. Herzwurm, Hierholzer /SCVM/ 11-14 und Schlang /Customer Value Analysis/ 83-89

95 Vgl. Homburg, Rudolph, Werner /Kundenzufriedenheit/ 317

zung des Managements abhängig.[96] Hilfestellungen können Ergebnisse von Kundenbedürfnis- und -zufriedenheitsanalysen vergleichbarer eigener oder konkurrierender Software liefern. Bei dieser Problematik handelt es sich um die klassischen Problemfelder der Marktforschung, für die in der Betriebswirtschaftslehre eine ganze Reihe von Methoden entwickelt wurden, die auch für Softwareprodukte angewendet werden können.[97] In jedem Fall ist die Bildung der relevanten Kundengruppen mit der Geschäftsfeldstrategie und den anvisierten Marktsegmenten abzustimmen. Einige Kriterien hierzu enthält Tab. 6-16.

Kriterium zur Markt- bzw. Kundensegmentierung	**Beispiele**
Beim Kunden eingesetzte Systemplattformtypen	Windows 95, Windows NT, Macintosh, Unix, BS2000
Branchenzugehörigkeit des Kunden	Fertigung, Handel, Banken, Wissenschaft
Organisationsform des Kunden	Unternehmungen, Behörden, Universitäten
Regionale Zugehörigkeit des Kunden	Region, Deutschland, Europa, Asien, weltweit
Betriebsform der vom Kunden eingesetzten Software	Interaktiv, Batchbetrieb, alle Betriebsformen
Abteilungszugehörigkeit des Kunden	Einkauf, Vertrieb, Personalentwicklung, Marketing
Arbeitsweise des Kunden	mobile/stationäre, gelegentliche/häufige Nutzung
DV-Erfahrung des Kunden	Anfänger, Fortgeschrittener, Experte
Systemkonfiguration des Kunden	Einzel-/Mehrplatzsysteme, Netzwerke, Inter-/Intranet
Art der vom Kunden benötigten Unterstützung	Funktionalität, Benutzbarkeit, Performance

Tab. 6-16: Kriterien zur Abgrenzung von Markt- bzw. Kundensegmenten[98]

Diese Kriterien können in ähnlicher Weise auch im Rahmen der Kundenproduktion zur Anwendung gelangen.

- Identifikation von Kundengruppen bei Kundenproduktion
  Hier gilt i. d. R. der Projektleiter auf der Fachseite als Ansprechpartner für die Ermittlung von Kundenbedürfnissen, denn dieser erteilt den Auftrag und übernimmt am Ende des Projekts die Verantwortung für die Abnahme der Software. Man kann unterschiedliche Standpunkte vertreten, ob die Abstimmung der vom Projektleiter gegenüber dem Auftragnehmer geäußerten Kundenbedürfnisse mit den Benutzern (Endanwendern) und den anderen Betroffenen ausschließlich Aufgabe dieses Projektleiters ist. In der Praxis ist dies häufig der Fall, was zur Folge hat, daß Aufträge zwar im Sinne des fachlichen Projektleiters durchgeführt werden, aber am Ende den-

96 Siehe zu Kriterien der Marktsegmentierung Band /Value for Customers/ 37-38

97 Siehe hierzu Böhler /Marktforschung/, Köhler /Marktforschung/, Meffert /Käuferverhalten/, Rogge /Marktforschung/ sowie Unger /Marktforschung/ und speziell für Software Roth, Wimmer /Software-Marktforschung/

98 Vgl. Radin /Software Business/ 16-17

noch Kunden*un*zufriedenheit durch die Nichtberücksichtigung von Endanwenderanforderungen entsteht.

Ein ähnlich gelagertes Problem bei Individualsoftware ergibt sich, wenn ein ausführliches Pflichtenheft die vom Auftragnehmer kaum zu beeinflussende Ausgangsbasis für die Softwareentwicklung darstellt. In diesem Fall hängt der Erfolg eines Projekts häufig davon ab, ob sich der Auftragnehmer lediglich als unmündiger Verrichtungsgehilfe („der Kunde hat den Unsinn bestellt, also soll er ihn bekommen") oder aber als Partner verhält, der bei der Ermittlung von Kundenbedürfnissen berät bzw. unterstützt und auf potentielle Probleme hinweist. Dies erfordert allerdings auch ein Umdenken beim Auftraggeber. Kundenorientierung im Sinne des SCVM soll zu einer intensiven Kommunikation zwischen gleichberechtigten Partnern führen. Tab. 6-17 zeigt exemplarisch einige Kundentypen und deren Interessenlagen am Beispiel der Individualsoftwareentwicklung auf.

Kundentyp	**Ausgangspunkt für Qualitätsbeurteilung**	**Typische Qualitätsforderungen**
Endbenutzer (z. B. Sachbearbeiter)	persönlicher Nutzen für die Aufgabenerfüllung	Benutzungsfreundlichkeit, Funktionalität
Projektleiter Fachseite (z. B. Abteilungsleiter)	Nutzen für den vertretenen Bereich	Funktionalität, Preis
Unternehmungsleitung (z. B. Vorstand)	Nutzen für die Gesamtunternehmung	Wirtschaftlichkeit, Image
Qualitätsbeauftragter (z. B. QS-Abteilung)	Verwirklichung der Qualitätspolitik	Fehlerfreiheit, Einhaltung von Standards
IT-Management (z. B. Rechenzentrum)	Aufrechterhaltung der IT-Versorgung	Effizienz, Sicherheit

Tab. 6-17: Kundentypen von Individualsoftware und deren Interessenlagen

Bei Neuentwicklungen kann eine Analyse der betroffenen Geschäftsprozesse mit Hilfe von Prozeßflußdiagrammen[99] o. ä. einen Überblick über betroffene Personen und somit potentielle Kunden schaffen. Gegebenenfalls müssen die potentiell relevanten Kundencharakteristika explizit mit ihren möglichen Ausprägungen aufgenommen werden, um aus verschiedenen Kombinationen dieser Werte auf typische Kundensegmente zu schließen.[100]

Gewichtung der Kundengruppen

Die Erfüllung sämtlicher Bedürfnisse *aller* Kunden ist aus wirtschaftlichen und technischen Gründen nur in Ausnahmefällen möglich. Vielmehr sind Schlüsselkundengruppen

---

99 Vgl. Juran /Quality by Design/ 46

100 Vgl. Zultner /Before the House/ 453

auszuwählen, deren Kundenzufriedenheit für den Erfolg der Software von besonderer Relevanz ist.

- Marktproduktion
  Bei Standardsoftware gilt es, sich auf ein bestimmtes Markt- bzw. Kundensegment zu konzentrieren, da man nicht gleichzeitig alle Kunden zufriedenstellen kann. Hierzu stehen eine Reihe von Auswahlkriterien zur Verfügung:

  Das *Umsatzpotential*, z. B. gemessen am DV-Budget einer Unternehmung, spiegelt die Kaufkraft potentieller Kunden wider. In anderen Branchen hat sich nach dem Pareto-Prinzip gezeigt, daß oft 20% der Kunden bis zu 80% des Umsatzes ausmachen.[101]

  Ein anderes Auswahlkriterum könnte die *Führerschaft* von Unternehmungen in bestimmten - z. B. softwaretechnischen - Bereichen sein.[102] Schafft es beispielsweise der Hersteller eines CASE-Tools, daß eine als besonders innovativ und wegweisend geltende Unternehmung dieses Produkt einsetzt, so zeigt dies, daß das Produkt dem „State of the Art" entspricht.

  Dies führt zu einem dritten möglichen Kriterium zur Auswahl von Schlüsselkunden: Die Orientierung an den Anforderungen von Unternehmungen, die einen hohen *Multiplikatoreffekt* aufweisen. Dies können im Bereich der Software z. B. Marktforschungsunternehmungen wie die Gartner Group, Produkt-Evaluierungen durchführende Unternehmungsberatungen wie Ovum[103] oder aber Institutionen wie das DIN bzw. die ISO[104] sein.

  Vor einer allzu naiven Anwendung dieser „objektiven" Kriterien sei allerdings an dieser Stelle gewarnt: So kann es beispielsweise auch eine erfolgversprechende Strategie sein, gerade solche Unternehmungen anzusprechen, die nach den üblichen Kriterien stets aus der Betrachtung herausfallen und demzufolge von nur wenigen Softwareproduzenten berücksichtigt werden (*Marktnischenstrategie*).[105] Beispiele hierfür sind kleine und mittelständische Unternehmungen oder bestimmte Branchen wie Krankenhäuser.

- Kundenproduktion
  Kommt man bei der Identifizierung der Kunden zu dem Ergebnis, daß nicht nur der Auftraggeber im Sinne des fachlichen Projektleiters, sondern mehrere Personen (z. B. Endanwender) Kunden sind, so ergibt sich auch hier das Problem einer Priorisierung. Zwar besteht gegenüber der Standardsoftware der Vorteil, daß die Kunden bekannt sind

---

101 Vgl. Juran /Quality by Design/ 68-71

102 Vgl. Breuer, Schwamborn /Lead-User Ansatz/ 845-847

103 Siehe hierzu beispielsweise die Evaluierung von CASE-Tools in Ovum /Case Products/

104 Siehe hierzu beispielsweise die Softwareproduktbewertungskriterien nach DIN /DIN 66272/ und ISO, IEC /ISO 9126/

105 Vgl. Peters, Waterman /Spitzenleistungen/ 216-220

und daher befragt werden können, allerdings existiert dafür i. d. R. das Problem, daß es schwierig ist, bestimmte Kunden und somit deren Bedürfnisse auszugrenzen. Hier stellt sich dann die Aufgabe, mit den vorhandenen Ressourcen möglichst viele und v. a. die wichtigsten Bedürfnisse zu befriedigen. Mögliche Kriterien zur Bewertung der Wichtigkeit von Kundengruppen sind:

- Intensität der Nutzung des zu entwickelnden Produkts (z. B. Wer arbeitet am häufigsten mit der erstellten Software?)
- Kompetenzen im Rahmen des Projekts (z. B. Wer nimmt die fertige Software ab?)
- Anzahl der Personen innerhalb der Kundengruppe (z. B. Anzahl Entwickler versus Anzahl Sekretärinnen beim SAP R/3 Kalender)
- Bedeutung für den Projekterfolg (z. B. Meinungsführer, "Nörgler" oder Personen, für deren Stellung in der Unternehmung der Erfolg der Software entscheidend ist)

Zur Bildung von Kundentypen können statistische Methoden wie die Cluster-Analyse herangezogen werden.[106]

Die Produktplanung und damit die gesamte Entwicklung sollte den Fokus auf die Erhöhung der Zufriedenheit der für den (Markt-)Erfolg wichtigsten drei bis vier Kundengruppen setzen. Diesen Schlüsselkundengruppen müssen Gewichtungsfaktoren zugeordnet werden, die deren Wichtigkeit in Relation zueinander wiedergeben und als Multiplikatoren für die nach Kundengruppen getrennten Bewertungen der Anforderungen dienen. Hierzu eignet sich insbesondere eine Priorisierungsmatrix (Tab. 6-18), da hierbei die verwendeten Kriterien offengelegt und dokumentiert werden. Das SAP R/3 Kalender-Projekt ist ein Produkt-SCVM mit den Mitarbeitern von SAP als Kunden, weshalb Kriterien wie Nutzungsintensität und Bedeutung der Kundengruppe für die Brauchbarkeit der Kalenderdaten (wenn z. B. die Sekretariate die Termine ihrer Vorgesetzten nicht mit Hilfe des Kalenders planen, können sich auch andere Kundengruppen nicht auf die Ergebnisse verlassen) eine besondere Bedeutung zukommt.[107]

Sowohl die Auswahl der wichtigsten Kundengruppen als auch die Festlegung der Kundengruppengewichte sollte bevorzugt in allgemeinem Konsens der Projektverantwortlichen und nachvollziehbar für die anderen Mitglieder des SCVM-Teams erfolgen.

---

106 Vgl. Lingenfelder, Schneider /Kundenzufriedenheit/ 112-114

107 Im realen SAP R/3 Kalender-Projekt erfolgte eine Beschränkung auf die drei Kundengruppen Entwickler, Sekretariate und Berater. Infolge der durch Kollegialität und flache Hierarchien geprägten SAP Unternehmungskultur wurden alle drei Kundengruppen gleich gewichtet.

Kriterium	Kundengruppe	Entwickler	Sekretariate	Berater	Hotline	Gewicht
Intensität der Nutzung		3	9	3	1	50,00%
Einfluß auf Nutzung		1	9	3	3	20,00%
Bedeutung der Nutzung		3	9	9	3	25,00%
DV-Kenntnisse		9	3	9	9	5,00%
Absolute Bedeutung		2,90	8,70	4,80	2,30	
Relative Bedeutung		15,51%	46,52%	25,67%	12,30%	
Rang		3	1	2	4	

Tab. 6-18: Customer Deployment für den SAP R/3 Kalender

Auswahl der Kundenrepräsentanten

Aus den auf diese Weise ermittelten (drei bis vier) Schlüsselkundengruppen müssen für die gemeinsamen Gruppensitzungen mit dem SCVM-Team möglichst repräsentative Vertreter ausgewählt werden, die zudem zur aktiven Mitarbeit bereit sind und auch den Kontakt zu anderen Mitgliedern ihrer Kundengruppe suchen, um ihre Bewertungen auf eine breitere Basis zu stellen. Eine Schwierigkeit stellt hierbei die Sicherstellung der statistischen Repräsentativität der Kundenrepräsentanten dar. Dieses Problem stellt sich allerdings in gleicher Weise bei den traditionellen Methoden des Requirements Engineering und kann stellenweise durch zusätzliche umfassende Kundenbefragungen mit anschließenden statistischen Korrelationsanalysen vor oder zwischen den SCVM-Sitzungen, z. B. bei der Gewichtung der Anforderungen oder der Beurteilung der Zufriedenheit, gemildert bzw. behoben werden.

Voice of the Customer Analysis

Aufgabe des Voice of the Customer Analysis ist die Ableitung von Kundenbedürfnissen aus den Aussagen von Kunden bzw. aus der Beobachtung von Kunden.[108] Das Voice of the Customer Analysis läuft in drei Schritten ab:

- Erhebung von Kundenaussagen
  = Zusammentragen der unterschiedlichen Wünsche und Bedürfnisse der Kunden, die durch das Produkt erfüllt und befriedigt werden sollen

108 Vgl. zur nachfolgenden Darstellung des Voice of the Customer Analysis Herzwurm, Schockert, Mellis /Qualitätssoftware/ 80-92

Kunden äußern frei und unbeeinflußt durch andere Beteiligte ihre Forderungen an das Produkt. Als „Kundenstimme" gelten hierbei beispielsweise auch die durch entsprechende Repräsentanten vorgetragenen Beobachtungen der Hotline, der Benutzerberatung oder Untersuchungsergebnisse im Rahmen der Marktforschung. Wichtig ist die möglichst unverfälschte Aufnahme der Stimme des Kunden (Voice of the Customer).

- Identifikation der Kundenanforderungen

  = Identifikation und Ableitung der Kundenanforderungen (im Sinne der Definition in Tab. 6-1) aus der Menge der Kundenaussagen

  Da Kunden nicht nur Kundenanforderungen in diesem Sinne, sondern auch Produkt- und Qualitätsmerkmale, konkret zu entwerfende Komponenten, konkret zu erreichende Zielwerte etc. nennen, ist die Trennung von Anforderungen und Lösungen ein essentieller Bestandteil des CVA. Nennt der Kunde eine Lösung (z. B. „Terminexport in Datei" für den SAP R/3 Kalender), so muß nach den sich dahinter verbergenden Kundenanforderungen gesucht werden: In diesem Fall möchte der Kunde möglicherweise nur Termine aus dem Kalender in einen mit Textverarbeitung erstellten Brief übernehmen. Hierfür sind z. B. auch andere Lösungen denkbar, die den Kunden am Ende zufriedener stellen würden, oder sogar ein Begeisterungsfaktor darstellen (z. B. dynamischer Datenaustausch). Es muß also der Grund für diese Äußerung, der Zweck der Anwendung des Produkts in bezug auf die Kundenaussage, hinterfragt werden, denn in solchen Äußerungen kommen möglicherweise Anforderungen zum Ausdruck, die erkannt werden müssen. Das Werkzeug, das bei dieser Aktivität zum Einsatz kommt, ist die 6W-Tabelle.[109]

- Strukturierung der Kundenanforderungen

  = Untersuchung der Kundenanforderungen in bezug auf Abhängigkeiten, Ähnlichkeiten und bisher nicht genannte Anforderungen; Erstellung von Baum- und Affinitätdiagrammen; Erarbeiten einer Struktur als Vorgabe für die Gewichtung; Auswahl einer für die weitere Analyse handhabbaren Menge an Anforderungen

Gewichtung der Kundenanforderungen

= Ermittlung relativer (prozentualer) Gewichte der Kundenanforderungen für einzelne Kunden innerhalb der Kundengruppen und anschließende Aggregation z. B. mit Hilfe des AHP

109 Siehe zum Voice of the Customer Analysis z. B. auch Cohen /Quality Function Deployment/ 78-87, Mazur /Voice of the Customer Table/ 105-111 und insbesondere Nakui /Comprehensive QFD/ 138-152

Kunden-aussage	WER	WOZU	WARUM	WANN	WO	WIE-(VIEL)	Kundenan-forderung
Gutes Ant-wortzeitver-halten	Sekreta-riat	Chef über nächsten freien Termin informieren	Rasch gesuchte Informationen finden	Abfrage von Ter-minen	Bild-schirm	Kürzer als zwei Sekunden	Schnelle Aus-kunft über freie Termine
Einfache Bedienung	Ent-wickler	Mehrere Ter-mine für Projektpla-nung verein-baren	Termine einfach eingeben kön-nen	Anlegen von neuen Terminen	Tastatur, Maus	Ohne Hilfe-funktion in An-spruch zu neh-men	Leichte Ein-gabe von Ter-minen
Einfache Bedienung	Berater	Termine bei Kunden ohne Netzanschluß planen	Kurzfristig ak-tuellen Aus-druck erstellen	Ausdruck von Ter-minen	Drucker	Ohne Windows verlassen zu müssen	Einfacher Aus-druck von Terminen

Tab. 6-19: Beispiele der Anwendung der 6W-Tabelle für den SAP R/3 Kalender

Es gilt für jede Anforderung Y über alle Kundengruppen i:

$$\text{Aggregierter Gesamtwert}(Y) = \sum_i \text{kundengruppenspezifischer Einzelwert}(Y,i) * \text{Kundengruppengewicht}(i)$$

Aufbereitung der Ergebnisse

Das Ergebnis des CVA ist eine Kundenanforderungstabelle (siehe Tab. 6-20), in der alle Kundenanforderungen sowie deren Gewichte differenziert nach Kundengruppen aufgeführt sind.

Im Rahmen des CVA als Basis für ein späteres CSP bei Weiterentwicklung stellt die gegenwärtige Zufriedenheit der Kunden mit der Erfüllung ihrer Kundenanforderungen durch die aktuelle Version der Software ein weiteres wichtiges Entscheidungskriterium bezüglich der Softwareproduktplanung dar (zu deren Ermittlung siehe Kapitel 6.2.2.2.2). Infolgedessen enthält die Kundenanforderungstabelle auch die Kundenzufriedenheit mit einem eventuell schon vorhandenen Vorgängerprodukt oder/und mit Produkten von Wettbewerbern. Eine der Weiterentwicklung eines existierenden Produkts dienende Kundenanforderungstabelle enthält darüber hinaus die als Quotient aus Kundenanforderungsgewicht und Zufriedenheitswert berechnete Kennzahl „Kundenanforderungsbedeutung" als Maßzahl der Relevanz einer Kundenanforderung für die weitere Entwicklung des Produkts.

Tab. 6-20 zeigt exemplarisch einen Auszug aus der Kundenanforderungstabelle des SAP R/3 Kalenders.[110]

---

110 Aus darstellungstechnischen Gründen handelt es sich um eine verkürzte Darstellung, bei der beispielsweise die Kundenanforderungsgruppen und die kundengruppenspezifischen Rangfolgen fehlen. In der Kundenanforderungstabelle entstehen leere Zellen, wenn einer Kundenanforderung von einer Kundengruppe kein Gewicht zugeordnet wird. In diesem Fall existiert auch kein Kundenzufriedenheitswert.

Kundenanforderungen	Kundenzufriedenheit	Entwickler	Berater	Sekretariat	Kundenanforderungsgewicht	Entwickler (in %)	Berater (in %)	Sekretariat (in %)	Gesamt (in %)	Gesamt Rangfolge (nach Wichtigkeit)	Kundenanforderungsbedeutung	Entwickler (in %)	Berater (in %)	Sekretariat (in %)	Gesamt (in %)	Gesamt Rangfolge (nach Bedeutung)
Termine pflegen		95,0	75,00	100,00		7,14	6,00	12,00	8,38	1		3,82	3,12	8,11	5,02	1
Offline-Pflege		60,00	8,25			0,76	7,50		2,75	8		0,57	11,74	0,00	4,10	2
Erinnerung an Termine		0,00	0,00			2,60	2,40		1,67	26		6,68	5,00	0,00	3,89	3
Mausbedienung		75,00	75,00	75,00		4,10	2,00	8,00	4,70	3		2,63	1,04	6,76	3,48	4
Zugriff auf Kalender aus anderen Systemen		0,00	25,00			1,56	6,00		2,52	10		4,01	6,25	0,00	3,42	5
Teilnehmer(liste) für Termin anzeigen		0,00	25,00	0,00		0,81	1,00	2,00	1,27	32		2,08	1,04	6,76	3,29	6
Periodisch wiederkehrend Termine eintragen		50,00	8,25	50,00		1,89	3,00	3,00	2,63	9		1,62	4,70	3,38	3,23	7
Aus Mail Termine erzeugen		0,00	8,25	0,00		1,68	1,60	0,50	1,26	37		4,31	2,50	1,69	2,84	8
Andere Leute können Termin pflegen		90,00	91,75	100,00		6,02	5,00	4,00	5,01	2		3,36	2,23	2,70	2,76	9
Verzweigen direkt von Kalender in User-Daten		35,00	0,00	50,00		1,92	2,00	1,50	1,81	19		2,05	4,16	1,69	2,64	10
Eingabefehler vermeiden		35,00	50,00	50,00		2,50	1,00	4,00	2,50	11		2,67	0,69	4,50	2,62	11
Datenaustausch zu Projektmanagement-Tools		0,00	16,75			0,72	4,50		1,74	22		1,85	5,61	0,00	2,49	12
Von anderen Anwendungen anbinden (extern)		0,00	16,75			0,72	4,50		1,74	22		1,85	5,61	0,00	2,49	12
Termine für mehrere Personen bearbeiten		70,00	91,75	100,00		4,90	4,00	3,00	3,97	4		3,31	1,78	2,03	2,37	14
Dominante beim Suchen pflegen / blockieren können		0,00	33,25	0,00		0,88	2,00	0,90	1,26	34		2,26	1,79	3,04	2,36	15
Anwesenheit im System anzeigen		0,00	16,75	0,00		0,92	1,00	1,00	0,97	41		2,36	1,25	3,38	2,33	16
Raumbelegung mit Termin zusammen vergeben		50,00	25,00	0,00		0,67	1,20	1,50	1,12	39		0,57	1,25	5,07	2,30	17
Termine drucken		65,00	66,75	100,00		1,80	1,20	6,00	3,00	6		1,28	0,68	4,05	2,01	18
(Automatische) Rückmeldepflicht bei Gruppenterminen		5,00	16,75	0,00		0,83	0,50	1,00	0,78	44		1,78	0,62	3,38	1,93	19
Einfaches Verschieben von Terminen		70,00	83,25	100,00		1,51	5,00	3,00	3,17	5		1,02	2,40	2,03	1,82	20
Offline-Auswertung		60,00	8,25			0,66	3,00		1,22	38		0,50	4,70	0,00	1,73	21
Einfache Navigation zwischen verschiedenen Sichten		90,00	58,25	100,00		3,30	1,00	4,00	2,77	7		1,84	0,63	2,70	1,72	22
Mehrere Kalender pflegen		70,00	33,25	100,00		3,08	1,00	3,00	2,36	12		2,08	0,89	2,03	1,67	23
Urlaub / Krankmeldung erzeugen		0,00	8,25	0,00		1,03	0,40	0,50	0,64	51		2,64	0,63	1,69	1,65	24
Gruppentermine finden		80,00	50,00	75,00		1,93	3,00	2,00	2,31	13		1,18	2,08	1,69	1,65	25
Kein Vergessen von Festterminen		0,00	0,00			1,20	0,80		0,67	49		3,08	1,67	0,00	1,58	26
Status für Termine vergeben		15,00	16,75	0,00		1,39	0,20	0,60	0,73	48		2,23	0,25	2,03	1,50	27
Nach freien (Standard-)Terminen suchen		65,00	66,75	75,00		2,20	2,00	2,00	2,07	14		1,57	1,13	1,69	1,46	28
Eingabeunterstützung für Standardwerte		45,00	58,25	100,00		1,10	1,00	4,00	2,03	15		1,01	0,63	2,70	1,45	29
Terminstatus visualisieren		65,00	33,25	75,00		2,64	1,25	1,50	1,80	20		1,88	1,12	1,27	1,42	30
Mehrere Benutzer gleichzeitig anzeigen		40,00	50,00	100,00		1,10	1,50	3,00	1,87	17		1,09	1,04	2,03	1,38	31
Aus Terminkalender Mail verschicken		55,00	16,75	75,00		1,03	1,60	1,50	1,38	31		0,83	1,99	1,27	1,36	32
Kein Vergessen von Planterminen		0,00	16,75			1,20	0,80		0,67	49		3,08	1,00	0,00	1,36	33
Offline-Check-Out/-Check-In		0,00	0,00			0,34	1,50		0,61	52		0,87	3,12	0,00	1,33	34
Microsoft-Oberfläche		80,00	16,75			0,24	3,00		1,08	40		0,15	3,74	0,00	1,30	35
Termine anderer Benutzer anzeigen		80,00	66,75	100,00		2,81	0,20	3,00	2,00	16		1,72	0,11	2,03	1,29	36
Gruppentermine pflegen		80,00	58,25	75,00		1,72	1,00	2,40	1,71	25		1,05	0,63	2,03	1,23	37
Freie Gestaltung des Ausdrucks		40,00	50,00	75,00		0,90	1,60	2,00	1,50	28		0,89	1,11	1,69	1,23	38
Einbettung (vollständig) in R/3		80,00	75,00	75,00		2,88	0,40	2,00	1,76	21		1,76	0,21	1,69	1,22	39
Dokumentieren von Terminen		5,00	8,25	0,00		0,55	0,20	0,60	0,45	54		1,18	0,31	2,03	1,17	40
Vertretung für Abwesenheit aktivieren		60,00	8,25	0,00		1,39	0,40	0,50	0,76	47		1,05	0,63	1,69	1,12	41
Verschiedene Sichten auf Termine		90,00	58,25	100,00		2,75	1,25	1,50	1,83	18		1,53	0,78	1,01	1,11	42
Anzeige Feiertage		85,00	91,75	100,00		1,65	0,50	3,00	1,72	24		0,96	0,22	2,03	1,07	43
Termine beim Suchen pflegen / blockieren können		60,00	50,00	50,00		0,88	2,00	0,90	1,26	34		0,66	1,39	1,01	1,02	44
Verschiedene Sichten drucken		80,00	50,00	100,00		1,40	1,20	2,00	1,53	27		0,86	0,83	1,35	1,01	45
Erkennen von Terminüberschneidungen		60,00	75,00	100,00		1,21	2,00	1,00	1,40	30		0,91	1,04	0,68	0,88	46
Durchgängige Oberfläche		90,00	75,00	100,00		2,86	0,50	1,00	1,45	29		1,60	0,26	0,68	0,84	47
Parallele Termine pflegen		95,00	91,75	100,00		1,18	0,20	2,40	1,26	34		0,63	0,09	1,62	0,78	48
R/3-Oberfläche		100,00	58,25	100,00		1,39	0,40	2,00	1,26	33		0,71	0,25	1,35	0,77	49
Einfacher Zugriff auf bevorzugte Kalender		5,00	16,75			0,50	0,80		0,43	56		1,07	1,00	0,00	0,69	50
Kalender für beliebige Ressourcen vergeben		10,00	0,00			1,00			0,33	57		1,83	0,00	0,00	0,61	51
Freie Voreinstellung der Namen für andere Kalender		0,00	41,75			0,40	1,00		0,47	53		1,03	0,78	0,00	0,60	52
Sicherheitsabfragen konfigurierbar		0,00	16,75			0,50	0,40		0,30	59		1,28	0,50	0,00	0,59	53
Einfache Auskunft für andere Person		90,00	50,00	100,00		1,12	0,50	1,00	0,87	42		0,63	0,35	0,68	0,55	54
Freie Konfigurierbarkeit der Benutzersichten		85,00	41,75			1,30	1,00		0,77	45		0,76	0,78	0,00	0,51	55
Termine verstecken (privat)		95,00	50,00	100,00		1,05	0,20	1,20	0,82	43		0,56	0,14	0,81	0,50	56
Konfigurierbarkeit der Berechtigung		80,00	58,25			1,90	0,40		0,77	45		1,16	0,25	0,00	0,47	57
Freie Gestaltung der Blöcke		50,00	50,00			1,10	0,20		0,43	55		0,94	0,14	0,00	0,36	58
Kalenderübergreifende Auswertungen ermöglichen		55,00	0,00			1,00			0,33	57		0,80	0,00	0,00	0,27	59
Individuelle Terminarten		60,00	50,00			0,40	0,20		0,20	60		0,30	0,14	0,00	0,15	60

Tab. 6-20: Kundenanforderungstabelle des SAP R/3 Kalenders

Für Zwecke der Ergebnisinterpretation und -präsentation empfiehlt sich neben der quantitativen Aufbereitung der CVA-Ergebnisse auch die Erstellung von Grafiken zur Erhöhung der Transparenz. Hierbei ist auf die Adäquanz von Zahlenmaterial und gewählter grafischer Präsentationsform zu achten.[111]

Zur Behandlung etwaiger erheblicher Differenzen zwischen verschiedenen Kundengruppen sind verschiedene Alternativen denkbar:

- Die Unterschiedlichkeit der Kundenanforderungen kann dazu führen, daß die Unzufriedenheit einer „aus dem Rahmen fallenden“ Kundengruppe bewußt in Kauf genommen wird. Bei Standardsoftware könnte eine Kundengruppe, der kein großes Gewicht zukommt, deren Anforderungen jedoch zu stark von anderen Kundengruppen abweichen, beispielsweise aus dem Zielkundenkreis entfernt werden.
- Alternativ ist die Erfüllung der Anforderungen aller Kundengruppen denkbar. Dies läßt sich bei Software beispielsweise durch unterschiedliche Benutzungsoberflächen (z. B. Expertenmodus und Anfängermodus) oder durch unterschiedliche Produktvarianten (z. B. Kalenderversion für Sekretariate und Kalenderversion für Entwickler) realisieren.

Von einer undifferenzierten Entscheidung auf der Basis der Mittelwerte ist jedoch abzuraten, da diese dazu führen kann, daß letztlich weder die Anforderungen der einen noch der anderen Kundengruppe ausreichend erfüllt werden (z. B. Kundenwunsch eines fortgeschrittenen Anwenders nach einer schnellen Eingabe von Kommandos versus Forderung nach einer komfortablen grafischen Benutzerführung).

Zusammenfassend stellt Abb. 6-12 den Ablauf des CVA als Input für das CSP grafisch dar.

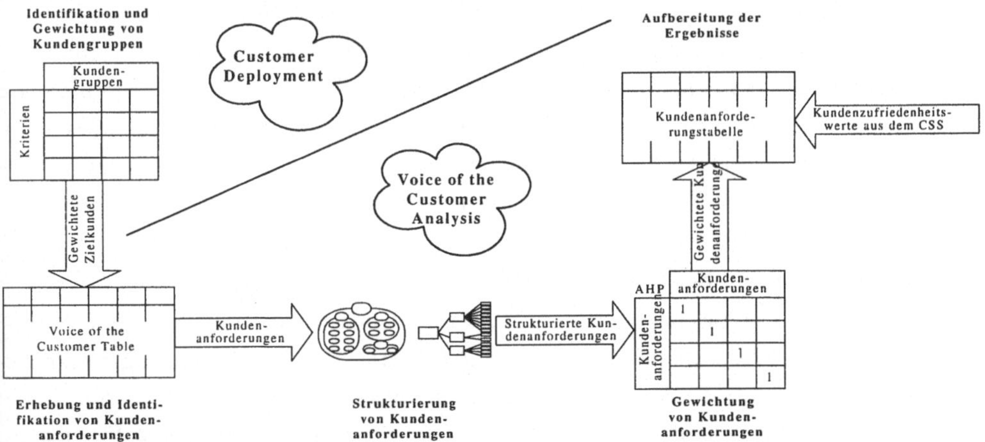

Abb. 6-12: Ablauf des CVA als Basis für CSP

111 Vgl. Emory, Cooper /Business Research/ 476-507

6.2.2.2 Überprüfung der Befriedigung von Kundenbedürfnissen mit Customer Satisfaction Survey (CSS)

6.2.2.2.1 Planung des CSS

- Ziele der CSS-Anwendung
  Ein CSS kann mit unterschiedlichen Zielsetzungen durchgeführt werden, die explizit festgelegt werden sollte, da sie einen erheblichen Einfluß auf die Vorgehensweise der Kundenzufriedenheitsmessung ausübt. Dienen die Meßergebnisse der Verbesserung einer weiter zu entwickelnden Software, sind andere Auswertungen erforderlich als wenn die Unternehmungsleitung die Entwicklung der Kundenzufriedenheit im Zeitablauf beobachten möchte oder Vergleiche von Projekten untereinander bzw. mit Projekten der Konkurrenz angestrebt werden. Hieraus resultieren außerdem unterschiedliche Komponenten, Merkmale und Maße der Kundenzufriedenheitsmessung.[112]
- Zusammensetzung des CSS-Teams

  Beim CSS als Input für CSP ist das CSS-Team i. d. R. identisch mit dem CVA-Team der vorangegangenen Phase. Bei Personalengpässen oder mangelnder Erfahrung des Teams mit der Durchführung und statistischen Auswertung von Kundenbefragungen kann der Einsatz externer Marktforschungsinstitute bzw. Unternehmungsberatungen angezeigt sein.
- Art und Umfang der Befragung
  Analog zum CVA stellt sich auch beim CSS die Frage nach der Repräsentativität der Befragungsergebnisse. In jedem Fall ist die Durchführung einer Fragebogenaktion mit einer größeren Anzahl von Kunden zu empfehlen. Falls ein CSP vorangeht, besteht darüber hinaus die Alternative, die Bewertung durch die Kundenrepräsentanten vornehmen zu lassen. In diesem Fall kann die Bewertung wie beim CVA in der Gruppe durch gemeinsame Diskussion bis zur Erreichung eines Gruppenkonsens durchgeführt werden oder mit Hilfe eines Fragebogens und der Bildung eines (kundengruppenspezifischen) Mittelwertes erfolgen. Ausgangspunkt sind hierbei in jedem Fall die im Rahmen des Customer Deployment (siehe Kapitel 6.2.2.1.2) ermittelten Kundengruppen.[113]
- CSS-bausteinspezifische Parameter
  - Grundsätzlich repräsentieren die im CVA ermittelten Kundenanforderungen die Erwartungen der Kunden an die Software und fungieren daher als Bewertungsmerkmale im Rahmen des CSS. Wird mit dem CSS allerdings z. B. eine produktübergreifende Zufriedenheitsmessung angestrebt oder werden die im CVA erhobenen Kundenan-

---

112 Siehe zur Aufstellung eines Kundenzufriedenheitsuntersuchungsplans Herzwurm, Hierholzer /SCVM/ 43-50

113 Siehe zur Kundengruppendifferenzierung bei Kundenzufriedenheitsmessungen Dutka /Handbook/ 17-24

forderungen als nicht mehr aktuell bzw. unzureichend angesehen, kann eine spezielle explorative Erhebung von Bewertungsmerkmalen erforderlich werden.

- Ein weiterer wichtiger Planungsparameter des CSS stellt der Zeitpunkt der Befragung dar. Eine fundierte Beurteilung der Leistungsfähigkeit einer Software durch den Kunden kann i. d. R. erst mehrere Monate nach dem Kauf erfolgen. Auf der anderen Seite ist nach Ablauf einer solch langen Zeitspanne beispielsweise bei Individualsoftware dem Kunden der Projektablauf nicht mehr in Erinnerung, weshalb ihm die Beurteilung prozeßbezogener Bewertungsmerkmale schwer fällt. Denkbar ist daher eine Zweiteilung der Kundenzufriedenheitsbefragung bei Individualsoftware: Der erste Teil erfolgt unmittelbar nach Projektabschluß, der zweite Teil folgt nach etwa sechs Monaten Einsatzdauer der Software beim Kunden.

Tab. 6-21 zeigt die vor der CSS-Anwendung durchzuführenden Planungsschritte.

Planungsobjekt	**Planungsaktivität**
Ziele der CSS-Anwendung	CSS zur Produktverbesserung versus CSS zum Produktvergleich
Zusammensetzung des CSS-Teams	CSS durch CSS-Team versus CSS mit externer Unterstützung
Umfang der Befragung	Bewertung der Zufriedenheit durch Kundenrepräsentanten des SCVM-Teams versus umfangreiche Kundenbefragung
Art der Befragung	Diskussion (Gruppenkonsens) versus Fragebogen (Mittelwertbildung) zur Bewertung der Kundenzufriedenheit
CSS-bausteinspezifische Parameter	CSS auf der Basis der CVA-Ergebnisse versus CSS mit separater Erhebung von Bewertungsmerkmalen Zeitpunkte und Wiederholungsfrequenz des CSS

Tab. 6-21: Planung des CSS

6.2.2.2.2 Elemente des CSS

Identifizierung der Bewertungsmerkmale

Zur Erfassung der Gesamtzufriedenheit und zur Kontrolle der Validität der Kundenzufriedenheitsmessung wird im Rahmen des CSS neben der Zufriedenheit mit verschiedenen Bewertungsmerkmalen die Globalzufriedenheit (absolut und ggf. im Vergleich zur Konkurrenz) sowie das Weiterempfehlungsverhalten abgefragt.

Bei der Identifizierung von Bewertungsmerkmalen ist zu differenzieren, ob die Ergebnisse des CVA als Bewertungsmerkmale herangezogen werden (CSS auf der Basis von Kundenanforderungen) oder ob eine separate Erhebung der Bewertungsmerkmale (CSS auf der Basis von Bewertungsmerkmalen) erfolgt.

- CSS auf der Basis von Kundenanforderungen

Die gewichteten Kundenanforderungen des CVA repräsentieren Erwartungen der Kunden an die Software und werden daher als Bewertungsmerkmale herangezogen. Hierbei werden sowohl die durch das Baumdiagramm illustrierte Hierarchie als auch die erarbeitete Gewichtung verwendet. Die Ebene der elementaren Kundenanforderungen repräsentiert spezifische Aspekte der Kundenanforderungsgruppe und somit der Bewertungsmerkmale und stellt die Bewertungsebene (= Items) für die Zufriedenheit dar (siehe Abb. 6-13).

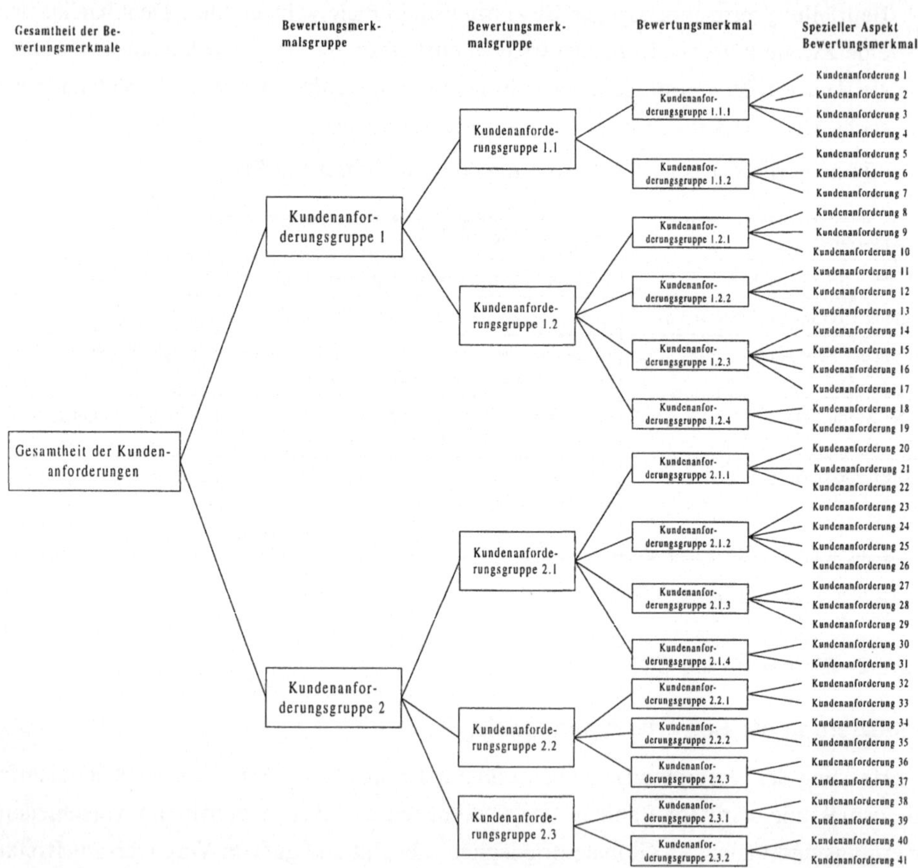

Abb. 6-13: Identifizierung von Bewertungsmerkmalen aus einem Baumdiagramm von Kundenanforderungen

Sollte die Anzahl der Bewertungsmerkmale nicht mehr zu überblicken sein, muß die nächst höhere Hierarchiebene des Baumdiagramms als Bewertungsebene herangezogen werden. Dies verringert zwar den Informationsgehalt, erhöht jedoch die Chance auf eine hohe Rücklaufquote und senkt die Wahrscheinlichkeit von fehlerhaft ausgefüllten Fragebögen infolge sinkender Aufmerksamkeit.

- CSS auf der Basis von Bewertungsmerkmalen
  Bei der Ermittlung von Bewertungsmerkmalen ohne Mitwirkung des Kunden besteht die Gefahr, daß die Zufriedenheit mit Merkmalen gemessen wird, die für den Kunden ohne Relevanz sind. Deshalb ist der Kunde auch im Rahmen des CSS ohne die Verwendung von im CVA ermittelten Kundenanforderungen bereits vor der Zufriedenheitsmessung mit einzubeziehen.

  Die hierbei benutzte Methode der kritischen Ereignisse geht davon aus, daß sich der Kunde sein Qualitätsurteil v. a. über positive und negative Erfahrungen mit dem Produkt bzw. im Kontakt mit dem Hersteller bildet.[114] Die positiven (z. B. „der gewünschte Termin konnte dank der Kalendersoftware unmittelbar am Telefon vereinbart werden" oder „der Benutzerservice wußte auf Anhieb, wie der Fehler zu beseitigen war") oder negativen (z. B. „das Antwortzeitverhalten der Kalendersoftware war so miserabel, daß wir den Kunden immer zurückrufen mußten" oder „der Benutzerservice konnte auch nach zwei Stunden den Fehler nicht finden") Ereignisse sollten zu starker Zufriedenheit oder Unzufriedenheit geführt haben und sich unmittelbar auf die zu beurteilende Leistung beziehen. Die kritischen Ereignisse können z. B. durch Interviews oder Metaplansitzungen mit repräsentativen Kunden ermittelt werden. Eine wertvolle Quelle stellen allerdings auch Kundenbeschwerden oder Kundendanksagungen dar.[115]

  Die Ereignisse werden anschließend mit Hilfe von Affinitäts- und ggf. Baum- bzw. Hierarchiediagrammen gruppiert und zu Bewertungsmerkmalen zusammengefaßt. Diese Bewertungsmerkmale, die mit einer aussagefähigen Kurzbeschreibung versehen sein sollten, bilden dann die Basis für die spätere Kundenzufriedenheitsmessung.

  Zu jedem Bewertungsmerkmal sind anschließend Items zu formulieren, zu denen der Kunde Stellung bezieht. Ein Item ist ein Aussagesatz, der einen eindeutigen Bezug nimmt auf ein Bewertungsmerkmal. Aufgabe der Items ist die Messung der Einstellung eines Probanden zu der Ausprägung eines Bewertungsmerkmals und somit die Zufriedenheitsmessung mit einem Bewertungsmerkmal. Die Items rekrutieren sich i. d. R. aus den den Bewertungsmerkmalen zugeordneten Aussagen.

  Die Stellungnahme des Kunden zu den Items kann analog zur Vergabe eines Zufriedenheitswertes beim CSS auf der Basis von Kundenanforderungen interpretiert werden. Bei der separaten Erhebung von Bewertungsmerkmalen ist zu beachten, daß zusätzlich zur Zufriedenheit auch die Wichtigkeit der Bewertungsmerkmale erfragt werden muß. Im

114 Vgl. Hayes /Customer Satisfaction/ 11

115 Vgl. Stauss, Seidel /Prozessuale Zufriedenheitsermittlung/ 200-201

Rahmen schriftlicher Befragungen bietet sich hierfür das Konstantensummenverfahren an.

Durchführung der Kundenzufriedenheitsmessung

Analog zur Vergabe von Gewichten im Rahmen des CVA stellt auch beim CSS ein an möglichst repräsentative Kunden außerhalb des CSS-Teams auszugebender Fragebogen die im Vergleich zur direkten Bewertung im Rahmen der Gruppensitzung zu präferierende Methode dar. Hierbei kann zur Schärfung des Bewußtseins der verantwortlichen Personen oder zur Motivation bei der erstmaligen Einführung des CSS neben der Kundenbefragung (Fremdbildermittlung) auch eine Eigenbildermittlung vorgenommen werden. Bei der Fremdbildermittlung ist der Fragebogen so auszufüllen, wie z. B. der Produktverantwortliche oder der Entwickler glauben, daß er von den Kunden ausgefüllt wird. Auf diese Weise läßt sich die Lücke zwischen den tatsächlichen Erwartungen der Kunden und den Erwartungen der Kunden in der Wahrnehmung des Herstellers messen (siehe hierzu Kapitel 6.2.3).

- Durchführung der Befragung in einer Gruppensitzung
  Eine Bewertung der Zufriedenheit in der Sitzung erfolgt analog zur Gewichtung der Kundenanforderungen im CVA, wobei das CSS als Bewertungsmethode die direkte Vergabe eines Zufriedenheitswertes für jedes elementare Bewertungsmerkmal auf einer z. B. fünfstufigen Nominalskala von eins (völlig unzufrieden) bis fünf (völlig zufrieden) verwendet.[116] Dabei *müssen* die einzelnen Kunden für jede Anforderung, die sie mit einem relativen Gewicht größer als 0 % bewerten, einen Zufriedenheitswert angeben, denn offensichtlich ist diese Anforderung von einer gewissen Bedeutung für sie. Konsequenterweise herrscht bei „neuen" Anforderungen, die bisher nicht berücksichtigt wurden, große Unzufriedenheit (Zufriedenheitswert = eins).
- Durchführung der Befragung mittels Fragebogen
  Eine fünfstufige Nominalskala wird auch bei einer Befragung per Fragebogen verwendet, wobei die eins „völlige Ablehnung" und die fünf „völlige Zustimmung" in bezug auf den betreffenden Item signalisieren, was gleichbedeutend mit der oben angeführten Zufriedenheitsskala ist. Bei der Durchführung der Befragung mittels Fragebogen kommt der Dokumentation der Bewertungsmerkmale (d. h. v. a. Definition der Bewertungsmerkmale, selbsterklärende Formulierung der Items) eine entscheidende Rolle zu, da die Probanden nicht unbedingt an den Gruppensitzungen teilgenommen haben und daher keine Vorkenntnisse über die Interpretation von Kundenanforderungen bzw. Bewertungsmerkmalen besitzen. Zwecks Auswertung und zwecks Rückfragen bei Unklarheiten sollte der Fragebogen Angaben über die ausfüllende Person enthalten. Falls die Be-

116 Vgl. Hayes /Customer Satisfaction/ 57

antwortung des Fragebogens anonym erfolgt, sollten zumindest Daten zur Zuordnung des Probanden zu einer der Kundengruppen erhoben werden. Außerdem sollte dem Kunden die Möglichkeit zur freien Meinungsäußerung (z. B. Verbesserungsvorschläge oder Kritik, die nicht durch Beantwortung der Fragen zum Ausdruck kommt) sowie zur Darlegung neuer kritischer Ereignisse gegeben werden.

Auswertung der Kundenbefragung

- Vorbereitung der Auswertung

  Zunächst sind die Fragebögen nach den üblichen statistischen Richtlinien (z. B. Vollständigkeit der Angaben) auf ihre Verwertbarkeit zu überprüfen. Zur besseren Darstellung der Zufriedenheitswerte werden die den Bewertungsmerkmalen bzw. Items zugeordneten Werte auf eine Skala von eins bis 100 transformiert.

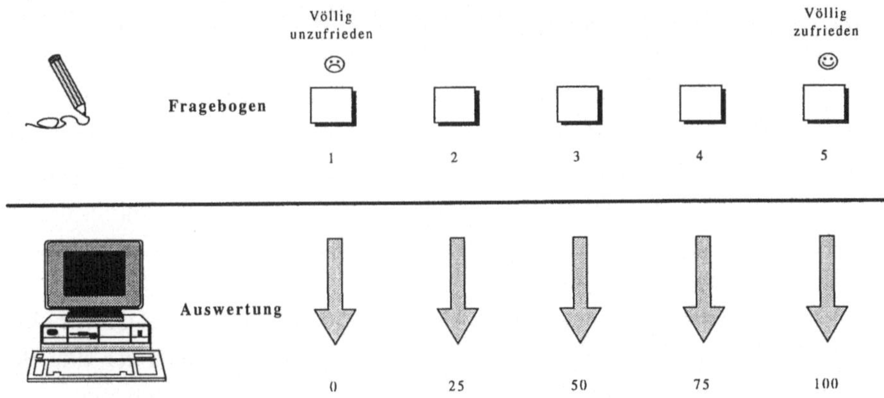

Abb. 6-14: Skalentransformation der Zufriedenheitswerte

Die Zufriedenheitswerte lassen sich über gewichtete Mittelwertbildung sowohl für die elementaren Bewertungsmerkmale als auch für die Bewertungsmerkmalsgruppen errechnen. Die Befragungsergebnisse der einzelnen Personen werden innerhalb der Kundengruppe durch Mittelwertbildung zu einem Zufriedenheitswert aggregiert. Durch die Mittelwertbildung der Zufriedenheit über alle Kundengruppen kann ein Gesamtzufriedenheitswert für die zu bewertende Software ermittelt werden, der als Vergleichsmaßstab für andere Produkte fungieren kann.

Die Auswertung kann je nach Zielsetzung sowohl projekt- bzw. produktbezogen als auch projekt- respektive produktübergreifend erfolgen.

- Projekt- bzw. produktbezogene Auswertung der Kundenzufriedenheitsuntersuchung
  - Kennzahlenbildung

    Die *gewichtete Kundenzufriedenheit* dient zur Beurteilung der Kundenzufriedenheit mit den Bewertungsmerkmalen (i) unter Berücksichtigung ihrer Wichtigkeit und wird durch Multiplikation der Merkmalswichtigkeit (W) mit dem Kundenzufriedenheitswert (Z) errechnet:

    Gewichtete Kundenzufriedenheit für Merkmal i mit Zufriedenheit Z_i und Gewicht $W_i = W_i * Z_i$

    Die gewichtete Zufriedenheit kann innerhalb der Kundengruppe oder als gewichteter Mittelwert über alle Kundengruppen pro Merkmal berechnet werden.

    Allerdings ist diese Kennzahl als Input für das CSP nur unzureichend als Basis für eine Fokussierung auf die zur Erhöhung der Kundenzufriedenheit wichtigsten Anforderungen geeignet. Durch die Multiplikation mit der Kundenzufriedenheit steigt die Bedeutung einer Kundenanforderung, wenn der Kunde besonders zufrieden ist. Das bedeutet aber, daß diejenigen Merkmale höher gewichtet werden, bei denen der Kunde ohnehin zufrieden ist, und die anderen Anforderungen weiterhin vernachlässigt bleiben. Im CSP-Baustein des SCVM findet daher die *Kundenanforderungsbedeutung* Verwendung, bei der das Gewicht durch die Kundenzufriedenheit dividiert wird. Diese Kennzahl kennzeichnet die Bedeutung der Kundenanforderung für die Weiterentwicklung des Produkts unter Berücksichtigung der Wichtigkeit und der Zufriedenheit und errechnet sich wie folgt:

    Kundenanforderungsbedeutung für Merkmal i mit Zufriedenheit Z_i und Gewicht $W_i = \frac{W_i}{Z_i}$

    Der *Kundenzufriedenheitsindex* dient als Maßstab zum Vergleich der aktuellen mit vergangenen Untersuchungsergebnissen desselben Produkts/Projekts oder zum Vergleich des untersuchten Produkts/Projekts mit anderen. Hierbei können die Bewertungsmerkmale durchaus unterschiedlich sein, die Resultate sind dennoch vergleichbar. Der Kundenzufriedenheitsindex funktioniert ähnlich wie der Preissteigerungsindex des statistischen Bundesamtes, der auf Warenkörben basiert. Die Zusammensetzung des Warenkorbes ändert sich im Zeitablauf, die Ergebnisse sind allerdings dennoch vergleichbar. Diese Kennzahl wird wie folgt berechnet:

    Kundenzufriedenheitsindex für Kundengruppe K mit Gewicht $G_k = \sum_{k=1}^{K} \sum_{i=1}^{I} (W_{ki} * Z_{ki}) * G_k$

    Wenn der Kundenzufriedenheitsindex wesentlich geringer ausfällt als der ungewichtete Kundenzufriedenheitsmittelwert, so läßt das darauf schließen, daß sich die Bemühungen auf die unwichtigen Kundenanforderungen konzentrieren.
  - Strategische Analyse zur Qualitätsverbesserung

    Stärken und Schwächen in der Softwareentwicklung können gut durch eine zweidimensionale Betrachtung der Befragungsergebnisse erkannt werden. Dies geschieht, indem die einzelnen Merkmalswichtigkeiten auf der Abszisse und die ungewichteten Merkmalszufriedenheitswerte auf der Ordinate eines zweidimensionalen Koordinatensystems abgetragen werden. Das Koordinatensystem wird als Wichtigkeits-Zufriedenheits-Portfolio bezeichnet (siehe Abb. 6-15). Jeder Quadrant schreibt eine bestimmte Verhaltensweise vor, mit der effizient und effektiv die Kundenzufriedenheit verbessert werden kann. Die obere Skalengrenze der Dimension Wichtigkeit beträgt dabei das zweifache des Mittelwertes der Wichtigkeit der eingetragenen Bewertungsmerkmale. Hinsichtlich der Dimension Zufriedenheitsgrad wird die untere und obere Skalengrenze entsprechend der Bewertungsmöglichkeiten (null bis 100) gewählt, so daß sich die Bewertungsmerkmale gleichmäßig horizontal im Portfolio verteilen.

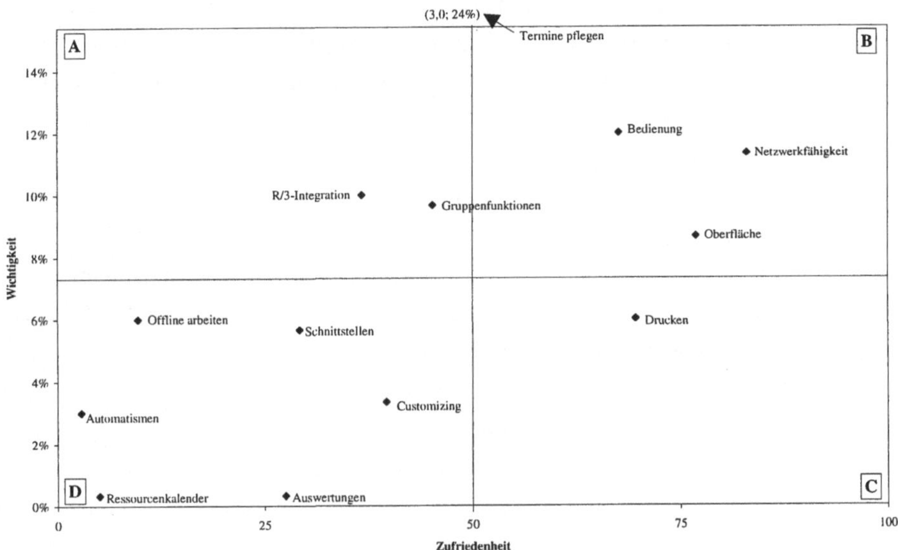

Abb. 6-15: Kundenzufriedenheitsportfolio des SAP R/3 Kalenders

Jeder Bereich beinhaltet eine Handlungsempfehlung zur Verbesserung des Kalenders.

A) Bewertungsmerkmale, die in diesen Bereich fallen, sind mit hoher Priorität zu behandeln. Sie besitzen für die Kunden eine relativ hohe Bedeutung, bewirken aber nur eine niedrige Kundenzufriedenheit. Hierzu gehört im Kalenderbeispiel auf jeden Fall die R/3-Integration, aber auch die Gruppenfunktionen sind relativ wichtig und erzeugen eine vergleichsweise geringe Zufriedenheit.

B) Bewertungsmerkmale, die in diesen Bereich fallen, bewirken eine hohe Kundenzufriedenheit und haben eine relativ große Bedeutung für die Kunden (z. B. Bedienung und Netzwerkfähigkeit beim Kalender). Die ihnen zugrunde liegenden

Produktmerkmale sollten so gepflegt werden, daß sie das hohe Kundenzufriedenheitsniveau halten.

C) Bewertungsmerkmale, die in diesen Bereich fallen, bewirken eine hohe Kundenzufriedenheit, sind aber für den Kunden von relativ geringer Bedeutung (z. B. Drucken beim Kalender). Die diesen zugrunde liegenden Produktmerkmale sollten daher nur dann weiterentwickelt werden, wenn alle Anforderungen zu den Bewertungsmerkmalen in Bereich A, B und D erfüllt wurden.

D) Bewertungsmerkmale, die sich in diesem Bereich befinden, bewirken zwar keine hohe Kundenzufriedenheit, sind aber für die Kunden auch weniger wichtig. Daher sollten die betreffenden Produktmerkmale nur dann verbessert werden, wenn alle Anforderungen zu den Bewertungsmerkmalen in Bereich A erfüllt wurden. Das bedeutet im Kalenderbeispiel, daß neben der R/3-Integration und den Gruppenfunktionen vor allem die Anforderungen Offline arbeiten und Schnittstellen die wichtigsten Bewertungsmerkmale sind, die im nächsten Release verbessert werden sollten.

- Eigen-Fremdbild-Vergleich
  Der Vergleich der vermuteten Kundenzufriedenheit mit der tatsächlichen Kundenzufriedenheit bewirkt einen Spiegeleffekt auf das Selbstbild der Projekt-/Produktverantwortlichen. Dadurch wird ein kritischerer Umgang mit der eigenen Leistung erreicht, der sich konstruktiv auf eine Verbesserung zukünftiger Softwareentwicklungsvorhaben auswirken kann.
- Clusteranalyse
  Über eine Analyse der Korrelationen zwischen einzelnen Befragungsergebnissen lassen sich unabhängig von den zuvor definierten Kundengruppen bestimmte Cluster von Befragten abbilden, die sich ggf. durch verschiedene Gewichte der Bewertungsmerkmale oder/und Zufriedenheitswerte unterscheiden.

• Projekt- bzw. produktübergreifende Auswertung der Kundenzufriedenheitsuntersuchung
Einfachste übergreifende Auswertungen vergleichen z. B. die Mittelwerte für einzelne Produkte bzw. Projekte untereinander bzw. im Zeitablauf. Das kann auf der Ebene des Kundenzufriedenheitsindexes, aber auch auf der Basis der Bewertungsmerkmale erfolgen.

Erweiterte Auswertungen setzen ausgewählte Projekt-/Produktmerkmale, wie z. B. Projektgröße, Dauer, Fehlerzahl etc., mit der ermittelten Kundenzufriedenheit in Beziehung. Diese Gegenüberstellung erfolgt in einem zweidimensionalen Koordinatensystem. Sie zielt auf eine Korrelationsanalyse ab, also eine Untersuchung, ob bestimmte Kundenzufriedenheitsindizes von bestimmten Projektmerkmalen (zumindest statistisch) abhängig sind.

Weitere Auswertungsmöglichkeiten ergeben sich durch einen detaillierten Projekt-/Produktvergleich der Kundenzufriedenheit, z. B. innerhalb einer Entwicklungsabteilung. Hierzu werden die *ungewichteten* Zufriedenheitswerte der Bewertungsmerkmale eines Projekts in einem Kundenzufriedenheitsprofil gegenübergestellt. Durch diese Gegenüberstellung sind die Stärken und Schwächen der Projekte deutlich erkennbar. Eventuell führen bestimmte Methoden und Techniken zu den Leistungsunterschieden. Hieraus kann für zukünftige Projekte gelernt werden. Selbstverständlich ist dieser Leistungsvergleich auch unternehmungsübergreifend durchführbar und empfehlenswert.

- Verbesserung der Kundenzufriedenheitsuntersuchung

  Zusammen mit der regelmäßigen Bildung des allgemeinen Kundenzufriedenheitsindexes sollte auch eine Überprüfung der Tauglichkeit des Befragungsinstruments, insbesondere der ausgewählten Bewertungsmerkmale durchgeführt werden.

  - Untersuchung von Kundenzufriedenheitsindex und absoluter Globalzufriedenheit

    Eine Kontrolle wird möglich, indem der allgemeine Kundenzufriedenheitsindex dem arithmetischen Mittel der von den Kunden angegebenen „absoluten Zufriedenheit" gegenübergestellt wird. Sollte sich nach einer Rundung der Ergebnisse auf null Dezimalstellen eine Abweichung ergeben, liegt der Verdacht nahe, daß mit den benutzten Bewertungsmerkmalen nicht alle relevanten, zur Artikulation der Kundenzufriedenheit benötigten Merkmale Verwendung gefunden haben.

  - Untersuchung von Kundenzufriedenheitsindex und Weiterempfehlungsabsicht

    Eine weitere Kontrollmöglichkeit der Befragungsergebnisse ergibt sich durch den Vergleich des Kundenzufriedenheitsindexes mit der Weiterempfehlungsabsicht. Diese sollten stark positiv miteinander korrelieren, da aus einer hohen Kundenzufriedenheit i. d. R. eine entsprechende Kundenbindung und Weiterempfehlungsabsicht resultieren. Bei starken Abweichungen sollten durch Nachfragen beim Kunden neben der Fehlerhaftigkeit des Befragungsinstruments auch andere Gründe (z. B. schlechtes Image des Produkts bzw. des Anbieters) ins Kalkül gezogen werden.

  - Untersuchung von Merkmalswichtigkeiten

    Ferner ist es möglich, daß untaugliche Bewertungsmerkmale in der Befragung verwendet werden. Dies zeigt sich durch eine Auswertung der Merkmalswichtigkeiten. Sollten bestimmte Merkmale regelmäßig mit null gewichtet werden, so ist deren Entfernung aus dem Fragebogen angebracht. Sollte andererseits ein Bewertungsmerkmal extrem hoch gewichtet worden sein, ist zu überlegen, ob eine Aufteilung dieses Merkmals in mehrere einzelne Merkmale sinnvoll ist. Es sollten aber nicht mehr als zwölf bis 14 Merkmale in einem Fragebogen verwendet werden, damit für den Kunden noch eine relativ einfache Beantwortung möglich ist.

  - Untersuchung von Schlüsselereignissen

Zur Suche neuer Merkmale eignet sich insbesondere auch die Auswertung der Schlüsselereignisse, die in den Fragebögen eventuell genannt worden sind. Diese sollten analog zur Ersterstellung eines Fragebogens gruppiert und betitelt werden und somit die neuen Bewertungsmerkmale ergeben.

Abb. 6-16 faßt den Ablauf des CSS zusammen.[117]

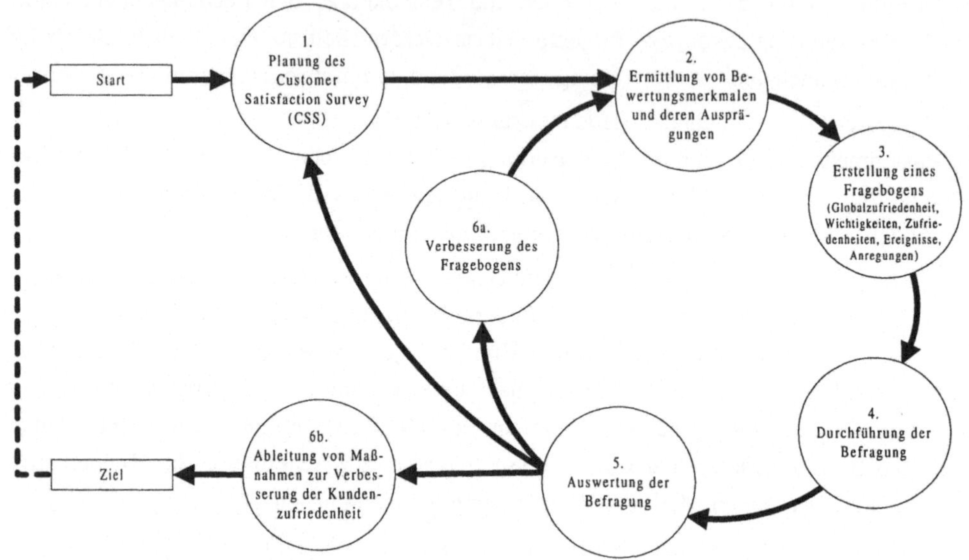

Abb. 6-16: Ablauf des CSS

6.2.2.3 Umsetzung von Kundenbedürfnissen in Lösungen mit Customer Solution Planning (CSP)

6.2.2.3.1 Planung des CSP

- Ziele der CSP-Anwendung

  Die Ziele des CSP werden im wesentlichen durch die korrelierenden Ziele des bereits vorab durchgeführten CVA bzw. CSS determiniert. Steht die Sicherung der technischen Qualität im Vordergrund, liegt der Schwerpunkt auf der Ableitung von Vorgaben für Produktmerkmale und Qualitätsmerkmale sowie auf der Design Point Analysis. Das CSP sollte dann für möglichst alle Kundenanforderungen durchgeführt werden. Dominiert dagegen die Zielsetzung der relativen Qualität, steht die Identifizierung und Weiterbehandlung der aus Kundensicht wichtigsten Produktcharakteristika im Vordergrund.

---

117 Ähnliche Verfahren zur Kundenzufriedenheitsmessung in der Softwareentwicklung werden beispielsweise von der IBM eingesetzt. Vgl. Kaplan, Clark, Tang /40 innovations/ 92-102

Die Generierung von zur Bedürfnisbefriedigung geeigneten Produktmerkmalen hat Priorität gegenüber der Ableitung von Qualitätsmerkmalen und Design Points. Wichtiger als die vollständige Bearbeitung aller Kundenanforderungen ist deshalb die intensive Auseinandersetzung mit den zur Kundenzufriedenheitserzielung bzw. zur Konkurrenzübertreffung bedeutsamsten Aspekten.

- Zusammensetzung des CSP-Teams

  Bei einem CSP ist das Team i. d. R. identisch mit dem CVA-Team der vorangegangenen Phase. Die Präsenz von Kunden ist bei der Ermittlung und Bewertung von Produktcharakteristika zwar zur Schaffung des gegenseitigen Verständnisses nützlich, aber bei Personalengpässen auf Kundenseite (insbesondere bei Marktproduktion) verzichtbar. Dagegen kann der mögliche Zusammenhang zwischen einer Produktidee und der Befriedigung eines Kundenbedürfnisses letztlich nur durch Kundenrepräsentanten im Team oder durch Marktforschung ermittelt werden.

- Art und Umfang der Befragung

  Im Gegensatz zum CVA und CSS spielt die Frage nach der statistischen Repräsentativität der Befragungsergebnisse innerhalb des CSP keine Rolle. Es kommt beispielsweise nicht auf die Menge der Entwickler an, die eine bestimmte Idee vertreten, sondern auf den Beitrag der Idee zur Kundenbedürfnisbefriedigung. Allerdings kann die Kundenbefragung hierzu im Rahmen einer moderierten Gruppensitzung nicht im statistischen Sinne repräsentativ sein. Hier eignet sich allerdings auch keine Fragebogenaktion. Die Untersuchungen sollten daher auf Qualität statt auf Quantität ausgerichtet sein und z. B. mit Hilfe von Conjoint-Analysen oder Prototyping vertieft werden.

- CSP-bausteinspezifische Parameter

  CSP-typische Fragestellungen beziehen sich v. a. auf die Entscheidung bezüglich der in die Planung einzubeziehenden Planungsparameter. So kann in Abhängigkeit von der Zielsetzung beispielsweise die Erstellung des klassischen HoQ oder die Design Point Analysis entfallen. Bei Kundenproduktion erübrigt sich i. d. R. ein Konkurrenzvergleich. Außerdem können besondere Kenngrößen zur Berücksichtigung von Schwierigkeitsgraden oder von Konkurrenzvorsprüngen etc. berechnet werden.

Planungsobjekt	Planungsaktivität
Ziele der CSP-Anwendung	CSP mit Fokus technische Qualität versus CSP mit Fokus relative Qualität
Zusammensetzung des CSP-Teams	Kundenrepräsentanten bzw. Kundenkenner nur bei Korrelationsanalyse oder während aller CSP-Phasen
Umfang der Befragung	Beschränkung auf Gruppensitzungen oder zusätzlicher Einsatz repräsentativer Befragungen bzw. Experimente
Art der Befragung	Beschränkung auf Gruppensitzungen oder zusätzliche Maßnahmen wie Prototyping, Conjoint-Analysen etc.
CSP-bausteinspezifische Parameter	Einbeziehung Produktmerkmale, Qualitätsmerkmale, Design Points, Konkurrenzvergleich, Schwierigkeitsgrad, Zielgrößen und besonderer Kennzahlen

Tab. 6-22: Planung des CSP

6.2.2.3.2 Elemente des Produkt-CSP

Durchführung des Voice of the Engineer Analysis

Das Voice of the Engineer Analysis läuft in drei Schritten ab:

- Erhebung der Entwickleraussagen
  = Zusammentragen potentieller Merkmale des zu entwickelnden Produkts
  Entwickler können ihre Ideen für die Produktentwicklung einbringen.
- Identifikation der Produktmerkmale
  = Identifikation bzw. Ableitung der Produktmerkmale (im Sinne der Definition) aus der Menge der Entwickleraussagen; (grobe) Sicherstellung einer angemessenen Abdekkung der Kundenanforderungen durch die Produktmerkmale
  Auch im Voice of the Engineer Analysis bietet es sich wie im Voice of the Customer Analysis an, die Entwickleraussagen parallel zu ihrer Präsentation im Plenum in einem *Voice of the Engineer Table* zu klassifizieren, denn den mit der Softwareentwicklung vertrauten Personen fällt es nicht immer leicht, sich sicher auf der sprachlichen Ebene der Anforderungsspezifikation zu bewegen.

Entwickleraussagen	Produktmerkmale	Qualitätsmerkmale	Kundenanforderungen	Entwicklungsmethodik	Sonstige (z. B. Zielwerte etc.)

Tab. 6-23: Voice of the Engineer Table

- Strukturierung der Produktmerkmale
  = Untersuchung der Produktmerkmale auf Abhängigkeiten, Ähnlichkeiten und bisher nicht genannte Merkmale und Anforderungen; Festlegung des Detaillierungsgrads der weiteren Analyse mittels Affinitäts- und Baumdiagrammen

Bildung der Software-House of Quality-Matrix

- Ermittlung der Korrelationswerte zwischen Kundenanforderungen und Produktmerkmalen
  = Untersuchung der Auswirkungen unterschiedlicher Erfüllungsgrade jedes einzelnen Produktmerkmals auf die Kundenzufriedenheit bezüglich jeder einzelnen Kundenanforderung; Quantifizierung dieser Auswirkungen in Form von Korrelationswerten

Wirkung der höheren Erfüllung eines Produktmerkmals auf die Kundenzufriedenheit bezüglich einer Kundenanforderung	**Punkte**	**Symbol**
(Extrem) starke	9	●
Sehr starke	7	◕
Starke	5	◑
Mittlere/mäßige („abgeleitete Zusammenhänge")	3	◔
Schwache/mögliche („es kommt darauf an...")	1	○
Keine/neutrale	0	
Potentiell negative	?	✶

Tab. 6-24: Mögliche Korrelationswerte zwischen Kundenanforderungen und Produktmerkmalen[118]

- Review der Matrixstruktur und Ermittlung der Produktmerkmalswichtigkeit
  = Prüfung der vorläufigen Korrelationsmatrix auf fehlerhafte Eintragungen und dabei Sicherstellung einer ausreichenden Abdeckung jeder einzelnen Kundenanforderung durch die Produktmerkmale; Durchführung der Priorisierungsrechnung; Erzeugung eines *Commitment* auf das zu entwickelnde Produkt unter *allen* Beteiligten
  Tab. 6-25 zeigt eine detaillierte Fallunterscheidung in Form einer Checkliste:[119]

Erhebung von Qualitätsmerkmalen

- Identifikation der Qualitätsmerkmale
  = Identifikation möglichst mehrerer Qualitätsmerkmale für jede Kundenanforderung zur quantitativen (meßbaren) Überprüfung der Anforderungserfüllung während der Entwicklung und vor der Auslieferung des Produkts
- Strukturierung der Qualitätsmerkmale

118 In Anlehnung an Zultner /Software Quality Deployment/ 140; die hier angedeuteten Symbole, von manchen Moderatoren aus Gründen der Visualisierung den absoluten Zahlenwerten vorgezogen, entsprechen nicht den originalen, vor allem in Japan weiterhin üblichen Zeichen ⊙ (stark), O (mittel) und Δ (schwach), welche auch nicht direkt an Zahlenwerte gekoppelt sind.

119 Vgl. Bicknell, Bicknell /QFD/ 83-95, King /Konkurrenz/ 352-361 und Nakui /Comprehensive QFD/ 143-152

= Untersuchung der Qualitätsmerkmale auf Abhängigkeiten, Ähnlichkeiten und bisher nicht genannte Merkmale mittels Affinitäts- und Baumdiagrammen

Nr.	Art der Matrixdegeneration	Gegenmaßnahmen
1	Leere bzw. im Verhältnis zu ihrer Bewertung zu schwache Zeilen	Produktmerkmale zur Abdeckung dieser Kundenanforderung entwickeln
2	Im Verhältnis zu ihrer Bewertung überproportional starke Zeilen	Kundenanforderung ggf. präzisieren und in Baum-/ Hierarchiediagramm detaillieren
3	Leere Spalten	Produktmerkmal überflüssig oder Kundenanforderungen vergessen
4	Gleiche Spalten	Produktmerkmale spiegeln u. U. unterschiedliche Erfüllungsgrade eines Produktmerkmals wider
5	Starke Spalten mit vielen Korrelationen	Produktmerkmal präzisieren und ggf. in Baum-/ Hierarchiediagramm detaillieren
6	Viele schwache Beziehungen bzw. weniger als 15 % Korrelationen	Produktmerkmale ggf. klarer und eindeutiger formulieren
7	(Fast) Diagonalmatrix mit vielen starken (1:1-)Beziehungen	Produktmerkmale und Kundenanforderungen auf Übereinstimmung mit den Definitionen prüfen

Tab. 6-25: Checkliste zur Analyse der Software-HoQ-Korrelationsmatrix

Bildung der klassischen House-of-Quality-Matrix

- Ermittlung der Korrelationswerte zwischen Kundenanforderungen und Qualitätsmerkmalen
  = Untersuchung der Auswirkungen unterschiedlicher Erfüllungsgrade jedes einzelnen Qualitätsmerkmals auf die Kundenzufriedenheit bezüglich jeder einzelnen Kundenanforderung; Quantifizierung dieser Auswirkungen in Form von Korrelationswerten
- Review der Matrixstruktur und Ermittlung der Qualitätsmerkmalswichtigkeit
  = Prüfung der vorläufigen Korrelationsmatrix auf fehlerhafte Eintragungen; Sicherstellung einer ausreichenden Abdeckung jeder einzelnen Kundenanforderung durch die Qualitätsmerkmale; Durchführung der Priorisierungsrechnung (analog zu Produktmerkmalen)

Ableitung von Entwicklungsvorgaben

- Bewertung der Produktmerkmale
  = Bewertung der in bezug auf die Erhöhung der Kundenzufriedenheit bedeutsamsten Produktmerkmale hinsichtlich Konkurrenz, aktueller und angestrebter Erfüllung sowie Schwierigkeitsgrad der Erreichung dieser Zielwerte
  Ermittlung der Produktmerkmalswichtigkeit:

- Bezüglich des Gesamtgewichts für jedes Produktmerkmal x über alle Kundenanforderungen Y:

$$\text{Absolute Wichtigkeit}_{\text{bezüglich Gesamtgewicht}} = \sum_{y=1}^{Y} \text{Korrelationswert}(y, x) * \text{Gesamtgewicht}(y)$$

$$\text{Relative Wichtigkeit}_{\text{bezüglich Gesamtgewicht}} = \frac{\text{AbsoluteWichtigkeit}(x)_{\text{bezüglich Gesamtgewicht}}}{\sum_{k=1}^{K} \text{AbsoluteWichtigkeit}(k)_{\text{bezüglich Gesamtgewicht}}}$$

- Bezüglich der Gesamtbedeutung für jedes Produktmerkmal x über alle Kundenanforderungen Y:

$$\text{Absolute Wichtigkeit}_{\text{bezüglich Gesamtbedeutung}} = \sum_{y=1}^{Y} \text{Korrelationswert}(y, x) * \text{Gesamtbedeutung}(y)$$

$$\text{Relative Wichtigkeit}_{\text{bezüglich Gesamtbedeutung}} = \frac{\text{AbsoluteWichtigkeit}(x)_{\text{bezüglich Gesamtbedeutung}}}{\sum_{k=1}^{K} \text{AbsoluteWichtigkeit}(k)_{\text{bezüglich Gesamtbedeutung}}}$$

Tab. 6-26 zeigt einen Auszug aus der Produktmerkmalstabelle des SAP R/3 Kalenders.

Das Software-HoQ (Tab. 6-27) ist damit vollständig ausgefüllt. Als umfassender Überblick über den derzeitigen Stand der Produktplanung bietet es eine kompakte Darstellung der bis zu diesem Zeitpunkt erhobenen Informationen.

Produktmerkmale	Wichtigkeit bzgl. Gesamtbedeutung	Rangfolge	Wichtigkeit bzgl. Gesamtgewicht	Rangfolge	Quantitative Beurteilung	Kalender-Jetzt	Zielwert	Schwierigkeitsgrad	Verbesserungsverhältnis	Modifizierte Wichtigkeit	Rangfolge
Merkmale mit Zielwert > Kalender-Jetzt											
Teilnehmerliste Link in Benutzerdaten		31		35		1	3	1	3,00	12,14	1
Schnittstellen von R/3 zu R/3		22		32		1	5	3	5,00	10,33	2
Aktionen anhand von Terminen anstoßen		5		17		1	3	4	3,00	9,16	3
Pflegen periodischer Termine		21		18		1	3	2	3,00	7,84	4
Status pflegen/verwalten		20		26		1	3	3	3,00	5,34	5
Schnittstellen innerhalb R/3 System		14		27		1	3	4	3,00	4,87	6
Datenkonsistenz bei Offline-Arbeit		35		34		1	5	5	5,00	4,71	7
Langtext zu Termin		26		21		1	3	3	3,00	4,60	8
Anderen Text zu Termin (Dokumente, Anlagen)		26		21		1	3	3	3,00	4,60	8
Import/Export (Offline)		13		15		1	3	5	3,00	4,09	10
Pflege-Oberfläche für Offline-Arbeit		29		33		1	4	5	4,00	3,68	11
Durchgängige Microsoft Oberfläche bei Offline-Arbeit		32		28		1	4	5	4,00	3,61	12
Erinnerung an Festtermine		36		37		1	3	3	3,00	3,57	13
Wiedervorlagezeit von Plan-Standardterminen		37		37		1	3	3	3,00	3,43	14
Wiedervorlagezeit von Plandominanten		37		37		1	3	3	3,00	3,43	14
Termine aus Mail in Kalender übernehmen		33		29		1	3	4	3,00	2,96	16
Teilnehmerliste für Gruppentermine anzeigen		39		36		1	3	3	3,00	2,78	17
Aus Mail Termine erzeugen		33		29		1	3	5	3,00	2,37	18
Standardtermine für Anstoß freigeben		11		24		2	3	5	1,50	1,08	19
Dominanten für Anstoß freigeben		11		24		2	3	5	1,50	1,08	19
Kalender für mehrere Personen gleichzeitig öffnen, pflegen		8		7		3	4	5	1,30	1,07	21
Kalender für mehrere Personen pflegen, öffnen		9		8		3	4	5	1,30	0,98	22
Funktionsauswahl per Mausklick		4		4		4	5	5	1,30	0,93	23
Modularer/Customizebarer Aufbau der Oberfläche		30		19		3	4	3	1,30	0,68	24
Cut, Copy & Paste		25		20		4	5	5	1,30	0,37	25
Erklärung im Kalender als Legende		28		23		4	5	5	1,30	0,33	26
Merkmale mit Zielwert = Kalender-Jetzt											
Features von R/3		1		1		5	5	1	1,00	0,00	0
Oberfläche von R/3		6		6		5	5	1	1,00	0,00	0
Standards von R/3		2		2		5	5	1	1,00	0,00	0
Integration Fabrikkalender		17		11		5	5	1	1,00	0,00	0
Navigation durch Mausklick auf Objekt		7		5		5	5	1	1,00	0,00	0
Schnittstellen zu externen Anwendungen		19		31		3	3	1	1,00	0,00	0
Weltweiter Zugriff		9		8		5	5	1	1,00	0,00	0
Feiertage pflegen		24		16		5	5	1	1,00	0,00	0
Termine pflegen / bearbeiten		3		3		5	5	1	1,00	0,00	0
An markierten Tagen den gleichen Termin einsetzen		15		13		5	5	1	1,00	0,00	0
Berechtigung zum Pflegen		16		10		5	5	1	1,00	0,00	0
Berechtigung zum Sehen		23		12		5	5	1	1,00	0,00	0
Visualisierung von Terminüberschneidungen		18		14		5	5	1	1,00	0,00	0

Tab. 6-26: Die Produktmerkmalstabelle des SAP R/3 Kalenders (Auszug)

	Gruppentermine	Teilnehmerliste Gruppentermine anzeigen	Visualisierung Terminüberschneidungen	Integration in R/3 System	Aktionen durch Termine anstoßen	Oberfläche von R/3	Integration Fabrikkalender	Termine	Langtext zu Terminen	Erinnerung an Festtermine	...	Kundenanforderungsgewicht (%)	Berater	Entwickler	Sekretariat	Gesamtgewicht	Kundenzufriedenheit (%)	Berater	Entwickler	Sekretariat	Gesamtzufriedenheit	Anforderungsbedeutung (%)	Berater	Entwickler	Sekretariat	Gesamtbedeutung
Terminverwaltung																										
Termine pflegen						1	3		3				20	20	25	21,7		84	80	62	75,3		12	10	15	13,1
Termine einfach verschieben						1	3						20	10	25	18,3		80	66	60	68,7		13	6	16	12,1
Periodische Termine eintragen						1	3						10	20	10	13,3		40	40	20	33,3		13	21	19	18,2
Teamarbeit																										
Andere können Termin pflegen													15	10	0	8,3		70	60	44	58,0		11	7	0	6,5
Termine für mehrere Personen pflegen							1						15	10	5	10,0		20	20	20	20,0		38	21	9	22,7
Gruppenfunktionen																										
Erkennen Terminüberschneidungen			9		3	1							0	10	10	6,7		40	20	20	26,7		0	21	19	11,4
Einfache Auskunft für andere Person		3	9				3		1				0	5	0	1,7		60	60	20	46,7		0	3	0	1,6
Bedienung																										
Eingabefehler vermeiden						9							5	5	5	5,0		70	84	38	64,0		4	2	5	3,6
Einfache Navigation zwischen Sichten						9							10	5	5	6,7		80	50	60	63,3		6	4	3	4,8
Schnell erlernbar						9							5	5	15	8,3		80	68	40	62,7		3	3	14	6,0
...																										
Gesamtgewicht																										
Absolute Wichtigkeit		5,0	75,0		20,0	240,0	175,0		66,7	0,0																
Relative Wichtigkeit (%)		0,9	12,9		3,4	41,3	30,1		11,5	0,0																
Bedeutung																										
Absolute Bedeutung		0,1	2,6		0,8	4,1	3,5		0,9	0,0																
Relative Bedeutung (%)		0,9	21,7		6,3	34,2	29,3		7,6	0,0																
Konkurrenzvergleich																										
Besser		△	⊙				△			△																
		⊙	△			⊙																				
Schlechter					△⊙	△	⊙		△⊙	⊙																

Tab. 6-27: Das Software-HoQ des SAP R/3 Kalenders (Ausschnitt)

- Bewertung der Qualitätsmerkmale
  = Bewertung der in bezug auf die Erhöhung der Kundenzufriedenheit bedeutsamsten Qualitätsmerkmale hinsichtlich Konkurrenz, aktueller und angestrebter Erfüllung sowie Schwierigkeitsgrad der Erreichung dieser Zielwerte unter Berücksichtigung potentieller Abhängigkeiten der Qualitätsmerkmale untereinander;

  Ermittlung der Qualitätsmerkmalswichtigkeit analog zur Berechnung der Produktmerkmalswichtigkeit

Durchführung der Design Points Analysis

Gegenstand dieses CSP-Schritts ist das Aufzeigen der Beziehungen zwischen den Produktcharakteristika, ggf. die Anpassung der Entwicklungvorgaben und die Verdichtung zu Design Points.

Um eventuell vorhandene Wechselwirkungen bei der Umsetzung der Produktcharakteristika zu erkennen, werden die Auswirkungen der höheren Erfüllung eines Produktmerkmals auf die Umsetzung jedes einzelnen Qualitätsmerkmals (und umgekehrt) untersucht und auf einer Skala von -9 (stark negativ) bis +9 (stark positiv) quantifiziert. Diese Gegenüberstellung soll potentielle Synergien bzw. Konflikte aufdecken, die bei der Festlegung der Entwicklungsvorgaben berücksichtigt werden müssen. So steht beispielsweise in vielen Fällen die Softwareeffizienz, in Form geringer Antwortzeiten bestimmter Abfragen auf einen Datenbestand, als Qualitätsmerkmal solchen Produktmerkmalen entgegen, die eine besonders umfangreiche Funktionalität innerhalb der möglichen Abfrageoptionen sicherstellen sollen. Je nach Wichtigkeit der beteiligten Produktcharakteristika müssen dann ihre Zielwerte und/oder Schwierigkeitsgrade entsprechend angepaßt werden. Eine stark negative Korrelation eines Produktmerkmals zu einem gemäß seiner Wichtigkeit hoch bedeutsamen Qualitätsmerkmal kann zur Folge haben, daß der Zielwert dieses Produktmerkmals niedriger eingestuft wird als ursprünglich vorgesehen. Umgekehrt können stark positive Beziehungswerte die Verringerung von Schwierigkeitsgraden oder die Setzung herausfordernder Ziele nach sich ziehen, da durch die sich ergänzenden Zielsetzungen Kapazitäten frei werden. Erst nach Betrachtung dieser Abhängigkeiten stehen die Vorgaben für die weitere Entwicklung wirklich fest.

Zur expliziten Verknüpfung der Vorgaben für die Produktmerkmale mit denen für die Qualitätsmerkmale, also sozusagen zur Etablierung „zweidimensionaler" Zielwerte, können in der gleichen Matrix noch weitere Korrelationswerte (nur positiv; 0, 1, 3, 9) im Sinne der Bedeutung der einzelnen Qualitätsmerkmale (z. B. Verfügbarkeit) für die bessere Erfüllung jedes Produktmerkmals (z. B. für Termine pflegen, für Erinnerung an Termine etc.) eingetragen werden.

Aus den starken Korrelationen lassen sich dann sogenannte Design Points mit typischerweise folgender Aussage ableiten: „Bei der Umsetzung des Produktmerkmals X ist vor allem auf die höhere Erfüllung des Qualitätsmerkmals Y zu achten." Darüber hinaus kann auch eine Quantifizierung dieser gleichzeitigen Erfüllung von Produkt- und Qualitätsmerkmalen durch Multiplikation der zugehörigen Wichtigkeiten mit den Korrelationswerten für jedes Matrixfeld („cross-priorities") erfolgen.

Abb. 6-17 faßt den Ablauf des CSP zusammen.

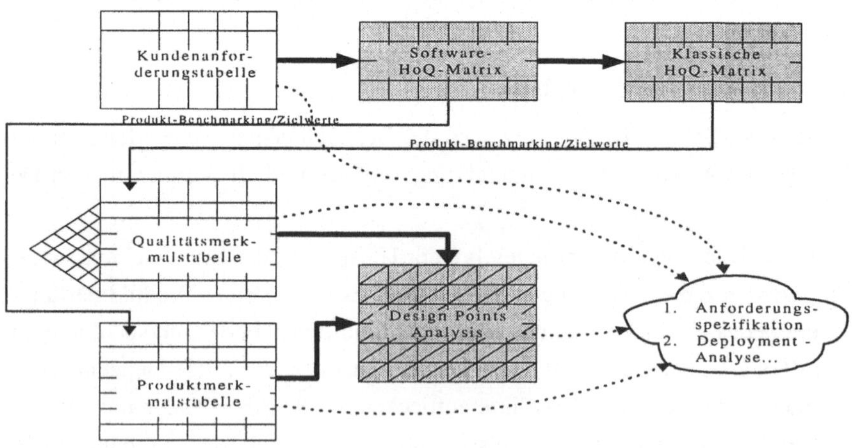

Abb. 6-17: Ablauf des CSP

6.2.3 Prozeß-SCVM

Die Ermittlung und Überprüfung der Befriedigung von Kundenbedürfnissen erfolgt beim Prozeß-SCVM nicht wie beim Produkt-SCVM, um etwaige Mängel des Softwareprodukts für Verbesserungen des nächsten Release aufzudecken, sondern dient der Verbesserung des Softwareproduktentwicklungsprozesses. Hierfür sind die Ursachen und Wirkungen zwischen dem Softwareproduktentwicklungsprozeß und der Kundenzufriedenheit zu analysieren. Ursachen für die Entstehung von Kundenunzufriedenheit können zum einen nachfrageorientiert und zum anderen anbieterorientiert mit Hilfe des sogenannten Lückenmodells (GAP-Modell[120]) analysiert werden. Die Lücken repräsentieren Diskrepanzen auf der Kunden- bzw. Softwareherstellerseite zwischen Erwartungen und Wahrnehmungen der Kunden. Abb. 6-18 zeigt das Lückenmodell am Beispiel eines Standardsoftwareanbieters (Marktproduktion). Dieses kann allerdings analog für Kundenproduktion (Individualsoftwareanbieter oder innerbetriebliche Softwareentwicklung) interpretiert werden.

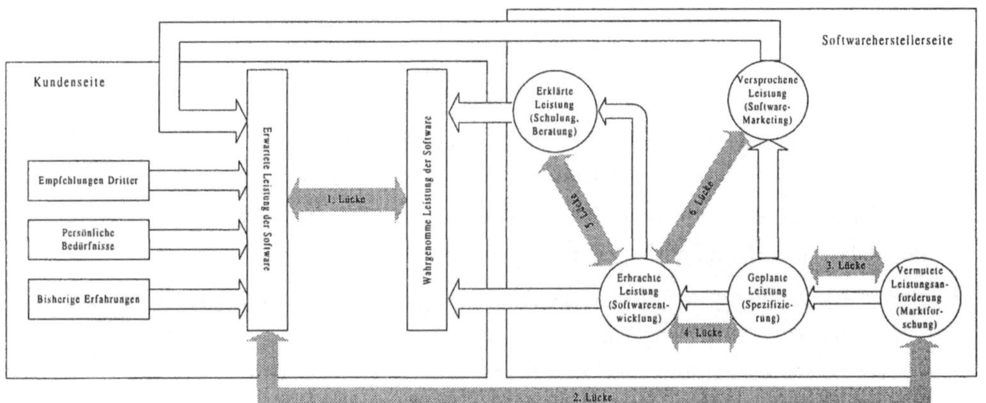

Abb. 6-18: Lückenmodell der Kundenzufriedenheit mit Softwareprodukten[121]

Die Lücken haben ihre Ursachen an unterschiedlichen Stellen des Softwareerstellungsprozesses.[122] Das SCVM soll dazu beitragen, diese Lücken zu schließen bzw. deren Entstehung zu verhindern. Treten die Lücken trotz des SCVM-Einsatzes auf, sind einzelne Bausteine des SCVM wahrscheinlich mangelhaft ausgeführt worden oder haben sich als unpassend für das konkrete Projekt bzw. die spezielle Unternehmungssituation erwiesen. Ein CSS auf der Basis des Gap-Modells stellt daher eine Möglichkeit zur kontinuierlichen Verbesserung des SCVM-Ansatzes dar.

---

120 Vgl. Zeithaml, Parasuraman, Berry /Qualitätsservice/

121 Hierholzer /Kundenorientierung/ 45. Es handelt sich hierbei um das von Hierholzer auf Software angepaßte Lückenmodell in Zeithaml, Parasuraman, Berry /Qualitätsservice/ 62

122 Siehe zu den Lücken in dem ursprünglich für den Dienstleistungsbereich entwickelten Lückenmodell Zeithaml, Parasuraman, Berry /Qualitätsservice/ 28-42 und Parasuraman, Zeithaml, Berry /SERVQUAL/ 14-40

- Lücke 1: Abweichung der vom Kunden wahrgenommenen Leistung von den Kundenerwartungen
  Diese Abweichung symbolisiert entsprechend der Definition den Grad der Kundenzufriedenheit. Eine negative Abweichung (Lücke, Gap) entspricht Kunden*un*zufriedenheit.

  Wenn die Lücke 1 eintritt, kann das zum einen daran liegen, daß die gelieferte Software nicht den Bedürfnissen des Kunden entspricht. Zum anderen kann dies seine Ursache darin haben, daß der Kunde die von ihm gewünschten Merkmale nicht entdeckt (z. B. versteckte Features der Software oder schlechte Schulung) oder entdecken will (z. B. Voreingenommenheit aufgrund negativer Erfahrungen). Schließlich können beim Kunden die „falschen", d. h. bezüglich der gelieferten Software unzutreffenden, Erwartungen durch den Anbieter geweckt worden sein (z. B. durch das Marketing bzw. den Vertrieb oder den Projektleiter). Der Kommunikationspolitik kommt in diesem Fall innerhalb des Software-Marketing-Mix eine besondere Bedeutung zu.[123]

  Im Rahmen des SCVM liegt eine mögliche Fehlerquelle in der unvollständigen Integration des Kunden in den Entwicklungsprozeß. Wird der Kunde beispielsweise bezüglich seiner Anforderungen befragt, erhält aber kein Feedback, inwieweit seine Anforderungen bei der weiteren Softwareentwicklung berücksichtigt werden, entstehen falsche Erwartungen an die Software. Alle Kunden, auch solche, die aus Zeitgründen im Verlaufe des SCVM-Prozesses aus dem Team ausscheiden oder nicht mehr benötigt werden, sollten daher über die SCVM-Ergebnisse informiert werden.

- Lücke 2: Abweichung der vom Hersteller wahrgenommenen Kundenerwartungen von den tatsächlichen Kundenerwartungen
  Eine falsche Wahrnehmung der Kundenerwartungen durch den Hersteller kann verschiedene Ursachen haben. Zum größten Teil dürfte es sich um Fehler bei der Marktforschung (Standardsoftware) bzw. beim Requirements Engineering (Individualsoftware) handeln: Der Kunde wurde nicht richtig befragt (z. B. schlechter Fragebogen oder mangelhaftes Interview), die falschen Personen (z. B. nicht repräsentativ oder nicht kompetent) wurden einbezogen oder die Kundenaussagen wurden nicht korrekt interpretiert bzw. unvollständig dokumentiert (z. B. vage Anforderungen des Kunden und willkürliche Auslegung durch den Hersteller).

  Innerhalb des SCVM-Instrumentariums liegen Ursachen für die Entstehung der Lücke 2 v. a. in der mangelhaften Ausführung des CVA-Bausteins begründet.

- Lücke 3: Abweichung der vom Hersteller erkannten Kundenerwartungen von den geplanten Produktcharakteristika

123 Vgl. Baaken, Launen /Software-Marketing/ 155-163 und Meffert /Absatzpolitik/ 114-115

Selbst bei korrekter Erfassung der Kundenerwartungen können durch Transformations- und Formalierungsprozesse bei der Spezifikation Fehler auftreten, die zum Entstehen der Lücke 3 führen. Dies ist v. a. bei der zu frühen Verwendung formaler Spezifizierungstechniken (z. B. Daten-, Ablauf- oder Funktionsmodellierung) oder bei Verwendung von Methoden, die nicht alle Kundeninformationen berücksichtigen, der Fall. So führt z. B. das Fehlen von Informationen über die Wichtigkeit von Kundenanforderungen zur möglicherweise fehlgeleiteten Fokussierung der Entwicklungsziele.

Ein systematisches CSP, bei dem die Kundenerwartungen schrittweise in Produktcharakteristika übersetzt werden, sollte dies verhindern. Ist dies nicht der Fall, offenbart die Lücke 3 Mängel in der Ausführung dieses SCVM-Schritts (z. B. unvollständige Ausführung, unklare Ergebnisse).

- Lücke 4: Abweichung der vom Hersteller geplanten Produktcharakteristika von den tatsächlichen Produktcharakteristika
  Selbst korrekt spezifizierte Software kann zu Kunden*un*zufriedenheit führen, wenn das tatsächliche Softwareverhalten von der Spezifikation abweicht. Das kann zum einen an der mangelhaften Umsetzung der Spezifikation liegen (z. B. unvollständige Codierung), aber zum anderen auch Ursachen in der technischen Machbarkeit bzw. Wirtschaftlichkeit (z. B. ein bestimmtes Antwortzeitverhalten zu erreichen) haben. Eventuell enthält die Software jedoch auch Features, die überhaupt nicht spezifiziert, sondern spontane Ideen der Programmierer waren.

  Liegen keine technisch bedingten oder bewußt hingenommenen Abweichungen vor, so liegt beim Einsatz des SCVM-Instrumentariums bei Lücke 4 ein insuffizientes CSP zugrunde, bei dem z. B. gegen die Entscheidungsregeln verstoßen wird oder sich die geplanten Zielvorgaben für Produkt- und Qualitätsmerkmale als unzureichend erweisen.

- Lücke 5: Abweichung der vom Hersteller erklärten Produktcharakteristika von den tatsächlichen Produktcharakteristika
  Gerade komplexe Softwareprodukte weisen eine große Erklärungsbedürftigkeit auf. Wird diesem Umstand nicht Rechnung getragen, entsteht die Lücke 5. Ursachen hierfür sind unvollständige Produktdokumentationen oder fragmentarische Schulungen. Einige von den Kunden geäußerte Unzufriedenheiten mit dem SAP R/3 Kalender erwiesen sich in Wahrheit als Versäumnisse bei der Produktschulung.

  Ein vollständig durchgeführtes CSP liefert eine solide Informationsbasis für die Durchführung von Schulungen und die Entwicklung der Produktdokumentation. Voraussetzung hierfür und somit zur Verhinderung der Lücke 5 ist die Integration der betroffenen Personen in das SCVM-Team oder/und die kontinuierlich aktualisierte Information aller Betroffenen.

- Lücke 6: Abweichung der vom Hersteller versprochenen Produktcharakteristika von den tatsächlichen Produktcharakteristika

  Werden durch das Marketing, den Projektleiter oder auch einzelne Entwickler dem Kunden gegenüber bei Verkaufsgesprächen oder Audits bzw. während der Entwicklung Versprechungen gemacht, die nachher nicht eingehalten werden, ist die Entstehung der Lücke 6 die Folge.

  Auch in diesem Fall liefert ein sorgfältig durchgeführtes CSP für die mit dem Kunden kommunizierenden Personen eine ausreichende Informationsbasis. Mindestens genauso wichtig ist jedoch ein auf langfristige Kundenzufriedenheit statt auf den kurzfristigen Verkaufserfolg zielendes Anreizsystem für die Mitarbeiter des Softwareherstellers.

Die Schließung der die Kundenunzufriedenheit repräsentierenden Lücke 1 erfolgt gemäß diesen Überlegungen über die Schließung der Lücken 2 bis 6.

Grundsätzlich können die Lücke 1 durch Befragung externer Kunden und die Lücken 2 bis 6 durch Befragung interner Kunden gemessen werden. Darüber hinaus sind stets die Erhebung und Auswertung objektiver Daten wie Nacharbeit, Fehleranzahl, Phasenrücksprünge, Zeit-/Budgetüberschreitungen etc. zur Kontrolle der Lücken zweckmäßig.

6.2.3.1 Kunden- und mitarbeitergetriebene Verbesserung der kundenorientierten Softwareproduktentwicklung

Das Prozeß-SCVM in Form der kunden- und mitarbeitergetriebenen Verbesserung der Kundenorientierung entspricht im wesentlichen der Vorgehensweise des Produkt-SCVM. Die an der Produktentwicklung beteiligten bzw. vom Prozeß betroffenen Personen (im folgenden Stakeholder genannt) nehmen hierbei gleichzeitig die Rolle des internen Kunden wahr. Das Prozeß-SCVM wurde im Rahmen einer Diplomarbeit bei der SAP AG mit großem Erfolg erprobt.[124]

Ausgangspunkt für die Ermittlung von Stakeholderbedürfnissen beim Prozeß-SCVM sind halb-standardisierte Interviews, bei denen sich die Mitarbeiter frei äußern dürfen und deren Auswertung anschließend anonym erfolgt. Neben Problemen bei der Umsetzung der kundenorientierten Produktentwicklung während der täglichen Arbeit werden auch Vorschläge für konkrete Verbesserungsmaßnahmen zur Behebung dieser Probleme erfragt.

Analog zur Ermittlung der Kundenanforderungen werden mit Hilfe des Stakeholder Voice Table aus den Aussagen der Mitarbeiter Prozeßanforderungen identifiziert. Die Prozeßan-

124 Vgl. Schlang /Softwareprozeßverbesserung/. Hier befindet sich auch eine ausführliche Beschreibung des Prozeß-SCVM sowie der im Pilotprojekt erarbeiteten Ergebnisse. Den QFD-Einsatz zur Planung eines Softwareprojekts beschreibt Zultner /Managing Software Development Projects/ 391-402. Zur Anwendung von QFD im Rahmen des Business Process Reengineering siehe z. B. Zultner /Reengineering/. Zum Business Reengineering allgemein siehe z. B. Theuvsen /Business Reengineering/. Einen komplexen Ansatz, der ebenfalls auf QFD basiert, beschreibt Bicknell, Bicknell /QFD/

forderungen werden strukturiert, einem Review unterzogen und in ein Hierarchiediagramm überführt, das die Grundlage für die Erstellung eines Fragebogens bildet, mit dessen Hilfe die Prozeßanforderungen bezüglich ihrer Wichtigkeit und ihrer Erfüllung durch den momentanen Produktentwicklungsprozeß bewertet werden.

Außerdem werden die Befragungsergebnisse im Process Improvement Table aufbereitet, um konkrete Prozeßverbesserungsvorschläge zu ermitteln. Diese Prozeßverbesserungsvorschläge bilden die Grundlage für die Ermittlung der Korrelationen zwischen Verbesserungsmaßnahmen und Prozeßanforderungen in einer moderierten Gruppensitzung (analog zum CSP).

Mit Hilfe der priorisierten Prozeßverbesserungsvorschläge können Verbesserungsprogramme initiiert werden, die durch die aktive Beteiligung der Mitarbeiter eine intrinsische Motivation bewirken und somit größeren Erfolg versprechen als von außen hereingetragene bzw. erzwungene Prozeßverbesserungen.

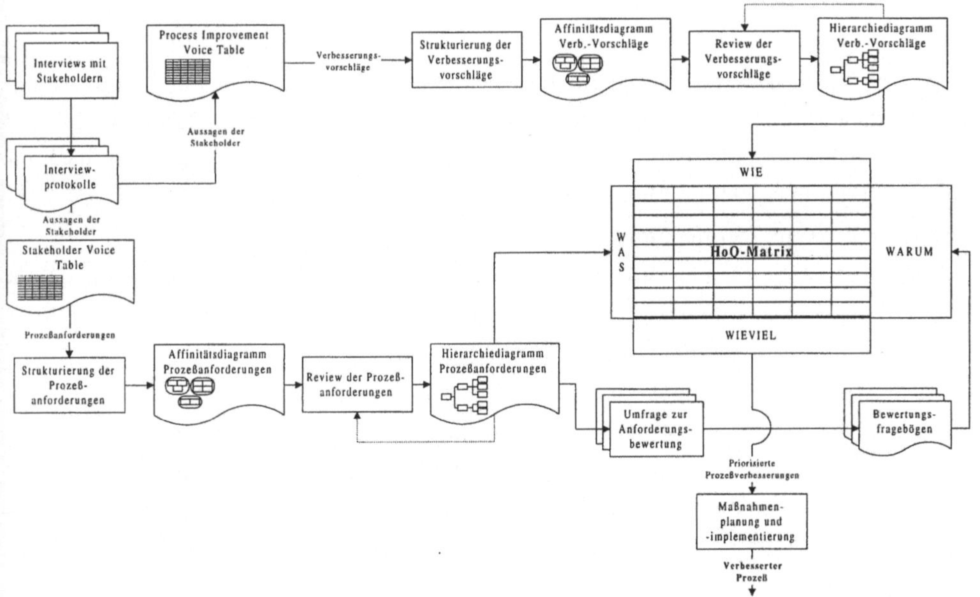

Abb. 6-19: Ablauf des Prozeß-SCVM[125]

Bei der Durchführung eines Prozeß-SCVM bei der SAP AG entspricht eine Vielzahl der von den Mitarbeitern generierten Verbesserungsvorschläge den innerhalb des Produkt-

125 Schlang /Softwareprozeßverbesserung/ 15

SCVM ausgesprochenen Handlungsempfehlungen, was die in dieser Arbeit formulierten Vorschläge aus Sicht der Praktiker bestätigt.

6.2.3.2 Konkurrenzgetriebene Verbesserung der kundenorientierten Softwareproduktentwicklung

Benchmarking kann als ein fortwährender Verbesserungszyklus verstanden werden.[126] Sein Ablauf lehnt sich in seiner Grundstruktur an den Deming-Zyklus Plan-Do-Check-Act an.[127] Die in einem Benchmarkingprojekt vorzunehmenden Schritte lassen sich dabei nach diesen Phasen strukturieren.

Das auf Kunden gerichtete Softwareprozeß-Benchmarking stellt eine Ausprägung des allgemeinen Softwareprozeß-Benchmarking dar. Ziel des allgemeinen Softwareprozeß-Benchmarking ist es, die Kundenorientierung sämtlicher Softwareteilprozesse zu messen, mit anderen softwareentwickelnden Organisationen zu vergleichen und schließlich durch Übernahme vorbildlicher Teilprozesse zu verbessern. Der Grad der Kundenorientierung eines Teilprozesses ergibt sich dabei aus dessen Beitrag zur Sicherstellung von Kundenzufriedenheit.

Der im folgenden wiedergegebene Ablauf orientiert sich an dem Zyklus des Softwareprozeß-Benchmarking. Auch dieser ist in die vier Phasen „Plan“, „Do“, „Check“ und „Act“ untergliedert. In jeder Phase sind bestimmte Aktivitäten vorzunehmen, die in den nachfolgenden Abschnitten detailliert beschrieben werden.

- Die Phase „Plan“ - Vorbereitung
  Die Phase „Plan“ dient als Vorbereitung. Sie beinhaltet die Schritte Auswahl eines Benchmarkingobjekts, Entwicklung eines Befragungsinstrumentes zur Erhebung der Kundenzufriedenheit sowie Partnersuche und -akquisition.
- Die Phase „Do“ - Analyse der Wirkungen der Kundenorientierung
  In der Phase „Do“ wird die Wirkung der Kundenorientierung, also die Kundenzufriedenheit bei den Softwareherstellern in der Untersuchungsklasse untersucht. Hierzu wird eine Erhebung der Zufriedenheit der jeweiligen Kunden eines Softwareherstellers vorgenommen. Anschließend erfolgt das Ranking anhand des aus den Erhebungsergebnissen berechneten Kundenzufriedenheitsindexes.

---

126 Vgl. im folgenden Herzwurm, Hierholzer /SCVM/ 56-78 und Hierholzer /Kundenorientierung/ 13-113

127 Vgl. Deming /Out of the crisis/ 88

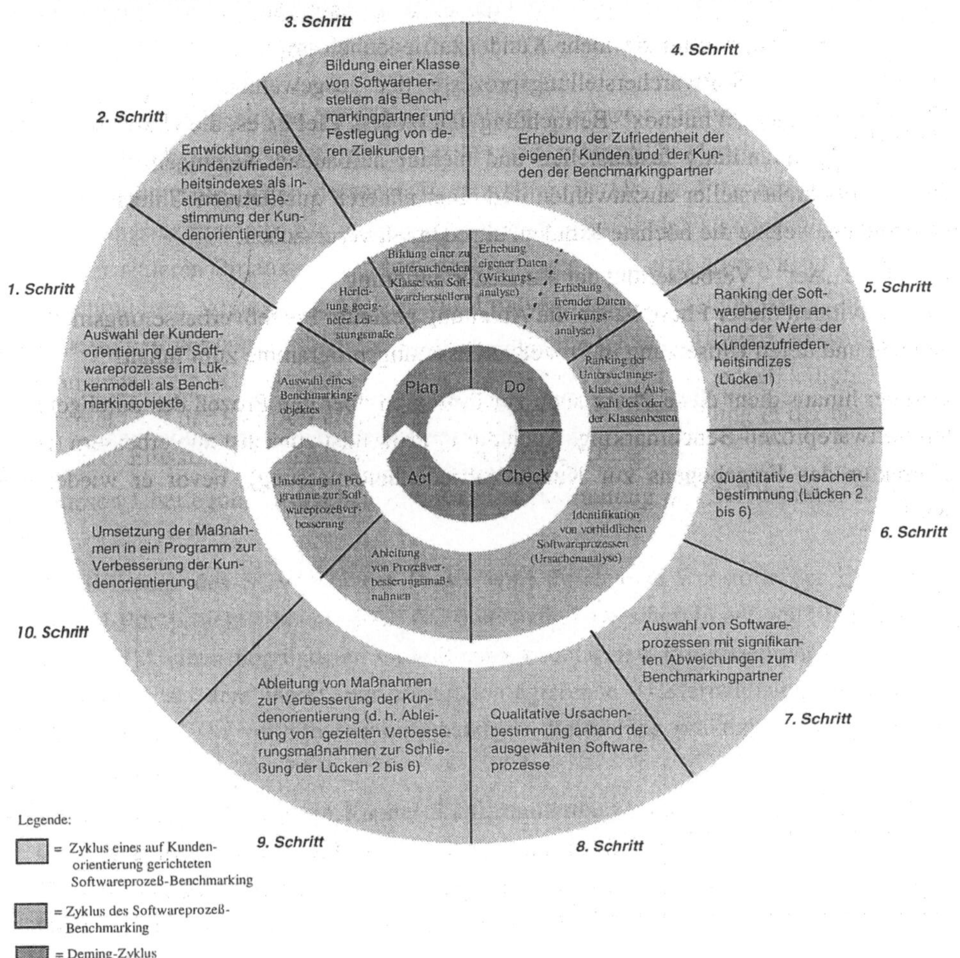

Abb. 6-20: Vorgehensmodell für ein auf Kundenorientierung gerichtetes Softwareprozeß-Benchmarking[128]

- Die Phase „Check" - Analyse der Ursachen für Kundenorientierung
  Durch die Aktivitäten der Phasen „Plan" und „Do" werden die Softwareprozesse bzw. -teilprozesse identifiziert, die bei den Benchmarkingpartnern mehr Kundenzufriedenheit erzielen. Dabei werden die Softwareprozesse jedoch stets als „Blackbox" betrachtet. Es wird lediglich die Außenwirkung von deren Kundenorientierung, d. h. deren Wirkung auf die Zufriedenheit der Kunden, gemessen.

---

128 Hierholzer /Kundenorientierung/ 74 und ähnlich Herzwurm, Hierholzer /SCVM/ 60

In der Phase „Check“ soll bei den durch das Ranking ausgewählten Softwareherstellern untersucht werden, warum sie mehr Kundenzufriedenheit erreichen als die eigene Unternehmung. Die Softwareherstellungsprozesse der ausgewählten Softwarehersteller werden dazu einer „Whitebox“-Betrachtung unterzogen. Ziel ist es, die Ursachen für die Unterschiede quantitativ festzustellen und hierauf aufbauend diejenigen Teilprozesse dieser Softwarehersteller auszuwählen und einer näheren qualitativen Untersuchung zu unterziehen, welche die höchste Kundenzufriedenheit verursachen.

- Die Phase „Act“ - Verbesserung der Kundenorientierung
  Die Aktivitäten dieser Phase haben die Ableitung gezielter Prozeßverbesserungsmaßnahmen und deren Umsetzung in Prozeßverbesserungsprogramme zum Inhalt.

  Darüber hinaus dient diese Phase auch zur Reflexion über den Prozeß des durchgeführten Softwareprozeß-Benchmarking. Auch dieser Prozeß ist zunächst zu verbessern (z. B. Korrektur des Fragebogens zur Kundenzufriedenheitsmessung), bevor er wiederholt wird.

7 Beurteilung des Software Customer Value Management (SCVM)

Der Beleg der Effizienz des SCVM erfordert den Nachweis, daß die angestrebten Gestaltungsziele durch den SCVM-Einsatz erreicht werden. Das SCVM stellt jedoch nur dann eine Verbesserung dar, wenn dessen Effizienz höher ist als die Effizienz anderer Produktentwicklungsinstrumente. Ein statistisch valider Nachweis der Überlegenheit des SCVM gegenüber anderen Produktentwicklungsinstrumenten setzt eine ausreichend hohe Zahl an Unternehmungen voraus, die SCVM zur Produktentwicklung einsetzen. Diese müßten dann bezüglich der angestrebten Gestaltungsziele eine höhere Effizienz aufweisen als Unternehmungen, die SCVM nicht einsetzen. Da das SCVM bislang jedoch lediglich in einem Pilotprojekt mit der SAP AG eingesetzt wurde, ist eine Untersuchung in der beschriebenen Form unter Einsatz statistischer Methoden nicht möglich.

Aus diesen Überlegungen ergeben sich für eine Beurteilung des SCVM zwei Konsequenzen:

- Die Effizienz des SCVM in der Praxis wird durch eine Kontrolle der Effizienz des SCVM-Pilotprojekts[1] bei der SAP AG untersucht.[2] Dies beruht auf der Überlegung, daß das SCVM einen begründeten Gestaltungsvorschlag zur Produktentwicklung darstellt, wenn die - auf dem Markt sehr erfolgreich agierende - Unternehmung die Vorgehensweise mit SCVM vorteilhafter einschätzt als die bislang praktizierte Vorgehensweise ohne SCVM.
- Die in Form von Thesen in Kapitel 5.2 formulierten Gestaltungsgrundsätze des SCVM sind teilweise auch im QFD verwirklicht.[3] Infolgedessen kann eine Überprüfung der Thesen ergänzend zur SCVM-Fallstudie bei solchen Unternehmungen erfolgen, die QFD zur Produktentwicklung einsetzen. Hierzu wird der im Anhang abgebildete Fragebogen benutzt, der auf der Basis des in Kapitel 3 erläuterten theoretischen Bezugsrahmens erstellt ist. Diese Vorgehensweise ermöglicht es, die Ergebnisse auf eine etwas breitere Basis zu stellen.[4] Die Grundannahme lautet hierbei, daß eine Bestätigung der

---

1 Um bei den Projektbeteiligten den Eindruck zu vermeiden, sie seien lediglich „Versuchskaninchen" für einen möglicherweise unausgereiften, universitären und daher vielleicht praxisfernen Ansatz, wurde mit dem Projektleiter vereinbart, den Begriff SCVM zu vermeiden und statt dessen das Projekt unter der Bezeichnung („extended") QFD abzuwickeln. Aus diesem Grund wird auch in den Fragebögen und anderen Projektunterlagen nicht der Instrumentenname SCVM, sondern QFD verwendet.

2 Siehe zur allgemeinen Problematik der Erfolgsmessung bei Produktentwicklungsprojekten und zu den Ergebnissen des hier vorgestellten Pilotprojekts auch Herzwurm, Schockert, Mellis /Success of QFD/ 131-150

3 Wie in Kapitel 6.1.2.2.1.2 dargestellt handelt es sich beim SCVM um eine Weiterentwicklung der QFD-Methode. Der wesentliche Unterschied zwischen beiden Instrumenten besteht darin, daß QFD von existierenden Ergebnissen (z. B. Kundenzufriedenheitswerten) ausgeht, während das SCVM darüber hinaus Hilfsmittel und Techniken zur Ermittlung derartiger Informationen bietet.

4 Die Verbreitung von QFD in Deutschland ist jedoch noch nicht sehr groß. Bei der Untersuchung von Specht und Schmelzer (Specht, Schmelzer /Qualitätsmanagement in der Produktentwicklung/) setzten 20 Unternehmungen

Thesen durch die QFD-Feldstudie gleichzeitig eine Bestätigung der Gestaltungsprinzipien des SCVM darstellt.[5] Erfolgreiche Projekte werden den in den Thesen enthaltenen Gestaltungsempfehlungen entsprechen, während nicht erfolgreiche Projekte gegen diese Gestaltungsempfehlungen verstoßen.[6] Ein Projekt gilt als erfolgreich, wenn die angestrebten Gestaltungsziele verwirklicht werden.[7]

7.1 Meßprobleme bei der Beurteilung des SCVM

Meßprobleme bei der Beurteilung des Erreichungsgrads der Gestaltungsziele durch SCVM treten bei der Erfassung der Elemente des theoretischen Bezugsrahmens und bei der Ermittlung von Ursache-Wirkungs-Beziehungen zwischen den Elementen auf.

Meßprobleme bei der Erfassung der Elemente des theoretischen Bezugsrahmens

- Verfügbarkeit *objektiver* Daten bezüglich der Gestaltungsziele und der Gestaltungsdeterminanten

  Zwar werden bei der Beschreibung des theoretischen Bezugsrahmens in Kapitel 3 konkrete Bestimmungsgrößen für Gestaltungsziele und Gestaltungsdeterminanten benannt; deren Erfassung erweist sich in der Praxis jedoch häufig als sehr problematisch. Eine besondere Bedeutung kommt hierbei der korrekten Messung des Gestaltungszielerreichungsgrads nach Abschluß eines Projekts zu, da dieser die Grundlage zur Bestimmung der Effizienz des eingesetzten Produktentwicklungsinstruments bildet. Die Bestimmung des Gestaltungszielerreichungsgrads erfolgt im Idealfall durch die objektive Erfassung der Zielbestimmungsgrößen. Die hierzu erforderlichen Daten liegen bei den meisten Unternehmungen jedoch nicht vor, da z. B. keine produktbezogenen Deckungsbeitragrechnungen (C.7) oder keine nachträglichen Kundenbefragungen bezüglich der Zufriedenheit mit dem Preis (C.5 und C.6) bzw. mit der Qualität (C.9 - C.11) durchgeführt werden. Derartige Mängel in der Erfassung von Wirtschaftlichkeitsdaten finden sich nicht nur auf Seiten der Entwickler von Software (Wirtschaftlichkeit des entwickelten Produkts), sondern sind auch auf Seiten der Kunden von Softwareprodukten (Wirt-

---

QFD ein. Das QFD Institut Deutschland e. V. hat 42 Mitglieder aus Unternehmungen, die sich als QFD-Anwender bezeichnen. Siehe zur Verbreitung von QFD auch die Zusammenstellung empirischer Befunde in Curtius /Quality Function Deployment/ 183-202 und Curtius, Ertürk /QFD-Einsatz/ 394-402

5 Hierbei ist jedoch zu beachten, daß nicht sämtliche SCVM-Gestaltungsempfehlungen mit Hilfe der QFD-Methode abbildbar sind und eine Thesenüberprüfung in QFD-Projekten daher stets unvollständig ist.

6 Theoretisch könnte die Thesenüberprüfung auch mit Unternehmungen durchgeführt werden, die eine beliebige Methode zur Produktentwicklung einsetzen. Die Vergleichbarkeit der Ergebnisse ist bei einem solchen Vorgehen jedoch nicht zu gewährleisten, zumal außer QFD kaum durchgängige Produktentwicklungsinstrumente in der Praxis im Einsatz sind. Einen Vergleich der Effizienz verschiedener Produktentwicklungsinstrumente enthält Specht, Schmelzer /Produktentwicklung/ und Specht, Schmelzer /Qualitätsmanagement in der Produktentwicklung/

7 Vgl. Mierzwa /Produktentwicklungsprozesse/ 223

schaftlichkeit des Kaufs bzw. Produkteinsatzes) oder bei innerbetrieblichen Softwareentwicklungen zu beobachten.[8]

- *Subjektivität* der Erfolgsbeurteilung eines Produktentwicklungsprojekts
  Die Erfolgsbeurteilung des Einsatzes eines Produktentwicklungsinstruments anhand objektiver Daten zur Gestaltungszielerreichung birgt ferner das Problem, daß dieselbe Zielgrößenausprägung (z. B. ein bestimmter Deckungsbeitrag) in Abhängigkeit von der individuellen Erwartungshaltung verschiedener Unternehmungen möglicherweise unterschiedlich beurteilt wird, d. h. zu einer differierenden Einschätzung der Zufriedenheit mit dem Projektergebnis bzw. mit dem eingesetzten Produktentwicklungsinstrument führt. Bei der Erfolgsbeurteilung von Projekten durch Entwickler bzw. Manager ergeben sich demzufolge ähnliche Meßprobleme wie bei der Beurteilung eines Produkts durch Kunden.[9]
- *Unvollständiger Informationsstand* nach Abschluß des Produktentwicklungsprojekts
  Ein weiteres Problem bei der Erfolgsbeurteilung ist die Tatsache, daß zum Abschluß eines Produktentwicklungsprojekts das Produkt zwar geplant, aber - abgesehen von möglichen Prototypen - noch nicht fertiggestellt und noch nicht im Einsatz befindlich ist. Daher ist die Erhebung produktbezogener Zielgrößenausprägungen wie Deckungsbeitrag, Fehlerfreiheit oder Kundenzufriedenheit nur bedingt möglich.

Meßprobleme bei der Ermittlung von Ursache-Wirkungs-Beziehungen

Der Einsatz mathematischer Verfahren zur Analyse der Gestaltungsdeterminanten erfolgreicher bzw. nicht erfolgreicher Projekte oder die Durchführung von Korrelationsanalysen kann zwar Auskunft über den *statistischen* Zusammenhang zwischen Gestaltungszielerreichungsgraden und einem oder mehreren Gestaltungsdeterminanten liefern; der unmittelbare Rückschluß auf einen *kausalen* Zusammenhang ist hierbei jedoch - beispielsweise aufgrund der Möglichkeit des Einflusses von Drittgrößen - ebenso problematisch wie die unreflektierte Verallgemeinerung der ermittelten Beziehungen.[10] Die Ursache-Wirkungs-Beziehungen sind in der Realität zu komplex, um mit angemessenem Aufwand mittels statistischer Methoden vollständig ermittelt und abgebildet zu werden.[11]

---

8 Siehe zu Wirtschaftlichkeitsaspekten in DV-Bereichen z. B. Seibt /DV-Controlling/ 5-49 und Seibt /Informationsmanagement und Controlling/ 116-126

9 Siehe zur Subjektivität der Erfolgsbeurteilung von Produktentwicklungsprojekten z. B. Griffin, Page /PDMA Success Measurement Project/ 478-479

10 Vgl. Lange /Erfolgsfaktoren/ 28

11 Siehe zur Problematik der Ermittlung von Ursache-Wirkungs-Beziehungen z. B. Fritz /Erfolgsfaktoren/ 594-597

Meßkonzept dieser Untersuchung

Die bestehenden Interdependenzen zwischen Gestaltungsdeterminanten und deren kombinierten, d. h. akkumulierenden, verstärkenden oder kompensierenden, Wirkungen werden bei der nachfolgenden Untersuchung vernachlässigt. Das soll allerdings *nicht* zu der Annahme führen, daß ein beobachteter Wirkungszusammenhang zwischen den Ausprägungen einer Gestaltungsdeterminante und einem Gestaltungszielerreichungsgrad ausschließlich auf die Ausprägung der betrachteten Gestaltungsdeterminante zurückzuführen ist. Statt dessen werden tendenzielle Einflüsse aufgezeigt, die eine bestimmte Ausprägung einer Gestaltungsdeterminante auf den Gestaltungszielerreichungsgrad ausübt. Es ist stets zu beachten, daß sowohl andere Gestaltungsparameter als auch die vorherrschenden Gestaltungsbedingungen dem entgegenwirken können.

Infolge der mangelnden Verfügbarkeit objektiver Daten wird in der folgenden Untersuchung die Effizienz des Instrumenteneinsatzes als subjektive Zufriedenheit des Befragten mit der Erreichung der im jeweiligen Produktentwicklungsprojekt gewichteten produkt- und projektbezogenen Gestaltungsziele definiert. Die Ermittlung des Erfolgs einer Produktentwicklung erfolgt demzufolge methodisch analog zur Messung der Kundenzufriedenheit auf der Basis von Bewertungsmerkmalen im CSS-Baustein des SCVM (siehe hierzu Kapitel 6.2.2.2.2). Der Anwender eines Instruments wird folglich als dessen Kunde interpretiert. Als Bewertungsmerkmale, die in diesem Fall Erwartungen an den Instrumenteneinsatz repräsentieren, fungieren die im betrachteten Produktentwicklungsprojekt verfolgten Gestaltungsziele auf Projekt- und Produktebene. Die Zufriedenheit der Befragten mit der Erreichung der Gestaltungsziele wird demzufolge als Entwicklerzufriedenheit bezeichnet und analog zur Kundenzufriedenheit berechnet:

$$\text{Entwicklerzufriedenheitsindex bezüglich der Gestaltungsziele i für Wichtigkeit W und Zufriedenheit Z} = \sum_{i=1}^{I}(W_i * Z_i).$$

Kongruent zum Kundenzufriedenheitsindex drückt der Entwicklerzufriedenheitsindex die Gesamtzufriedenheit des Entwicklers mit der Erreichung der Gestaltungsziele aus. Diese Vorgehensweise birgt zwar die Gefahr von Fehleinschätzungen seitens der Befragten, allerdings läßt die Datenlage der beteiligten Unternehmungen keine wirtschaftlich zu vertretende Alternative der Effizienzmessung des Instrumenteneinsatzes zu. In diesem Zusammenhang erscheint es wichtig darauf hinzuweisen, daß die Probanden lediglich nach der Wichtigkeit und dem Erreichungsgrad der Gestaltungsziele sowie nach den Ausprägungen der Gestaltungsdeterminanten befragt werden. Eine unmittelbare Beurteilung seitens der Entwickler bezüglich eventueller Wirkungen bestimmter Gestaltungsdeterminanten erfolgt nicht, so daß das Risiko einer Fehleinschätzung lediglich bezüglich der Gestaltungszielerreichung besteht.[12] Außerdem ermöglicht die Entwicklerzufriedenheitsbefragung eine vergleichbare Effizienzermittlung des Produktentwicklungsinstruments in am Markt agierenden Softwareunternehmungen sowie in nicht-erwerbswirtschaftlichen Organisationen und in innerbetrieblichen DV-Bereichen.

Allerdings sind bei allen nachfolgend präsentierten Ergebnissen stets die dargestellten Meßprobleme empirischer Forschung und die relativ geringe Zahl der Befragten zu berücksichtigen. Um keine Genauigkeit und Repräsentativität vorzutäuschen, die in Wahrheit nicht gewährleistet ist, wird bei der Analyse der Untersuchungsresultate auf den Einsatz statistischer Kennzahlen wie Korrelationskoeffizienten mit Irrtumswahrscheinlichkeiten oder multivariater Analysen zur Ermittlung von Ursache-Wirkungs-Beziehungen verzichtet und statt dessen lediglich eine Auswertung auf der Basis von Häufigkeitsverteilungen und Mittelwerten vorgenommen.[13]

7.2 Beurteilung anhand einer SCVM-Fallstudie bei der SAP AG

7.2.1 Ausprägungen der Gestaltungsdeterminanten

7.2.1.1 Ausprägungen der Gestaltungsbedingungen

Merkmale des Gegenstands der Produktentwicklung

Als Pilotanwendung fungiert der SAP R/3 Terminkalender (im folgenden verkürzt Kalender genannt) in der Version 3.0b. Bei dem Kalender handelt es sich um eine Software, mit der verschiedene Personen an unterschiedlichen Orten gegenseitig ihre Termine pflegen und einsehen können.

- Produktstruktur
  Der Kalender ist ein reines Softwareprodukt, das nicht eigenständig erwerbbar, sonder in die Standardanwendungssoftwareumgebung SAP R/3 integriert ist und somit als Subsystem interpretiert werden kann. Er zeichnet sich durch eine hohe technische sowie eine geringe anwendungsbezogene Produktkomplexität und eine geringe Erklärungsbedürftigkeit gegenüber dem Kunden aus.

12 Durch Zusicherung einer vertraulichen Behandlung der Befragungsergebnisse soll das Risiko einer absichtlich zu positiven Einschätzung des Gestaltungszielerreichungsgrads vermindert werden. Unberührt bleiben hiervon Wahrnehmungsverzerrungen, die - ähnlich wie in Studie Nr. 32 für Service-Personal gezeigt - dazu führen können, daß die eigene Leistung zu positiv eingeschätzt wird.

13 Siehe zu einem umfassenden Überblick über Probleme und Methoden empirischer Forschung z. B. Bortz /Lehrbuch der empirischen Forschung/

- Innovationsgrad
  Der Kalender stellt aus Sicht der Unternehmung eine Anpassungsentwicklung und aus Sicht der Kunden eine Verbesserung dar.
- Externe Produktionsfaktoren
  Der Kalender wird i. d. R. ohne kundenindividuelle Varianten ausgeliefert, d. h. es handelt sich um Massensoftware, deren Entwicklung durch die Unternehmung ausgelöst wird und nicht den Einflüssen der Kunden unterliegt. Zur Produktion werden keine externen Sachgüter oder Dienstleistungen benötigt. Das gesamte SCVM-Pilotprojekt wurde von zwei Mitarbeitern der Universität zu Köln begleitet.

Merkmale der Unternehmung

- Allgemeine Merkmale
  Die SAP AG hatte zum Zeitpunkt der Projektdurchführung im Jahre 1996 ca. 8.000 Mitarbeiter (heute ca. 12.000), wovon ca. 2.000 (heute ca. 5.000) in dem untersuchten Bereich beschäftigt sind. Die Unternehmungskultur wird als sehr innovativ beschrieben.
- Wettbewerbsstruktur
  Die Abhängigkeit der Kunden vom SAP R/3 System ist aufgrund der tiefgreifenden Einflüsse der Software auf organisatorische Abläufe und infolge der hohen Umstellungskosten bei einem Lieferantenwechsel sehr groß. Demzufolge besitzt der Kunde keine bedeutende Machtstellung gegenüber der SAP AG. Auf der anderen Seite wird die zeitweilige Monopolstellung der SAP AG zunehmend durch neue in den Markt eintretende Anbieter angegriffen, so daß die Wettbewerbsintensität bei stark expandierendem Branchenwachstum als groß bezeichnet werden kann.
- Strategie
  Die SAP AG verfolgt nach eigenen Aussagen eine Strategie der Qualitätsführerschaft und bietet für große Abnehmer auch zunehmend kundenspezifische Anpassungen ihrer ansonsten als Massensoftware zu klassifizierenden Produkte an.
- Organisatorische Gestaltung
  Die SAP AG ist nach Produktgruppen organisiert bei vollständiger Verankerung der Aufgaben der Produktentwicklung im Produktionsbereich. Das Qualitätswesen besitzt Informations- und Beratungsrechte.

Merkmale von Menschen und von deren Beziehungen

- Individuelle Merkmale

Aufgrund ihres erheblichen Einflusses auf die Effizienz von Produktentwicklungsinstrumenten[14] werden die Merkmale der beteiligten Menschen und der Beziehungen zwischen diesen Menschen zur Fragebogenerhebung durch strukturierte Interviews mit den Projektbeteiligten vor und nach dem Pilotprojekt ermittelt. Einstellungen zum SCVM werden anhand des Grads der Zustimmung (null entspricht völliger Ablehnung, 100 bedeutet völlige Zustimmung) zu positiven und negativen Aussagen über die Wirkungen des SCVM gemessen.[15]

Die Einstellungen zu Qualität, Innovation und Teamarbeit werden durchweg positiv bewertet. Es zeigt sich allerdings, daß bei einigen Kunden eine gewisse Voreingenommenheit gegenüber bestimmten Entwicklern herrscht, weil diese schon lange gestellte Kundenanforderungen bislang nicht erfüllten, sondern statt dessen eher an „technischen Spielereien" (wie z. B. objektorientierte Softwareentwicklung) interessiert sind. Andererseits zeigen einige Entwickler Vorbehalte gegenüber einem bestimmten Kundenrepräsentanten.

Die Motivation aller Projektbeteiligten ist nach eigenem Bekunden außerordentlich hoch.

Bei der SAP AG besitzen ca. 80% der Mitarbeiter einen Hochschulabschluß, wovon der Anteil der Promovierten ca. 20% beträgt. Alle Beteiligten sind intensive Benutzer des Kalenders. Das Wissen über kundenorientierte Produktentwicklungsinstrumente ist dagegen außer beim Qualitätsmanagement weniger stark ausgeprägt.

Das Verhalten ist weitgehend kooperativ und wenig perfektionistisch. Die Methode wird weitestgehend korrekt angewendet. In den Interviews nach dem Pilotprojekt wird einigen Teammitgliedern allerdings vorgeworfen, auf Kritik zu persönlich zu reagieren.

- Merkmale der Beziehungen zwischen Individuen
  Die Kommunikation zwischen den Beteiligten ist einwandfrei und effizient. Die Zusammenarbeit verläuft ohne größere Konflikte. Außer bei der Gewichtung der Kundenanforderungen und der Messung der Kundenzufriedenheit werden alle Methodenschritte in Form von Teamarbeit ausgeführt.

7.2.1.2 Ausprägungen der Gestaltungsparameter

Merkmale des Produktentwicklungsbereichs

- Produktentwicklungsstrategie

---

14 Siehe hierzu auch die Ergebnisse in Kapitel 7.3.2

15 Die zu bewertenden Aussagen und die Antworten der Befragten werden in Kapitel 7.2.2.2.2 dieser Arbeit dargestellt.

Die SAP AG möchte im Rahmen ihrer Innovationsstrategie den Markt als Pionier betreten und versucht, die Qualität durch den jeweils handelnden Bereich sicherzustellen.

- Unterstützung des Instrumenteneinsatzes
  Das Management fördert das SCVM nur sehr schwach und beteiligt sich an dessen Einsatz lediglich passiv.

  Die Anwendung von SCVM ist im SAP Vorgehensmodell nicht geregelt. Es gehen dem Pilotprojekt keine SCVM-Erfahrungen voraus. Die Initiative für den SCVM-Einsatz in Form eines Pilotprojekts geht bottom up von den Mitarbeitern aus. Es wird eine zweitägige Schulung durchgeführt, an der 15 Mitarbeiter teilnehmen.

Merkmale der Projekte

- Projektorganisation (Gestaltung gemäß These P3)
  Die Produktentwicklung mit SCVM wird in Form einer reinen Projektorganisation vorgenommen, in der alle Verantwortlichkeiten vorher schriftlich festgelegt sind.
- Ziele (Gestaltung gemäß These P4)
  Die Ergebnisse des Pilotprojekts sollen als Entscheidungshilfe für den weiteren Einsatz der SCVM-Methode bei SAP dienen. Für den Kalender werden bezüglich des SCVM-Einsatzes im Pilotprojekt insbesondere zwei Zielsetzungen verfolgt: Review des bisherigen Kalenders und Fokussierung der weiteren Entwicklungsressourcen auf das Wesentliche. Diese Projektziele werden durch konkrete, erwartete Ergebnisse (z. B. „die in Relation zu den Kundenforderungen wichtigsten implementationsunabhängigen Produktmerkmale als Wegweiser und Schwerpunkte der weiteren Entwicklung“) präzisiert. Darüber hinaus werden verschiedene Unterziele (z. B. „Unterschiede zum 'konventionellen' Vorgehen und bisherige Probleme aufzeigen“) definiert und priorisiert. Insbesondere die zuletzt genannten Zielsetzungen resultieren aus dem Pilotcharakter des Projekts. „Endziel“ ist die Zufriedenstellung der internen und externen Kunden. Gerade der Mangel, daß einige interne Kunden (d. h. SAP Mitarbeiter) für ihre betriebliche Terminplanung nicht den SAP R/3 Kalender, sondern Konkurrenzprodukte oder Papierkalender benutzen, stellt eine Beeinträchtigung des Nutzens des Kalenders für SAP dar und ist infolgedessen ein Anlaß für die Wahl des Kalenders als Pilotanwendung. Die Fixierung der Ziele erfolgt schriftlich und wird allen Beteiligten zugänglich gemacht.
- Ressourcen (Gestaltung gemäß These P5)
  Während Räumlichkeiten, Moderationsmaterialien, Hardware und Software in ausreichendem Maße zur Verfügung stehen, ist Zeit die knappste aller Ressourcen, was bei der Planung entsprechend berücksichtigt wird. Für das Projekt sind 176 Personenstunden veranschlagt, es kann jedoch mit einem Aufwand von 169,5 Personenstunden abgeschlossen werden, so daß auch die benötigte Zeit keinen Engpaßfaktor darstellt.

- Team (Gestaltung gemäß Thesen P6 und P7)
  Das siebenköpfige, bereichsübergreifende SCVM-Team besteht aus drei Kundenvertretern (Berater, Entwickler und Sekretariate), zwei Vertretern aus dem Entwicklungsteam sowie dem Produktverantwortlichen (Entwicklungsleiter) und einem SCVM-Verantwortlichen (Qualitätsmanager).[16] Die Erarbeitung der Ergebnisse wird in moderierten Gruppensitzungen vorgenommen. Die Moderation erfolgt durch den Autor dieser Arbeit und einen weiteren Mitarbeiter der Universität zu Köln. Beide werden zum Zwecke der Ergebnisdokumentation und -aufbereitung von einem studentischen Mitarbeiter unterstützt. Bei der Terminplanung wird insbesondere auf die kontinuierliche Einbindung der Kundenvertreter Wert gelegt. Krankheitsbedingt haben trotzdem nicht immer alle vorgesehenen Personen (insbesondere auf Kundenseite) an den Sitzungen teilgenommen. Die Projektleitung obliegt dem Produktverantwortlichen des Kalenders.
- Zeitlicher Rahmen und Umfang (Gestaltung gemäß Thesen P7 und P8)
  Es finden insgesamt vier Sitzungen statt, die im Durchschnitt vier Tage auseinander liegen. Den genauen zeitlichen Ablauf inklusive der Anzahl der entwickelten Parameter zeigt Tab. 7-1.

Tätigkeit	**Ergebnisse**	**Aufwand Universität zu Köln**	**Aufwand SAP AG**	**Aufwand Gesamt**
Ermittlung der Kundenanforderungen	60 strukturierte und dokumentierte Kundenanforderungen	2,5 Stunden mit 2 Personen	2,5 Stunden mit 7 Personen	22,5 Personenstunden
Bewertung der Kundenanforderungen	60 bewertete Kundenanforderungen		1 Stunde mit 10 Personen	10 Personenstunden
Ermittlung der Produktmerkmale	76 strukturierte und dokumentierte Produktmerkmale	3,5 Stunden mit 2 Personen	3,5 Stunden mit 5 Personen	24,5 Personenstunden
Bildung der Software-HoQ-Matrix	76 priorisierte Produktmerkmale, 515 Korrelationen	1,5 Stunden mit 2 Personen	1,5 Stunden mit 6 Personen	12 Personenstunden
Bewertung der Produktmerkmale	10 konkrete Entwicklungsvorgaben	0,75 Stunden mit 1 Person	0,75 Stunden mit 5 Personen	4,5 Personenstunden
Vor- und Nachbereitung der Gruppensitzungen		4 * 8 Stunden mit 3 Personen		96 Personenstunden
Summe (Personentag = 7,5 Stunden)		*111,75 Personenstunden = 14,9 Personentage*	*57,75 Personenstunden = 7,7 Personentage*	*169,5 Personenstunden = 22,6 Personentage*

Tab. 7-1: Zeitlicher Rahmen des SCVM-Pilotprojekts

- Anpassung des Instruments (Gestaltung gemäß These P9)

16 Zur Vereinfachung wird im folgenden lediglich zwischen Kunden und Entwicklern unterschieden. Der SCVM-Verantwortliche nimmt in seiner Eigenschaft als Benutzer des Kalenders die Rolle eines Kunden ein.

Neben der Erprobung der Methode beziehen sich die wichtigsten Projektziele auf die Entwicklung relativer Qualität bezogen auf die Kundenerwartungen. Somit spielen die für die technische Qualität wichtigen Qualitätsmerkmale eine ebenso untergeordnete Rolle wie die Design Point Analysis. Da die Ermittlung von Qualitätsmerkmalen und Design Points auf die gleiche Weise erfolgt wie die von Produktmerkmalen und diese daher für die Instrumentenbeurteilung verzichtbar erscheinen, wird das SCVM auf die Erstellung des Software-HoQ beschränkt.

- Anwendung des Instruments (Gestaltung gemäß Thesen P10 bis P15)
  Es wird stringent sowohl zwischen Kundenaussagen und Kundenanforderungen als auch zwischen Kundenanforderungen und Lösungen (Produktmerkmalen) unterschieden.

  Neben den als Kundenvertreter in das SCVM-Team integrierten Personen, werden noch zehn weitere Personen bezüglich der Wichtigkeit von Kundenanforderungen und der Zufriedenheit mit dem aktuellen Kalenderrelease befragt.

  Die Bewertung wird mit Hilfe des Analytic Hierarchy Process mit direkter Gewichtung und anschließender Mittelwertbildung ermittelt.

  Die drei gebildeten Kundengruppen (Entwickler, Sekretariate und Berater) werden vom SCVM-Team als gleich wichtig eingeschätzt.

  Bei der Konkurrenzanalyse werden drei Konkurrenzprodukte berücksichtigt.

  Für die Korrelationsanalyse werden fünf Abstufung (0, 1, 3, 7 und 9) verwendet.

  Die ermittelten Werte dienen als wichtige Orientierungshilfe (geringe „Zahlengläubigkeit").

  Es wird eine 64 Seiten umfassende Dokumentation mit 20 Auswertungen erstellt. Die Ergebnisse werden darüber hinaus auf einer Informationsveranstaltung präsentiert.

7.2.2 Erreichungsgrad der Gestaltungsziele

Der Erreichungsgrad der Gestaltungsziele im SCVM-Projekt wird mittels zwei verschiedener Verfahren ermittelt. Zum einen erfolgt die Beurteilung der Effizienz des SCVM auf der Basis des Fragebogens zum theoretischen Bezugsrahmen (Kapitel 7.2.2.1). Da am Ende des Pilotprojekts produktbezogene Gestaltungsziele aufgrund der noch nicht erfolgten Fertigstellung des SAP R/3 Kalenders nicht unmittelbar erfaßt werden können und um neben dem Urteil des Projektverantwortlichen auch die Meinung der übrigen Entwickler sowie insbesondere der Kunden einzuholen, erfolgt darüber hinaus auch die Beurteilung der Effizienz des SCVM auf der Basis strukturierter Interviews mit Kunden und Entwicklern (Kapitel 7.2.2.2).

7.2.2.1 Beurteilung auf der Basis des Fragebogens zum theoretischen Bezugsrahmen

Den Markteintrittstermin- sowie den Produktkosten- und Produktpreiszielen wird vom Projektverantwortlichen infolge des Pilotcharakters des Projekts und der Qualitätsstrategie der SAP AG kein Gewicht zugeordnet. Die Produktqualität kann aufgrund der noch nicht erfolgten Fertigstellung des Produkts lediglich vermutet werden, so daß sich Abb. 7-1 auf die Entwicklerzufriedenheit bezüglich der projektbezogenen Gestaltungsziele beschränkt. Das SCVM wird mit Ausnahme der Durchgängigkeit, was durch die zu diesem Zeitpunkt nicht bestehende Integration des SCVM in das SAP Vorgehensmodell begründet ist, bezüglich aller Gestaltungsziele sehr positiv bewertet.

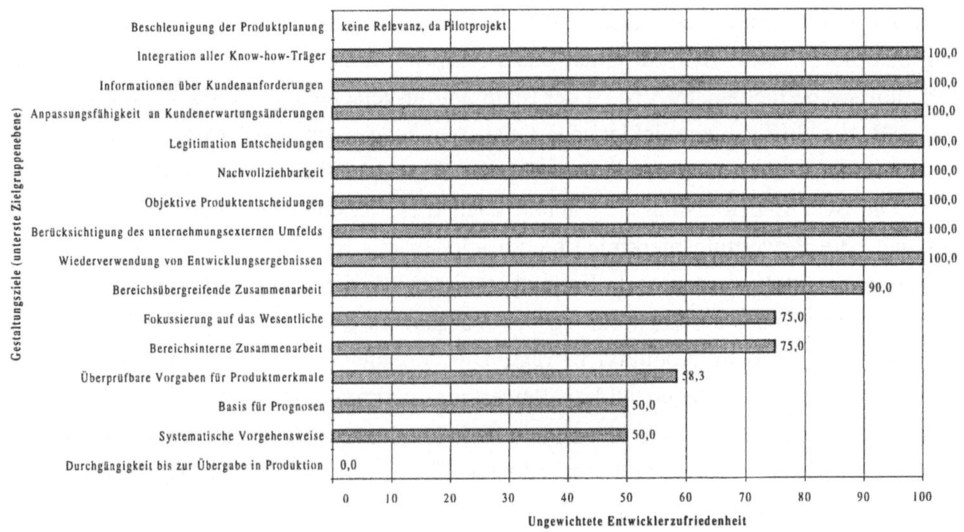

Abb. 7-1: Entwicklerzufriedenheit bezüglich der Gestaltungsziele (n = 1)[17]

7.2.2.2 Beurteilung auf der Basis strukturierter Interviews mit Kunden und Entwicklern

Um detailliertere Ergebnisse nicht nur vom Projektleiter, sondern auch von den Entwicklern und v. a. von den Kunden zu erhalten, werden in dieser Fallstudie alle Projektbeteiligten bezüglich ihrer Meinung zur Zielerreichung befragt. Dies geschieht im Rahmen der Fallstudie mittels Durchführung und Auswertung strukturierter Interviews. Zur wirksamen Beurteilung der Wirkungen des SCVM ist es wichtig,

---

17 Der Buchstabe n bezeichnet in den nachfolgenden Abbildungen zu Befragungsergebnissen stets die Anzahl der in die Grafik eingehenden Antworten. In Abb. 7-1 handelt es sich um die Antwort des SAP Projektleiters.

- *alle* Projektbeteiligten zu befragen, da Erfolg oder Mißerfolg aus den verschiedenen Perspektiven der Personen unterschiedlich beurteilt werden können,
- die Befragungen *vor und nach* der Durchführung des Pilotprojekts vorzunehmen, da nicht nur die absoluten Meinungen bzw. Fakten, sondern insbesondere die durch SCVM verursachten Veränderungen für die Erfolgsbeurteilung maßgeblich sind.

7.2.2.2.1 Vergleich der Produkt- und Projekteffizienz vor und nach dem SCVM-Projekt

Wichtigkeit der Bewertungsmerkmale für den Kalender und dessen Entwicklungsprozeß

Im Sinne des Prinzips der internen Kundenorientierung kann man ein Produktentwicklungsinstrument wie SCVM unter dem Aspekt des internen Kunden-Lieferanten-Verhältnisses betrachten. SCVM ist der Lieferant für verschiedene Kunden. Solche Kunden sind z. B. die Softwareentwickler, das Qualitätsmanagement, der Projekt- bzw. Produktverantwortliche, aber auch der Kunde der mit SCVM geplanten bzw. entwickelten Software. Die SCVM-Erfolgsmessung ähnelt nach dieser Sicht einer Kundenzufriedenheitsmessung. Die Bewertungsmerkmale hierzu können mit Hilfe der Methode der kritischen Ereignisse ermittelt werden: Alle Projektbeteiligten werden nach positiven und negativen Erlebnissen während der Entwicklung des Vorgängers des Softwareprodukts (oder eines vergleichbaren Softwareprodukts) befragt. Die Aussagen werden getrennt nach Kunden und Entwicklern kategorisiert und zu Bewertungsmerkmalen zusammengefaßt. Die zuvor gewichteten Bewertungsmerkmale werden dann zum einen für das Vergleichsprodukt und dessen Entwicklungsprozeß und zum anderen für die mit SCVM durchgeführte Produktentwicklung bewertet.

Die Auswertung der Interviews mit den SAP Mitarbeitern führt zu folgenden Bewertungsmerkmalen:

- Gewünschte Funktionalität:
  Funktionsumfang, den der Kalender bietet und der somit zu einer Verbesserung der Arbeitsprozesse der Kunden beitragen kann
- Überraschende Funktionalität:
  Neue, überraschende, nützliche Features des Kalenders, auf die der Kunde selbst nicht gekommen wäre
- Benutzbarkeit:
  Einfache Bedienbarkeit und schnelle Erlernbarkeit des Kalenders
- Technische Innovation:
  Ein dem neuesten Stand der Technik entsprechender Kalender
- Umsetzung von Anforderungen:

Sicherstellung, daß Kundenanforderungen nicht nur aufgenommen, sondern auch korrekt umgesetzt werden

- Zeit bis zum nächsten Release:
  Rasche Realisierung von Kundenanforderungen
- Objektive Bewertung von Anforderungen:
  Begründete Annahme oder Ablehnung von Kundenanforderungen
- Frühzeitige Einbeziehung in den Entwicklungsprozeß:
  Frühzeitige und kontinuierliche Beteiligung aller Betroffenen bei der Entwicklung des Kalenders
- Persönlicher Kontakt zwischen Kunden und Entwicklern:
  Direkter Austausch zwischen Kunden und Entwicklern
- Gegenseitiges Verständnis:
  Kenntnisgewinnung über Anforderungen und Probleme von Entwicklern und Kunden

Die ersten fünf Merkmale betreffen unmittelbar die Kalendersoftware und werden daher zur Kategorie Produkteffizienz zusammengefaßt. Die letzten fünf Merkmale bezeichnen Attribute des Produktentwicklungsprozesses und sind unter der Rubrik Projekteffizienz subsumiert.

Die Bewertungsmerkmale werden von den Projektbeteiligten zum einen für den bisherigen Kalender und dessen Entwicklungsprozeß und zum anderen für den mit SCVM geplanten Kalender bewertet. Im letzteren Fall entsteht das bereits erwähnte Problem, daß der Kalender zum Zeitpunkt der Befragung noch nicht realisiert ist und daß einige Bewertungen (z. B. Benutzbarkeit) daher nur unter großer Unsicherheit möglich sind.

Die Bewertungsmerkmale erscheinen aus Sicht der einzelnen Kunden bzw. Entwickler unterschiedlich wichtig. Deshalb wird zunächst die Wichtigkeit der Bewertungsmerkmale erfragt. Dabei ergeben sich naturgemäß Unterschiede zwischen solchen Merkmalen, die für die Entwickler wichtig sind (z. B. technische Innovation) und solchen Merkmalen, die für die Kunden eine besondere Relevanz (z. B. Umsetzung von Anforderungen) aufweisen (siehe Abb. 7-2).

Zufriedenheit mit den Ausprägungen der Bewertungsmerkmale für den Kalender und dessen Entwicklungsprozeß

Mittels Zustimmung oder Ablehnung von Aussagen zu den oben genannten Bewertungsmerkmalen läßt sich ein Zufriedenheitswert für jedes Bewertungsmerkmal und für den Kalender insgesamt (Entwicklerzufriedenheitsindex als Mittelwert der gewichteten Bewertungsmerkmale) ermitteln. Der Vergleich der Befragungsergebnisse „Kalender ohne SCVM“ und „Kalender mit SCVM“ zeigt, daß sich die Zufriedenheit aller Beteiligten mit Hilfe des SCVM steigern läßt. Dies gilt ausnahmslos für jedes Bewertungsmerkmal sowie für den Kalender insgesamt (Entwicklerzufriedenheitsindex ohne SCVM 66,7 und mit SCVM 82,0).

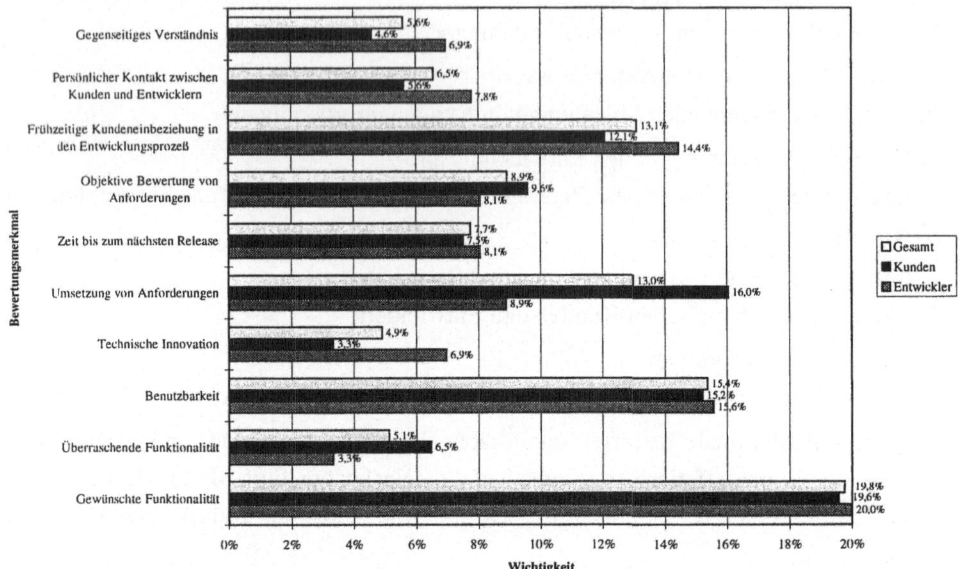

Abb. 7-2: Wichtigkeit der Bewertungsmerkmale für den SAP R/3 Kalender (n = 7)

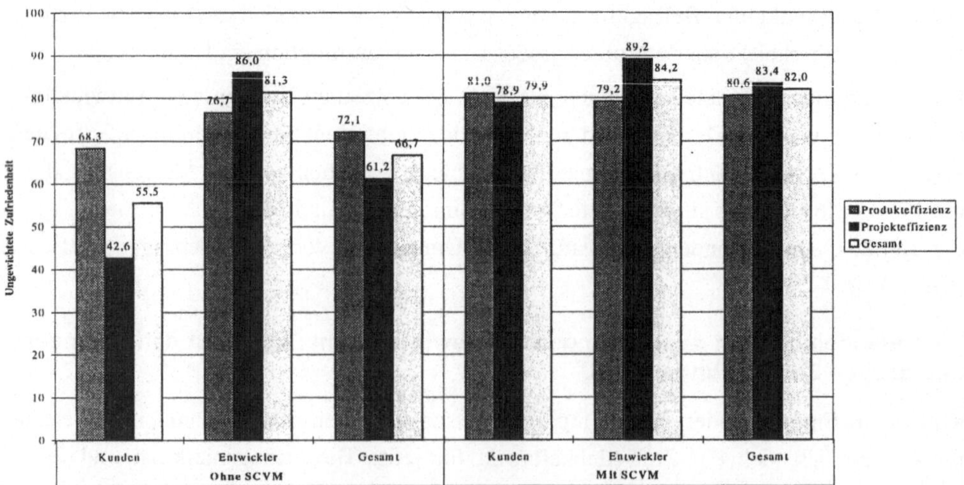

Abb. 7-3: Vergleich der Kunden- und Entwicklerzufriedenheit für den SAP R/3 Kalender mit und ohne SCVM-Einsatz (n = 7)

Abb. 7-3 dokumentiert, daß der SCVM-Einsatz insbesondere die Kundenmeinung positiv beeinflußt. Im Rahmen der Strategie Kundenorientierung besitzt das Urteil des Kunden eine hohe Priorität. Abb. 7-4 zeigt daher ein Portfolio für die ausschließlich durch Kunden vorgenommene Bewertung der Wichtigkeit und Zufriedenheit.

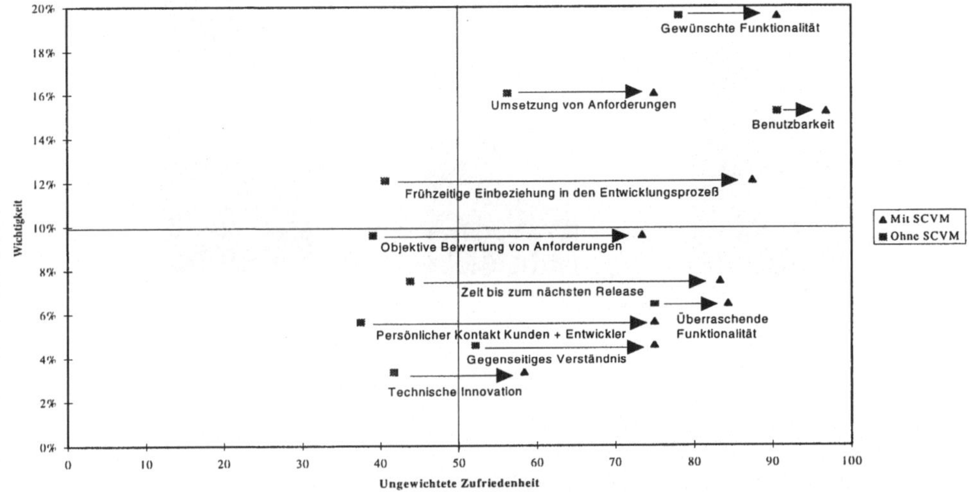

Abb. 7-4: Wichtigkeiten-Zufriedenheiten-Portfolio für den SAP R/3 Kalender auf der Basis der Kundenbefragung (n = 4)

Es wird deutlich, daß auch gemäß Einschätzung der Kunden der Kalender und dessen Entwicklungsprozeß bezüglich jedes einzelnen Merkmals durch SCVM verbessert werden kann. Alle Bewertungsmerkmale werden mit Hilfe des SCVM in den „zufriedenen Bereich" gebracht. Besonders signifikante Verbesserungen ergeben sich bei Merkmalen wie „frühzeitige Einbindung in den Entwicklungsprozeß" und „persönlicher Kontakt zwischen Kunden und Entwicklern". Die Vermutung, daß SCVM v. a. hinsichtlich projektbezogener Bewertungsmerkmale positiv bewertet wird, verdeutlicht auch Abb. 7-5.

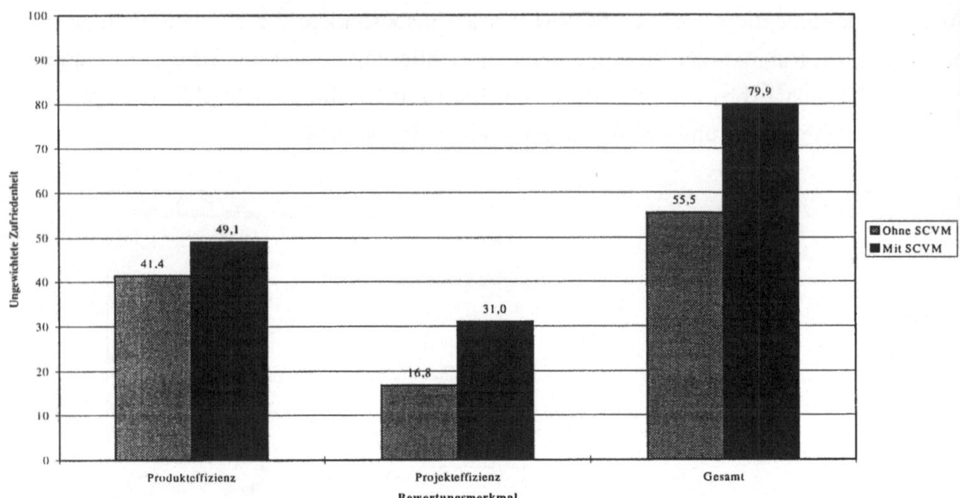

Abb. 7-5: Zufriedenheit für den SAP R/3 Kalender auf der Basis der Kundenbefragung (n = 4)

Als Fazit läßt sich festhalten, daß die Verbesserungen durch das SCVM sowohl Produkt- als auch Projektziele betreffen.

7.2.2.2.2 Vergleich der Einstellungen und Meinungen der Projektbeteiligten vor und nach dem SCVM-Projekt

Einstellung gegenüber Individuen

Die vor dem Projekt festgestellte Voreingenommenheit einiger Kunden gegenüber einigen Entwicklern stellt sich bei genauer Betrachtung als einfaches Kommunikationsproblem dar, das im Rahmen einer SCVM-Sitzung rasch behoben werden kann: Das bereits lange geforderte, aber von den Entwicklern nicht umgesetzte Feature ist unter der gegebenen Entwicklungs- und Produktionsumgebung nicht zu realisieren. Die von einem Kunden als „Spielwiese“ bezeichnete Objektorientierung wird von den Entwicklern als ein Mittel zur Verwirklichung bislang nicht erfüllbarer Kundenwünsche gesehen. Die Vorurteile einiger Entwickler gegenüber einem Kundenrepräsentanten können dagegen während des SCVM-Projekts nicht ausgeräumt werden.

Einstellung gegenüber dem SCVM

Abb. 7-6 zeigt eine recht freundliche Grundeinstellung der SAP Mitarbeiter zur SCVM-Methode nach dem Projekt. Dabei sind die positiven Einschätzungen der Kunden noch stärker ausgeprägt als die der Entwickler.

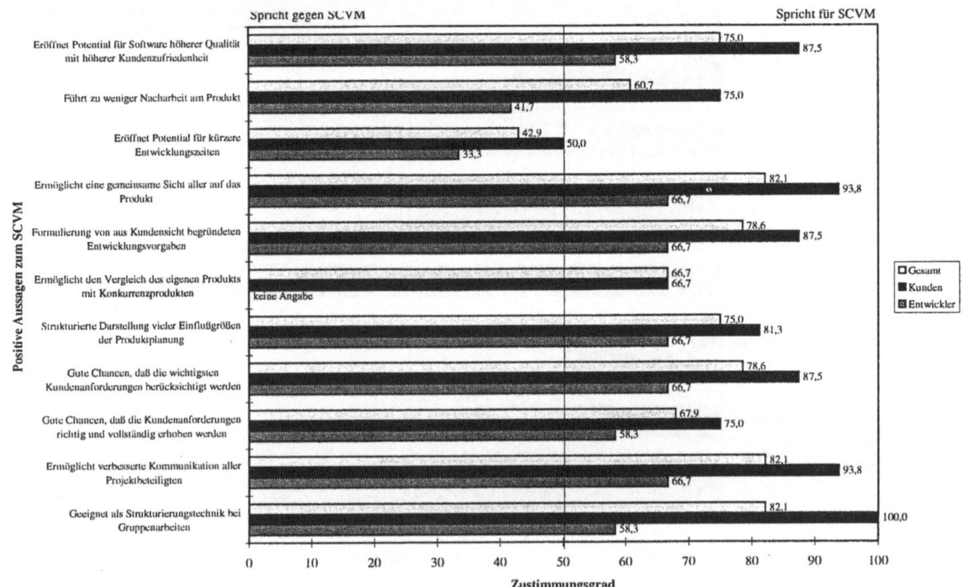

Abb. 7-6: Einstellung der SAP Projektbeteiligten zum SCVM (bezüglich positiver Aussagen) nach dem Pilotprojekt (n = 7)

Diese Tendenz läßt sich auch bei der Stellungnahme zu den negativen Statements feststellen (Abb. 7-7). Bei der Interpretation dieser Zahlen ist zu beachten, daß in diesem Fall die Zustimmung zu einer Aussage gegen SCVM spricht. Ein Vergleich der Befragungsergebnisse vor und nach dem SCVM-Projekt zeigt, daß die vorherigen Einstellungen der SAP Mitarbeiter entweder überraschend realistisch waren oder daß das Pilotprojekt besonders erfolgreich verlief: Bei keiner einzigen positiven Einstellung zum SCVM werden nach dem Projekt schlechtere Werte erzielt als vorher; die meisten Aspekte werden nach dem Projekt sogar noch positiver beurteilt (Abb. 7-8). Ein ähnliches Bild ergibt sich bei den negativen Einstellungen.

Abschließend zeigt Tab. 7-2 das Ergebnis eines offenen Interviews mit allen Projektbeteiligten zu ihren positiven und negativen Erfahrungen während des SCVM-Projekts. Die Aussagen sind hierbei den Effizienzkriterien für ein Instrument zur kundenorientierten Produktentwicklung gegenübergestellt.

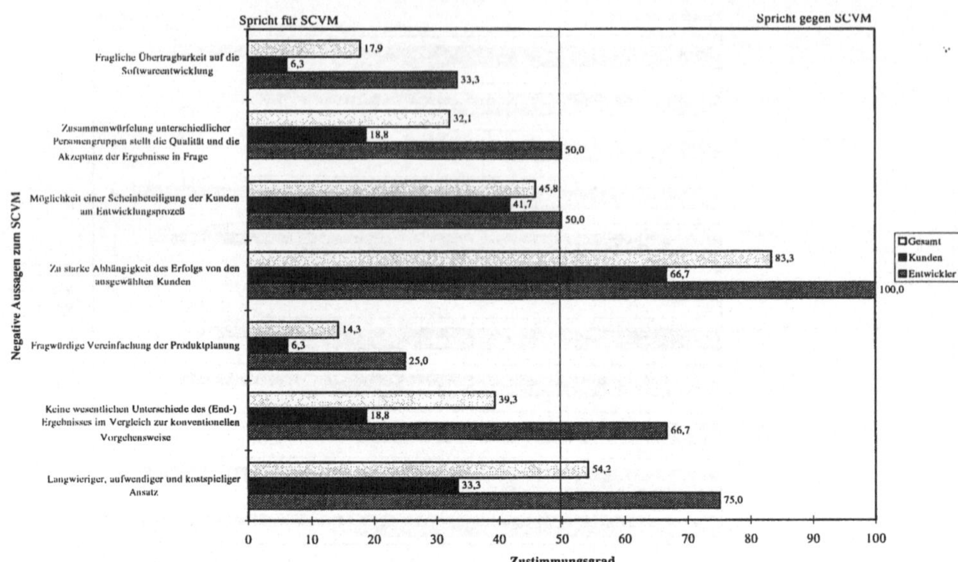

Abb. 7-7: Einstellung der SAP Projektbeteiligten zum SCVM (bezüglich negativer Aussagen) nach dem Pilotprojekt (n = 7)

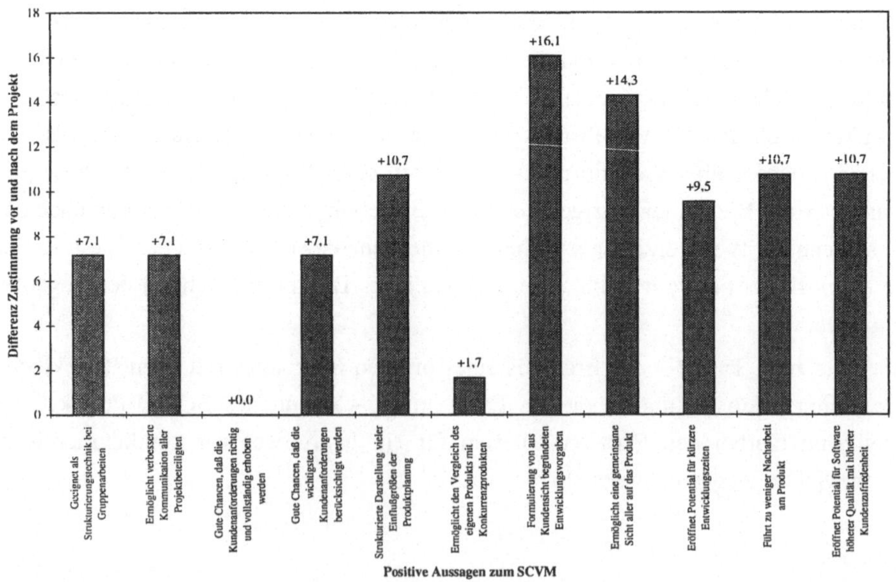

Abb. 7-8: Einstellungsveränderungen der SAP Projektbeteiligten zum SCVM (bezüglich positiver Aussagen) nach dem Pilotprojekt (n = 7)

Erfahrungen / Effizienzkriterium	**Verbesserungen**	**Probleme**
Planung, Steuerung und Kontrolle von Kundenzufriedenheit	Klar formulierte Kundenanforderungen Gute Abstimmung der Kundenanforderungen Gezielte Aufnahme von Kundenanforderungen Genaues Treffen der Kundenerwartungen	Abstrahierung von gewünschter Funktionalität und Basis-Funktionalität ist schwierig Die Bedeutung der Gewichtung der Kundenanforderungen ist nicht transparent
Übereinstimmung des Produkts mit der technischen Spezifikation	Methodische Ermittlung der Produktmerkmale	Keine Zeit, alle Felder des HoQ auszufüllen
Differenzierung von Kunden- und Produktmerkmalen	Unterscheidung zwischen verschiedenen Kundengruppen Anhörung unterschiedlicher Gruppen/ Meinungen	Ungleiche Teamzusammensetzung (z. B. Dominanz von Entwicklern, keine Nichtnutzer)
Auf technische und relative Produktqualität fokussierte Prozeßqualität	Strukturiertes methodisches Vorgehen Gute abteilungsübergreifende Zusammenarbeit Teamarbeit effizienter als Einzelarbeit Fruchtbare Diskussionen Zusammenarbeit mit Kunden (unmittelbares Feedback) Anwender besser involviert Mehr Bezug zum Produkt Aufbereitung der Daten (z. B. durch Portfolio) Unterstützung durch Software-Tools	Kunden sind teilweise überfordert Kritik wird zu persönlich genommen Die Bedeutung der Karteninhalte wird bis zur nächsten Sitzung vergessen Diagramme/Matrizen sind teilweise groß

Tab. 7-2: Von den Projektbeteiligten des SCVM-Pilotprojekts wahrgenommene Verbesserungen und Probleme

Zusammenfassend lassen die Ergebnisse den Schluß zu, daß nach Auffassung der SAP Mitarbeiter SCVM insbesondere die Zusammenarbeit zwischen Kunden und Entwicklern fördert und demzufolge in diesem Bereich die größten Verbesserungen zu erwarten sind. Diese Projekteffizienz läßt den SCVM-Einsatz insbesondere bei Kundenproduktion vorteilhaft erscheinen. Der SCVM-Einsatz wirkt sich jedoch auch, wenngleich in abgeschwächter Form, positiv auf die Produkteffizienz aus, so daß auch bei Marktproduktion Verbesserungen zu erzielen sind. Obwohl keine exakten Daten vorliegen, erscheint darüber hinaus bei der SAP AG mit Hilfe des SCVM-Einsatzes eine gegenüber dem bisherigen Vorgehen beschleunigte Produktentwicklung möglich.

7.3 Beurteilung anhand einer QFD-Feldstudie

Trotz der geringen Verbreitung der QFD-Methode in Deutschland konnten für die nachfolgende Untersuchung QFD-Anwender, i. d. R. Projektleiter, aus zehn verschiedenen Unternehmungen gewonnen werden, die QFD in verschiedenen Anwendungsbereichen einsetzen (siehe Tab. 7-3).[18]

Unternehmung	Branche des betrachteten Geschäftsfelds	Mitarbeiteranzahl in der Unternehmung	Mitarbeiteranzahl im betrachteten Produktentwicklungsbereich	Aufgabenbereich des befragten Mitarbeiters
Applicon GmbH	Softwarebranche	200	60	Marketing
Boehringer Mannheim GmbH	Chemiebranche	18.000	7.000	Projektmanagement
Hewlett Packard GmbH	Elektronik- und Elektrotechnikbranche	100.000	80	Beschaffung
Mannesmann Mobilfunk GmbH	Telekommunikationsbranche (hier: Softwarekomponenten)	3.000	400	Qualitätswesen
Robert Bosch GmbH	Elektronik- und Elektrotechnikbranche	160.000	Keine Angabe	Qualitätswesen
SAP AG	Softwarebranche	12.000	5.000	Qualitätswesen
Siemens AG	Elektronik- und Elektrotechnikbranche u. a. (hier: Softwarekomponenten)	370.000	Keine Angabe	Projektmanagement
Sporthalle Oberwerth GmbH	Unterhaltungsbranche	9	3	Geschäftsführung
Unisys AG	Softwarebranche	60.000	3.000	Projektmanagement
Volkswagen AG	Automobilbranche	10.500	6.000	Qualitätswesen

Tab. 7-3: Merkmale der an der Feldstudie beteiligten Unternehmungen

Die Probanden werden gebeten, neben der einmaligen Beantwortung der Fragen zur Erfassung von projektunabhängigen Gestaltungsbedingungen[19] für jedes QFD-Projekt einen separaten Fragebogen für die projektspezifischen Gestaltungsziele und -determinanten[20] auszufüllen. Die Antwortformate entsprechen den in Kapitel 3 angegebenen Bestimmungsgrößen. Aufgrund der Vielzahl der zu gewichtenden Gestaltungsziele wird auf das ansonsten im Rahmen des CSS zur Anwendung gelangende Konstantensummenverfahren verzichtet und statt dessen eine direkte Gewichtung durch Vergabe einer Zahl von null (irrelevant) bis

18 Die empirische Untersuchung wurde vom Verfasser zusammen mit einer Diplomandin durchgeführt. Die Diplomarbeit beschreibt ausführlich das hier komprimiert dargestellte Untersuchungsdesign bzw. -ergebnis. Vgl. Ahlemeier /Erfolgsfaktoren/

19 Siehe hierzu den im Anhang abgebildeten „Fragebogen zur Erfassung projektunabhängiger Merkmale"

20 Siehe hierzu den im Anhang abgebildeten „Fragebogen zur Erfassung projektspezifischer Merkmale"

zehn (sehr wichtig) vorgenommen. Zur Auswertung werden die Werte für die jeweiligen Zielgruppen kumuliert und normiert, d. h. in Prozentwerte transformiert.[21] Zur Ermittlung des Gestaltungszielerreichungsgrads des jeweils betrachteten Projekts wird für jedes Gestaltungsziel eine absolute Einschätzung der (subjektiven) Zufriedenheit mit der Zielerreichung erfragt.[22] Hierzu werden positive Aussagen zu den Bestimmungsgrößen eines jeden Ziels formuliert, zu denen die Befragten ihren Grad der Zustimmung in fünf Abstufungen (von völlige Ablehnung der Aussage bis völlige Zustimmung) angeben sollten, sofern die Aussage (die Verfolgung des Ziels) für das betrachtete Projekt relevant ist.[23] Beim Aufkommen von Unklarheiten erfolgt neben dieser schriftlichen Befragung ein ergänzendes Telefongespräch. Auf diese Weise können 16 QFD-Projekte, davon sieben mit dem Gegenstand Software bzw. Softwarekomponenten, in die Untersuchung einbezogen werden. Um eine ehrliche Einschätzung der Projektverantwortlichen zu erhalten, die auch ein Eingestehen etwaiger Fehler und Mißerfolge umfaßt, wird den Teilnehmern der Befragung absolute Anonymität zugesichert, weshalb die Projekte nachfolgend nicht einzelnen Unternehmungen zugeordnet werden, sondern lediglich eine laufende Nummer erhalten.[24]

7.3.1 Erreichungsgrad der Gestaltungsziele

Der arithmetische Mittelwert der Entwicklerzufriedenheitsindizes aller 16 QFD-Projekte beträgt 70,2 und ist im Vergleich zum Entwicklerzufriedenheitsindex des SCVM-Projekts von 82,0 deutlich niedriger. Andererseits weisen zwei QFD-Projekte einen höheren Entwicklerzufriedenheitsindex als das SCVM-Projekt auf. Beide Aussagen sollten allerdings aufgrund der kleinen Stichprobe und der unterschiedlichen Gestaltungsbedingungen nicht überbewertet werden.[25]

Definiert man den Einsatz von QFD als Erfolg, wenn der Entwicklerzufriedenheitsindex größer oder gleich 50 ist, so sind lediglich zwei Projekte (Nr. 3 und 13) als Mißerfolg einzustufen. Wird der Entwicklerzufriedenheitsindex analog zum Kundenzufriedenheitsindex interpretiert, läßt sich jedoch auch eine andere Einteilung rechtfertigen: Wie bereits in Ka-

---

21 Die Summe der Gewichte aller Ziele ist demzufolge 100%. Die Ermittlung der Zufriedenheiten durch Stellungnahme zu Items sowie die Berechnung von gewichteten Zufriedenheiten und von Zufriedenheitsindizes erfolgt entsprechend den in Kapitel 6.2.2.2 dargestellten CSS-Verfahren.

22 In diesem Zusammenhang ist nochmals darauf hinzuweisen, daß die Befragten lediglich den Erreichungsgrad der im Projekt verfolgten Gestaltungsziele beurteilen sollen. Es wird *nicht* nach der Einschätzung der Entwickler im Hinblick auf die Wirksamkeit von QFD zur Erreichung der Gestaltungsziele gefragt.

23 Zu den Vorteilen einer derartigen Zufriedenheitsmessung siehe Hayes /Customer Satisfaction/ 57-60

24 Das Hauptinteresse der Befragten, die jeweils freiwillig mehrere Stunden Zeit in die Untersuchung investiert haben, gilt der Identifizierung von Erfolgsfaktoren von QFD-Projekten. Aus diesem Grund besitzen die Teilnehmer ein fundamentales Eigeninteresse an korrekten, aussagekräftigen Untersuchungsergebnissen. Die Gefahr einer bewußt zu positiven Darstellung der Gestaltungszielerreichung erscheint daher auch aus dieser Sicht recht unwahrscheinlich.

25 Im folgenden wird auf eine wiederholte Warnung vor einer Überinterpretation der Ergebnisse aufgrund der erläuterten Meßprobleme verzichtet.

pitel 5.1.1 erwähnt hat Studie Nr. 11 gezeigt, daß eine *nachhaltige* Kundenbindung nur bei Kunden mit einer sehr hohen Zufriedenheit (d. h. bei einer Kundenzufriedenheit von vier bis fünf auf einer fünfstufigen Skala) eintritt. Überträgt man diese Erkenntnis auf den Einsatz eines Produktentwicklungsinstruments, bedeutet dies, daß nur sehr zufriedene Entwickler mit einem Entwicklerzufriedenheitsindex zwischen 75 und 100 ihrem Produktentwicklungsinstrument freiwillig - und nicht nur aufgrund etwaiger Vorschriften in der Unternehmung - treu bleiben, d. h. das Instrument auch in künftigen Projekten aus eigener Überzeugung wieder einsetzen. Nach diesem Erfolgskriterium sind lediglich neun Projekte der Stichprobe als Erfolg und sieben als Mißerfolg zu bezeichnen (siehe Tab. 7-4).

Laufende Nummer	**Absolute Globalzufriedenheit**	**Relative Globalzufriedenheit**	**Entwicklerzufriedenheitsindex**	**Erfolg 1 (Entwicklerzufriedenheitsindex >= 50)**	**Mißerfolg 1 (Entwicklerzufriedenheitsindex**	**Erfolg 2 (Entwicklerzufriedenheitsindex**	**Mißerfolg 2 (Entwicklerzufriedenheits index < 75)**
1	75	75	77,0	●		●	
2	100	100	89,3	●		●	
3	50	50	41,4		●		●
4	75	50	58,7	●			●
5	50	75	79,0	●		●	
6	75	75	79,0	●		●	
7	0	0	61,9	●			●
8	100	100	90,8	●		●	
9	50	25	62,7	●			●
10	100	100	76,5	●		●	
11	50	50	70,3	●			●
12	75	75	72,7	●		●[26]	
13	25	Keine Angabe	47,6		●		●
14	75	Keine Angabe	63,7	●			●
15	50	75	77,2	●		●	
16	75	75	75,1	●		●	
Durchschnitt bzw. Summe	64,1	66,1	70,2	14	2	9	7

Tab. 7-4: Erfolg und Mißerfolg der QFD-Projekte in der Stichprobe

26 Dieses Projekt liegt mit einem Entwicklerzufriedenheitsindex von 72,7 knapp unter der Erfolgsgrenze von 75. Da jedoch die Einschätzung der Globalzufriedenheit mit einem Wert von 75 eindeutig auf einen Erfolg hinweist, wird die geringe Abweichung von 2,3 Punkten als innerhalb der Toleranzgrenzen liegende Meßungenauigkeit des Entwicklerzufriedenheitsindexes interpretiert (siehe hierzu auch Kapitel 6.2.2.2.2). Dieses Projekt wird in Tab. 7-4 daher als Erfolg eingestuft.

Die Einschätzung der Befragten bestätigt die Ergebnisse der Evaluierung von QFD anhand der Effizienzkriterien in Kapitel 6.1.1. Bezüglich der kundenorientierten Zielgrößen technische und relative Qualität erreicht der Einsatz von QFD sehr hohe Zufriedenheitswerte. Aus Sicht der projektbezogenen Ziele verbessert QFD insbesondere die Zusammenarbeit der Beteiligten und führt infolge der Fokussierung auf das Wesentliche gleichzeitig zu einer höheren Wirtschaftlichkeit der Produktentwicklung. Abb. 7-9 zeigt den Erreichungsgrad der Gestaltungsziele auf der untersten Zielgruppenebene.

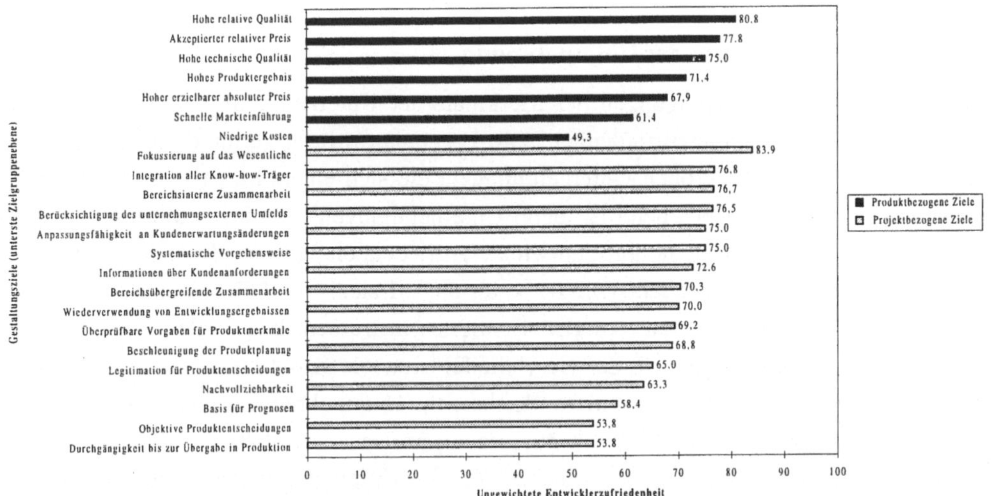

Abb. 7-9: Zufriedenheit der Befragten bezüglich der Gestaltungsziele (n = 16)

Um bei der Vielzahl der Gestaltungsziele den Überblick zu bewahren, basieren die nachfolgenden Auswertungen grundsätzlich auf der zweitniedrigsten Zielgruppenebene, d. h. auf einer Aggregationsstufe höher als in Abb. 7-9.

7.3.2 Wirkungen der Gestaltungsdeterminanten auf die Gestaltungsziele

Zur Ermöglichung pointierter Aussagen bezüglich Wirkungen der Gestaltungsdeterminanten auf die Gestaltungsziele sind die Gestaltungsdeterminantenausprägungen bei der nachfolgenden Darstellung der Untersuchungsergebnisse stets in zwei Rubriken unterteilt. Dabei handelt es sich entweder um binäre Unterscheidungen (z. B. Kundenbefragungen durchgeführt oder nicht durchgeführt) oder um Zusammenfassungen von Merkmalsausprägungen in eine Klasse „gering" und eine Klasse „hoch" (z. B. geringe Fachkenntnisse oder hohe Fachkenntnisse). Der mittlere Wert einer Ratingskala wird dabei stets der Klasse „gering" zugeordnet, d. h. beispielsweise, daß bei einer fünfstufigen Skala die Ausprägungen eins, zwei und drei in die Klasse „gering" und die Ausprägungen vier und fünf in die Klasse „hoch" fallen. In den Abbildungen stehen hinter den Merkmalsausprägungen die absoluten Häufigkeiten. Projektunabhängige Gestaltungsdeterminanten basieren auf zehn, projektspezifische auf 16 Antworten (n = 10 bzw. n = 16). In einigen Fällen sind Antworten unvollständig oder nicht auswertbar, so daß die Summe der absoluten Häufigkeiten niedriger als zehn bzw. 16 ist. Der unter den Merkmalsausprägungen angeführte Entwicklerzufriedenheitsindex errechnet sich als arithmetischer Mittelwert der Entwicklerzufriedenheitsindizes aller Projekte, die zu der jeweiligen Klasse gehören.

7.3.2.1 Wirkungen der Gestaltungsbedingungen

Wirkungen der Merkmale der Unternehmung

Abb. 7-10 zeigt die Ausprägungen der Merkmale der Unternehmung und deren Auswirkungen auf die Entwicklerzufriedenheit. Die Ergebnisse lassen vermuten, daß der QFD-Einsatz insbesondere in großen Unternehmungen, die sich einem harten Wettbewerb ausgesetzt sehen, erfolgversprechend ist, denn Unternehmungen mit diesen Merkmalsausprägungen erzielen durchweg höhere Entwicklerzufriedenheitsindizes als andere. Dagegen scheint die Branche keine bedeutsame Rolle für die Effizienz von QFD zu spielen. Obwohl QFD in der Literatur als primär kundenorientiertes Instrument klassifiziert wird, erzielen die beiden Unternehmungen mit der Geschäftsfeldstrategie Kostenführerschaft sogar noch höhere Entwicklerzufriedenheitsindizes als die acht Unternehmungen, die eine Qualitätsführerschaft anstreben. Ein aus Sicht der organisatorischen Gestaltung bemerkenswertes Phänomen ist das deutlich bessere Abschneiden von Unternehmungen, in denen das Qualitätswesen höchstens Beratungs- oder Informationsbefugnisse besitzt, gegenüber solchen Unternehmungen, in denen das Qualitätswesen mit Entscheidungskompetenzen ausgestattet ist. In gleicher Weise scheint bezüglich der QFD-Effizienz eine Konzentration der Produktentwicklungsaufgaben im Produktionsbereich eine gegenüber der Verankerung derartiger Aufgaben im Absatzbereich zu bevorzugende Lösung zu sein.

Projektunabhängige Gestaltungsbedingungen						
Merkmalsgruppe			**Merkmal**	**Häufigkeit der Merkmalsausprägung und Höhe des Entwicklerzufriedenheitsindex**		**Fragebogen**
Merkmale der Unternehmung	Allgemeine Merkmale	Unternehmungsgröße	Größe Unternehmung	Gesamt < 5.000 Mitarbeiter: 3 Entwicklerzufriedenheitsindex: 61,6	Gesamt >= 5.000 Mitarbeiter: 7 Entwicklerzufriedenheitsindex: 76,6	A.2
			Größe Bereich	Bereich < 2.000 Mitarbeiter: 4 Entwicklerzufriedenheitsindex: 64,9	Bereich >= 2.000 Mitarbeiter: 4 Entwicklerzufriedenheitsindex: 79,9	B.1
			Etat Bereich	Etat < 500 Millionen DM: 1 Entwicklerzufriedenheitsindex: 79,0	Etat >= 500 Millionen DM: 2 Entwicklerzufriedenheitsindex: 82,8	B.2
		Unternehmungskultur		Auf Bewährtes setzen: 2 Entwicklerzufriedenheitsindex: 70,6	Auf Innovationen setzen: 8 Entwicklerzufriedenheitsindex: 72,4	A.3
	Wettbewerbsstruktur	Wettbewerbsintensität		Geringe Wettbewerbsintensität: 1 Entwicklerzufriedenheitsindex: 55,7	Starke Wettbewerbsintensität: 9 Entwicklerzufriedenheitsindex: 74,0	A.4
		Wachstum		Nicht stark expandierend: 7 Entwicklerzufriedenheitsindex: 68,0	Stark expandierend: 3 Entwicklerzufriedenheitsindex: 81,8	A.5
	Strategie	Unternehmungsstrategie		Nicht-Softwarebranche: 7 Entwicklerzufriedenheitsindex: 72,5	Softwarebranche: 3 Entwicklerzufriedenheitsindex: 72,5	A.1
		Geschäftsfeldstrategie		Kostenführerschaft: 2 Entwicklerzufriedenheitsindex: 78,0	Qualitätsführerschaft: 8 Entwicklerzufriedenheitsindex: 70,5	A.6
	Organisatorische Gestaltung	Organisationsstruktur der Unternehmung		Nicht-Funktionsorientierte Organisationsstruktur: 6 Entwicklerzufriedenheitsindex: 66,5	Funktionsorientierte Organisationsstruktur: 4 Entwicklerzufriedenheitsindex: 74,3	A.7
		Organisatorische Verankerung der Produktentwicklung	Org. Selbständigkeit	Geringe Zentralisierung: 8 Entwicklerzufriedenheitsindex: 67,8	Starke Zentralisierung: 2 Entwicklerzufriedenheitsindex: 75,5	A.8
			Kompetenz Qualitätswesen	Qualitätswesen ohne Entscheidungsbefugnis: 4 Entwicklerzufriedenheitsindex: 89,3	Qualitätswesen mit Entscheidungsbefugnis: 6 Entwicklerzufriedenheitsindex: 72,0	A.9
			Verankerung der Aufgaben	Keine Konzentration im Produktionsbereich: 7 Entwicklerzufriedenheitsindex: 68,0	Konzentration im Produktionsbereich: 3 Entwicklerzufriedenheitsindex: 81,0	A.10

Abb. 7-10: Ausprägungen der Merkmale der Unternehmung und deren Auswirkungen auf den Entwicklerzufriedenheitsindex (n = 10)

Wirkungen der Merkmale des Gegenstands der Produktentwicklung

Die Entwicklerzufriedenheitsindizes für Software- und Nicht-Softwareentwicklungen weisen lediglich geringfügige Unterschiede auf (siehe im folgenden Abb. 7-11). Eine hohe Produktkomplexität scheint der Wirkung von QFD nicht entgegen zu stehen. Lediglich aus einer hohen Erklärungsbedürftigkeit des Produkts gegenüber dem Kunden resultiert tendenziell ein geringfügig niedrigerer Entwicklerzufriedenheitsindex. Die Analyse des Erreichungsgrads auf der Gestaltungszielgruppenebene führt zu der Schlußfolgerung, daß die Ursachen hierfür insbesondere in einem höheren Zeitbedarf für die Entwicklung begründet sind, während QFD beispielsweise bezüglich der Produktqualität auch bei hohem Erklärungsbedarf keine geringere Effizienz aufweist. Dagegen stellt ein hoher Innovationsgrad des zu entwickelnden Produkts offensichtlich einen fördernden Faktor eines QFD-Projekts dar. Die Effizienz von QFD ist bei Kundenproduktion höher als bei Marktproduktion. Allerdings sinkt die Entwicklerzufriedenheit, wenn der Kunde weitreichende Änderungseinflüsse während der Produktentwicklung besitzt.

Projektspezifische Gestaltungsbedingungen						
Merkmalsgruppe			Merkmal	Häufigkeit der Merkmalsausprägung und Höhe des Entwicklerzufriedenheitsindex		Fragebogen
Merkmale des Gegenstands der Produktentwicklung	Produktstruktur	Produktarchitektur	Zusammensetzung	Ohne Softwarenteile: 9 Entwicklerzufriedenheitsindex: 74,8	Mit Softwareanteilen: 7 Entwicklerzufriedenheitsindex: 67,0	D.1
			Kontext	Komponente: 12 Entwicklerzufriedenheitsindex: 68,6	Subsystem oder System: 4 Entwicklerzufriedenheitsindex: 75,0	D.2
		Produktkomplexität	Technische Komplexität	Geringe techn. Komplexität: 2 Entwicklerzufriedenheitsindex: 58,2	Hohe techn. Komplexität: 13 Entwicklerzufriedenheitsindex: 71,5	D.3
			Anwendungsbezogene Komplexität	Geringe anwend. Komplexität: 4 Entwicklerzufriedenheitsindex: 67,0	Hohe anwend. Komplexität: 12 Entwicklerzufriedenheitsindex: 71,2	D.3
			Erklärungsbedürftigkeit	Geringe Erklärungsbedürftigkeit: 6 Entwicklerzufriedenheitsindex: 71,9	Hohe Erklärungsbedürftigkeit: 7 Entwicklerzufriedenheitsindex: 65,2	D.3
	Innovationsgrad		Neuheitsgrad für Unternehmung	Vorfeld- oder Neuentwicklung: 9 Entwicklerzufriedenheitsindex: 75,8	Anpassungs- oder Variantenentwicklung: 7 Entwicklerzufriedenheitsindex: 65,6	D.4
			Neuheitsgrad für Kunden	Geringer Neuheitsgrad: 8 Entwicklerzufriedenheitsindex: 67,1	Hoher Neuheitsgrad: 8 Entwicklerzufriedenheitsindex: 73,2	D.5
	Externe Produktionsfaktoren	Kunden	Standardisierungsgrad des Produkts	Kundenproduktion: 3 Entwicklerzufriedenheitsindex: 81,8	Marktproduktion: 13 Entwicklerzufriedenheitsindex: 67,7	D.6
			Änderungseinflüsse des Kunden während der Produktentwicklung	Keine Änderungseinflüsse während der Produktentwicklung: 4 Entwicklerzufriedenheitsindex: 76,2	Bestehende Änderungseinflüsse während der Produktentwicklung: 8 Entwicklerzufriedenheitsindex: 68,2	D.7
		Lieferanten	Externe Sachleistungen	Ohne externe Sachleistungen: 7 Entwicklerzufriedenheitsindex: 76,0	Mit externen Sachleistungen: 8 Entwicklerzufriedenheitsindex: 71,3	D.8
			Externe Dienstleistungen	Ohne externe Dienstleistungen: 10 Entwicklerzufriedenheitsindex: 66,0	Mit externen Dienstleistungen: 6 Entwicklerzufriedenheitsindex: 77,1	D.9

Abb. 7-11: Ausprägungen der Merkmale des Gegenstands der Produktentwicklung und deren Auswirkungen auf den Entwicklerzufriedenheitsindex (n = 16)

Wirkungen der Merkmale von Menschen und von deren Beziehungen

Abb. 7-12 zeigt, daß alle Projekte, in denen die beteiligten Mitarbeiter positive Einstellungen, hohe Motivation, klares Rollenverständnis, ausreichende Fähigkeiten bzw. zielgerichtetes Verhalten aufweisen, offensichtlich erfolgreicher verlaufen als Projekte, bei denen dies nicht der Fall ist. Ähnliche Aussagen lassen sich für die reibungslose Kommunikation und Zusammenarbeit im Team treffen.

Projektspezifische Gestaltungsbedingungen								
Merkmalsgruppe					**Merkmal**	**Häufigkeit der Merkmalsausprägung und Höhe des Entwicklerzufriedenheitsindex**		**Fragebogen**
Merkmale von Menschen und von deren Beziehungen	Individuelle Merkmale	Zustand	Einstellung	Einstellung zum Instrument	Grundhaltung	Geringe Instrumentenfreundlichkeit: 9 Entwicklerzufriedenheitsindex: 69,4	Hohe Instrumentenfreundlichkeit: 7 Entwicklerzufriedenheitsindex: 71,2	F.1
					Erwartungshaltung	Geringe Erwartungen: 8 Entwicklerzufriedenheitsindex: 64,7	Hohe Erwartungen: 8 Entwicklerzufriedenheitsindex: 75,7	F.2
					Einstellung zu Qualität	Geringes Qualitätsbewußtsein: 8 Entwicklerzufriedenheitsindex: 64,9	Hohes Qualitätsbewußtsein: 8 Entwicklerzufriedenheitsindex: 75,4	F.3
					Einstellung zu Teamarbeit	Geringe Teamarbeitsbereitschaft: 6 Entwicklerzufriedenheitsindex: 60,6	Hohe Teamarbeitsbereitschaft: 10 Entwicklerzufriedenheitsindex: 75,9	F.4
					Einstellung zu Kunden	Geringe Kundenfreundlichkeit: 5 Entwicklerzufriedenheitsindex: 54,8	Hohe Kundenfreundlichkeit: 11 Entwicklerzufriedenheitsindex: 77,2	F.5
					Einstellung zu Innovationen	Geringe Innovationsfreundlichk.: 3 Entwicklerzufriedenheitsindex: 58,0	Hohe Innovationsfreundlichkeit: 13 Entwicklerzufriedenheitsindex: 73,0	F.6
			Motivation		Mitarbeiterzufriedenheit	Geringe Arbeitszufriedenheit: 5 Entwicklerzufriedenheitsindex: 54,7	Hohe Arbeitszufriedenheit: 10 Entwicklerzufriedenheitsindex: 75,9	F.7
					Akzeptanz fremder Kompetenz	Geringe Kompetenzakzeptanz: 0 Entwicklerzufriedenheitsindex: -	Hohe Kompetenzakzeptanz: 16 Entwicklerzufriedenheitsindex: 70,2	F.8
			Rollenverständ.		Wahrgenommene Aufgabe	Geringe Funktionskenntnis: 2 Entwicklerzufriedenheitsindex: 55,7	Hohe Funktionskenntnis: 14 Entwicklerzufriedenheitsindex: 72,3	F.9
			Fähigkeit		Eignung zur Teamarbeit	Geringe Teamfähigkeit: 3 Entwicklerzufriedenheitsindex: 58,0	Hohe Teamfähigkeit: 13 Entwicklerzufriedenheitsindex: 73,0	F.10
					Beherrschung des Instruments	Geringe Instrumentenkompetenz: 11 Entwicklerzufriedenheitsindex: 68,7	Hohe Instrumentenkompetenz: 5 Entwicklerzufriedenheitsindex: 73,4	F.11
					Know-How bezügl. Produkt u. Prozesse	Geringe fachliche Kompetenz: 4 Entwicklerzufriedenheitsindex: 52,9	Hohe fachliche Kompetenz: 12 Entwicklerzufriedenheitsindex: 76,0	F.12
					Wissen bezüglich Projektverlauf	Geringe Projektkenntnisse: 7 Entwicklerzufriedenheitsindex: 63,1	Hohe Projektkenntnisse: 9 Entwicklerzufriedenheitsindex: 75,7	F.13
		Verhalten			Rationalität des Handelns	Geringe Rationalität: 7 Entwicklerzufriedenheitsindex: 64,3	Hohe Rationalität: 9 Entwicklerzufriedenheitsindex: 74,8	F.14
					Einhaltung Richtlinien/Vorgaben	Geringe Richtlinieneinhaltung: 6 Entwicklerzufriedenheitsindex: 72,5	Hohe Richtlinieneinhaltung: 10 Entwicklerzufriedenheitsindex: 68,8	F.15
					Moderation	Geringe Moderationskorrektheit: 3 Entwicklerzufriedenheitsindex: 57,4	Hohe Moderationskorrektheit: 13 Entwicklerzufriedenheitsindex: 73,1	F.16-18
					Führungsstil	Eher autoritärer Führungsstil: 4 Entwicklerzufriedenheitsindex: 62,2	Eher kooperativer Führungsstil: 12 Entwicklerzufriedenheitsindex: 72,8	F.19
					Durchführungsstil	Geringer Perfektionismus: 12 Entwicklerzufriedenheitsindex: 69,0	Hoher Perfektionismus: 2 Entwicklerzufriedenheitsindex: 68,0	F.20
	Merkmale der Beziehungen zwischen Individuen	Kommunikation			Regelgebundenheit	Geringe Regelgebundenheit: 12 Entwicklerzufriedenheitsindex: 69,4	Hohe Regelgebundenheit: 4 Entwicklerzufriedenheitsindex: 72,5	F.21
					Zielgerichtetheit	Geringe Zielgerichtetheit: 5 Entwicklerzufriedenheitsindex: 57,5	Hohe Zielgerichtetheit: 11 Entwicklerzufriedenheitsindex: 75,9	F.22
					Intensität/Grad der Teamarbeit	In nur einer Phase: 4 Entwicklerzufriedenheitsindex: 57,3	In mehr als einer Phase: 12 Entwicklerzufriedenheitsindex: 74,5	F.24
		Zusammenarbeit			Störungsfreiheit	Geringe Konflikthäufigkeit: 9 Entwicklerzufriedenheitsindex: 69,1	Hohe Konflikthäufigkeit: 7 Entwicklerzufriedenheitsindex: 71,6	F.23

Abb. 7-12: Ausprägungen der Merkmale von Menschen und von deren Beziehungen sowie deren Auswirkungen auf den Entwicklerzufriedenheitsindex (n = 16)

Abb. 7-13 zeigt, wie sich eine positive Einstellung der beteiligten Mitarbeiter gegenüber den Kunden auf die ungewichtete Entwicklerzufriedenheit bezüglich einzelner Gestaltungsziele auswirkt. Es wird deutlich, daß kundenfreundliche Einstellungen nicht nur den

Entwicklerzufriedenheitsindex insgesamt steigen lassen, sondern darüber hinaus in bezug auf jedes einzelne Gestaltungsziel zu einer vergleichsweise hohen Zufriedenheit führen.

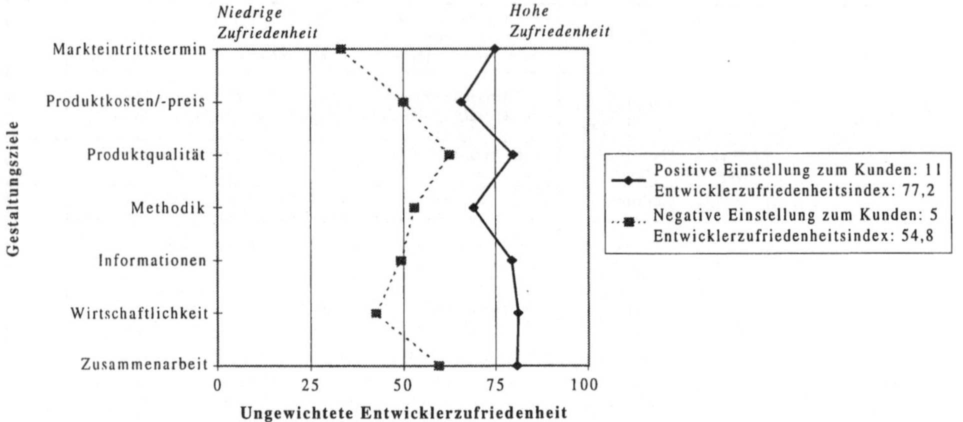

Abb. 7-13: Ausprägungen des Merkmals Einstellung zu Kunden und deren Auswirkungen auf die Entwicklerzufriedenheit mit den Gestaltungszielen (n = 16)

Vergleich der Gestaltungsbedingungsausprägungen des besten und des schlechtesten QFD-Projekts

Tab. 7-5 stellt die Gestaltungsbedingungsausprägungen des besten (= Projekt mit dem höchsten Entwicklerzufriedenheitsindex) und des schlechtesten Projekts (= Projekt mit dem niedrigsten Entwicklerzufriedenheitsindex) gegenüber. Dieses QFD-Projekt-Benchmarking bestätigt die bereits beim Entwicklerzufriedenheitsindexvergleich festgestellten Beobachtungen bezüglich der die Gestaltungszielerreichung fördernden und hemmenden Gestaltungsbedingungsausprägungen.

Gestaltungsbedingungen	**Ausprägung beim besten Projekt (Entwicklerzufriedenheitsindex: 90,8)**	**Ausprägung beim schlechtesten Projekt (Entwicklerzufriedenheitsindex: 41,4)**
Merkmale der Unternehmung	Große Unternehmung	Kleine Unternehmung
Merkmale des Gegenstands der Produktentwicklung	Neuentwicklung einer Standard-Sachleistung mit sehr hoher technischer Komplexität und sehr geringer Erklärungsbedürftigkeit gegenüber dem Kunden	Anpassungsentwicklung einer Varianten-Software-Dienstleistung mit mittlerer technischer Komplexität und hoher Erklärungsbedürftigkeit gegenüber dem Kunden
Merkmale von Menschen und von deren Beziehungen	Hohe Mitarbeiterzufriedenheit; hohes Fachwissen der Teammitglieder; Projektstand stets klar; hohe Zielgerichtetheit der Kommunikation	Geringe Mitarbeiterzufriedenheit: geringes Fachwissen der Teammitglieder; Projektstand oft unklar; geringe Zielgerichtetheit der Kommunikation

Tab. 7-5: Vergleich der Gestaltungsbedingungsausprägungen des besten und des schlechtesten QFD-Projekts

7.3.2.2 Wirkungen der Gestaltungsparameter

Der Einfluß der Gestaltungsparameter auf die Gestaltungsziele wird im Anschluß an einen ersten Ergebnisüberblick anhand der in Kapitel 5.2 aufgestellten Thesen diskutiert.

7.3.2.2.1 Überprüfung der Empfehlungen zur Gestaltung des Produktentwicklungsbereichs

Abb. 7-14 zeigt, daß signifikante Unterschiede zwischen QFD-Projekten mit hohem und mit niedrigem Entwicklerzufriedenheitsindex insbesondere im Bereich der Produktentwicklungsstrategie und der Art der QFD-Einführung zu verzeichnen sind.

Projektunabhängige Gestaltungsparameter						
Merkmalsgruppe		**Merkmal**		**Häufigkeit der Merkmalsausprägung und Höhe des Entwicklerzufriedenheitsindex**		**Fragebogen**
Merkmale des Produktentwicklungsbereichs	Produktentwicklungsstrategie	Innovationsstrategie		Markteintritt als Nachfolger: 2 Entwicklerzufriedenheitsindex: 52,9	Markteintritt als Pionier: 8 Entwicklerzufriedenheitsindex: 76,9	B.3
		Qualitätsstrategie		Einzelne sichern Qualität: 6 Entwicklerzufriedenheitsindex: 67,1	Alle sichern Qualität: 4 Entwicklerzufriedenheitsindex: 79,5	B.4
	Unterstützung des Instrumenteneinsatzes	Managementengagement	Förderung des Einsatzes	Geringe Förderung: 8 Entwicklerzufriedenheitsindex: 75,7	Hohe Förderung: 2 Entwicklerzufriedenheitsindex: 71,2	B.5
			Beteiligung am Einsatz	Keine oder passive Beteiligung: 5 Entwicklerzufriedenheitsindex: 75,6	Aktive Beteiligung: 5 Entwicklerzufriedenheitsindex: 68,5	B.6
		Integration Instrument in Produktentwicklungsprozesse		Nicht integriert: 3 Entwicklerzufriedenheitsindex: 72,1	Integriert: 7 Entwicklerzufriedenheitsindex: 72,0	B.7
		Erfahrungen mit Instrument		Einführung vor < 5 Jahren: 4 Entwicklerzufriedenheitsindex: 75,2	Einführung vor >= 5 Jahren: 6 Entwicklerzufriedenheitsindex: 70,0	B.8
		Art der Einführung des Instruments	Einführungsstrategie	Top down: 3 Entwicklerzufriedenheitsindex: 58,4	Bottom up: 7 Entwicklerzufriedenheitsindex: 77,9	B.9
				Pilotprojekt: 6 Entwicklerzufriedenheitsindex: 76,0	Tagesgeschäftprojekt: 4 Entwicklerzufriedenheitsindex: 66,2	B.10
			Schulung	Schulungsdauer < 2 Tage: 3 Entwicklerzufriedenheitsindex: 65,5	Schulungsdauer >= 2 Tage: 4 Entwicklerzufriedenheitsindex: 75,7	B.11a
				Teilnehmerzahl < 10: 3 Entwicklerzufriedenheitsindex: 80,5	Teilnehmerzahl >= 10: 5 Entwicklerzufriedenheitsindex: 69,4	B.11b

Abb. 7-14: Ausprägungen der Merkmale des Produktentwicklungsbereichs und deren Auswirkungen auf den Entwicklerzufriedenheitsindex (n = 10)

> These P1: Eine Produktentwicklungsstrategie, die auf Innovation bzw. Qualitätsverantwortung aller Mitarbeiter beruht (B.3-B.4), verbessert die Wirtschaftlichkeit der Produktentwicklung (C.31-C.33) und erhöht die Produktqualität (C.8-C.11).

Innovationsstrategie

Da keine Unternehmung die Strategie des späten Einsteigers verfolgt, bezieht sich die anschließende Analyse auf den Vergleich der Strategie des Nachfolgers mit der Strategie des Marktpioniers. Abb. 7-15 verdeutlicht, daß die innovative Strategie des Marktpioniers nicht nur einen deutlich besseren Entwicklerzufriedenheitsindex aufweist, sondern außerdem auch bezüglich der einzelnen Gestaltungsziele der Nachfolgerstrategie überlegen ist. Die größten Unterschiede zwischen beiden Strategien bestehen wie in These P1 vermutet in bezug auf den Erreichungsgrad des Ziels Wirtschaftlichkeit. Dies kann darin begründet sein, daß für einen schnellen Markteintritt die Fokussierung auf die essentiellen Aktivitäten der Produktentwicklung eine wesentliche Prämisse darstellt und somit Verschwendung im Prozeß vermieden wird.

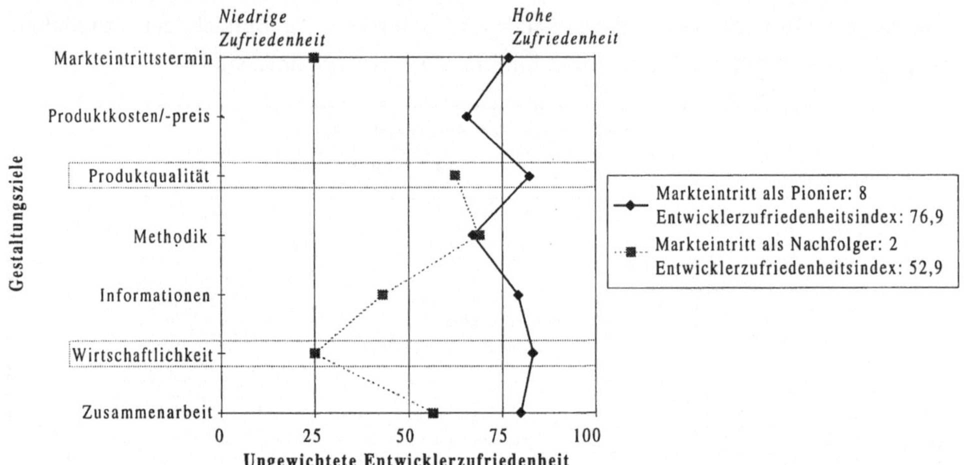

Abb. 7-15: Ausprägungen der Innovationsstrategie und deren Auswirkungen auf die Entwicklerzufriedenheit mit den Gestaltungszielen (n = 10)[27]

Qualitätsstrategie

QFD-Projekte von Produktentwicklungsbereichen, in denen die Qualitätsverantwortung dem handelnden Bereich als Ganzem oder einem speziellen Qualitätswesen obliegt, weisen einen niedrigeren Entwicklerzufriedenheitsindex auf als solche, bei denen sämtliche Mitarbeiter für die Sicherstellung der Qualität zuständig sind. Abb. 7-16 veranschaulicht, daß die wesentlichen Vorteile einer Qualitätsstrategie im Sinne des TQM durch den Wegfall des Abstimmungsbedarfs mit anderen organisatorischen Einheiten bzw. Personen außer in einer erhöhten Wirtschaftlichkeit auch in einer verkürzten Markteintrittszeit liegen.

27 Zur schnelleren Identifizierung sind in den nachfolgenden Abbildungen die in den Thesen angesprochenen Gestaltungszielgruppen in einen gestrichelten Kasten eingefaßt. In den Fällen, in denen die Befragten einer Gestaltungszielgruppe bzw. allen Gestaltungszielen innerhalb einer Gruppe keine Relevanz beimessen und demzufolge auch kein Entwicklerzufriedenheitswert vorliegt, können in den Zielprofilen Lücken entstehen. So existiert in Abb. 7-15 für keine der beiden Unternehmungen, die eine Strategie des Nachfolgers betreiben, ein Entwicklerzufriedenheitswert für das Gestaltungsziel Produktkosten/-preis.

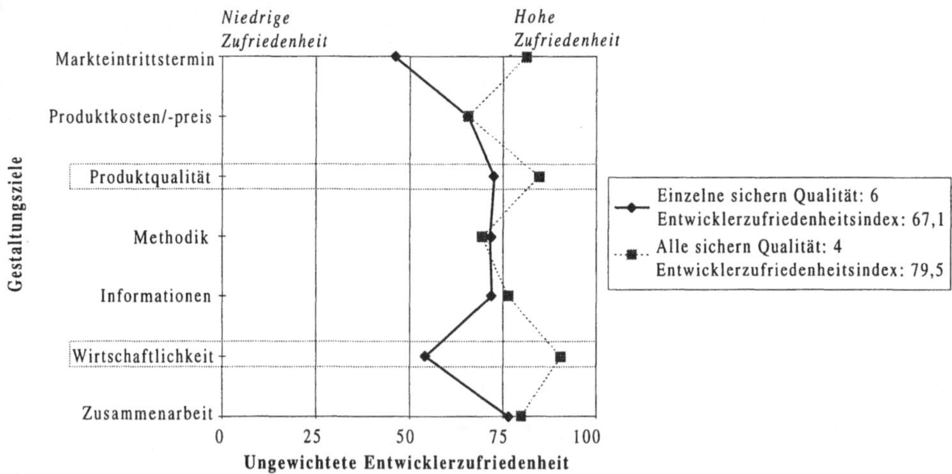

Abb. 7-16: Ausprägungen der Qualitätsstrategie und deren Auswirkungen auf die Entwicklerzufriedenheit mit den Gestaltungszielen (n = 10)

Zusammenfassend ist festzustellen, daß die Effizienz von QFD bezüglich sämtlicher Gestaltungsziele durch eine innovative Produktentwicklungsstrategie und eine breite Basis der Qualitätsverantwortung im Produktentwicklungsbereich gesteigert werden kann.

These P2:	Eine effiziente Unterstützung des Instrumenteneinsatzes durch den Produktentwicklungsbereich in Form eines ausreichenden Managementengagement, einer Integration des Instruments in die Produktentwicklungsprozesse und einer mitarbeitergerechten Einführung des Instruments (B.5-B.11) führt zu einer verbesserten Ausnutzung des Methodenpotentials (C.12-C.17) und verkürzt die Entwicklungszeit (C.1).

In den untersuchten QFD-Projekten spielt das Mangementengagement offensichtlich keine bedeutsame Rolle für die Entwicklerzufriedenheit. Auch eine Integration von QFD in bestehende Entwicklungsprozesse oder eine langjährige Erfahrung mit QFD führt zu keiner (signifikanten) Verbesserung des Entwicklerzufriedenheitsindexes. Dagegen läßt sich durch mehr als zweitägige Schulungen mit einer geringen Teilnehmerzahl (weniger als zehn Personen) die Effizienz von QFD deutlich verbessern. Ferner erhöht eine Einführungsstrategie, bei der die Mitarbeiter von Anfang an in den Prozeß einbezogen werden (bottom up Einführung) und über ein Pilotprojekt eigene Erfahrungen sammeln können, den Grad der Gestaltungszielerreichung bezüglich aller Zielgruppen (siehe Abb. 7-17).

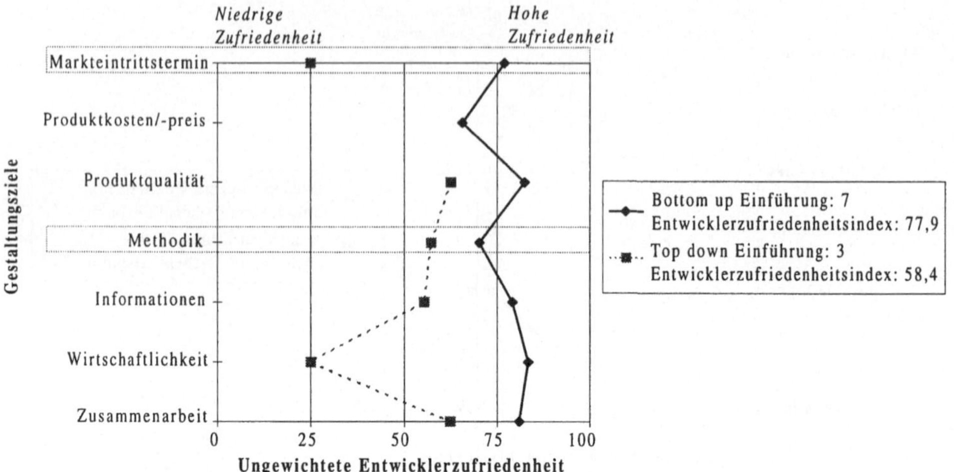

Abb. 7-17: Ausprägungen der QFD-Einführungsstrategie und deren Auswirkungen auf die Entwicklerzufriedenheit mit den Gestaltungszielen (n = 10)

Die positive Wirkung auf die Gestaltungsziele beschränkt sich hierbei nicht nur auf die in der These P2 bereits angesprochenen Ziele Markteintrittstermin und Methodik, sondern führt - vermutlich über eine höhere Identifikation der Mitarbeiter mit QFD - auch zu einer höheren Wirtschaftlichkeit der Produktentwicklung.

7.3.2.2.2 Überprüfung der Empfehlungen zur Gestaltung der Projekte

Abb. 7-18 und Abb. 7-19 zeigen, daß mittels Variation von Gestaltungsparametern der Gestaltungszielerreichungsgrad zum Teil erheblich beeinflußt wird. Dies trifft beispielsweise auf Projektorganisation und -ziele, aber auch auf die Anwendung des Instruments zu.

Projektspezifische Gestaltungsparameter						
Merkmalsgruppe		**Merkmal**		**Häufigkeit der Merkmalsausprägung und Höhe des Entwicklerzufriedenheitsindex**		**Fragebogen**
Merkmale der Projekte (Teil 1)	Projektorganisation	Organisationsstruktur		Ohne strukturierte Projektausrichtung: 2 Entwicklerzufriedenheitsindex: 50,1	Mit strukturierter Projektausrichtung: 12 Entwicklerzufriedenheitsindex: 76,0	E.1
	Projektorganisation	Projektleiter		Aus Produktentwicklungsbereich: 10 Entwicklerzufriedenheitsindex: 70,6	Aus anderem Bereich: 6 Entwicklerzufriedenheitsindex: 69,5	E.2
	Ziele	Zielklarheit		Nicht schriftlich fixiert: 4 Entwicklerzufriedenheitsindex: 58,2	Schriftlich fixiert: 12 Entwicklerzufriedenheitsindex: 74,2	E.3
	Ziele	Zielklarheit		Beteiligte mit Zielkenntnis < 100%: 7 Entwicklerzufriedenheitsindex: 65,1	Beteiligte mit Zielkenntnis = 100%: 9 Entwicklerzufriedenheitsindex: 74,1	E.4
	Ressourcen	Zeit für Projektdurchführung		Wenig Zeit: 6 Entwicklerzufriedenheitsindex: 68,8	Viel Zeit: 9 Entwicklerzufriedenheitsindex: 74,3	E.5
	Ressourcen	Freistellung der Beteiligten		Wenig Freistellung: 6 Entwicklerzufriedenheitsindex: 67,8	Viel Freistellung: 9 Entwicklerzufriedenheitsindex: 75,0	E.5
	Ressourcen	Räumlichkeiten		Wenig Räumlichkeiten: 12 Entwicklerzufriedenheitsindex: 74,2	Viel Räumlichkeiten: 3 Entwicklerzufriedenheitsindex: 62,8	E.5
	Ressourcen	Material		Wenig Material: 12 Entwicklerzufriedenheitsindex: 74,2	Viel Material: 3 Entwicklerzufriedenheitsindex: 62,8	E.5
	Ressourcen	Computerunterstützung		Wenig Computerunterstützung: 14 Entwicklerzufriedenheitsindex: 71,7	Viel Computerunterstützung: 1 Entwicklerzufriedenheitsindex: 77,2	E.5
	Team	Quantitative Zusammensetzung	Anzahl Mitglieder	Team < 10 Personen: 6 Entwicklerzufriedenheitsindex: 66,8	Team >= 10 Personen: 5 Entwicklerzufriedenheitsindex: 73,9	E.6
	Team	Quantitative Zusammensetzung	Verteilung Mitglieder	Kunden nur in einer Phase: 5 Entwicklerzufriedenheitsindex: 63,7	Kunden in mehr als einer Phase: 3 Entwicklerzufriedenheitsindex: 77,7	E.6
	Team	Quantitative Zusammensetzung	Stabilität Team	Schwund < 5%: 10 Entwicklerzufriedenheitsindex: 72,0	Schwund >= 5%: 5 Entwicklerzufriedenheitsindex: 72,4	E.7
	Team	Qualititative Zusammensetzung	Interdisziplinarität	Keine Bereichsübergreifung: 4 Entwicklerzufriedenheitsindex: 66,7	Bereichsübergreifung: 12 Entwicklerzufriedenheitsindex: 71,3	E.6
	Team	Qualititative Zusammensetzung	Moderatorquelle	Interner Moderator: 10 Entwicklerzufriedenheitsindex: 77,3	Externer Moderator: 6 Entwicklerzufriedenheitsindex: 58,4	E.8
	Team	Qualititative Zusammensetzung	Moderatorbefugnisse	Moderator kein Projektleiter: 12 Entwicklerzufriedenheitsindex: 72,3	Moderator zugleich Projektleiter: 2 Entwicklerzufriedenheitsindex: 55,7	E.9
	Zeitlicher Rahmen	Umfang der Vorbereitung		Keine Schulung vor Projekt: 4 Entwicklerzufriedenheitsindex: 68,9	Schulung vor Projekt: 11 Entwicklerzufriedenheitsindex: 73,3	E.10
	Zeitlicher Rahmen	Abstand zwischen Sitzungen		Abstand < 7 Tage: 9 Entwicklerzufriedenheitsindex: 73,7	Abstand >= 7 Tage: 6 Entwicklerzufriedenheitsindex: 69,7	E.11
	Zeitlicher Rahmen	Dauer der Sitzungen		Dauer < 5 Stunden: 10 Entwicklerzufriedenheitsindex: 73,1	Dauer >= 5 Stunden: 6 Entwicklerzufriedenheitsindex: 65,3	E.12
	Zeitlicher Rahmen	Intensität der Sitzungen		Anzahl Sitzungen < 10: 8 Entwicklerzufriedenheitsindex: 67,9	Anzahl Sitzungen >= 10: 5 Entwicklerzufriedenheitsindex: 75,2	E.13
	Umfang	Planungsvolumen	Kundenanforderungen	Anzahl Kundenanforderungen < 20: 3 Entwicklerzufriedenheitsindex: 50,9	Anzahl Kundenanforderungen >= 20: 13 Entwicklerzufriedenheitsindex: 74,6	E.14
	Umfang	Planungsvolumen	Lösungsmerkmale	Anzahl Lösungsmerkmale < 20: 4 Entwicklerzufriedenheitsindex: 66,9	Anzahl Lösungsmerkmale >= 20: 11 Entwicklerzufriedenheitsindex: 69,8	E.15
	Umfang	Planungsvolumen	Andere Merkmale	Mehr Kundenanforderungen: 7 Entwicklerzufriedenheitsindex: 70,9	Mehr Lösungsmerkmale: 7 Entwicklerzufriedenheitsindex: 66,9	E.17
	Umfang	Planungsdimensionen		Nur Produktfunktionen: 2 Entwicklerzufriedenheitsindex: 67,8	Mehrere Dimensionen: 11 Entwicklerzufriedenheitsindex: 72,1	E.16
	Umfang	Planungstiefe		Eine Matrix: 9 Entwicklerzufriedenheitsindex: 69,6	Mehrere Matrizen: 6 Entwicklerzufriedenheitsindex: 68,4	E.17 E.18
	Anpassung des Instruments	Ausmaß der projektspezifischen Variation		Projektunabhängige Vorgehensweise: 6 Entwicklerzufriedenheitsindex: 67,2	Projektspezifische Vorgehensweise: 8 Entwicklerzufriedenheitsindex: 76,0	E.19
	Anpassung des Instruments	Einsatz ergänzender Methoden		Keine ergänzenden Methoden: 9 Entwicklerzufriedenheitsindex: 64,3	Ergänzende Methoden: 7 Entwicklerzufriedenheitsindex: 77,8	E.20

Abb. 7-18: Ausprägungen der Merkmale der Projekte und deren Auswirkungen auf den Entwicklerzufriedenheitsindex - Teil 1 (n = 16)

Projektspezifische Gestaltungsparameter						
Merkmalsgruppe		Merkmal		Häufigkeit der Merkmalsausprägung und Höhe des Entwicklerzufriedenheitsindex		Fragebogen
Merkmale der Projekte (Teil 2)	Anwendung des Instruments	Trennung Kundenanforderungen und Lösungen		Menge der als Lösung identifizierten Kundenanforderungen < 10%: 3 Entwicklerzufriedenheitsindex: 75,5	Menge der als Lösung identifizierten Kundenanforderungen >= 10%: 9 Entwicklerzufriedenheitsindex: 65,1	E.21
		Kunden-anforderungsanalyse		Keine Kundenbefragung: 7 Entwicklerzufriedenheitsindex: 60,4	Kundenbefragung: 9 Entwicklerzufriedenheitsindex: 77,8	E.22
				Keine Befragung anderer Bereiche: 8 Entwicklerzufriedenheitsindex: 62,6	Befragung anderer Bereiche: 8 Entwicklerzufriedenheitsindex: 77,8	E.22
		Kundenanforderungs-gewichtung		Konsens in Gruppe: 11 Entwicklerzufriedenheitsindex: 73,6	Mittelwertbildung: 5 Entwicklerzufriedenheitsindex: 62,6	E.23
				Ranking auf Nominalskala: 2 Entwicklerzufriedenheitsindex: 67,3	Ermittlung von Gewichten: 10 Entwicklerzufriedenheitsindex: 70,4	E.24
		Kundengruppen/ Marktsegmente		Keine Gewichtung Kundengruppen: 4 Entwicklerzufriedenheitsindex: 57,4	Gewichtung Kundengruppen: 7 Entwicklerzufriedenheitsindex: 74,9	E.25
		Konkurrenzvergleich		Keine Konkurrenzanalyse: 4 Entwicklerzufriedenheitsindex: 56,7	Konkurrenzanalyse: 10 Entwicklerzufriedenheitsindex: 74,0	E.26
		Korrelationsanalyse		Anzahl Abstufungen < 5: 11 Entwicklerzufriedenheitsindex: 64,7	Anzahl Abstufungen >= 5: 2 Entwicklerzufriedenheitsindex: 83,9	E.27
		Interpretation der Ergebnisse		Geringe Zahlengläubigkeit: 8 Entwicklerzufriedenheitsindex: 73,0	Hohe Zahlengläubigkeit: 6 Entwicklerzufriedenheitsindex: 71,30	E.28
		Protokollierung der Ergebnisse		Seiten Dokumentation < 100: 12 Entwicklerzufriedenheitsindex: 72,7	Seiten Dokumentation >= 100: 3 Entwicklerzufriedenheitsindex: 57,7	E.29
		Aufbereitung der Ergebnisse	Grafiken	Anzahl Grafiken < 10: 6 Entwicklerzufriedenheitsindex: 72,6	Anzahl Grafiken >= 10: 9 Entwicklerzufriedenheitsindex: 67,8	E.30
			Informationsveranstaltungen	Eine Informationsveranstaltung: 7 Entwicklerzufriedenheitsindex: 69,5	Mehrere Informationsveranstaltungen: 9 Entwicklerzufriedenheitsindex: 70,7	E.31

Abb. 7-19: Ausprägungen der Merkmale der Projekte und deren Auswirkungen auf den Entwicklerzufriedenheitsindex - Teil 2 (n = 16)

Sofern im Verlauf der weiteren Diskussion der Untersuchungsergebnisse keine explizite grafische Darstellung in Form von Zufriedenheitsprofilen erfolgt, beziehen sich die getroffenen Aussagen stets auf Abb. 7-18 und Abb. 7-19.

Überprüfung der allgemeinen Empfehlungen zur Gestaltung der Projekte

These P3: Eine strukturierte Projektorganisation (E.1-E.2) erhöht die Wirtschaftlichkeit der Produktplanung (C.30-C.33) und verkürzt die Entwicklungszeit (C.1).

QFD-Projekte, die ohne eine strukturierte Projektorganisation durchgeführt werden, weisen einen sehr niedrigen Entwicklerzufriedenheitsindex auf. Wie Abb. 7-20 verdeutlicht führt eine unstrukturierte Projektorganisation bezüglich der Ziele Wirtschaftlichkeit und Markteintrittstermin sogar zu einer ausgesprochenen Unzufriedenheit.

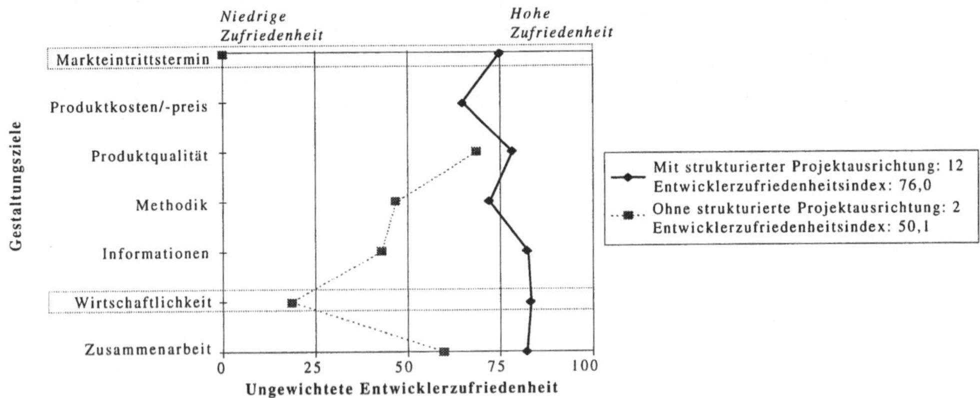

Abb. 7-20: Ausprägungen der Projektorganisationsstruktur und deren Auswirkungen auf die Entwicklerzufriedenheit mit den Gestaltungszielen (n = 14)

Aussagen zur Vorteilhaftigkeit einer bestimmten Projektorganisationsform oder einer bestimmten Herkunft des Projektleiters lassen sich aus dem vorliegenden Datenmaterial nicht ableiten.

These P4:	Eine klar definierte Zielsetzung (E.3-E.4) fördert die Identifikation sämtlicher für die Produktentwicklung wichtiger Informationen (C.18-C.29) und verkürzt die Entwicklungszeit (C.1).

Eine schriftliche Fixierung der innerhalb des Produktentwicklungsprojekts verfolgten Ziele trägt zur Effizienz des QFD-Einsatzes bei (siehe Abb. 7-21). Gelingt es ferner, *alle* Projektbeteiligten mit diesen Zielen vertraut zu machen, ist ebenfalls eine Steigerung der Effizienz zu erwarten.

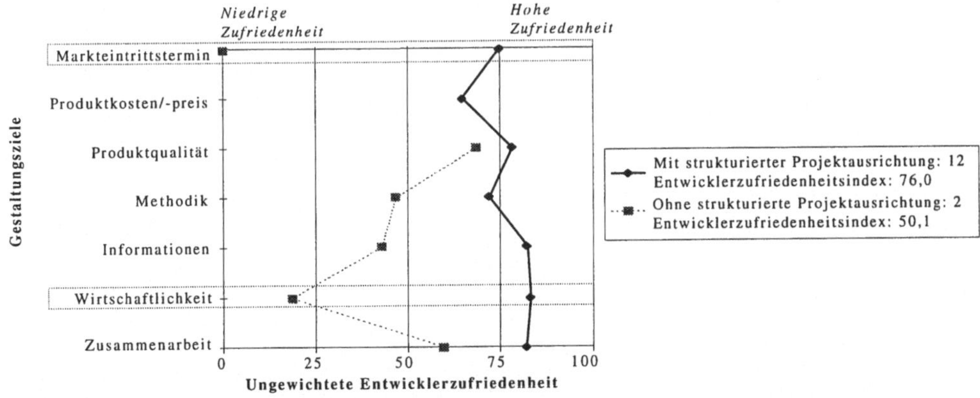

Abb. 7-21: Ausprägungen der Zieldokumentation und deren Auswirkungen auf die Entwicklerzufriedenheit mit den Gestaltungszielen (n = 16)

These P5:	In ausreichender Menge zur Verfügung stehende Projektressourcen (E.5) ermöglichen die Ermittlung sämtlicher für die Produktentwicklung wichtiger Informationen (C.18-C.29) und verkürzen die Entwicklungszeit (C.1).

Eindeutige Zusammenhänge zwischen den zur Verfügung stehenden Ressourcen wie P sonen, Räumlichkeiten, Material oder Computerunterstützung und den Gestaltungsziel reichungsgraden lassen sich in den untersuchten QFD-Projekten nicht feststellen. Wie Al 7-22 zeigt kann jedoch ein Zeitengpaß dazu führen, daß die erforderlichen Information nicht vollständig ermittelt werden und daraus eine Verlängerung der Entwicklungszeit ı sultiert.

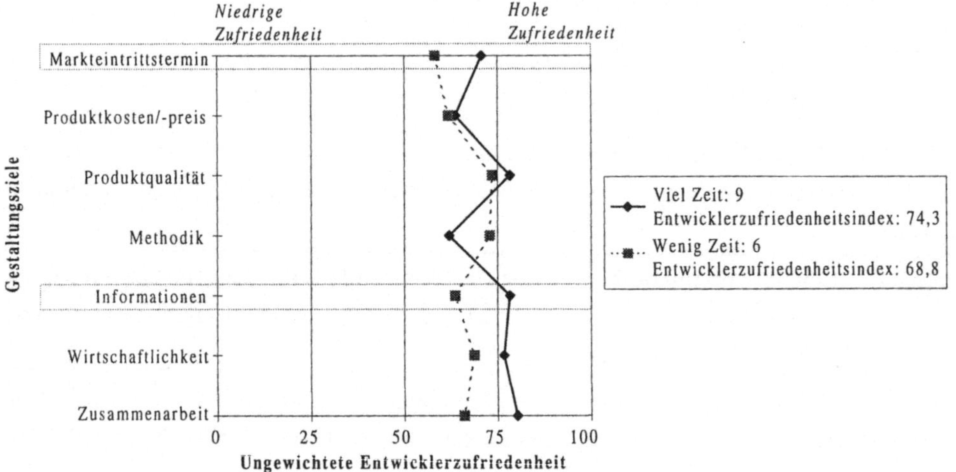

Abb. 7-22: Ausprägungen der Projektressource Zeit und deren Auswirkungen auf die Ent wicklerzufriedenheit mit den Gestaltungszielen (n = 15)

These P6:	Ein bereichsübergreifendes Projektteam (E.6-E.9) fördert die Zusammenarbeit bei der Produktentwicklung (C.34-C.40) und führt zu niedrigeren Produktkosten/-preisen (C.3-C.7).

Obwohl die Abweichungen absolut gesehen nicht sehr groß sind, geht aus Abb. 7-23 klaı hervor, daß mit Ausnahme der Methodik bezüglich aller Gestaltungsziele ein höherer Erreichungsgrad erwartet werden kann, wenn sich die QFD-Teams aus verschiedenen Bereichen rekrutieren.

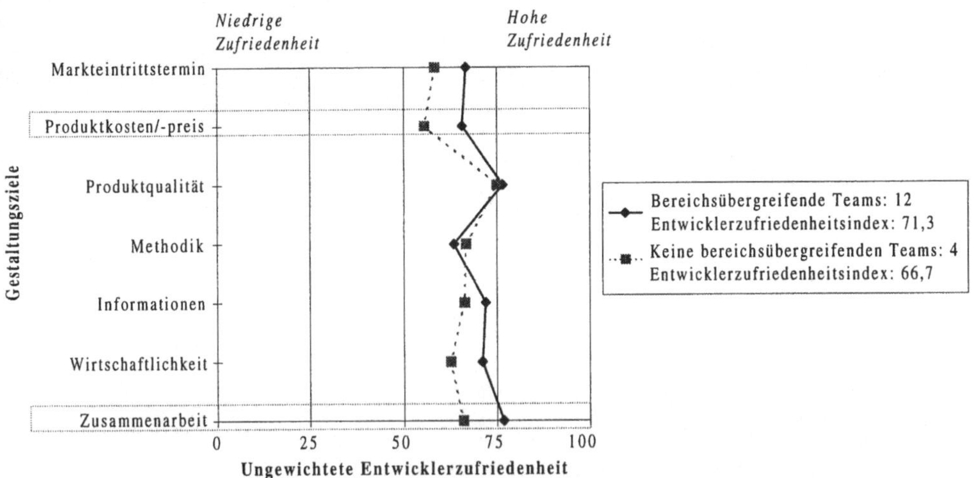

Abb. 7-23: Ausprägungen der Teaminterdisziplinarität und deren Auswirkungen auf die Entwicklerzufriedenheit mit den Gestaltungszielen (n = 16)

Die Erreichung der Gestaltungsziele, insbesondere eine Verbesserung der Zusammenarbeit und eine Erhöhung der Produktqualität, wird außerdem gefördert durch ein nicht zu kleines Team, das von einem unternehmungsinternen Moderator, der nicht zugleich als Projektleiter fungiert, durch die Gruppensitzungen geführt wird. Dabei sollten die Kunden in möglichst vielen Phasen der Produktentwicklung mitarbeiten. Der Ausfall eines oder mehrerer Teammitglieder scheint bei QFD-Projekten keinen erfolgskritischen Faktor darzustellen.

These P7:	Gut vorbereitete und zeitlich straff dimensionierte Teamsitzungen (E.10-E.13) erhöhen die Wirtschaftlichkeit der Produktentwicklung (C.30-C.33) und verkürzen die Entwicklungszeit (C.1).

Entgegen den in These P7 formulierten Annahmen lassen sich in der Stichprobe bei den verschiedenen Ausprägungen der zeitlichen Gestaltung eines QFD-Projekts keine signifikanten Unterschiede des Entwicklerzufriedenheitsindexes feststellen (siehe Abb. 7-18). Allerdings führen viele, aber kurze und in geringem zeitlichen Abstand durchgeführte Teamsitzungen mit vorangegangener Schulung zu tendenziell leicht höheren Entwicklerzufriedenheitsindizes (siehe Abb. 7-24).

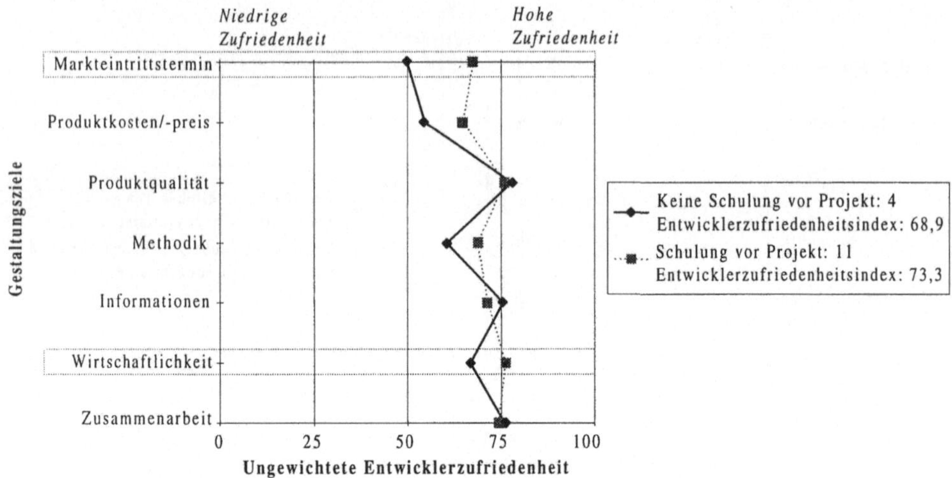

Abb. 7-24: Ausprägungen des Umfangs der Vorbereitungen durch Schulungen und deren Auswirkungen auf die Entwicklerzufriedenheit mit den Gestaltungszielen (n = 15)

These P8:	Eine hinsichtlich Volumen, Dimensionen und Tiefe umfassende Planung bei der Produktentwicklung (E.14-E.18) erhöht die Vollständigkeit der zur Produktion erforderlichen Informationen (C.18-C.29) und führt zu einer höheren Produktqualität (C.8-C.11).

Abb. 7-25 scheint den in These P8 postulierten Zusammenhang zwischen Planungsvolumen und Gestaltungszielerreichungsgrad zumindest bezüglich der Planungsdimensionen zu bestätigen: QFD-Projekte, in denen über die Funktionalität hinaus noch weitere nichtfunktionale Produktmerkmale geplant werden, weisen bezüglich aller Gestaltungsziele eine höhere Effizienz auf.

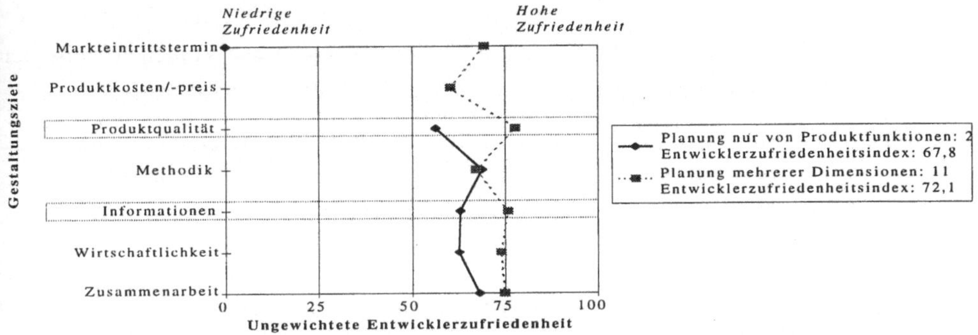

Abb. 7-25: Ausprägungen der Planungsdimensionen und deren Auswirkungen auf die Entwicklerzufriedenheit mit den Gestaltungszielen (n = 13)

QFD-Projekte mit weniger als 20 Kundenanforderungen weisen einen deutlich geringeren Entwicklerzufriedenheitsindex auf als Produktentwicklungen, bei denen mehr Kundenanforderungen berücksichtigt werden. Darüber hinaus lassen sich kaum bedeutsame Unterschiede bei der unterschiedlichen Ausgestaltung des Planungsvolumens bzw. der Planungstiefe feststellen. Diese Gestaltungsparameter sind offensichtlich zu sehr von der Größe und der Komplexität des zu entwickelnden Produkts abhängig.

These P9:	Die Anpassung der Instrumente an projektspezifische Bedingungen (E.19-E.20) erhöht die Vollständigkeit der zur Produktion erforderlichen Informationen (C.18-C.29) und führt zu einer höheren Produktqualität (C.8-C.11).

Eine projektspezifische Vorgehensweise führt zu einem höheren Entwicklerzufriedenheitsindex als ein unangepaßtes Standardvorgehen. Wie Abb. 7-26 bestätigt verbessert der bedarfsgerechte Einsatz ergänzender Methoden die Informationsbasis für die Produktentwicklung und ermöglicht daher eine höhere Produktqualität.

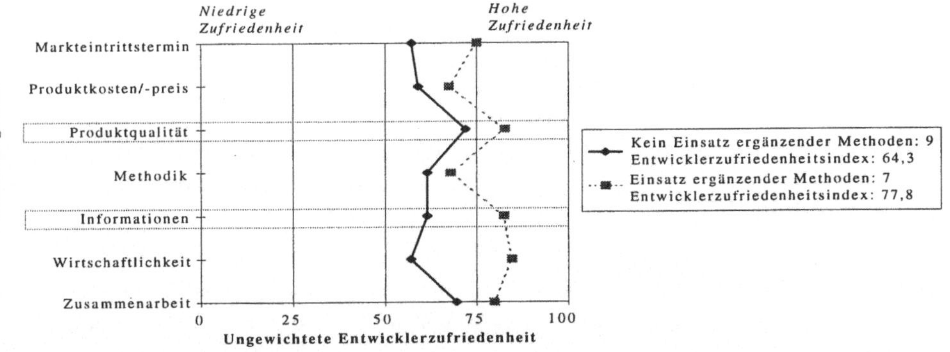

Abb. 7-26: Ausprägungen des Einsatzes ergänzender Methoden und deren Auswirkungen auf die Entwicklerzufriedenheit mit den Gestaltungszielen (n = 16)

These P10:	Die Einhaltung der dem Instrument zugrunde liegenden Prinzipien und Techniken (E.21-E.31) führt zu einer adäquaten methodischen Vorgehensweise bei der Produktentwicklung (C.12-C.17) und erhöht die Produktqualität (C.8-C.11).

Die Überprüfung dieser eher pauschalen These erfolgt in den nächsten Abschnitten auf der Basis der Ausprägungen einzelner Gestaltungsparameter der Projekte. Hierzu werden die produktbezogenen Gestaltungszielprofile jeweils um eine Ebene verfeinert.

Überprüfung der Empfehlungen zur Erreichung relativer Qualität

These P11:	Die intensive Befragung des Kunden (E.22) ist Voraussetzung zur Erlangung der für die Kundenbedürfnisbefriedigung erforderlichen Informationen (C.18-C.29) und somit für die Erzielung einer hohen relativen Qualität (C.9-C.11).

- Überprüfung unabhängig vom Standardisierungsgrad der Produkte

  Abb. 7-27 verdeutlicht die Vorteilhaftigkeit einer Kundenbefragung insbesondere im Hinblick auf die Projekteffizienz.

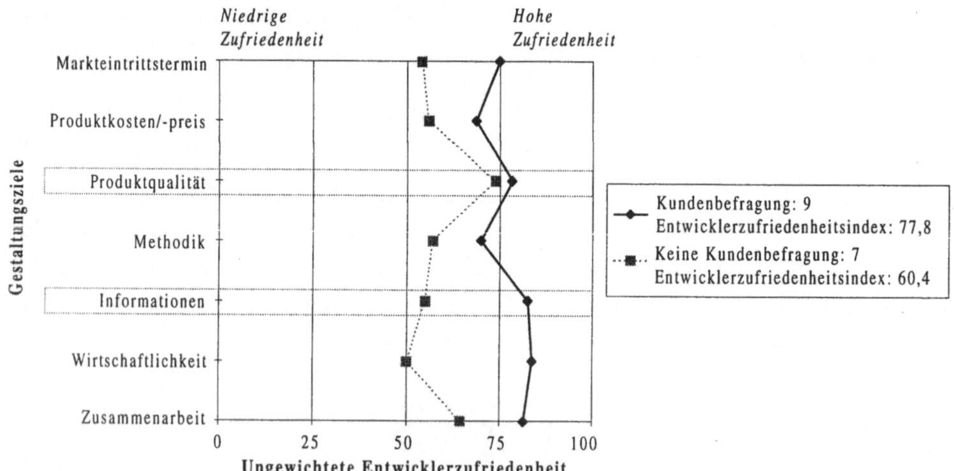

Abb. 7-27: Ausprägungen von Kundenanforderungsanalysen durch Kundenbefragung und deren Auswirkungen auf die Entwicklerzufriedenheit mit den Gestaltungszielen (n = 16)

In Abb. 7-28 bestätigt sich die Vermutung, daß Kundenbefragungen zu einer höheren relativen Qualität führen. Die größte positive Wirkung ist jedoch in bezug auf finanzielle Aspekte zu beobachten. Mit Hilfe der bei der direkten Kundenbefragung ermittelten Informationen kann wahrscheinlich die Entwicklung überflüssiger Produktmerkmale vermieden werden. Daraus resultiert neben einer hohen Akzeptanz des Preises auf Seiten des Kunden und niedrigen Produktkosten außerdem eine verkürzte Entwicklungszeit.

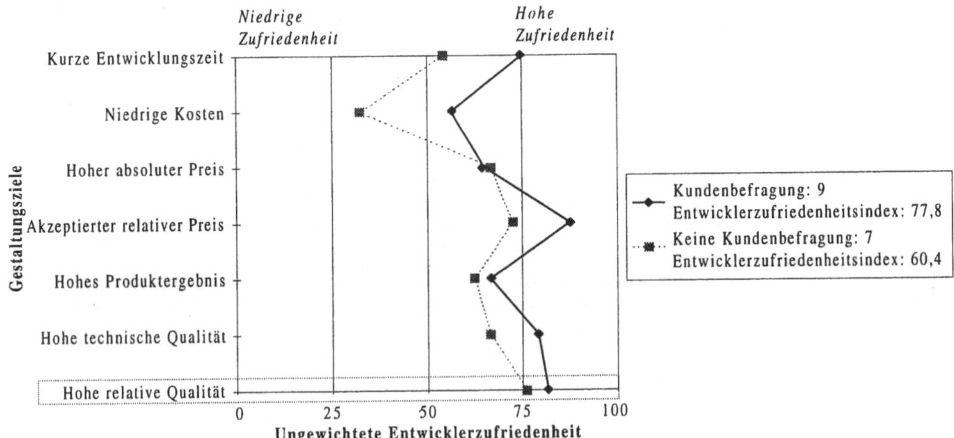

Abb. 7-28: Ausprägungen von Kundenanforderungsanalysen durch Kundenbefragung und deren Auswirkungen auf die Entwicklerzufriedenheit mit den Gestaltungszielen auf Produktebene (n = 16)

In abgeschwächter Form führt auch die Befragung von Bereichen außerhalb der Produktentwicklung zu einem höheren Entwicklerzufriedenheitsindex. Außerdem kann mittels einer Konkurrenzanalyse die Effizienz von QFD gesteigert werden. Das Verfahren zur Gewichtung von Kundenanforderungen (einfaches Ranking versus differenzierte Ermittlung von Gewichten) übt in den QFD-Projekten der Stichprobe keinen großen Einfluß auf die Effizienz aus. Die Einigung auf ein Gewicht innerhalb des QFD-Teams sowie der damit verbundene Zwang zur Aussprache und Einigung in der Gruppe führt sogar zu einer höheren Entwicklerzufriedenheit als die Berechnung eines Mittelwerts. Dieses Ergebnis ist konform mit der geringfügigen Überlegenheit von QFD-Projekten, bei denen eine geringe Zahlengläubigkeit vorherrscht, gegenüber solchen Projekten, bei denen ohne weitere Hinterfragung alle ermittelten Werte akzeptiert werden. Bei der Protokollierung der Ergebnisse vermindert ein zu großer Umfang der Projektdokumentation die Entwicklerzufriedenheit deutlich. Gleichfalls sollte der Aufwand für die Erstellung von Grafiken oder das Abhalten von Informationsveranstaltungen nicht übertrieben werden, da derartige Maßnahmen nicht wesentlich zur Effizienzsteigerung beitragen.

- Überprüfung bei Differenzierung zwischen Markt- und Kundenproduktion

Die genannten Wirkungen der Kundenbefragung treten bei Marktproduktion in höherem Maße auf als bei Kundenproduktion (Tab. 7-6). Während die Vorteile der direkten Kundenbefragung bei Marktproduktion eher in der fokussierten Produktentwicklung und somit in profitableren Produkten liegen, kann für die Kundenproduktion eine verbesserte Projekteffizienz postuliert werden.

Standardisierungsgrad des Produkts	Durchführung einer Kundenbefragung	Absolute Häufigkeit	Entwicklerzufriedenheitsindex
Marktproduktion	Keine Kundenbefragung	6	57,3
	Kundenbefragung	7	76,6
Kundenproduktion	Keine Kundenbefragung	1	79,0
	Kundenbefragung	2	82,2

Tab. 7-6: Ausprägungen von Kundenanforderungsanalysen durch Kundenbefragung und deren Auswirkungen auf den Entwicklerzufriedenheitsindex in Abhängigkeit vom Standardisierungsgrad des Produkts (n = 16)

These P12: Eine stringente Trennung zwischen Bedürfnissen und (technischen) Lösungen bei der Analyse von Kundenbefragungsergebnissen (E.21) fördert ein methodisches Vorgehen bei der Produktentwicklung (C.12-C.17) und senkt die Gefahr der Entwicklung nicht geeigneter, zur Verminderung der relativen Qualität führender Produktmerkmale (C.9-C.11).

- Überprüfung unabhängig vom Standardisierungsgrad der Produkte

  Entgegen den Annahmen in These P12 kann durch die Trennung zwischen Kundenanforderungen und Lösungen die Produktqualität nicht verbessert werden. Statt dessen wirkt sich die stringente Separation positiv auf die Produktkosten bzw. den Produktpreis aus (Abb. 7-29). Die Entwicklung überflüssiger, vom Kunden nicht honorierter Produktmerkmale, die bei einer fehlenden Trennung oft zu beobachten ist, vermindert zwar offensichtlich nicht die Produktqualität, führt aber zu einer Verschwendung von Ressourcen.

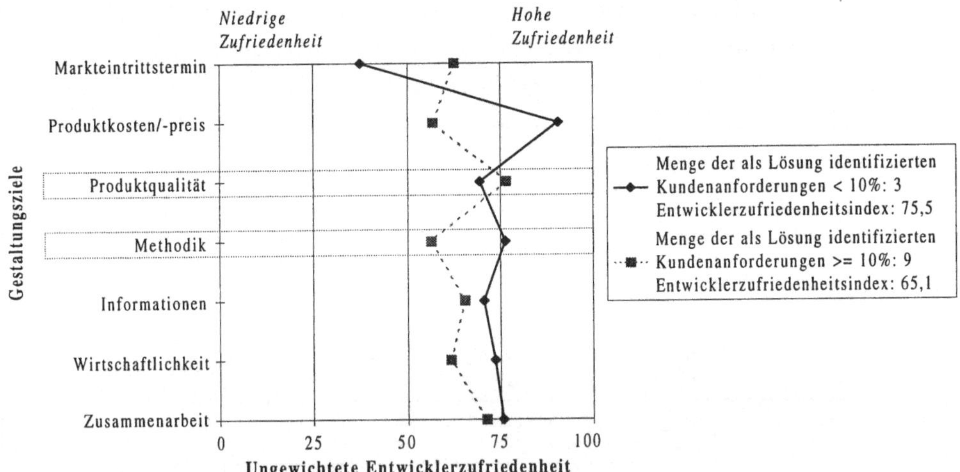

Abb. 7-29: Ausprägungen der Trennung zwischen Kundenanforderungen und Lösungen und deren Auswirkungen auf die Entwicklerzufriedenheit mit den Gestaltungszielen (n = 12)

Diese Vermutung wird durch Abb. 7-30 verstärkt. These P12 ist infolgedessen dahingehend zu modifizieren, daß eine stringente Trennung zwischen Kundenanforderungen und (technischen) Lösungen ein methodisches Vorgehen fördert und zu niedrigeren Produktkosten/-preisen führt.

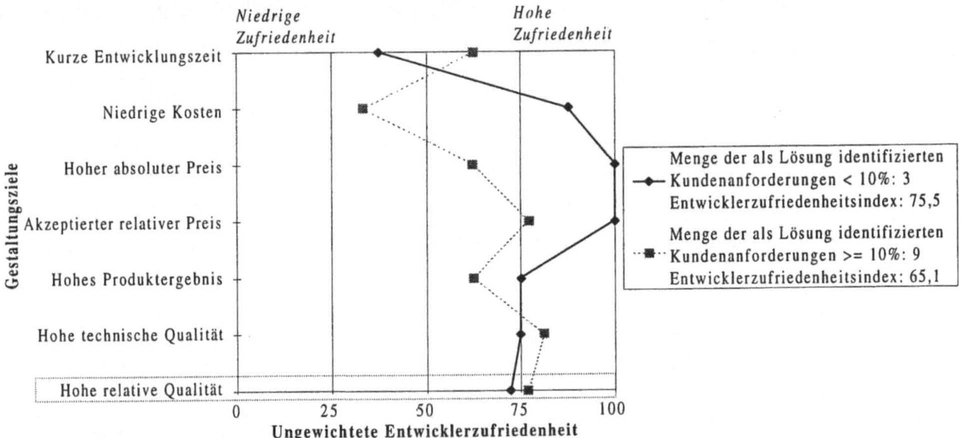

Abb. 7-30: Ausprägungen der Trennung zwischen Kundenanforderungen und Lösungen und deren Auswirkungen auf die Entwicklerzufriedenheit mit den Gestaltungszielen auf Produktebene (n = 12)

- Überprüfung bei Differenzierung zwischen Markt- und Kundenproduktion
  Da bezüglich der Menge der als Lösung identifizierten Kundenanforderungen bei Kundenproduktion lediglich zu einem Projekt Informationen vorliegen, reicht die Datenbasis nicht für eine zwischen Markt- und Kundenproduktion differenzierte Überprüfung der These aus (Tab. 7-7).

Standardisierungsgrad des Produkts	**Menge der als Lösung identifizierten Kundenanforderungen**	**Absolute Häufigkeit**	**Entwicklerzufriedenheitsindex**
Marktproduktion	Menge der als Lösung identifizierten Kundenanforderungen < 10%	3	75,5
	Menge der als Lösung identifizierten Kundenanforderungen >= 10%	8	62,1
Kundenproduktion	Menge der als Lösung identifizierten Kundenanforderungen < 10%	0	-
	Menge der als Lösung identifizierten Kundenanforderungen >= 10%	1	89,3

Tab. 7-7: Ausprägungen der Trennung zwischen Kundenanforderungen und Lösungen und deren Auswirkungen auf den Entwicklerzufriedenheitsindex in Abhängigkeit vom Standardisierungsgrad des Produkts (n = 12)

Überprüfung der Empfehlungen zur Erreichung technischer Qualität

These P13: Eine fundierte Analyse des Zusammenhangs zwischen Kundenbedürfnissen und Produktmerkmalen (E.27) erhöht die Wirtschaftlichkeit der Produktentwicklung (C.30-C.32) und mindert die Gefahr der Entwicklung überflüssiger bzw. nicht der technischen Spezifikation entsprechender Produktmerkmale (C.8).

Abb. 7-31 bestätigt zwar eine hohe Zufriedenheit bezüglich der Wirtschaftlichkeit bei QFD-Projekten mit differenzierter Korrelationsanalyse, allerdings läßt sich auf dieser Ebene zunächst keine Wirkung auf den Erreichungsgrad des Ziels Produktqualität feststellen.

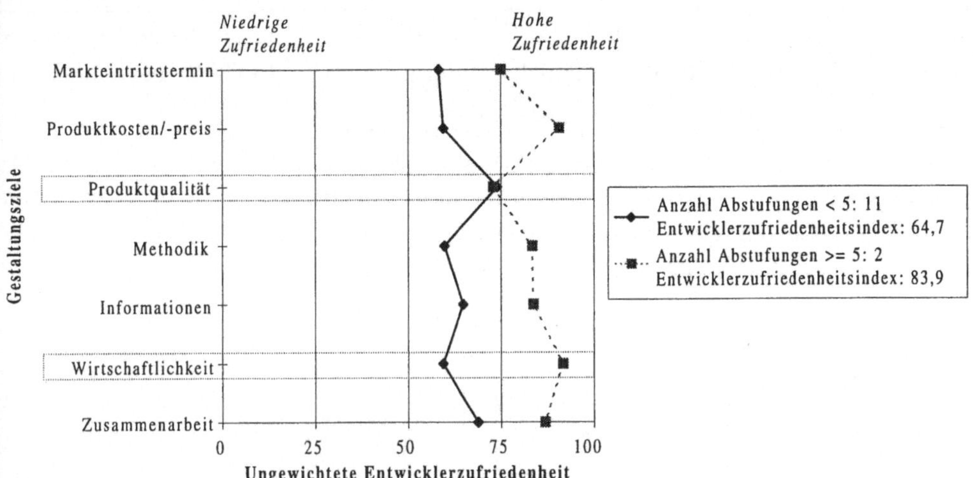

Abb. 7-31: Ausprägungen der Korrelationsanalyse und deren Auswirkungen auf die Entwicklerzufriedenheit mit den Gestaltungszielen (n = 13)

Abb. 7-32 verdeutlicht, daß ein hinreichend großer Detaillierungsgrad der Abstufungen tatsächlich zu einer sehr hohen Entwicklerzufriedenheit bezüglich der technischen Qualität führt, wodurch These P13 fundiert wird.

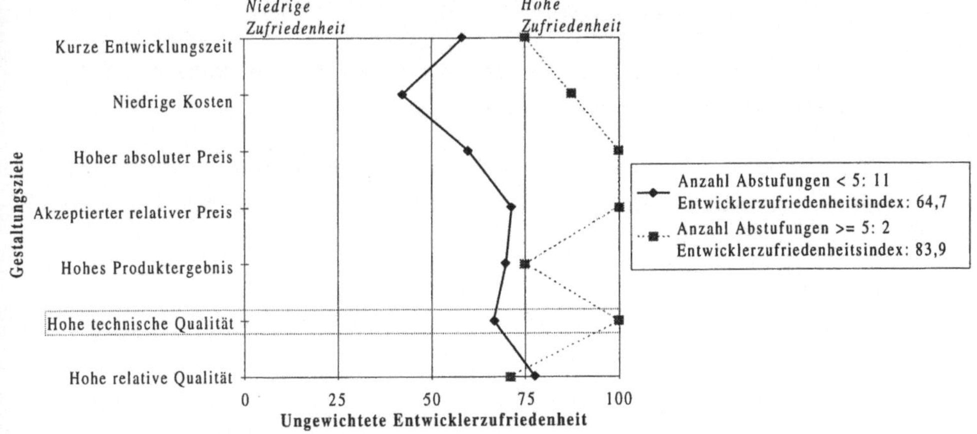

Abb. 7-32: Ausprägungen der Korrelationsanalyse und deren Auswirkungen auf die Entwicklerzufriedenheit mit den Gestaltungszielen auf Produktebene (n = 13)

These P14:	Eine hinreichend detaillierte Planung (E.14-E.18) sichert die zur Erstellung der Spezifikation erforderlichen Informationen (C.18-C.29) und erhöht die technische Qualität des Produkts (C.8).

Aus Abb. 7-33 wird ersichtlich, daß eine ausreichend große Genauigkeit bei der Kundenanforderungsanalyse zu einem hohen Entwicklerzufriedenheitsindex sowie zu einer großen Effizienz bezüglich des Gestaltungsziels Informationen führt. Ferner wird die Produktqualität bei einer höheren Anzahl von Kundenanforderungen leicht verbessert.

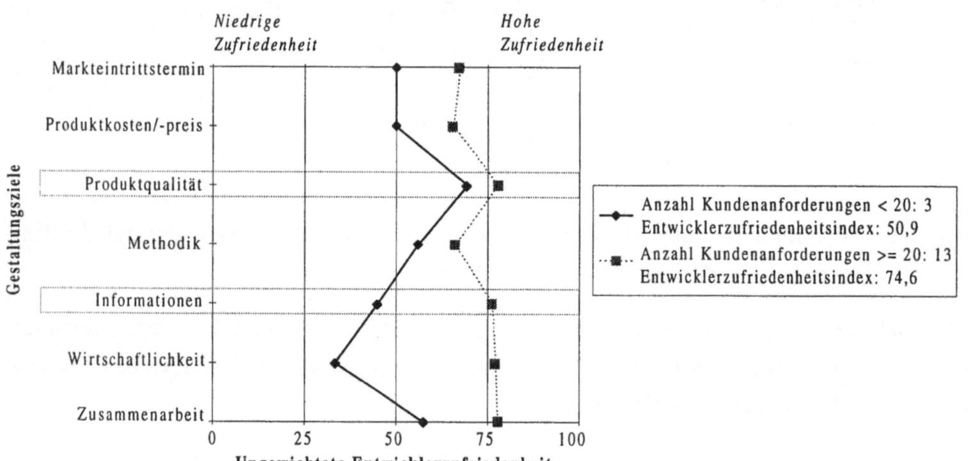

Abb. 7-33: Ausprägungen des Planungsvolumens und deren Auswirkungen auf die Entwicklerzufriedenheit mit den Gestaltungszielen (n = 16)

Da in der Stichprobe bei den Projekten, in denen weniger als 20 Kundenanforderungen ermittelt wurden, keine Gewichtungen zur technischen Qualität vorliegen, kann die These P14 auf dieser Ebene nicht näher validiert werden (Abb. 7-34).

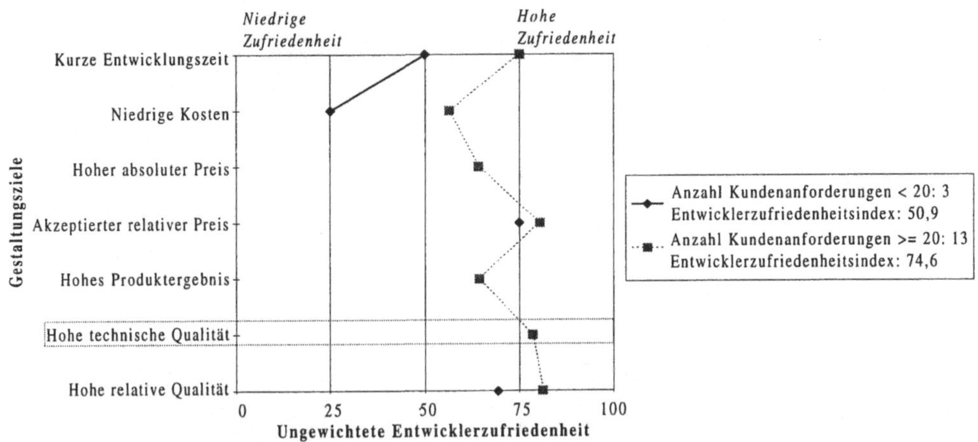

Abb. 7-34: Ausprägungen des Planungsvolumens und deren Auswirkungen auf die Entwicklerzufriedenheit mit den Gestaltungszielen auf Produktebene (n = 16)

Überprüfung der Empfehlungen zur Erreichung individueller Kundenbedürfnisbefriedigung

These P15:	Eine Differenzierung zwischen den Bedürfnissen unterschiedlicher Marktsegmente bei Marktproduktion bzw. eine Differenzierung zwischen den Bedürfnissen unterschiedlicher Kundengruppen bei Kundenproduktion (E.25) führt zu einer adäquaten Berücksichtigung des unternehmungsexternen Umfelds sowie zu anderen erforderlichen Informationen (C.18-C.29) und erhöht die relative Qualität des Produkts (C.8-C.11).

- Überprüfung unabhängig vom Standardisierungsgrad der Produkte
  Die Vorteilhaftigkeit einer differenzierten Betrachtung und Gewichtung unterschiedlicher Kundengruppen bzw. Marktsegmente wird durch eine hohe Entwicklerzufriedenheit und eine in Abb. 7-35 dargestellte Effizienzsteigerung bezüglich sämtlicher Gestaltungsziele dokumentiert.

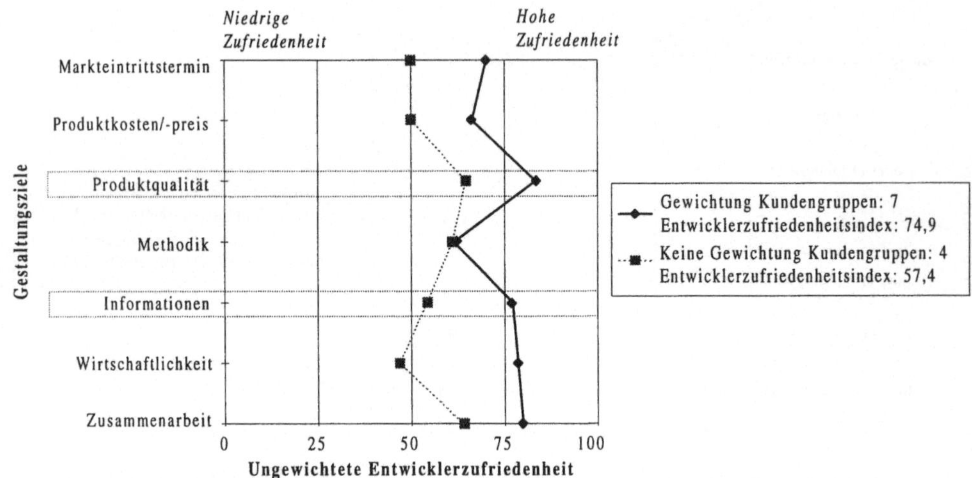

Abb. 7-35: Ausprägungen der Gewichtung von Kundengruppen und deren Auswirkungen auf die Entwicklerzufriedenheit mit den Gestaltungszielen (n = 11)

Abb. 7-36 zeigt, daß eine Gewichtung von Kundengruppen wie in These P15 vermutet insbesondere positiv auf die relative Qualität wirkt.

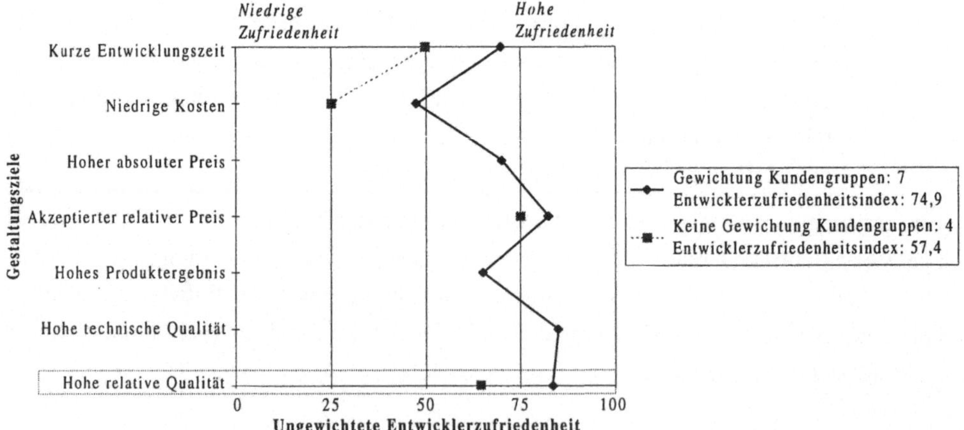

Abb. 7-36: Ausprägungen der Gewichtung von Kundengruppen und deren Auswirkungen auf die Entwicklerzufriedenheit mit den Gestaltungszielen auf Produktebene (n = 11)

- Überprüfung bei Differenzierung zwischen Markt- und Kundenproduktion

  Da bezüglich der Gewichtung von Kundengruppen bei Kundenproduktion lediglich zu einem Projekt quantitative Informationen vorliegen, reicht die Datenbasis nicht für eine zwischen Markt- und Kundenproduktion differenzierte Überprüfung der These aus (Tab. 7-8).

Standardisierungsgrad des Produkts	Gewichtung von Kundengruppen	Absolute Häufigkeit	Entwicklerzufriedenheitsindex
Marktproduktion	Keine Gewichtung Kundengruppen	4	57,4
	Gewichtung Kundengruppen	6	72,5
Kundenproduktion	Keine Gewichtung Kundengruppen	0	-
	Gewichtung Kundengruppen	1	89,3

Tab. 7-8: Ausprägungen der Gewichtung von Kundengruppen und deren Auswirkungen auf den Entwicklerzufriedenheitsindex in Abhängigkeit vom Standardisierungsgrad des Produkts (n = 11)

Vergleich der Gestaltungsdeterminantenausprägungen des besten und des schlechtesten QFD-Projekts

Tab. 7-9 und Tab. 7-10 stellen die Gestaltungsdeterminantenausprägungen des besten und des schlechtesten QFD-Projekts gegenüber. Dieses QFD-Projekt-Benchmarking erhärtet im wesentlichen die bereits beim Entwicklerzufriedenheitsindexvergleich bestätigten Thesen.[28]

28 Lediglich bezüglich der Einführungsstrategie ergibt sich ein direkter Widerspruch zu den Gestaltungsempfehlungen der These P2.

Gestaltungs-parameter	**Ausprägungsempfehlung (These Pn)**	**Ausprägung beim besten Projekt (Entwicklerzufriedenheitsindex: 90,8)**	**Ausprägung beim schlechtesten Projekt (Entwicklerzufriedenheitsindex: 41,4)**
Produktentwicklungsstrategie (B.3-B.4)	Starke Innovationsorientierung, alle sichern Qualität (These P1)	Innovationsstrategie: Marktpionier, Sicherstellung der Qualität durch alle Mitarbeiter im Sinne des TQM	Innovationsstrategie: früher Nachfolger, Sicherstellung der Qualität durch den jeweils handelnden Bereich
Unterstützung des Instrumenteneinsatzes (B.5-B.11)	Ausreichendes Managementengagement, Integration des Instruments in die Produktentwicklungsprozesse und mitarbeitergerechte Einführung des Instruments (These P2)	Sehr geringes Managementengagement, gelegentlich aktive Managementbeteiligung, keine Integration in Vorgehensmodell, top down Einführung, kein Pilotprojekt	Hohes Managementengagement, gelegentlich aktive Managementbeteiligung, Integration in Vorgehensmodell bei verbindlichem Einsatz, bottom up Einführung, Pilotprojekt
Projektorganisation (E.1-E.2)	Strukturierte Projektorganisation (These P3)	Matrix-Projektorganisation	Keine strukturierte Projektausrichtung
Projektziele (E.3-E.4)	Klar definierte Ziele (These P4)	Schriftliche, *quantitative* Zielvorgaben (Richtwerte)	Schriftliche, *qualitative* Zielvorgaben (ohne konkrete Richtwerte)
Projektressourcen (E.5)	Ausreichende Menge an Ressourcen (These P5)	Ressourcen ausreichend (etwas zu wenig Zeit und Computerunterstützung)	Keine Angaben
Projektteam (E.6-E.9)	Bereichsübergreifendes Projektteam (These P6)	Team aus Entwicklung, Marketing/Vertrieb, Qualitätswesen mit Managern und Kunden	Team aus Entwicklung, Marketing/Vertrieb, Qualitätswesen mit Managern und Kunden
Zeitlicher Rahmen (E.10-E.13)	Gut vorbereitete und zeitlich straff dimensionierte Teamsitzungen (These P7)	30% der Teilnehmer mit Vorkenntnissen, achtstündige Sitzungen	Keine Angaben zu Vorkenntnissen, achtstündige Sitzungen
Umfang (E.14-E.18)	Hinsichtlich Volumen, Dimensionen und Tiefe umfassende Planung (These P8)	22 Kundenanforderungen und 16 Lösungsmerkmale	Zehn Kundenanforderungen und sechs Lösungsmerkmale
Anpassung des Instruments (E.19-E.20)	Anpassung der Instrumente an projektspezifische Bedingungen (These P9)	Unternehmungseigene Vorgehensweise ergänzt um FMEA und DoE	Unternehmungseigene Vorgehensweise *ohne* weitere Methodenergänzung
Anwendung des Instruments (E.21-E.31)	Einhaltung der dem Instrument zugrunde liegenden Prinzipien und Techniken (These P10)	Gewichtung durch paarweisen Vergleich, Durchführung einer Konkurrenzanalyse, vier Informationsveranstaltungen zu den Projektergebnissen	Gewichtung durch direkte Gewichtung, keine Durchführung einer Konkurrenzanalyse, eine Informationsveranstaltung zu den Projektergebnissen
Kundenanforderungsanalyse (E.22)	Intensive Befragung des Kunden (These P11)	Kundenbefragungen innerhalb *und außerhalb* der Sitzungen	Kundenbefragungen innerhalb der Sitzungen

Tab. 7-9: Vergleich der Gestaltungsparameterausprägungen des besten und des schlechtesten QFD-Projekts (Teil 1)

Gestaltungs-parameter	Ausprägungsempfehlung (These Pn)	Ausprägung beim besten Projekt (Entwicklerzu-friedenheitsindex: 90,8)	Ausprägung beim schlechtesten Projekt (Entwicklerzu-friedenheitsindex: 41,4)
Trennung Kunden-anforderungen und Lösungen (E.21)	Stringente Trennung zwischen Bedürfnissen und (technischen) Lösungen bei der Analyse von Kundenbefragungsergebnissen (These P12)	Eine Kundenanforderung (4,6%) erwies sich später als Lösung	Drei Kundenanforderungen (30%) erwiesen sich später als Lösung
Korrelationsanalyse (E.26)	Fundierte Analyse des Zusammenhangs zwischen Kundenbedürfnissen und Produktmerkmalen (These P13)	Sieben Abstufungen	Drei Abstufungen
Planungsvolumen (E.14-E.18)	Hinreichend detaillierte Planung des Produkts (These P14)	Durchschnittliche Matrixgröße 352 Felder, eine Matrix	Durchschnittliche Matrixgröße 160 Felder, zwei Matrizen
Kundengruppen/Marktsegmente (E.25)	Differenzierung zwischen den Bedürfnissen unterschiedlicher Marktsegmente bzw. Kundengruppen (These P15)	Zwei Kundengruppen *mit* Gewichtung	Zwei Kundengruppen *ohne* Gewichtung

Tab. 7-10: Vergleich der Gestaltungsparameterausprägungen des besten und des schlechtesten QFD-Projekts (Teil 2)

7.4 Zusammenfassende Beurteilung des SCVM

Die in Kapitel 7.2 beschriebenen Ergebnisse der SAP Fallstudie zeigen, daß mit Hilfe des SCVM-Einsatzes insbesondere Projekteffizienzsteigerungen zu erzielen sind, aber auch produktbezogene Gestaltungsziele erreicht werden können. Dabei wird das SCVM von den Kunden noch positiver beurteilt als von den Entwicklern, was für den kundenorientierten Charakter des SCVM-Instrumentariums spricht.

Ein den Gestaltungsgrundsätzen folgendes QFD-Projekt führt zu ähnlich positiven Wirkungen auf die Erreichung der Gestaltungsziele. Die in Thesen formulierten Gestaltungsempfehlungen werden sowohl aus Sicht der Entwicklerzufriedenheit als auch beim Vergleich der Merkmalsausprägungen des besten und des schlechtesten QFD-Projekts weitgehend bestätigt. Lediglich bezüglich der Wirkungen auf einzelne Gestaltungsziele - jedoch nicht in bezug auf die empfohlene Ausprägung des Gestaltungsparameters - ist die These P12 (Trennung von Kundenanforderungen und Lösungen) zu modifizieren. Die Bedeutung der Gestaltungsparameter in den Thesen P2 (Unterstützung des Instrumenteneinsatzes) und P5 (Projektressourcen) ist in der Stichprobe geringer als angenommen. Die Ergebnisse der QFD-Feldstudie zeigen die grundsätzliche Eignung der vorgeschlagenen Gestaltungsmaßnahmen und zwar weitgehend unabhängig von den Merkmalen der Unternehmung bzw. dem Gegenstand der Produktentwicklung. Bei Kundenproduktion ist allerdings eine höhere Effizienz der vorgeschlagenen Gestaltungsparameterausprägungen zu konstatieren als bei Marktproduktion. Außerdem verstärken die Ergebnisse der branchenübergeifenden QFD-Feldstudie die bereits für die Softwareentwicklung geäußerte Vermutung einer hohen Relevanz des menschlichen Faktors für die Produktentwicklung.

Insgesamt lassen sich die innerhalb des SCVM formulierten Gestaltungsempfehlungen zur kundenorientierten Produktentwicklung mit Hilfe des vorliegenden Datenmaterials bestätigen. Als wesentliche Ausprägungen für Gestaltungsparameter mit positiver Wirkung auf die Realisierung kundenorientierter Gestaltungszielgrößen sind demzufolge festzuhalten:

- Eine innovative, alle Mitarbeiter mit Qualitätsverantwortung ausstattende Produktentwicklungsstrategie;
- eine bottom up Einführungsstrategie mit Hilfe von Pilotprojekten und einer mindestens zweitägigen Schulung bei einer Teilnehmerzahl von weniger als zehn Personen;
- eine strukturierte Projektorganisation;
- die schriftliche Fixierung der Projektziele und deren Weitergabe an alle Mitarbeiter des Projekts;
- ein bereichsübergreifendes, mehr als zehn Personen - darunter auch Kundenrepräsentanten - umfassendes Projektteam, geführt von einem Projektleiter, der nicht zugleich als Moderator von Gruppensitzungen fungiert;
- eine projektspezifische Anpassung des Instruments unter Verwendung ergänzender Methoden (beispielsweise aus dem Marketingbereich);
- eine umfassende Aufnahme der Kundenanforderungen und Ermittlung von Lösungen, die sowohl funktionale als auch nicht-funktionale Merkmale enthalten;
- eine intensive, direkte und indirekte Kundenbefragung bezüglich Kundenanforderungen und Kundenzufriedenheiten (absolut und im Vergleich zur Konkurrenz);
- eine stringente Trennung zwischen Kundenanforderungen und (technischen) Lösungen sowie
- eine detaillierte Korrelationsanalyse des Zusammenhangs zwischen Kundenanforderungen und (technischen) Lösungen.

8 Kritische Würdigung der Untersuchungsergebnisse

Als die wichtigsten Ergebnisse der vorliegenden Arbeit sind zu nennen:

- Der *theoretische Bezugsrahmen* und der entwickelte Fragebogen stellen ein konzeptionelles Modell für die Gestaltung der Produktentwicklung zur Verfügung und können für weitere Untersuchungen der Effizienz von Produktentwicklungsinstrumenten unabhängig von der verfolgten Strategie herangezogen werden.
- Die systematische und mittels empirischer Befunde argumentativ unterstützte Herleitung und Begründung von Zielgrößen einer *kundenorientierten* Softwareproduktentwicklung dienen der Operationalisierung und Abgrenzung des in der Literatur häufig undifferenziert verwendeten Begriffs der Kundenorientierung.
- Die Ausführungen vermitteln einen Überblick über den aktuellen *Stand der empirischen Forschung* im Umfeld der kundenorientierten Produktentwicklung.
- Es wird ein wissenschaftlich begründetes und in der Praxis einsetzbares *Instrumentarium zur kundenorientierten Softwareproduktentwicklung* bereitgestellt.

Gleichzeitig weist die Untersuchung allerdings einige Schwächen auf, die zugleich künftige Forschungsaufgaben kennzeichnen:

- Die einzelnen Elemente des theoretischen Bezugsrahmens beinhalten zwangsläufig eine *subjektive Auswahl.*[1] Darüber hinaus impliziert die Wahl eines Merkmals als Einflußgröße der Effizienz der Produktentwicklung bereits bestimmte Annahmen über die Auswirkungen bestimmter Merkmalsausprägungen. Auch die strenge Dichotomie zwischen nicht zu beeinflussenden situativen Faktoren (Gestaltungsbedingungen in Kapitel 3.2) und den Gestaltungsoptionen (Gestaltungsparameter in Kapitel 3.2.2) erscheint bei näherer Betrachtung nicht unproblematisch. So üben Maßnahmen des Produktentwicklungsbereichs wie Schulungen zumindest langfristig einen Einfluß auf die Merkmale der Menschen, z. B. deren Fähigkeit, aus.
- Es wurden *nicht sämtliche, den Erfolg einer Produktentwicklung beeinflussenden Aspekte* behandelt.
  - Aus Sicht der Betriebswirtschaftslehre ist insbesondere zu kritisieren, daß wichtige Aspekte des Marketing nur angerissen werden konnten. Hierzu gehören Arbeiten im Vorfeld der eigentlichen Produktentwicklung (z. B. Marktforschung) oder begleitende und nachgelagerte Tätigkeiten (z. B. Markteinführung, Produktbetreuung, After-Sales Marketing).[2] Weiterhin dürfen auch bei Verfolgung der Strategie Kundenori-

---

1 Es handelt sich um einen Kompromiß zwischen Vollständigkeit und Handhabbarkeit der Einflußfaktoren. Vgl. Lange /Erfolgsfaktoren/ 29

2 Siehe hierzu z. B. Engelhardt, Freiling /Marktorientierte Qualitätsplanung/ 10-16

entierung Kosten- bzw. Preis- sowie Zeitaspekte nicht gänzlich vernachlässigt werden. Das SCVM ist daher um Konzepte wie beispielsweise Target Costing[3] oder Rapid Application Development[4] zu erweitern. Außerdem wurden lediglich operative, aber weniger strategische oder organisatorische Fragen der Produktentwicklung behandelt.[5]

- Aus Sicht der Wirtschaftsinformatik ist zu bemängeln, daß das SCVM zur Zeit nur Teile des Softwareentwicklungsprozesses unterstützt. Die SCVM-Ergebnisse müssen ohne Informationsverluste in die späten Realisierungs- bzw. Umsetzungsphasen der Softwareentwicklung übernommen und dort weiter verwendet werden können. Das erfordert u. a. die saubere Integration des SCVM in traditionelle Vorgehensmodelle wie das V-Modell sowie die Symbiose zwischen dem SCVM und klassischen Software Engineering Techniken.[6]

- Trotz der positiven Erfahrungen des SCVM-Pilotprojekts stellen die Untersuchungsergebnisse bestenfalls eine *Begründung* für die gewählten Gestaltungsempfehlungen eines Instruments zur kundenorientierten Produktentwicklung dar. Es sind beispielsweise Lernkurven zu berücksichtigen, die Erfolge einer Einführung von Produktentwicklungsinstrumenten erst nach langfristigem Einsatz erwarten lassen.[7] Ein *Nachweis* kann aufgrund der geringen Anzahl der Befragten und der zahlreichen situativen Faktoren selbst bei isolierter Betrachtung der SAP AG nicht geführt werden. Hierzu sind intensivere Erfahrungen mit dem Instrument in anderen Softwareproduktentwicklungsprojekten erforderlich. Außerdem wurde das SCVM weder vollständig noch in Form aller vorgeschlagener Varianten angewendet. Es ist evident, daß die Übertragbarkeit auf andere Unternehmungen demzufolge nicht vollständig gesichert ist.

---

3 Siehe hierzu z. B. Benz, Weigand /QFD und Target Costing/ 08.08-1 - 08.08.-91

4 Siehe hierzu z. B. Martin /Rapid Application Development/

5 Eine vollständige Behandlung würde die Untersuchung sämtlicher Einflußfaktoren des theoretischen Bezugsrahmens erfordern. So hat z. B. Studie Nr. 69 gezeigt, daß Unternehmungen, die einen umfassenden TQM Ansatz verfolgen, mit Produktentwicklungsinstrumenten größere Wirkungen erzielen als solche ohne TQM Konzept.

6 Siehe hierzu z. B. Herzwurm, Schockert, Mellis /Qualitätssoftware/ 146-150 und 182-188

7 Diese These wird auch von den empirischen Studien des Marketing Science Institut zur QFD-Einführung gestützt (Studie Nr. 66).

Literaturverzeichnis

Affourtit /Statistical Process Control/

Barba B. Affourtit: Statistical Process Control Applied to Software. In: G. Gordon Schulmeyer, James I. McManus (Hrsg.): Total Quality Management for Software. New York 1992, S. 440-462

Ahlemeier /Erfolgsfaktoren/

Gabriele Ahlemeier: Erstellung und Erprobung eines Konzepts zur Ermittlung der Erfolgsfaktoren von QFD-Projekten. Diplomarbeit im Fach Wirtschaftsinformatik der Universität zu Köln. Köln 1997

Akao /Einführung/

Yoji Akao: Eine Einführung in Quality Function Deployment (QFD). In: Yoji Akao (Hrsg.): QFD – Quality Function Deployment - Wie die Japaner Kundenwünsche in Qualität umsetzen. Landsberg/Lech 1992, S. 15-34

Akao /History/

Yoji Akao: History of Quality Function Deployment in Japan. In: H. J. Zeller (Hrsg.): The Best of Quality. Targets, Improvements, Systems. Volume 3. Munich - Vienna - New York 1990, S. 184-196

Akao /QFD/

Yoji Akao: QFD – Quality Function Deployment - Wie die Japaner Kundenwünsche in Qualität umsetzen. Landsberg/Lech 1992

Akao /Quality Deployment/

Yoji Akao: Quality Deployment System Procedures. In: Yoji Akao (Hrsg.): QFD, the customer-driven approach to quality planning and deployment. Tokio 1994, S. 50-88

Akao /Quality Function Deployment/

Yoji Akao: Quality Function Deployment: Integrating Customer Requirements into Product Design. Translated by Glenn H. Mazur and Japan Business Consultants, Ltd. Cambridge, Massachusetts 1990

Albers, Eggert /Kundennähe/

Sönke Albers, Karin Eggert: Kundennähe. Strategie oder Schlagwort? In: Marketing ZFP. Nr. 1, Februar 1988, S. 5-16

Albert /Wissenschaftstheorie/

Hans Albert: Wissenschaftstheorie. In: Erwin Grochla, Waldemar Wittman (Hrsg.): Handwörterbuch der Betriebswirtschaft. 4. Aufl., Stuttgart 1984, S. 4674-4692

Alemann /Forschungsprozeß/

Heine von Alemann: Der Forschungsprozeß. Stuttgart 1977

Altshuller /Creativity/

G. S. Altshuller: Creativity as an Exact Science. The Theory of the Solution of Inventive Problems .Luxembourg 1984

Anderson /Survey of the Software Industry/

Christopher Anderson: A World Gone Soft: A Survey of the Software Industry. In: IEEE Engineering Management Review. Nr. 4, Winter 1996, S. 21-37

Andrews, Leventhal /Fusion/

Dorine C. Andrews, Naomi S. Leventhal: Fusion, Integrating IE, CASE and JAD: A Handbook for Reegineering the Systems Organization. Englewood Cliffs 1993

Arnold, Gosling /Java/

Ken Arnold, James Gosling: Die Programmiersprache Java. 1. Aufl., Bonn u. a. 1996

Arthur /Improving Software Quality/

Lowell Jay Arthur: Improving Software Quality. An Insider's Guide to TQM. New York 1992

Arthur /Increasing Returns/

W. Brian Arthur: Increasing Returns and the New World of Business. In: Harvard Business Review. Nr. 4, 1996, S. 100-109

Artz /Begriff der Kundenorientierung/
Simone Artz: Der Begriff der Kundenorientierung. Verschiedene Sichtweisen aus Theorie und Praxis und ihre Anwendung auf die Softwareentwicklung. Diplomarbeit im Studiengang Wirtschaftsinformatik der Universität zu Köln. Köln 1997

ASI /Quality Function Deployment/
ASI (American Supplier Institute): Quality Function Deployment - Excerpts from the Implementation Manual for Three Day QFD Workshop. Version 3.4. In: QFD-Institute (Hrsg.): Transactions from the Second Symposium on Quality Function Deployment. Novi 1991, S. 21-85

Atuahene-Gima / New Product Performance/
Kwaku Atuahene-Gima: An Exploratory Analysis of the Impact of Market Orientation on New Product Performance. A Contingency Approach. In: Journal of Product Innovation Management. 1995, S. 275-293

Baaken, Launen /Software-Marketing/
Thomas Baaken, Michael Launen: Software-Marketing. Münster 1993

Bächle /Qualitätsmanagement/
Michael Bächle: Qualitätsmanagement der Softwareentwicklung. Das QEG-Verfahren als Instrument des Total Quality Managements. Wiesbaden 1996

Backhaus, de Zoeten /Produktentwicklung/
Klaus Backhaus, Robert de Zoeten: Produktentwicklung, Organsisation der. In: Erich Frese (Hrsg.): Handwörterbuch der Organisation. 3. Aufl., Stuttgart 1992, S. 2024-2066

Bailey /Customer/
Earl L. Bailey: The Conference Board, Research Bulletin No. 229: Getting Closer to the Customer: How a Wide Range of Manufacturers are Making Customer Satisfaction a Top Priority, Improving Customer Communications and Knowledge. New York 1989

Bailom u. a. /Kano-Modell/
Franz Bailom, Hans H. Hinterhuber, Kurt Matzler, Elmar Sauerwein: Das Kano-Modell der Kundenzufriedenheit. In: Marketing ZFP. Nr. 2, II. Quartal 1996, S. 117-126

Balzert /Die Entwicklung von Software-Systemen/
Helmut Balzert: Die Entwicklung von Software-Systemen. Prinzipien, Methoden, Sprachen, Werkzeuge. Mannheim u.a. 1992

Band /Value for Customers/
William Band: Creating Value for Customers: Designing & Implementing a Total Corporate Strategy. New York 1991

Bänsch /Käuferverhalten/
Axel Bänsch: Käuferverhalten. 7. Aufl., München-Wien 1996

Barth /Beratungs- und Software-Markt/
Helmut Barth: Der deutsche Beratungs- und Software-Markt einmal anders betrachtet. In: Online. Nr. 7, 1997, S. 10-13

Bauer /Venture-Team/
Ewald Bauer: Das 'Venture-Team' - eine neue organisatorische Strukturierungskonzeption des Managements neuer Produkte. In: ZfO - Zeitschrift Führung und Organisation. 1976, S. 81-88

Bäuml /Markt/
Gudrun Bäuml: Der Markt für Informatikprodukte. In: Karl Kurbel, Horst Strunz (Hrsg.): Handbuch der Wirtschaftsinformatik. Stuttgart 1990, S. 777-791

Becker /Strategisches Marketing/
Jochen Becker: Strategisches Marketing. In: Bruno Tietz, Richard Köhler, Joachim Zentes (Hrsg.): Handwörterbuch des Marketing. 2. Aufl., Stuttgart 1995, S. 2411-2425

Becker, Wellin /Customer-Service/
W. S. Becker, R. S. Wellin: Customer-Service Perceptions and Reality. In: Training and Development Journal. Nr. 3, March 1990, S. 49-51

Bednarczuk, Friedrich /Kundenorientierung/
Piotr Bednarczuk, Joachim Friedrich: Kundenorientierung ohne Marketing. In: Absatzwirtschaft. Nr. 9, 1992, S. 90-97

Behrens /Wissenschaftstheorie und Betriebswirtschaftslehre/
Gerold Behrens: Wissenschaftstheorie und Betriebswirtschaftslehre. In: Waldemar Wittmann, Werner Kern, Richard Köhler, Ulrich Küpper, Klaus v. Wysocki (Hrsg.): Handwörterbuch der Betriebswirtschaft. 5. Aufl., Stuttgart 1993, S. 4763-4772

Belassi, Tukel /Framework/
Walid Belassi, Oya Icmeli Tukel: A new Framework for determing critical Success/Failure Factors in Projects. In: International Journal of Project Management. Nr. 3, 1996, S. 141-151

Belli, Bonin /Qualitätsvorgaben/
Fevzi Belli, Hinrich Bonin: Qualitätsvorgaben im Hinblick auf Softwarefehler. In: Computer und Recht. Nr. 1, 1987, S. 46-57

Benbasat, Goldstein, Mead /case research strategy/
Izak Benbasat, David K. Goldstein, Melissa Mead: The case research strategy in studies of information systems. In: MIS Quarterly (MIS). Nr. 3, 1987, S. 369-386

Benkenstein /Dienstleistungsqualität/
Martin Benkenstein: Dienstleistungsqualität. Ansätze zur Messung und Implikation für die Steuerung. In: ZfB - Zeitschrift für Betriebswirtschaft. Nr. 11, 1993, S. 1095-1115

Bentley /Discussion/
Kathleen Bentley: A Discussion of the Link Between One Organization's Style and Structure and Its Connection With Its Market. In: Journal of Product Innovation Management. Nr. 7, 1990, S. 19-34

Berens, Delfmann /Quantitative Planung/
Wolfgang Berens, Werner Delfmann: Quantitative Planung. Stuttgart 1984

Berkau, Herzwurm /Software-Entwicklungsumgebungen/
Dirk Berkau, Georg Herzwurm: Kriterien für die Auswahl PC-gestützter Software-Entwicklungsumgebungen - dargestellt am Beispiel von Excelerator, Information Engineering Workbench, ProKit WORKBENCH und Systems Engineer. In: Information Management. Nr. 1, 1992, S. 42-55

Berkhoff, Blumenthal /Kalkulation für Software/
Horst Berkhoff, Peter Blumenthal: Kostenrechnung und Kalkulation für Software. In: ZfB - Zeitschrift für Betriebswirtschaft. Nr. 4, 1983, S. 407-419

Bicknell, Bicknell /QFD/
Barbara A. Bicknell, Kris D. Bicknell: The Road Map to Repeatable Success. Using QFD to Implement Change. Boca Raton u. a. 1995

Bierfelder /Innovationsmanagement/
Wilhelm H. Bierfelder: Innovationsmanagement. Prozeßorientierte Einführung. 3. Aufl., München – Wien 1994

Bitner, Booms, Mohr /Critical Service Encounters/
Mary J. Bitner, Bernhard H. Booms, Lois A. Mohr: Critical Service Encounters: The Employee's Viewpoint. In: Journal of Marketing. October 1994, S. 95-106

Bittner /Innovatives Software-Marketing/
Lothar Bittner: Innovatives Software-Marketing. Landberg 1995

Bittner, Schnath, Hesse /Werkzeugeinsatz/
U. Bittner, J. Schnath, W. Hesse: Werkzeugeinsatz bei der Entwicklung von Software-Systemen. In: Softwaretechnik-Trends. Nr. 1, 1993, S. 14-23

Blackburn, Scudder, van Wassenhove /global survey of software developers/
Joseph D. Blackburn, Gary D. Scudder, Luk N. van Wassenhove: Improving speed and productivity of software development: a global survey of software developers. In: IEEE Transactions on Software Engineering. Nr. 12, 1996, S. 875-885

Bleicher /Forschung und Entwicklung/
Frank Bleicher: Effiziente Forschung und Entwicklung. Wiesbaden 1990

Bleicher /Organisation/
Knut Bleicher: Organisation: Kundenorientierte Strukturen verstärken. In: IBM Nachrichten. Nr. 304, 1991, S. 15-23

Bode, Zelewski /Dienstleistungen/
Jürgen Bode, Stefan Zelewski: Die Produktion von Dienstleistungen - Ansätze zu einer Produktionswirtschaftslehre der Dienstleistungsunternehmen? In: BFuP - Betriebswirtschaftliche Forschung und Praxis. Nr. 6, 1992, S. 594-607

Boehm /Economics/
Barry W. Boehm: Software Engineering Economics. In: IEEE Transactions on Software Engineering. Nr. 1, 1984, S. 4-21

Boehm u. a. /Characteristics/
Barry W. Boehm, John R. Brown, Hans Kaspar, Lipow Myron, Gordon J. McLeod, Michael J. Merrit: Characteristics of Software Quality. Amsterdam - New York - Oxford 1978

Boehm, Gray, Seewaldt /Prototyping/
Barry W. Boehm, Terrence Gray, Thomas Seewaldt: Prototyping Versus Specifying: A Multiproject Experiment. In: IEEE Transactions on Software Engineering. Nr. 3, Mai 1984, S. 290-302

Böhler /Marktforschung/
Heymo Böhler: Marktforschung. Methodische Grundlagen und praktische Anwendung. 2. Aufl., Stuttgart - Berlin - Köln 1992

Bohlin, Hoenig /Old Systems/
Ron Bohlin, Christopher Hoenig: Wringing Value From Old Systems. In: Datamation. Nr. 16, August 1989, S. 57-60

Bollinger, McGowan /Critical Look/
Terrry B. Bollinger, Clement McGowan: A Critical Look at Software Capability Evaluations. In: IEEE Software. July 1991, S. 25-48

Bons, Salmann /Software-Normen/
H. Bons, S. Salmann: Software-Qualitätssicherung und Software-Normen. In: Wirtschaftsinformatik. Nr. 4, 1992, S. 401-412

Borm /Produktentwicklung/
Malte Borm: Organisatorische Gestaltungsalternativen der Produktentwicklung bei Verfolgung einer Strategie der Qualitätsführerschaft. Arbeitsbericht Nr. 30 des Seminars für Allgemeine Betriebswirtschaftslehre und Organisationslehre der Universität zu Köln. Köln 1993

Bortz /Lehrbuch der empirischen Forschung/
Jürgen Bortz: Lehrbuch der empirischen Forschung. Berlin u. a. 1984

Brassard /Memory Jogger/
Michael Brassard: Memory Jogger Plus+: Featuring the 7 management and planning tools. Methuen, MA 1989

Breuer, Schwamborn /Lead-User Ansatz/
Wolfgang Breuer, Susanne Schwamborn: Der Lead-User Ansatz. In: DBW - Die Betriebswirtschaft. Nr. 6, 1993, S. 845-847

Briam /Unternehmenskultur/
Karl-Heinz Briam: Unternehmenskultur als Erfolgsfaktor. Plädoyer für eine mitarbeiter- und marktorientierte Strategie der Zukunft. 2. Aufl., Gütersloh 1996

Brockhoff /Forschung und Entwicklung/
Klaus Brockhoff: Forschung und Entwicklung. Planung und Kontrolle. München u. a. 1994

Brockhoff /Schnittstellenmanagement/
Klaus Brockhoff: Schnittstellenmanagement. Stuttgart 1989

Brockhoff /Stärken und Schwächen/
Klaus Brockhoff: Stärken und Schwächen industrieller Forschung und Entwicklung. Umfrageergebnisse aus der Bundesrepublik Deutschland. Stuttgart 1990

Brockhoff /Wenn der Kunde stört/

Klaus Brockhoff: Wenn der Kunde stört - Differenzierungsnotwendigkeiten bei der Einbeziehung von Kunden in die Produktentwicklung. In: Manfred Bruhn, Hartwig Steffenhagen (Hrsg.): Marktorientierte Unternehmensführung Reflexionen - Denkanstöße – Perspektiven. Wiesbaden 1997, S. 351-370

Brockhoff, Zanger /Meßprobleme des Neuheitsgrades/

Klaus Brockhoff, Cornelia Zanger: Meßprobleme des Neuheitsgrades - dargestellt am Beispiel von Software. In: ZfbF - Schmalenbachs Zeitschrift für betriebswirtschaftliche Forschung. Nr. 10, 1993, S. 835-851

Bröhl, Dröschel /V-Modell/

Adolf-Peter Bröhl, Wolfgang Dröschel: Das V-Modell - Der Standard für die Softwareentwicklung mit Praxisleitfaden. München 1993

Brooks /No Silver Bullet/

F. P. Brooks: No Silver Bullet: Essence and Accidents of Software Engineering. In: IEEE Computer. Nr. 4, April 1987, S. 10-19

Bruhn /Anforderungen des Marktes/

Manfred Bruhn: Anforderungen des Marktes. In: Walter Masing (Hrsg.): Handbuch Qualitätsmanagement. 3. Aufl., München 1994, S. 331-354

Bruhn /Erfassung der Dienstleistungsqualität/

Manfred Bruhn: Erfassung der Dienstleistungsqualität bei Unternehmen mit gleichzeitig direktem und indirektem Kundenkontakt - Ansätze einer spieltheoretischen Multiattributsmessung. In: Manfred Bruhn, Hartwig Steffenhagen (Hrsg.): Marktorientierte Unternehmensführung Reflexionen - Denkanstöße – Perspektiven. Wiesbaden 1997, S. 295-322

Bullinger /IAO-Studie/

Hans-Jörg Bullinger (Hrsg.): IAO-Studie F & E - heute. Industrielle Forschung und Entwicklung in der Bundesrepublik Deutschland. München 1990

Buschmann u. a. /Softwaremarkt/

Elke Buschmann, Giesela Frerk, Ursula Neugebauer, Gertrud Otremba, Werner Schwuchow, Frank Sippel: Der Softwaremarkt in der Bundesrepublik Deutschland. Arbeitspapiere der GMD. Nr. 167, St. Augustin. Oktober 1990

Buzzle, Gale /PIMS-Principles/

R. D. Buzzle, B. T. Gale: The PIMS-Principles. London 1987

Camp /Benchmarking/

Robert C. Camp: Benchmarking - The Search for Industry Best Practices that Lead to Superior Performance. Milwaukee 1989

Carmel /Cycle Time/

Erran Carmel: Cycle Time in Packaged Software Firms. In: Journal of Product Innovation Management. 1995, S. 110-123

Chandler /Strategy and Structure/

Alfred D. Chandler: Strategy and Structure. Chapters in the History of the Industrial Enterprise. Cambridge 1962

Christensen, Bower /Customer Power/

Clyton M. Christensen, Joseph L. Bower: Customer Power, Strategic Investment, and the Failure of Leading Firms. In: IEEE Engineering Management Review. Nr. 4, 1996, S. 69-87

Cockburn /Social Issues/

Alistair Cockburn: The Interaction of Social Issues and Software Architecture. In: Communications of the ACM. Nr. 10, October 1996, S. 40-46

Coenenberg/Marktorientiertes Kostenmanagement/

Adolf G. Coenenberg, Thomas M. Fischer, Jochen Schmitz: Marktorientiertes Kostenmanagement durch Target Costing und Product Life Cycle Costing. In: Manfred Bruhn, Hartwig Steffenhagen (Hrsg.): Marktorientierte Unternehmensführung Reflexionen - Denkanstöße - Perspektiven. Wiesbaden 1997, S. 371-402

Cohen /House of Quality/

Lou Cohen: QFD: The House of Quality. In: American Programmer. Nr. 6, 1993, S. 12-19

Cohen /Quality Function Deployment/
Lou Cohen: Quality Function Deployment. How to Make QFD Work for You. Reading u. a. 1995

Cooper /New Product Strategies/
R. G. Cooper: New Product Strategies: What Distingushes the Top Performers? In: The Journal of Product Innovation Management. Nr. 1, 1984, S. 151-164

Cooper, Kleinschmidt /New Product Development/
Robert G. Cooper, Elke J. Kleinschmidt: Benchmarking the Firm's Critical Success Factors in New Product Development. In: The Journal of Product Innovation Management. Nr. 1, 1995, S. 374-391

Corsten /Dienstleistungsproduktion/
Hans Corsten: Dienstleistungsproduktion. In: Waldemar Wittmann, Werner Kern, Richard Köhler, Ulrich Küpper, Klaus v. Wysocki (Hrsg.): Handwörterbuch der Betriebswirtschaft. 5. Aufl., Stuttgart 1993, S. 765-776

Corsten /Dienstleistungsunternehmungen/
Hans Corsten: Betriebswirtschaftslehre der Dienstleistungsunternehmungen. 2. Aufl., München - Wien 1990

Crosby /Qualität ist machbar/
Philip B. Crosby: Qualität ist machbar. Hamburg u. a. 1986

Curtius /Quality Function Deployment/
Berthold Curtius: Quality Function Deployment in der westdeutschen Automobilindustrie. Versuch einer Darstellung hemmender und fördernder Faktoren. Aachen 1995

Curtius, Ertürk /QFD-Einsatz/
Berthold Curtius, Ümit Ertürk: QFD-Einsatz in Deutschland - Status und Praxisbericht. In: QZ - Qualität und Zuverlässigkeit. Zeitschrift für industrielles Qualitätsmanagement. Nr. 4, 1994, S. 394-402

Cusumano, Selby /Microsoft Secrets/
Michael A. Cusumano, Richard W. Selby: Microsoft Secrets: How the world's most powerful software company creates technology, shapes markets, and manages people. New York 1995

Davis /Requirements Engineering/
Alan Mark Davis: Requirements Engineering. In: John J. Marciniak (Hrsg.): Encyclopedia of Software Engineering. New York 1994, S. 1043-1154

Deming /Out of the crisis/
William Edwards Deming: Out of the crisis: quality, productivity and competitive position. Cambridge 1992

Derigs /Betriebswirtschaft/
Ulrich Derigs: PC in der Betriebswirtschaft - Anwendung und Software. Hamburg u. a. 1988

Deutsch /Gute Kontakte/
Christian Deutsch: Innovationen. Gute Kontakte. In: Wirschaftswoche. Nr. 6, 1.2.1996, S. 68-72

DGQ /Qualitätszirkel/
Deutsche Gesellschaft für Qualität e.V. (Hrsg.): Qualitätszirkel. Anregungen zur Vorbereitung und Einführung. DGQ-Schrift Nr. 14-11. 2. Aufl., Berlin 1987

DGQ, DQS /Audits/
DGQ, DQS (Hrsg.): Audits zur Zertifizierung von Qualitätsmanagementsystemen. Regeln und DQS-Auditorenfragenkatalog. DGQ-DQS-Schrift 12-64. Berlin - Köln 1993

Diebold /Software- und Services-Markt/
Diebold Deutschland GmbH: Der Software- und Services-Markt in Deutschland 1995-1997. Internet WWW-Seite http://www.diebold.de/swmarkt.htm, Dezember 1996

Diller /Kundenbindung/
Hermann Diller: Kundenbindung als Marketingziel. In: Marketing ZFP. Nr. 2, II. Quartal 1996, S. 81-94

DIN /DIN 40150/
DIN (Hrsg.): Begriffe zur Ordnung von Funktions- und Baueinheiten. DIN 40 150. Berlin 1979

DIN /DIN 66272/
DIN (Hrsg.): DIN 66272: Informationstechnik - Bewerten von Softwareprodukten - Qualitätsmerkmale und Leitfaden zu ihrer Verwendung. Identisch mit ISO/IEC 9126: 1991. Oktober 1994. Berlin 1994

DIN /Projektmanagement/

DIN (Hrsg.): Projektwirtschaft; Projektmanagement; Begriffe. DIN 69901. Berlin 1987

DIN, EN, ISO /ISO 8402: 1995/

DIN, EN, ISO (Hrsg.): Qualitätsmanagement. Begriffe. DIN EN ISO 8402: 1995-08. Berlin 1995

DIN, EN, ISO /ISO 9000-1: 1994/

DIN, EN, ISO (Hrsg.): Normen zum Qualitätsmanagement und zur Qualitätssicherung / QM-Darlegung. Teil 1: Leitfaden zur Auswahl und Anwendung. DIN EN ISO 9000-1: 1994-08. Berlin 1994

DIN, EN, ISO /ISO 9004-1: 1994/

DIN, EN, ISO (Hrsg.): Qualitätsmanagement und Elemente eines Qualitätsmanagementsystems. Teil 1: Leitfaden. DIN EN ISO 9004-1: 1994-08. Berlin 1994

DIN, ISO /ISO 9000-3: 1992/

DIN, ISO (Hrsg.): Qualitätsmanagement- und Qualitätssicherungsnormen. Leitfaden für die Anwendung von ISO 9001 auf die Entwicklung, Lieferung und Wartung von Software. DIN ISO 9000-3: 1992-06. Berlin 1992

Droege & Comp. /Triebfeder Kunde/

Droege & Comp. (Hrsg.): Triebfeder Kunde. Ergebnisse und Interpretationen der Studie ... näher und besser am Kunden arbeiten ...'. Düsseldorf 1995

Droege /Zukunft/

Walter P. J. Droege: Den Weg für die Zukunft freimachen. In: Absatzwirtschaft. Nr. 5, 1994, S. 58-65

Duden /Fremdwörterbuch/

Wissenschaftlicher Rat der Dudenredaktion (Hrsg.): Duden Fremdwörterbuch. 5. Aufl., Mannheim - Wien - Zürich 1990

Dunn, Ullmann /TQM for Computer Software/

Robert H. Dunn, Richard S. Ullmann: TQM for Computer Software. 2. Aufl., New York u. a. 1994

Danner /Ganzheitliches Anforderungsmanagement/

Stefan Danner: Ganzheitliches Anforderungsmanagement für marktorientierte Entwicklungs-prozesse. Aachen 1996

Dutka /Handbook/

Alan Dutka: Ama Handbook for Customer Satisfaction. Lincolnwood 1994

Dzida, Konradt /Psychologie/

Wolfgang Dzida, Udo Konradt: Psychologie des Software-Entwurfs. Göttingen - Stuttgart 1995

Edgett, Shipley, Giles /Factors to Success/

Scott Edgett, David Shipley, Forbes Giles: Japanese and British Companies Compared: Contributing Factors to Success and Failure in NPD New Product Winners from Losers. In: Journal of Product Innovation Management. 1992, S. 2-10

Ehrlenspiel /Integrierte Produktentwicklung/

Klaus Ehrlenspiel: Integrierte Produktentwicklung. Methoden für Prozeßorganisation, Produkterstellung und Konstruktion. München u. a. 1995

Eisenführ, Weber /Rationales Entscheiden/

Franz Eisenführ, Martin Weber: Rationales Entscheiden. 2. Aufl., Berlin u. a. 1994

Emory, Cooper /Business Research/

C. William Emory, Donald R. Cooper: Business Research Methods. 4. Aufl., Homewood, Boston 1991

Engelhardt, Freiling /Marktorientierte Qualitätsplanung/

Werner H. Engelhardt, Jörg Freiling: Marktorientierte Qualitätsplanung: Probleme des Quality Function Deployment aus Marketing-Sicht. In: DBW - Die Betriebswirtschaft. Nr. 1, 1997, S. 7-17

Englert /Standard-Anwendungssoftware/

G. K. Englert: Marketing von Standard-Anwendungssoftware. Mannheim 1977

Eul /Geschäftsfeldmodelle/

Marcus Eul: Qualitätsmanagementsystem für Geschäftsfeldmodelle: Projekttechniken als Instrumente zur Qualitätsplanung und -lenkung. Wiesbaden 1996

Euringer /Marktorientierte Produktentwicklung/
Cornelia Euringer: Marktorientierte Produktentwicklung. Die Interaktion zwischen F&E und Marketing. Wiesbaden 1995

Falkner /Strategien/
George Falkner: Strategien zur Meßbarkeit des Erfolgs. Umfassendes Qualitätsmanagement. Zürich 1995

Feix /Moderationsmethoden/
Nereu Feix: Moderationsmethoden und Synaplan. 2. Aufl., Mannheim 1992

Fenton /Software Metrics/
Norman Fenton: Software Metrics. A Rigorous Approach. London 1991

Finch /Listen to the Customer/
Byron J. Finch: A New Way to Listen to the Customer. In: Quality Progress. May 1997, S. 73-76

Fishbein, Ajzen /Attitude/
Martin Fishbein, Icek Ajzen: Belief, Attitude, Intention and Behaviour - An Introduction to Theory and Research. Reading 1975

Fisher /Design of Experiments/
Roger A. Fisher: The Design of Experiments. 8. Aufl., Edinburgh 1988

Flanagan /Critical Incident Technique/
J. C. Flanagan: The Critical Incident Technique. In: Psychological Bulletin. Nr. 51, 1954, S. 327-358

Floyd /Realitätskonstruktion/
Christiane Floyd: Softwareentwicklung als Realitätskonstruktion. In: Wolfram-M. Lippe (Hrsg.): Software-Entwicklung. Konzepte, Erfahrungen, Perspektiven. Fachtagung, Marburg, Juni 1989. Proceedings. Informatik-Fachberichte Nr. 212. Berlin - Heidelberg 1989, S. 1-20

Frank /Empirie in der Wirtschaftsinformatik/
Ulrich Frank: Erfahrung, Erkenntnis und Wirklichkeitsgestaltung - Anmerkungen zur Rolle der Empirie in der Wirtschaftsinformatik. In: Proceedings - Fachtagung der Wissenschaftlichen Kommission Wirtschaftsinformatik im Verband der Hochschullehrer für Betriebswirtschaft e.V. - Empirische Forschung in der Wirtschaftsinformatik. Linz 1996, S. 3-18

Freemantle /König/
David Freemantle: Der Kunde: König oder Bittsteller? Landsberg/Lech 1995

Frehr, Hormann /Produktentwicklung und Qualitätsmanagement/
Hans-Ulrich Frehr, Dirk Hormann (Hrsg.): Produktentwicklung und Qualitätsmanagement. Berlin - Offenbach 1993

Frese /Exzellente Unternehmen/
Erich Frese: Exzellente Unternehmen - Konfuse Theorien. Kritisches zur Studie von Peters und Waterman. In: DBW - Die Betriebswirtschaft. Nr. 45, 1985, S. 604-606

Frese /Grundlagen/
Erich Frese: Grundlagen der Organisation. Konzept - Prinzipien - Strukturen. 6. Aufl., Wiesbaden 1995

Frese /Organisationskonzepte/
Erich Frese: Aktuelle Organisationskonzepte und Informationstechnologie. In: m & c - Management & Computer. Nr. 2, 1994, S. 129-134

Frese /Organisationstheorie/
Erich Frese: Organisationstheorie. Historische Entwicklung, Ansätze, Perspektiven. 2. Aufl., Wiesbaden 1992

Frese /Produktion/
Erich Frese: Produktion, Organisation der. In: Erich Frese (Hrsg.): Handwörterbuch der Organisation. 3. Aufl., Stuttgart 1992, S. 2039-2058

Frese, Hüsch /Kundenorientierte Angebotsabwicklung/
Erich Frese, Hans-Jürgen Hüsch: Kundenorientierte Angebotsabwicklung in der Investitionsgüter-Industrie aus strategischer und organisatorischer Sicht. In: Detlef Müller-Böling, Dietrich Seibt, Udo Winand (Hrsg.): Innovations- und Technologiemanagement. Stuttgart 1991, S. 177-207

Frese, Noetel /Auftragsabwicklung/
Erich Frese, Wolfgang Noetel: Kundenorientierung in der Auftragsabwicklung. Strategie, Organisation, Informationstechnologie. Düsseldorf - Stuttgart 1992

Frese, von Werder /Kundenorientierung/
Erich Frese, Axel von Werder: Kundenorientierung als organisatorische Gestaltungsoption der Informationstechnologie. In: Erich Frese, Werner Maly (Hrsg.): Kundenorientierung durch moderne Informationstechnologien. Zeitschrift für betriebswirtschaftliche Forschung. Sonderheft 25, Düsseldorf-Frankfurt 1994, S. 53-80

Fritz /Erfolgsfaktoren/
Wolfgang Fritz: Erfolgsfaktoren im Marketing. In: Bruno Tietz, Richard Köhler, Joachim Zentes (Hrsg.): Handwörterbuch des Marketing. 2. Aufl., Stuttgart 1995, S. 594-607

Frost /Wertanalyse nach DIN 69910/
Peter F. Frost: Größerer Unternehmenserfolg durch Wertanalyse nach DIN 69910. Eschborn 1992

Gadenne /Wissenschaftstheoretische Grundlagen/
Volker Gadenne: Wissenschaftstheoretische Grundlagen der Wirtschaftsinformatik. In: Johannes Kepler (Hrsg.): Proceedings - Fachtagung der Wissenschaftlichen Kommission Wirtschaftsinformatik im Verband der Hochschullehrer für Betriebswirtschaft e.V. - Empirische Forschung in der Wirtschaftsinformatik. Linz 1996, S. 1-17

Gale, Wood /Managing Customer Value/
Bradley T. Gale, Robert Chapman Wood: Managing Customer Value. New York 1994

Gane /Computer-Aided Software Engineering/
Chris Gane: Computer-Aided Software Engineering. The Methodologies, The Products, And The Future. New Jersey 1990

Gaster /Produkt- und Verfahrensaudit/
D. Gaster: Produkt- und Verfahrensaudit. DGQ-Schrift 13-41. Berlin 1988

Gaster /Systemaudit/
D. Gaster: Systemaudit. Die Beurteilung des QM-Systems. DGQ-Schrift 12-63. 2. Aufl., Berlin 1993

Gause, Weinberg /Software Requirements/
Donald C. Gause, Gerald M. Weinberg: Software Requirements. Anforderungen erkennen, verstehen und erfüllen. München u. a. 1994

Geffroy /Kunde/
Edgar K. Geffroy: Das einzige was stört ist der Kunde. 6. Aufl., Landsberg/Lech 1995

Gibbs /Software/
W. Wayt Gibbs: Software: chronisch mangelhaft. In: Spektrum der Wissenschaft. Nr. 12, 1994, S. 56-63

Glass /relationship/
Robert L. Glass: The relationship between theory and practice in software engineering. In: Communications of the ACM. Nr. 11, 1996, S. 11-13

Glass /Software-Research Crisis/
Robert L. Glass: The Software-Research Crisis. In: IEEE Software. Nr. 11, 1994, S. 42-47

Goodman, DePalma, Broetzmann /Customer Feedback/
John Goodman, David DePalma, Scott Broetzmann: Maximizing the Value of Customer Feedback. In: Quality Progress. Dezember 1996, S. 35-39

Graham /CAST-Report/
Dorothy Graham (Hrsg.): CAST-Report. London 1995

Griese /Anwendungs-Software/
Joachim Griese: Informationsverarbeitung: Anwendungs-Software. In: Erich Frese (Hrsg.): Handwörterbuch der Organisation. 3. Aufl., Stuttgart 1992, S. 967-977

Griese u. a. /Wirtschaftlichkeit der Informationsverarbeitung/
Joachim Griese, Günter Obelode, Paul Schmitz, Dietrich Seibt: Ergebnisse des Arbeitskreises Wirtschaftlichkeit der Informationsverarbeitung. In: ZfbF - Schmalenbachs Zeitschrift für betriebswirtschaftliche Forschung. Nr. 7, 1987, S. 515-551

Griffin /Evaluating development processes/
Abbie J. Griffin: Evaluating development processes: QFD as an example. Marketing Science Institute Report No. 91-121. Cambridge 1991

Griffin /Evaluating QFD´s Use/
Abbie Griffin: Evaluating QFD´s Use in US Firms as a Process for Developing Products. In: Journal of Product Innovation Management. 1992, S. 171-187

Griffin u. a. /Kundenzufriedenheit/
Abbie Griffin, Greg Gleason, Rick Preiss, Dave Shevenaugh: Die besten Methoden zu mehr Kundenzufriedenheit. In: Harvard Business Manager. Nr. 3, 1995, S. 65-76

Griffin, Hauser /Voice Of The Customer/
Abbie J. Griffin, John R. Hauser: The Voice Of The Customer. In: Marketing Science. Nr. 1, 1993, S. 1-27

Griffin, Page /PDMA Success Measurement Project/
Abbie Griffin, Albert L. Page: PDMA Success Measurement Project: Recommended Measures for Product Development Success and Failure. In: Journal of Product Innovation Management. 1996, S. 478-496

Grochla /Betrieb, Betriebswirtschaft und Unternehmung/
Erwin Grochla: Betrieb, Betriebswirtschaft und Unternehmung. In: Waldemar Wittmann, Werner Kern, Richard Köhler, Ulrich Küpper, Klaus v. Wysocki (Hrsg.): Handwörterbuch der Betriebswirtschaft. 5. Aufl., Stuttgart 1993, S. 374-390

Grochla, Welge /Effizienzbestimmung/
Erwin Grochla, Martin K. Welge: Zur Problematik der Effizienzbestimmung von Organisationsstrukturen. In: Zeitschrift für betriebliche Finanzierung. Nr. 27, 1975, S. 273-289

Grochow /Cost of CASE/
Jerrold M. Grochow: Justifying the cost of CASE. In: CASE Directions. Nr. 1, 1989, S. 12-13

Grunert /Konkurrentenanalyse/
Klaus G. Grunert: Konkurrentenanalyse. In: Bruno Tietz, Richard Köhler, Joachim Zentes (Hrsg.): Handwörterbuch des Marketing. 2. Aufl., Stuttgart 1995, S. 1226-1234

Guinta, Praizler /The QFD Book/
Lawrence R. Guinta, Nancy C. Praizler: The QFD Book - The Team Approach to Solving Problems and Satisfying Customers Through Quality Function Deployment. New York 1993

Günther, Tempelmeier /Produktion und Logistik/
Hans-Otto Günther, Horst Tempelmeier: Produktion und Logistik. 2. Aufl., Berlin u. a. 1995

Gustafsson /Conjoint Analysis and QFD/
Anders Gustafsson: Customer Focused Product Development by Conjoint Analysis and QFD. Linköping Studies in Science and Technology. Dissertation No. 418. Linköping 1996

Haag /field study/
Stephen Eugene Haag: A field study of the use of quality function deployment (QFD) as applied to software development. Arlington, Texas 1992

Haist, Fromm /Qualität/
Fritz Haist, Hansjörg Fromm: Qualität im Unternehmen. Prinzipien - Methoden - Techniken. 2. Aufl., München - Wien 1991

Hall, Fenton /Software quality programmes/
Tracy Hall, Norman E. Fenton: Software quality programmes: a snapshot of theory versus reality. In: Software Quality Journal. Nr. 4, 1996, S. 235-242

Hamel /Zielplanung/
Winfried Hamel: Zielplanung. In: Norbert Szyperski (Hrsg.): Handwörterbuch der Planung. Stuttgart 1989, S. 2302-2316

Hamel /Zielsysteme/
Winfried Hamel: Zielsysteme. In: Erich Frese (Hrsg.): Handwörterbuch der Organisation. 3. Aufl., Stuttgart 1992, S. 2634-2652

Hanft /Identifikation/
Anke Hanft: Identifikation als Einstellung vor Organisation. München - Mering 1991

Hanser /Kulturrevolution/
Peter Hanser: Reif für die Kulturrevolution. In: Absatzwirtschaft. Nr. 5, 1994, S. 71-76

Harbrecht /Bedürfnis/
Wolfgang Harbrecht: Bedürfnis, Bedarf, Gut, Nutzen. In: Waldemar Wittmann, Werner Kern, Richard Köhler, Ulrich Küpper, Klaus v. Wysocki (Hrsg.): Handwörterbuch der Betriebswirtschaft. 5. Aufl., Stuttgart 1993, S. 266-280

Hartung /Produktplanung und -entwicklung/
Stefan Hartung: Methoden des Qualitätsmanagements für die Produktplanung und -entwicklung. Aachen 1994

Haseborg /Marketing-Controlling/
Fokko ter Haseborg: Marketing-Controlling. In: Bruno Tietz, Richard Köhler, Joachim Zentes (Hrsg.): Handwörterbuch des Marketing. 2. Aufl., Stuttgart 1995, S. 1542-1553

Hasenkamp /Integrierte Softwarepakete/
Ulrich Hasenkamp: Integrierte Softwarepakete. In: Peter Mertens, Andrea Back, Jörg Becker, Wolfgang König, Hermann Krallmann, Bodo Rieger, August-Wilhelm Scheer, Dietrich Seibt, Peter Stahlknecht, Horst Strunz, Rainer Thome, Hartmut Wedekind (Hrsg.): Lexikon der Wirtschaftsinformatik. 3. Aufl., Berlin - Heidelberg - New York 1997, S. 209-210

Hauer /TQM/
Reimund Hauer: Total Quality Management in der Softwareproduktion. Frankfurt a. M. u. a. 1996

Hauser, Clausing /House of Quality/
John R. Hauser, Don Clausing: The House of Quality. In: Harvard Business Review. Mai-Juni 1988, S. 63-73

Hayes /Customer Satisfaction/
Bob E. Hayes: Measuring Customer Satisfaction - Development and Use of Questionnaires. Milwaukee 1992

Heinbokel /Benutzerbeteiligung/
Torsten Heinbokel: Benutzerbeteiligung: Schlüssel zum Erfolg oder Hemmschuh der Entwicklung? In: Felix C. Brodbeck, Michael Frese (Hrsg.): Produktivität und Qualität in Software-Projekten. Psychologische Analyse und Optimierung von Arbeitsprozessen in der Software-Entwicklung. München - Wien 1994, S. 105-124

Heinrich /Systemplanung und -entwicklung/
Lutz Heinrich: Der Prozeß der Systemplanung und -entwicklung. In: Karl Kurbel, Horst Strunz (Hrsg.): Handbuch der Wirtschaftsinformatik. Stuttgart 1990, S. 199-214

Heinrich /Wirtschaftsinformatik/
Lutz Heinrich: Wirtschaftsinformatik. München 1993

Helfrich /Business Reengineering/
Christian Helfrich: Business Reengineering in einem Softwarehaus. In: io-Management-Zeitschrift. Nr. 6, 1995, S. 39-41

Henning /Beziehungsqualität/
Thorsten Henning: Beziehungsqualität: Kundenzufriedenheit und mehr im Zentrum des Beziehungsmarketing. In: Marktforschung-Praxis. Nr. 4, 1996, S. 142-148

Herbsleb u. a. /Benefits/
James Herbsleb, Anita Carleton, James Rozum, Jane Siegel, David Zubrow: Benefits of CMM-Based Software Process Improvement: Initial Results. Technical Report. CMU/SEI-94-TR-13. ESC-TR-94-013. Pittsburgh 1994

Herbsleb u. a. /Software Process Improvement/
James Herbsleb, David Zubrow, Jane Siegel, James Rozum, Anita Carleton: Software Process Improvement: State of the payoff. In: American Programmer. Nr. 9, 1994, S. 2-12

Herkner /Sozialpsychologie/
Werner Herkner: Lehrbuch der Sozialpsychologie. 5. Aufl., Bern 1991

Herrmann /Kalkulation/
Otto Herrmann: Kalkulation von Softwareentwicklungen. München 1983

Herrmann /Kosten der Softwareentwicklung/
Otto Herrmann: Analyse der Einflußfaktoren auf die Kosten der Softwareentwicklung. In: Angewandte Informatik. Nr. 4, 1983, S. 139-148

Herzwurm /CASE/
Georg Herzwurm: Computer Aided Software Engineering (CASE). In: Peter Mertens, Andrea Back, Jörg Becker, Wolfgang König, Hermann Krallmann, Bodo Rieger, August-Wilhelm Scheer, Dietrich Seibt, Peter Stahlknecht, Horst Strunz, Rainer Thome, Hartmut Wedekind (Hrsg.): Lexikon der Wirtschaftsinformatik. 3. Aufl., Berlin - Heidelberg - New York 1997, S. 88-89

Herzwurm /ISO 9000/
Georg Herzwurm: ISO 9000 - Selbstzweck oder Abfallprodukt. In: IX : Multiuser - Multitasking Magazin. Nr. 4, 1994, S. 166

Herzwurm /Wissensbasiertes CASE/
Georg Herzwurm: Wissensbasiertes CASE. Theoretische Analyse, empirische Untersuchung, Entwicklung eines Prototyps. 2. Aufl., Braunschweig - Wiesbaden 1993

Herzwurm, Hierholzer /SCVM/
Georg Herzwurm, Andreas Hierholzer: Kundenorientierung durch Software Customer Value Management (SCVM). In: Georg Herzwurm, Andreas Hierholzer, Werner Mellis (Hrsg.): Kundenorientierte Softwareentwicklung. Studien zur Systementwicklung des Lehrstuhls für Wirtschaftsinformatik der Universität zu Köln. Band 9. Köln 1996, S. 3-77

Herzwurm, Schockert, Mellis /Qualitätssoftware/
Georg Herzwurm, Sixten Schockert, Werner Mellis: Qualitätssoftware durch Kundenorientierung. Die Methode Quality Function Deplyoment (QFD). Grundlagen, Praxisleitfaden, SAP R/3 Fallbeispiel. Braunschweig - Wiesbaden 1997

Herzwurm, Schockert, Mellis /Success of QFD/
Georg Herzwurm, Sixten Schockert, Werner Mellis: Determining the Success of a QFD project - exemplified by a pilot scheme carried out in cooperation with the German software company SAP AG. In: QFD Institute (Hrsg.): Proceedings of the Eighth Symposium on Quality Function Deployment and International Symposium on QFD '96, June 9-11, 1996 in Novi, Michigan, USA. Novi 1996, S. 131-150

Hierholzer /Kompetenzkommunikation/
Andreas Hierholzer: Bestimmung von Ursachen und Wirkungen der Kompetenzkommunikation im Software-Marketing durch Benchmarking. In: WKWI (Hrsg.): Proceedings - Fachtagung der Wissenschaftlichen Kommission Wirtschaftsinformatik im Verband der Hochschullehrer für Betriebswirtschaft e.V. - Empirische Forschung in der Wirtschaftsinformatik. Linz 1996

Hierholzer /Kundenorientierung/
Andreas Hierholzer: Benchmarking der Kundenorientierung von Softwareprozessen. Konzeption eines Vorgehensmodells zur kontinuierlichen Verbesserung der Kundenorientierung von Softwareherstellern. Aachen 1996

Hofmann /Requirements Engineering/
Hubert F. Hofmann: Requirements Engineering. A Survey of Methods and Tools. Technical Report Institut für Informatik der Universität Zürich. Nr. 93.05. Zürich, März 1993

Homburg /Closeness/
Christian Homburg: Closeness to the customers in Industrial Markets. Towards a theory-based understanding of measurement, organizational antecedents, and performance customers. In: ZfB - Zeitschrift für Betriebswirtschaft. Nr. 3, 1995, S. 309-331

Homburg, Rudolph /Kunden/
Christian Homburg, Bettina Rudolph: Wie zufrieden sind Ihre Kunden tatsächlich? In: Harvard Business Manager. Nr. 1, 1995, S. 43-50

Homburg, Rudolph /Kundenzufriedenheit/
Christian Homburg, Bettina Rudolph: Theoretische Perspektiven zur Kundenzufriedenheit. In: Hermann Simon, Christian Homburg (Hrsg.): Kundenzufriedenheit. Konzepte - Methoden - Erfahrungen. Wiesbaden 1995, S. 28-49

Homburg, Rudolph, Werner /Kundenzufriedenheit/
Christian Homburg, Bettina Rudolph, Harald Werner: Messung und Management von Kundenzufriedenheit in Industriegüterunternehmen. In: Hermann Simon, Christian Homburg (Hrsg.): Kundenzufriedenheit. Konzepte - Methoden - Erfahrungen. Wiesbaden 1995, S. 313-340

Hoppenheit /Softwareunternehmen/
Christoph Hoppenheit: Controlling in Softwareunternehmen. Konzeption für Entwicklungsbereiche. Wiesbaden 1993

Hummel, Midderhoff /V-Modell '97/
H. Hummel, R. Midderhoff: V-Modell '97. Das fortgeschriebene Vorgehensmodell der Bundesverwaltungen. In: Gesellschaft für Informatik Fachausschuß 5.1 (Hrsg.): Rundbrief 1/1997 des Fachausschusses 5.1 Management der Anwendungsentwicklung und -wartung im Fachbereich 5 Wirtschaftsinformattik der Gesellschaft für Informatik. 4. Rundbrief, 3. Jahrgang. Karlsruhe 1997, S. 38-45

Humphrey /Managing Technical People/
Watts S. Humphrey: Managing Technical People - Innovation, Teamwork, and the Software Process. Reading, MA 1997

IEEE /Software Requirements Specifications/
IEEE (Hrsg.): IEEE Std 830-1984. IEEE Guide to Software Requirements Specifications. New York 1984

Imai /KAIZEN/
Masaaki Imai: KAIZEN - Der Schlüssel zum Erfolg der Japaner im Wettbewerb. 4. Aufl., Berlin - Frankfurt 1994

Ishikawa /Guide/
Kaoru Ishikawa: Guide to Quality Control. 2. Aufl., Tokyo 1993

ISO, IEC /ISO 9126/
ISO, IEC (Hrsg.): International Standard ISO/IEC 9126: Information Technology - Software Product Evaluation. Quality Characteristics and Guidelines for their use. First Edition 1991-12-15. Genf 1991

IT-Marketing /IT-Marketing '96/
IT-Marketing Verlagsgesellschaft GmbH (Hrsg.): IT-Marketing '96. Marketing in der Softwareindustrie - Qualität und Entwicklungstendenzen. Hamburg 1996

Jackson /Software Requirements/
Michael Jackson: Software Requirements & Specifications: a lexicon of practice, principles and prejudices. Reading, MA 1995

Jansen, Schwitalla, Wicke /Beteiligungsorientierte Systementwicklung/
K-D. Jansen, U. Schwitalla, W. Wicke (Hrsg.): Beteiligungsorientierte Systementwicklung. Opladen 1989

Jehle /Wertanalyse/
Egon Jehle: Wertanalyse. In: Waldemar Wittmann, Werner Kern, Richard Köhler, Ulrich Küpper, Klaus v. Wysocki (Hrsg.): Handwörterbuch der Betriebswirtschaft. 5. Aufl., Stuttgart 1993, S. 4648-4660

Jones /Failure and Success/
Capers Jones: Patterns of Software Systems Failure and Success. Boston 1996

Jones, Sasser /Customers/
Thomas O. Jones, W. Earl Sasser Jr.: Why Satisfied Customers Defect. In: Harvard Business Review. November - December 1995, S. 88-99

Juran /Quality by Design/
J. M. Juran: Juran on Quality by Design. The New Steps for Planning Quality into Goods and Services. 2. Aufl., New York 1992

Kano u. a. /Attractive quality and must-be quality/
Noriaki Kano, Nobuhiko Seraku, Fumio Takahashi, Shinichi Tsuji: Attractive quality and must-be quality. In: Quality. Nr. 2, 1984, S. 39-44

Kaplan, Clark, Tang /40 innovations/
Craig Kaplan, Ralph Clark, Victor Tang: Secrets of software quality: 40 innovations from IBM. New York u. a. 1995

Karlsson, Ahlström / Lean Product Development/

Christer Karlsson, Pär Ahlström: The Difficult Path to Lean Product Development. In: Journal of Product Innovation Management. 1996, S. 283-295

KBSt / Vorgehensmodell/

Koordinierungs- und Beratungsstelle der Bundesregierung für Informationstechnik in der Bundesverwaltung (KBSt): Planung und Durchführung von IT-Vorhaben. Vorgehensmodell (V-Modell). Bundesanzeiger. Band 27/1. Bonn, August 1992

Keller /Entscheidungsprozeß/

Axel Keller: Der Entscheidungsprozeß bei der Beschaffung innovativer Software. Dargestellt am Beispiel von CASE-Software. Frankfurt 1993

Kelley /Bank Employees/

Scott W. Kelley: Customer Orientation of Bank Employees and Culture. In: International Journal of Bank Marketing. Nr. 6, 1990, S. 25-29

Kelley /Computer Programmers/

John E. Kelley: A Study of the Work Attitudes of Computer Programmers. In: Personnel Review. Nr. 4, 1978, S. 25-29

Kellinghaus /Kundenorientierte Organisation/

Ulrich Kellinghaus: Kundenorientierte Organisation - in der BA überhaupt möglich? In: arbeit und beruf. Nr. 1, 1996, S. 1-4

Kemper /Dezentrale Anwendungsentwicklung/

Hans-Georg Kemper: Dezentrale Anwendungsentwicklung betriebswirtschaftlicher Anwendungssysteme in den Fachabteilungen und ihre Einbindung in Information-Resources-Management-Konzeptionen. Dissertation an der Universität - Gesamthochschule - Essen. Essen 1989

Kersten /Entwicklung/

Günter Kersten: Integrierte Methodenanwendung in der Entwicklung. In: Walter Masing (Hrsg.): Handbuch Qualitätsmanagement. 3. Aufl., München 1994, S. 427-444

Keuter /Determinanten/

Alfons Keuter: Determinanten der industriellen Forschung und Entwicklung. Frankfurt 1994

Kim, Mauborgne /Value/

W. Chan Kim, Renée Mauborgne: Value Innovation: The Strategic Logic of High Growth. In: Harvard Business Review. Nr. 1, 1997, S. 103-112

King /Break througs/

Bob King: Break througs in Design. New Directions in QFD. In: QFD Institute (Hrsg.): Proceedings of the Eighth Symposium on Quality Function Deployment and International Symposium on QFD '96, June 9-11, 1996 in Novi, Michigan, USA. Novi 1996, Sonderbeilage

King /Konkurrenz/

Bob King: QFD. Doppelt so schnell wie die Konkurrenz. 2. Aufl., St. Gallen 1994

Klandt, Kirschbaum /Software- und Systemhäuser/

H. Klandt, G. Kirschbaum: Software- und Systemhäuser: Strategien in der Gründungs- und Frühentwicklungsphase. Arbeitspapiere der GMD. Nr. 105, St. Augustin 1985

Klingler /IS-Gruppen/

Daniel Klingler: IS-Gruppen müssen produzieren, was die Anwender sich wünschen. In: Computerwoche. Nr. 43, 27. Oktober 1995, S. 39-40

Köhler /Absatzorganisation/

Richard Köhler: Absatzorganisation. In: Erich Frese (Hrsg.): Handwörterbuch der Organisation. 3. Aufl., Stuttgart 1992, S. 34-56

Köhler /Führung/

Richard Köhler: Marketingbereich, Führung im. In: Alfred Kieser, Gerhard Reber, Rolf Wunderer (Hrsg.): Handwörterbuch der Führung. 2. Aufl., Stuttgart 1995, S. 1468-1483

Köhler /Kommunikationsmanagement/
Richard Köhler: Kommunikationsmanagement im Unternehmen. In: Berndt Hermanns (Hrsg.): Handbuch Marketing-Kommunikation. Wiesbaden 1993, S. 93-112

Köhler /Marketing-Organisation/
Richard Köhler: Marketing-Organisation. In: Bruno Tietz, Richard Köhler, Joachim Zentes (Hrsg.): Handwörterbuch des Marketing. 2. Aufl., Stuttgart 1995, S. 1636-1653

Köhler /Marketingcontrolling/
Richard Köhler: Durch Marketingcontrolling zur konsequenten Kunden- und Prozeßorientierung im Target Marketing. In: Peter Horvath (Hrsg.): Kunden und Prozeß im Fokus. Controlling und Reengineering. Stuttgart 1994, S. 61-79

Köhler /Marktforschung/
Richard Köhler: Marktforschung. In: Waldemar Wittmann, Werner Kern, Richard Köhler, Ulrich Küpper, Klaus v. Wysocki (Hrsg.): Handwörterbuch der Betriebswirtschaft. 5. Aufl., Stuttgart 1993, S. 2782-2803

Köhler /Portfolioorientierte Kundenanalyse/
Richard Köhler: Portfolioorientierte Kundenanalyse. In: CONTROLLING. Nr. 3, Mai/Juni 1992, S. 169

Köhler /Produktinnovationsmanagement/
Richard Köhler: Produktinnovationsmanagement als Erfolgsfaktor. In: Detlef Müller-Böling, Dietrich Seibt, Udo Winand (Hrsg.): Innovations- und Technologiemanagement. Stuttgart 1991, S. 153-175

Köhler /Unternehmungssituation/
Richard Köhler: Unternehmungssituation, Organisationsstruktur und Planungsverhalten. In: Richard Köhler (Hrsg.): Beiträge zum Marketing-Management. 3. Aufl., Stuttgart 1993, S. 129-156

König /Krise/
Wolfgang König: Leserbrief: Verschiedene Wege aus der Krise der deutschen Softwareunternehmen. In: Wirtschaftsinformatik. Nr. 6, 1994, S. 611-612

Koppelmann /Produkte/
Udo Koppelmann: Produkte. In: Waldemar Wittmann, Werner Kern, Richard Köhler, Ulrich Küpper, Klaus v. Wysocki (Hrsg.): Handwörterbuch der Betriebswirtschaft. 5. Aufl., Stuttgart 1993, S. 3309-3321

Koppelmann /Produktmarketing/
Udo Koppelmann: Produktmarketing. Entscheidungsgrundlage für Produktmanager. 4. Aufl., Berlin u. a. 1993

Kordupleski, Rust, Zahorik /Qualitätsmanager/
Raymond E. Kordupleski, Roland T. Rust, Anthony J. Zahorik: Qualitätsmanager vergessen zu oft den Kunden. In: Harvard Business Manager. Nr. 1, 1994, S. 65-72

Kotler, Bliemel /Marketing-Management/
Philip Kotler, Friedhelm Bliemel: Marketing-Management. 8. Aufl., Stuttgart 1995

Kotzbauer /Erfolgsfaktoren/
Norber Kotzbauer: Erfolgsfaktoren neuer Produkte. Frankfurt u. a. 1993

Krottmaier /F&E-Management/
Johannes Krottmaier: Qualitätsorientiertes F&E-Management. In: Hermann J. Thoman (Hrsg.): Der Qualitätssicherungsberater. 2. Akt.-Liefg. Febr. 94. Köln 1994, S. 07400-1 - 07520-14

Krüger /Erklärung von Unternehmenserfolg/
Wilfried Krüger: Die Erklärung von Unternehmenserfolg: Theoretischer Ansatz und empirische Ergebnisse. In: DBW - Die Betriebswirtschaft. Nr. 1, 1988, S. 27-43

Kubicek /Empirische Organisationsforschung/
Herbert Kubicek: Empirische Organisationsforschung. Konzeption und Methodik. Stuttgart 1975

Kubicek /Heuristischer Bezugsrahmen/
Herbert Kubicek: Heuristischer Bezugsrahmen und heuristisch angelegtes Forschungsdesign als Elemente einer Konstruktionsstrategie empirischer Forschung. Institut für Unternehmensführung der Freien Universität Berlin, Arbeitspapier 16/76. Berlin 1976

Kühn /Kundenorientierung im Marketing-Management/
Richard Kühn: Methodische Überlegungen zum Umgang mit der Kundenorientierung im Marketing-Management. In: Marketing ZFP. Nr. 2, 1992, S. 97-107

Kurbel, Strunz /Wirtschaftsinformatik/
Karl Kurbel, Horst Strunz: Wirtschaftsinformatik - eine Einführung. In: Karl Kurbel, Horst Strunz (Hrsg.): Handbuch der Wirtschaftsinformatik. Stuttgart 1990, S. 1-25

Lange /Erfolgsfaktoren/
Bernd Lange: Bestimmung strategischer Erfolgsfaktoren und Grenzen ihrer empirischen Fundierung. In: Die Unternehmung. Nr. 1, 1982, S. 27-41

Leibfried, MacNair /Benchmarking/
Kathleen H. Leibfried, Carol Jean MacNair: Benchmarking: von der Konkurrenz lernen, die Konkurrenz überholen. 3. Aufl., Freiburg i. Br. 1993

Lingenfelder, Schneider /Kundenzufriedenheit/
Michael Lingenfelder, Willy Schneider: Die Kundenzufriedenheit. Bedeutung, Meßkonzept und empirische Befunde. In: Marketing ZFP. Nr. 2, 1991, S. 109-119

Lingenfelder, Schneider /Zufriedenheit von Kunden/
Michael Lingenfelder, Willy Schneider: Die Zufriedenheit von Kunden - Ein Marketingziel? In: Marktforschung und Management. Nr. 1, 1991, S. 29-34

Linner /Produktentwicklung/
Stefan Linner: Konzept einer integrierten Produktentwicklung. Berlin u. a. 1995

Lovelock /Kundenzufriedenheit/
Christopher Lovelock: Dienstleister können Effizienz und Kundenzufriedenheit verbinden. In: Harvard Business Manager. Nr. 2, 1993, S. 68-75

Mahajan, Wind /New Product Models/
Vijay Mahajan, Jerry Wind: New Product Models: Practice, Shortcomings and Desired Improvements. In: Journal of Product Innovation Management. 1992, S. 128-139

Marré /Team/
Roland Marré: Softwareentwicklung im Team aus psychologischer Sicht. In: Andreas Frick (Hrsg.): Der Software-Entwicklungsprozeß. Ganzheitliche Sicht. Grundlagen zu Entwicklungs-Prozeß-Modellen. München-Wien 1995, S. 331-372

Martin /Die empirische Forschung/
Albert Martin: Die empirische Forschung in der Betriebswirtschaftslehre. Stuttgart 1989

Martin /Rapid Application Development/
James Martin: Rapid Application Development. Engelwood Cliffs 1991

Masing /Wettbewerb/
Walter Masing: Das Unternehmen im Wettbewerb. In: Walter Masing (Hrsg.): Handbuch Qualitätsmanagement. 3. Aufl., München 1994, S. 3-29

Mazur /Voice of the Customer Table/
Glenn H. Mazur: Voice of the Customer Table: A Tutorial. In: QFD-Institute (Hrsg.): Transactions from the Fourth Symposium on Quality Function Deployment. Novi 1992, S. 105-111

Mazur, Gibson, Harries /QFD for Service Industries/
Glenn H. Mazur, Jeff Gibson, Bruce Harries: QFD for Service Industries - Case Studies of Healthcare and Telephone Service. In: JUSE (Hrsg.): Proceedings of International Symposium on Quality Function Deployment - QFD Toward Development Management. March 23 and 24, 1995. Tokyo 1995, S. 45-50

McDonald /Product Development/
Mark P. McDonald: Quality Function Deployment: Introducing Product Development into the Systems Development Process. In: QFD Institute (Hrsg.): Transactions from the Seventh Symposium on Quality Function Deployment. Novi, Michigan 1995, S. 436-448

Meachim /Users to Vendors/
Nancy Meachim: Users to Vendors: Quality, Quality, Quality. In: Datamation. June 15, 1994, S. 38-41

Meffert /Absatzpolitik/
Heribert Meffert: Marketing. Grundlagen der Absatzpolitik. 7. Aufl., Wiesbaden 1993

Meffert /Käuferverhalten/
Heribert Meffert: Marketingforschung und Käuferverhalten. 2. Aufl., Wiesbaden 1992

Meffert /Marketing-Management/
Heribert Meffert: Marketing-Management. Analyse - Strategie - Implementierung. Wiesbaden 1994

Meffert /Marketing/
Heribert Meffert: Marketing. In: Bruno Tietz, Richard Köhler, Joachim Zentes (Hrsg.): Handwörterbuch des Marketing. 2. Aufl., Stuttgart 1995, S. 1472-1490

Meffert, Bruhn /Diensteistungsmarketing/
Heribert Meffert, Manfred Bruhn: Dienstleistungsmarketing. Grundlagen - Konzepte - Methoden. Mit Fallbeispielen. Wiesbaden 1995

Meilir /DV-Projektmanagement/
Page-Jones Meilir: Praktisches DV-Projektmanagement. Grundlagen und Strategien - Regeln, Ratschläge und Praxisbeispiele. München - Wien 1991

Meister /Qualität/
Holger Meister: Qualität ist das, was Kunden (!) dafür halten. In: Marketing Journal. Nr. 6, 1994, S. 187-189

Mellis /Geleitwort/
Werner Mellis: Geleitwort. In: Andreas Hierholzer: Benchmarking der Kundenorientierung von Softwareprozessen. Konzeption eines Vorgehensmodells zur kontinuierlichen Verbesserung der Kundenorientierung von Softwareherstellern. Aachen 1996, S. V-VI

Mellis /Praxiserfahrungen mit CASE/
Werner Mellis: Praxiserfahrungen mit CASE - Eine systematische Analyse von Erfahrungsberichten. In: Georg Herzwurm (Hrsg.): CASE-Technologie in Deutschland. Orientierungshilfe und Marktüberblick für Anbieter und Anwender. Studien zur Systementwicklung des Lehrstuhls für Wirtschaftsinformatik der Universität zu Köln. Band 2. Köln 1994, S. 51-97

Mellis, Herzwurm, Stelzer /TQM/
Werner Mellis, Georg Herzwurm, Dirk Stelzer: TQM der Softwareentwicklung. Mit Prozeßverbesserung, Kundenorientierung und Change Management zu erfolgreicher Software. Braunschweig - Wiesbaden 1996

Mertens /Wirtschaftsinformatik/
Peter Mertens: Wirtschaftsinformatik - Von den Moden zum Trend. In: Wolfgang König (Hrsg.): Wirtschaftsinformatik '95 - Wettbewerbsfähigkeit, Innovation, Wirtschaftlichkeit. Heidelberg 1995, S. 25-64

Metzger /Vom Umgang mit Programmierern/
Philip W. Metzger: Vom Umgang mit Programmierern. München 1988

Meyer, Dornbach /Kundenbarometer 1999/
Anton Meyer, Frank Dornbach: Das deutsche Kundenbarometer 1999 - Qualität und Zufriedenheit - Jahrbuch der Kundenzufriedenheit in Deutschland 1999. München 1999

Meyer, Lopez /Software Products Company/
Marc H. Meyer, Luis Lopez: Technology Strategy in a Software Products Company. In: Journal of Product Innovation Management. 1995, S. 294-306

Meyer, Oevermann /Kundenbindung/
Anton Meyer, Dirk Oevermann: Kundenbindung. In: Bruno Tietz, Richard Köhler, Joachim Zentes (Hrsg.): Handwörterbuch des Marketing. 2. Aufl., Stuttgart 1995, S. 1340-1351

Mierzwa /Produktentwicklungsprozesse/
Markus Mierzwa: Methodengestützte Produktentwicklungsprozesse. Frankfurt 1995

Millson, Raj, Wilemon /Accelerating New Product Development/
Murray R. Millson, S. P. Raj, David Wilemon: A Survey of Major Approaches for Accelerating New Product Development. In: Journal of Product Innovation Management. 1992, S. 53-69

Mintzberg /Organisationsstruktur/

Henry Mintzberg: Organisationsstruktur: modisch oder passend? In: Harvard Business Manager. II, 1986, S. 7-19

Mizuno /Management/

Shigeru Mizuno: Management for Quality Improvement: The 7 New QC Tools. Cambridge 1988

Mizuno, Akao /QFD/

Shigeru Mizuno, Joji Akao: QFD : the customer-driven approach to quality planning and deployment. Tokyo 1994

Mülder, Fechtner /Führung/

Wilhelm Mülder, Harri Fechtner: Leserbrief: Die Krise der deutschen Softwareunternehmen ist mit besserer Führung und Organisation zu beheben. In: Wirtschaftsinformatik. Nr. 6, 1994, S. 612

Müller /Angewandte Kundenzufriedenheitsforschung/

Wolfgang Müller: Angewandte Kundenzufriedenheitsforschung. In: Marktforschung-Praxis. Nr. 4, 1996, S. 149-159

Müller /Software-Unternehmen/

Michael Müller: Software-Unternehmen am deutschen Software-Markt. Leistungswirtschaftliche Besonderheiten, Wettbewerbsbedingungen und Gestaltungsmaßnahmen. Düsseldorf 1989

Müller /Wettbewerbsvorteile/

Wolfgang Müller: Wettbewerbsvorteile durch ein integratives Dienstleistungsmanagement. In: H. Reuss, W. Müller (Hrsg.): Wettbewerbsvorteile im Automobilhandel. Frankfurt 1995, S. 80-140

Müller, Riesenbeck /Kunden/

Wolfgang Müller, Hans-Joachim Riesenbeck: Wie aus zufriedenenen auch anhängliche Kunden werden. In: Harvard Manager. Nr. 3, 1991, S. 67-79

Müller-Böling /Organisationsforschung/

Detlef Müller-Böling: Organisationsforschung, Methodik der empirischen. In: Erich Frese (Hrsg.): Handwörterbuch der Organisation. 3. Aufl., Stuttgart 1992, S. 1491-1505

Müller-Hagedorn /Handelsmarketing/

Lothar Müller-Hagedorn: Handelsmarketing. 2. Aufl., Stuttgart - Berlin - Köln 1993

Müller-Hagedorn, Sewing, Toporowski /Conjoint-Analysen/

Lothar Müller-Hagedorn, Eva Sewing, Eva Toporowski: Zur Validität von Conjoint-Analysen. In: ZfbF - Schmalenbachs Zeitschrift für betriebswirtschaftliche Forschung. 1993, S. 123-148

Nakui /Comprehensive QFD/

Satoshi Nakui: Comprehensive QFD System. In: QFD-Institute (Hrsg.): Transactions from the Third Symposium on Quality Function Deployment. Novi 1991, S. 136-152

Naumann /Customer Value/

Karl Naumann: Creating Customer Value: The Path to Sustainable Competitive Advantage. Cincinnati 1994

Naumann /Erfahrungen/

Carlheinz Naumann: Warum Kunden-Orientierung nicht fumktioniert. Gesammelte Erfahrungen. In: Marketing Journal. Nr. 1, 1996, S. 38-39

Naur, Randell /Software Engineering/

P. Naur, B. Randell (Hrsg.): Software Engineering: Report on a Conference Sponsored by the NATO Science Committee, Brussels, Scientific Affairs Division, NATO. Brüssel 1969

Neuberger /Kundschaft/

Oswald Neuberger: Die wundersame Verwandlung der Belegschaft in Unternehmerschaft mittels Kundschaft. In: Lehrstuhl für Psychologie I, Institut für Sozioökonomie (Hrsg.): Augsburger Beiträge zu Organisationspsychologie und Personalwesen. Heft 18. Augsburg 1996

Neugebauer /Software-Unternehmen/

Ursula Neugebauer: Das Software-Unternehmen. Empirische Untersuchung des Unternehmensverhaltens und der Faktoren des Unternehmenserfolges. Arbeitspapiere der GMD. Nr. 157. München - Wien 1986

o. V. /Interview/

o. V.: Interview mit Siegfried Hofmann. In: Handelsblatt. Nr. 205, 19.10.1994, S. 17

o. V. /IT-Abteilungen/
o. V.: IT-Abteilungen halten dem Druck kaum noch Stand. In: Computerwoche. Nr. 29, 1996, S. 9

o. V. /NT/
o. V.: NT bricht alle Rekorde. In: Computer Zeitung. Nr. 42, 17. Oktober 1996, S. 3

o. V. /Qualitätssicherung mangelhaft/
o. V.: Europäische Studie stellt fest: Qualitätssicherung mangelhaft. In: Computerwoche. Nr. 12, 1996, S. 20

o. V. /User/
o. V.: Software wird effizienter, wenn der User bei der Erstellung hilft. In: Computerzeitung. Nr. 44, 31. Oktober 1996, S. 25

Omagbemi /Forschung und Entwicklung/
Robert Omagbemi: Die Messung und Beurteilung der Effizienz von Projekten der angewandten Forschung und Entwicklung. Berlin 1994

Ovum /Case Products/
Ovum (Hrsg.): Case Products. London 1993

Parasuraman, Zeithaml, Berry /SERVQUAL/
A. Parasuraman, Valerie A. Zeithaml, Leonard L. Berry: SERVQUAL: A Multiple-Item Scale for Measuring Consumer Perceptions of Service Quality. In: Journal of Retailing. Nr. 1, 1988, S. 12-40

Paulk u. a. /Capability Maturity Model/
Mark C. Paulk, Bill Curtis, Mary Beth Chrissis, Charles V. Weber: Capability Maturity Model for Software, Version 1.1. Technical Report Feb. 93. CMU/SEI-93-TR-024. Pittsburgh 1993

Peter, Schneider /Kundennähe/
Sibylle Peter, Willi Schneider: Strategiefaktor Kundennähe. In: Marktforschung & Management. Nr. 1, 1994, S. 7-11

Petermann /Einstellungsmessung/
Franz Petermann: Einstellungsmessung und -forschung: Grundlagen, Anätze und Probleme. In: Franz Petermann (Hrsg.): Einstellungsmessung * Einstellungsforschung. Göttingen-Toronto-Zürich 1980, S. 9-36

Peters, Waterman /Spitzenleistungen/
Thomas J. Peters, Robert H. Waterman: Auf der Suche nach Spitzenleistungen. Was man von den bestgeführten US-Unternehmen lernen kann. 5. Aufl., Landsberg am Lech 1994

Pfeifer /Qualitätsmanagement/
Tilo Pfeifer: Qualitätsmanagement. Strategien, Methoden, Techniken. München - Wien 1993

Pietsch /Methodik/
Wolfram Pietsch: Methodik des betrieblichen Software-Projektmanagements. Berlin - New York 1992

Pomberger /Softwareentwicklung/
Gustav Pomberger: Methodik der Softwareentwicklung. In: Karl Kurbel, Horst Strunz (Hrsg.): Handbuch der Wirtschaftsinformatik. Stuttgart 1990, S. 215-236

Popper /Logik der Forschung/
Karl R. Popper: Logik der Forschung. 7. Aufl., Tübingen 1981

Porter /Wettbewerbsstrategie/
Michael Porter: Wettbewerbsstrategie. Methoden zur Analyse von Branchen und Konkurrenten. Deutsche Übersetzung des amerikanischen Originals: Competitive Strategy: Techniques for Analyzing Industrie and Competitors. 5. Aufl., Frankfurt - New York 1988

Preiß /Software-Marketing/
Friedrich J. Preiß: Strategische Erfolgsfaktoren im Software-Marketing. Frankfurt u. a. 1991

Radin /Software Business/
David Radin: Building a Successful Software Business. Sebastopol 1994

Rauscher, Smith /Time-Driven Development of Software/
Tomlinson G. Rauscher, Preston G. Smith: From Experience. Time-Driven Development of Software in Manufactured Goods. In: Journal of Product Innovation Management. 1995, S. 186-199

Reichert /Strategien/
Rainer Reichert: Entwurf und Bewertung von Strategien. München 1984

Reiner /Kundenzufriedenheit/
Thomas Reiner: Analyse der Kundenbedürfnisse und der Kundenzufriedenheit als Voraussetzung einer konsequenten Kundenorientierung. Hallstadt 1993

Reisin /Kooperative Gestaltung/
Fanny-Michaela Reisin: Kooperative Gestaltung in partizipativen Softwareprojekten. Frankfurt 1992

Remmerbach /Markteintrittsentscheidungen/
K.-U. Remmerbach: Markteintrittsentscheidungen: eine Untersuchung im Rahmen der strategischen Marketingplanung unter besonderer Berücksichtigung des Zeitaspekts. Wiesbaden 1988

Riebel /Industrielle Erzeugungsverfahren/
P. Riebel: Industrielle Erzeugungsverfahren in betriebswirtschaftlicher Sicht. Wiesbaden 1963

Riedl, Wirth, Kretschmer /Kalkulation/
Josef E. Riedl, Wolfgang Wirth, Helmut Kretschmer: Kalkulation von Softwareprojekten zur Unterstützung des Controlling in Forschung und Entwicklung. In: ZfbF - Schmalenbachs Zeitschrift für betriebswirtschaftliche Forschung. Nr. 11, 1985, S. 993-1006

Rieger /Privatwirtschaftslehre/
W. Rieger: Einführung in die Privatwirtschaftslehre. Nürnberg 1928

Riemenschneider /Marktorientierung/
Lars Riemenschneider: Leserbrief: Produktstrategie und Marktorientierung wichtiger als Führungspolitik. In: Wirtschaftsinformatik. Nr. 6, 1994, S. 612-613

Ring /IS Organisation/
Katy Ring: The IS Organisation: Forging New Business Relationships. London September 1996

Robinson, Formell /Market Pioneer/
W. T. Robinson, C. Formell: Sources of Market Pioneer Advantages in Consumer Good Industries. In: Journal of Management Research. Nr. 22, August 1985, S. 305-317

Rogge /Marktforschung/
Hans-Jürgen Rogge: Marktforschung. Elemente und Methoden betrieblicher Informationsgewinnung. 2. Aufl., München 1992

Rommel u. a. /Qualität gewinnt/
Günter Rommel, Felix Brück, Raimund Diederichs, Rolf-Dieter Kempis, Hans-Werner Kaas, Günter Fuhry: Qualität gewinnt. Mit Hochleistungskultur und Kundennutzen an die Weltspitze. Stuttgart 1995

Roth, Wimmer /Software-Marktforschung/
Georg Roth, Frank Wimmer: Software-Marktforschung als Grundlage der Produktgestaltung. In: Frank Wimmer, Lothar Bittner (Hrsg.): Software-Marketing. Grundlagen, Konzepte, Hintergründe. Wiesbaden 1993, S. 109-131

Rumbaugh u. a. /OO Modelling and Design/
James Rumbaugh u. a.: Object-Oriented Modelling and Design. New York 1991

Saatweber /QFD/
Jürgen Saatweber: Quality Function Deployment (QFD). In: Walter Masing (Hrsg.): Handbuch Qualitätsmanagement. 3. Aufl., München - Wien 1994, S. 445-468

Saatweber /Quality Function Deplyoment/
Jutta Saatweber: Kundenorientierung durch Quality Function Deplyoment. Systematisches Entwickeln von Produkten und Dienstleistungen. München 1997

Saaty /Analytic Hierarchy Process/
Thomas L. Saaty: Multicriteria Decision Making: The Analytic Hierarchy Process. Planning, Priority Setting, Resource Allocation. 2. Aufl., Pittsburgh 1996

Saaty /Decision Making/
Thomas L. Saaty: Decision Making for Leaders: The Analytic Hierarchy Process for Decisions in a Complex World. 3. Aufl., Pittsburgh 1995

Saaty /How to make a decision/
Thomas L. Saaty: How to make a decision: The Analytic Hierarchy Process. In: European Journal of Operational Research. Nr. 48, 1990, S. 9-26

Schanz /Wissenschaftliche Grundlagen/
Günther Schanz: Wissenschaftliche Grundlagen der Führungsforschung. In: Alfred Kieser, Gerhard Reber, Rolf Wunderer (Hrsg.): Handwörterbuch der Führung. 2. Aufl., Stuttgart 1995, S. 2189-2214

Scharnbacher, Kiefer /Kundenzufriedenheit/
Kurt Scharnbacher, Guido Kiefer: Kundenzufriedenheit. Analyse, Meßbarkeit und Zertifizierung. München 1996

Scheer /Wirtschaftsinformatik/
August-Wilhelm Scheer: Wirtschaftsinformatik: Referenzmodelle für industrielle Geschäftsprozesse. 4. Aufl., Berlin 1994

Schein /Unternehmenskultur/
Edgar H. Schein: Unternehmenskultur. Ein Handbuch für Führungskräfte. Frankfurt - New York 1995

Schildhauer /Software-Marketing/
Thomas Schildhauer: Strategisches Software-Marketing - Übersicht und Bewertung. Wiesbaden 1992

Schlang /Customer Value Analysis/
Harald Schlang: Customer Value Analysis. In: Georg Herzwurm, Andreas Hierholzer, Werner Mellis (Hrsg.): Kundenorientierte Softwareentwicklung. Studien zur Systementwicklung des Lehrstuhls für Wirtschaftsinformatik der Universität zu Köln. Band 9. Köln 1996

Schlang /Softwareprozeßverbesserung/
Harald Schlang: Softwareprozeßverbesserung mittels Quality Function Deployment. Entwicklung und Erprobung einer Vorgehensweise am Beispiel einer Fallstudie bei der SAP AG. Diplomarbeit im Studiengang Wirtschaftsinformatik der Universität zu Köln. Köln 1997

Schlicksupp /Kreativitätstechniken/
Helmut Schlicksupp: Kreativitätstechniken. In: Bruno Tietz, Richard Köhler, Joachim Zentes (Hrsg.): Handwörterbuch des Marketing. 2. Aufl., Stuttgart 1995, S. 1289-1309

Schmalenbach /Kunstlehre/
E. Schmalenbach: Die Privatwirtschaftslehre als Kunstlehre. In: ZfhF. 19911/12, S. 304-316

Schmelzer /Produktentwicklungen/
Hermann J. Schmelzer: Organisation und Kontrolle von Produktentwicklungen. Stuttgart 1992

Schmidt /Organisation/
Götz Schmidt: Methoden und Techniken der Organisation. 9. Aufl., Gießen 1991

Schmitz /Informationsverarbeitung/
Paul Schmitz: Informationsverarbeitung. In: Erich Frese (Hrsg.): Handwörterbuch der Organisation. 3. Aufl., Stuttgart 1992, S. 958-967

Schmitz /Methoden/
Paul Schmitz: Methoden, Verfahren und Werkzeuge zur Gestaltung Rechnergestützter Betrieblicher Informationssysteme (RBIS). In: Angewandte Informatik. Nr. 2, 1982, S. 72-79

Schmitz, Bons, van Megen /Software-Qualitätssicherung/
Paul Schmitz, Heinz Bons, Rudolf van Megen: Software-Qualitätssicherung - Testen im Software-Lebenszyklus. 2. Aufl., Braunschweig - Wiesbaden 1983

Schmolling /Anwendungssoftware in deutschen Unternehmen/
Klaus Schmolling: Empirische Untersuchung zur Entwicklung von Anwendungssoftware in deutschen Unternhmen. Studien zur Systementwicklung des Lehrstuhls für Wirtschaftsinformatik der Universität zu Köln. Band 5. Köln 1994

Schnell, Hill, Esser /Methoden/
Rainer Schnell, Paul B. Hill, Elke Esser: Methoden der empirischen Sozialforschung. 4. Aufl., München - Wien 1993

Schnitzler /Kunde als König/
Lothar Schnitzler: Kunde als König. In: Wirtschaftswoche. Nr. 43, 17.10.1996, S. 86-94

Schnitzler /Kundenorientierung/

Lothar Schnitzler: Kundenorientierung. Siegen lernen. In: Wirtschaftswoche. Nr. 19, 4.5.1995, S. 72-85

Schnitzler /Nicht das Beste/

Lothar Schnitzler: Kundenorientierung. Nicht das Beste. In: Wirtschaftswoche. Nr. 4, 19.1.1995, S. 60-67

Schockert /QFD/

Sixten Schockert: Anwendung von Quality Function Deployment (QFD) auf Softwareprodukte. Diplomarbeit im Studiengang Wirtschaftsinformatik der Universität zu Köln. Köln 1996

Schubert /FMEA/

Manfred Schubert: FMEA - Fehlermöglichkeits- und Einflußnalyse: Leitfaden. Berlin u. a. 1993

Schumpeter /Capitalism/

J. A. Schumpeter: Capitalism, Socialism, and Democracy. 2. Aufl., New York 1950

Schuster /Erfolgs- und Mißerfolgsfaktoren/

Hans-Peter Schuster: Erfolgs- und Mißerfolgsfaktoren privatwirtschaftlicher Forschung und Entwicklung. Düsseldorf 1988

Schütze /Kundenzufriedenheit/

Roland Schütze: Kundenzufriedenheit. After-Sales-Marketing auf industriellen Märkten. Wiesbaden 1994

Schweitzer, Baumgartner /Taguchi/

Walter Schweitzer, Cornelia Baumgartner: Off-line-Qualitätskontrolle und statistische Versuchsplanung. Die Taguchi-Methode. In: ZfB - Zeitschrift für Betriebswirtschaft. Nr. 1, 1992, S. 75-100

Seghezzi /Qualitätsplanung/

Hans Dieter Seghezzi: Qualitätsplanung. In: Walter Masing (Hrsg.): Handbuch Qualitätsmanagement. 3. Aufl., München 1994, S. 373-400

Seibt /DV-Controlling/

Dietrich Seibt: Grundlagen des DV-Controlling + Auditing. Wirtschaftlichkeit und Wirksamkeit als Ziele der Datenverarbeitung. In: Gerhard Maurer (Hrsg.): DV-Controlling - Externes und Internes Auditing der DV-Abteilung, CSMI/TTP-Schriftenreihe Band 24-010. München 1982, S. 5-49

Seibt /Generalisierung/

Dietrich Seibt: Generalisierung von praktischen Erfahrungen bei der Entwicklung rechnergestützter Informationssysteme. In: Carl Adam Petri (Hrsg.): Ansätze zur Organisationstheorie rechnergestützter Informationssysteme. München-Wien 1979, S. 249-252

Seibt /Individuelle Datenverarbeitung/

Dietrich Seibt: Individuelle Datenverarbeitung. In: Erwin Grochla (Hrsg.): Handwörterbuch der Organisation. 3. Aufl., Stuttgart 1992, S. 479-499

Seibt /Informationsmanagement und Controlling/

Dietrich Seibt: Informationsmanagement und Controlling. In: Wirtschaftsinformatik. Nr. 1, 1990, S. 116-126

Seibt /Informationssystem-Architekturen/

Dietrich Seibt: Informationssystem-Architekturen - Überlegungen zur Gestaltung von technik-gestützten Informationssystemen für Unternehmungen. In: Detlef Müller-Böling, Dietrich Seibt, Udo Winand (Hrsg.): Innovations- und Technologiemanagement. Stuttgart 1991, S. 251-284

Seibt /Leistungs- und Qualitätskriterien/

Dietrich Seibt: Leistungs- und Qualitätskriterien wirtschaftlicher Software. In: CW/CSE (Hrsg.): Effizientes Software Management. Proceedings zum Software-Forum. München 1983, S. 19-39

Seibt /Vorgehensmodell/

Dietrich Seibt: Vorgehensmodell. In: Peter Mertens, Andrea Back, Jörg Becker, Wolfgang König, Hermann Krallmann, Bodo Rieger, August-Wilhelm Scheer, Dietrich Seibt, Peter Stahlknecht, Horst Strunz, Rainer Thome, Hartmut Wedekind (Hrsg.): Lexikon der Wirtschaftsinformatik. 3. Aufl., Berlin - Heidelberg - New York 1997, S. 431-434

Seibt /Wirtschaftsinformatik/

Dietrich Seibt: Ausgewählte Probleme und Aufgaben der Wirtschaftsinformatik. In: Wirtschaftsinformatik. Nr. 1, 1990, S. 7-19

Shiba, Graham, Walden /American TQM/
Shoji Shiba, Alan Graham, David Walden: A New American TQM: Four Practical Revolutions in Management. Cambridge 1993

Shilito, De Marle /Value/
Larry M. Shilito, David J. De Marle: Value. Its Measurement, Design, and Management. New York u. a. 1992

Shillito /Advanced QFD/
Larry M. Shillito: Advanced QFD. Linking Technology to Market and Company Needs. New York u. a. 1994

Siguaw, Brown, Widing /Market Orientation/
Judy A. Siguaw, Gene Brown, Robert E. Widing: The Influence of the Market Orientation of the Firm on Sales Force Behavior and Attitudes. In: Journal of Marketing Research. February 1994, S. 106-116

Sivess /Non-functional requirements/
V. Sivess: Non-functional requirements in the software development process. In: Software Quality Journal. Nr. 4, 1996, S. 285-294

Six /Einstellung/
Bernd Six: Das Konzept der Einstellung und seine Relevanz für die Vorhersage des Verhaltens. In: Franz Petermann (Hrsg.): Einstellungsmessung - Einstellungsforschung. Göttingen 1980, S. 55-81

Sondermann /Anforderungen/
Jochen Peter Sondermann: Interne Anforderungen und Anforderungsbewertung. In: Walter Masing (Hrsg.): Handbuch Qualitätsmanagement. 3. Aufl., München 1994, S. 355-372

Song, Parry /Japanese New Product Winners/
X. Michael Song, Mark E. Parry: What Seperates Japanese New Product Winners from Losers. In: Journal of Product Innovation Management. 1996, S. 422-439

Souder /Managing Relations/
W. E. Souder: Managing Relations Between R&D and Marketing in New Product Development Projects. In: Journal of Product Innovation Management. 1988, S. 6-19

Specht, Schmelzer /Produktentwicklung/
Günter Specht, Hermann J. Schmelzer: Instrumente des Qualitätsmanagements in der Produktentwicklung. In: ZfbF - Schmalenbachs Zeitschrift für betriebswirtschaftliche Forschung. Nr. 6, 1992, S. 531-547

Specht, Schmelzer /Qualitätsmanagement in der Produktentwicklung/
Günter Specht, Hermann J. Schmelzer: Qualitätsmanagement in der Produktentwicklung. Stuttgart 1991

Spendolini /Benchmarking/
Michael J. Spendolini: The Benchmarking Book. New York 1992

Spitta /Software Engineering/
Thorsten Spitta: Software Engineering und Prototyping. Berlin u. a. 1989

Stahlknecht /Einführung/
Peter Stahlknecht: Einführung in die Wirtschaftsinformatik. 7. Aufl., Berlin u. a. 1995

Standish Group /CHAOS/
Standish Group International, Inc.: CHAOS. Internet-Dokument www.standishgroup.com/chaos.html. Dennis 1995

Stauss /TQM und Marketing/
Bernd Stauss: Total Quality Management und Marketing. In: Marketing ZFP. Nr. 3, 1994, S. 149-158

Stauss, Neuhaus /Unzufriedenheitspotential/
Bernd Stauss, Patricia Neuhaus: Das Unzufriedenheitspotential zufriedener Kunden. In: Marktforschung-Praxis. Nr. 4, 1996, S. 129-133

Stauss, Seidel /Prozessuale Zufriedenheitsermittlung/
Bernd Stauss, Wolfgang Seidel: Prozessuale Zufriedenheitsermittlung und Zufriedenheitsdynamik bei Dienstleistungen. In: Hermann Simon, Christian Homburg (Hrsg.): Kundenzufriedenheit. Konzepte - Methoden - Erfahrungen. Wiesbaden 1995, S. 179-203

Stelzer, Mellis, Herzwurm /Software Process Improvement via ISO 9000?/
Dirk Stelzer, Werner Mellis, Georg Herzwurm: Software Process Improvement via ISO 9000? Results of two surveys among European software houses. In: Software Process - Improvement and Practice. Nr. 2, 1996, S. 192-210

Streckfuß /Checkliste/
Gerd Streckfuß: Checkliste und die Kundenstimme. In: QFD-Forum. Nr. 3, 1. Januar 1997, S. 4

Streckfuß /Quality Function Deployment/
Gerd Streckfuß: Quality improvement in software development using Quality Function Deployment (QFD). In: SAQ, EOQ-SC (Hrsg.): Software Quality Concern for People. Proceedings of the Fourth European Conference on Software Quality. October 17-20, 1994, Basel, Switzerland. Zürich 1994, S. 120-128

Strohm /Benutzerorientierung/
Oliver Strohm: Benutzerorientierung und Probleme bei der Software-Entwicklung. In: output. Nr. 7, 1990, S. 27-31

Sullivan /Quality Function Deployment/
L. P. Sullivan: Quality Function Deployment. In: Quality Progress. Nr. 6, 1986, S. 39-50

Szyperski, Seibt, Sikora /Forschung durch Entwicklung/
Norbert Szyperski, Dietrich Seibt, Klaus Sikora: Forschung durch Entwicklung von rechnergestützten Informationssystemen. In: Carl Adam Petri (Hrsg.): Ansätze zur Organisationstheorie rechnergestützter Informationssysteme. München - Wien 1979, S. 253-269

Szyperski, Wienand /Unternehmungsplanung/
Norbert Szyperski, Udo Wienand: Grundbegriffe der Unternehmungsplanung. Stuttgart 1980

Takayanagi /Quality Chart/
Akira Takayanagi: The Concept of the Quality Chart and Its Beginnings. In: Yoji Akao (Hrsg.): QFD, the customer-driven approach to quality planning and deployment. Tokio 1994, S. 31-49

Tellis, Golder /Market Leadership/
Gerard J. Tellis, Peter N. Golder: First To Market, First to Fail? Real Causes of Enduring Market Leadership. In: IEEE Engineering Management Review. Winter 1996, S. 56-66

Thayer, Dorfman /Requirements Engineering/
Richard H. Thayer, Merlin Dorfman: System and Software Requirements Engineering. Los Alamitos u. a. 1990

Theden /Qualitätstechniken/
Philipp Theden: Beschreibung ausgewählter Qualitätstechniken. In: W. Hansen, H. H. Jansen, G. F. Kaminske (Hrsg.): Qualitätsmanagement im Unternehmen. Grundlagen, Methoden und Werkzeuge, Praxisbeispiele. Loseblattsammlung Stand Dezember 1996. Berlin u. a. 1996, S. 04.01-1 - 04.01.-13

Theuerkauf /Kundennutzenmessung mit Conjoint/
Ingo Theuerkauf: Kundennutzenmessung mit Conjoint. In: ZfB - Zeitschrift für Betriebswirtschaft. 1989, S. 1179-1192

Theuvsen /Business Reengineering/
Ludwig Theuvsen: Business Reengineering. Möglichkeiten und Grenzen einer prozeßorientierten Organisationsgestaltung. In: ZfbF - Schmalenbachs Zeitschrift für betriebswirtschaftliche Forschung. Nr. 1, 1996, S. 65-82

Treacy, Wiersema /Market Leaders/
Michael Treacy, Fred Wiersema: The Discipline of Market Leaders. Wokingham u. a. 1994

Trommsdorf /Kundenorientierung/
Volker Trommsdorf: Kundenorientierung verhaltenswissenschaftlich gesehen. In: Manfred Bruhn, Hartwig Steffenhagen (Hrsg.): Marktorientierte Unternehmensführung Reflexionen - Denkanstöße - Perspektiven. Wiesbaden 1997, S. 275-293

Tsourikov, Waldmann /TRIZ/
V. Tsourikov, M. Waldmann: TIPS/TRIZ Design of Pizza Box. In: QFD-Institute (Hrsg.): Transactions from the Eighth Symposium on Quality Function Deployment. Novi 1996, Sonderbeilage

Ungermann /Softwarehersteller/
Carlo Ungermann: Softwarehersteller an Qualität interessiert. In: QZ - Qualität und Zuverlässigkeit. Nr. 12, 1995, S. 1383

Urban u. a. /Pioneering/
G. L. Urban, Th. Carter, St. Gaskin, Z. Much: Market Share Rewards to Pioneering Brands: An Empirical Analysis and Strategic Implications. In: Management Science. Nr. 32, 1986, S. 645-659

van Genuchten /Software Factory/
Michael van Genuchten: Towards a Software Factory. Dordrecht - Boston - London 1992

Waterman /Spitzenleistungen/
Robert Waterman: Die neue Suche nach Spitzenleistungen. Erfolgsunternehmen im 21. Jahrhundert. Düsseldorf u. a. 1994

Watson /Strategic Benchmarking/
Gregory H. Watson: Strategic Benchmarking: How to Rate Your Company's Performance Against the World's Best. New York u. a. 1993

Weiber, Adler /Positionierung/
Rolf Weiber, Jost Adler: Positionierung von Kaufprozessen im informationsökonomischen Dreieck. Operationalisierung und verhaltenswissenschaftliche Prüfung. In: ZfbF - Schmalenbachs Zeitschrift für betriebswirtschaftliche Forschung. Nr. 1, 1995, S. 99-123

Weinberg /Congruent Action/
Gerald M. Weinberg: Quality Software Management. Vol. 3. Congruent Action. New York 1994

Weltz, Ortmann /Softwareprojekt/
Friedrich Weltz, Rolf G. Ortmann: Das Softwareprojekt: Projektmanagement in der Praxis. Frankfurt u. a. 1992

Wenzel /SAP/
Paul Wenzel (Hrsg.): Geschäftsprozeßoptimierung mit SAP R/3: Modellierung, Steuerung und Management betriebswirtschaftlich integrierter Geschäftsprozesse. Braunschweig - Wiesbaden 1995

Wildemann /Kundenorientierung/
Horst Wildemann: Kundenorientierung. Leitfaden zur Einführung eines Beschwerdemanagements, einer Ausrichtung des Vertriebs, F & E sowie der Produktion und Mitarbeiter auf Kundenbedürfnisse. 2. Aufl., München 1997

Wimmer, Bittner /Software-Marketing/
Frank Wimmer, Lothar Bittner (Hrsg.): Software-Marketing. Grundlagen, Konzepte, Hintergründe. Wiesbaden 1993

Wimmer, Zerr, Roth /Software-Marketing/
Frank Wimmer, Konrad Zerr, Georg Roth: Ansatzpunkte und Aufgaben des Software-Marketing. In: Frank Wimmer, Lothar Bittner (Hrsg.): Software-Marekting. Grundlagen, Konzepte, Hintergründe. Wiesbaden 1993, S. 11-41

Wind, Mahajan /New Product Development/
Jerry Wind, Vijay Mahajan: Issues and Opportunities in New Product Development: An Introduction to the Special Issue. In: JMR - Journal of Marketing Research. Special Issue on Innovation and New Products. Nr. 34, February 1997, S. 1-12

Witte /Empirische Forschung/
Eberhard Witte: Empirische Forschung in der Betriebswirtschaftslehre. In: Erwin Grochla, Waldemar Wittman (Hrsg.): Handwörterbuch der Betriebswirtschaft. 4. Aufl., Stuttgart 1984, S. 1264-1281

Wohlin, Ahlgren /Soft factors/
Claes Wohlin, Magnus Ahlgren: Soft factors and their impact on time to market. In: Software quality Journal. Nr. 3, 1995, S. 189-205

Womack, Jones, Roos /Autoindustrie/
James P. Womack, Daniel T. Jones, Daniel Roos: Die zweite Revolution in der Autoindustrie. 2. Aufl., Frankfurt - New York 1991

Wood, Silver /Joint Application Development/
Jane Wood, Denise Silver: Joint Application Development. 2. Aufl., New York u. a. 1995

Yearout /Secrets/
Stephen Yearout: The Secrets of Improvement-Driven Organizations. In: Quality Progress. January 1996, S. 51-56

Yeh /Software Process Quality/
Hsiang-Tao Yeh: Software Process Quality. New York u. a. 1993

Zahn /Innovation und Wettbewerb/

Erich Zahn: Innovation und Wettbewerb. In: Detlef Müller-Böling, Dietrich Seibt, Udo Winand (Hrsg.): Innovations- und Technologiemanagement. Stuttgart 1991, S. 115-133

Zäpfel /Taktisches Produktionsmanagement/

Günther Zäpfel: Taktisches Produktionsmanagement. Berlin - New York 1989

Zeithaml, Parasuraman, Berry /Qualitätsservice/

Valerie Zeithaml, A. Parasuraman, Leonard L. Berry: Qualitätsservice - Was Ihre Kunden erwarten - was Sie leisten müssen. Frankfurt 1992

Zink /Qualitätszirkel/

Klaus J. Zink: Qualitätszirkel und Lernstatt. In: Erich Frese (Hrsg.): Handwörterbuch der Organisation. 3. Aufl., Stuttgart 1992, S. 2129-2140

Zink /TQM/

Klaus Zink: TQM als integratives Managementkonzept. München 1995

Zobel /Deutsche Softwarefirmen/

Elke H. Zobel: Deutsche Softwarefirmen sind zu teuer und unflexibel. In: Computer Zeitung. Nr. 7, 16. Februar 1995, S. 7

Zultner /Before the House/

Richard E. Zultner: Before the House. The Voices of the Customers in QFD. In: QFD-Institute (Hrsg.): Transactions from the Third Symposium on Quality Function Deployment. Novi 1991, S. 451-464

Zultner /Blitz QFD/

Richard E. Zultner: Blitz QFD: Better, Faster, and Cheaper Forms of QFD. In: American Programmer. October 1995, S. 25-36

Zultner /Managing Software Development Projects/

Richard E. Zultner: Project QFD. Managing Software Development Projects Better with Blitz QFD. In: QFD Institute (Hrsg.): Transactions from the Nighnth Symposium on Quality Function Deployment. Novi 1997, S. 391-402

Zultner /Reengineering/

Richard E. Zultner: Business Process Reengineering with Quality Function Deployment. In: QFD Institute (Hrsg.): Transactions from the Fifth Symposium on Quality Function Deployment. Novi 1995, S. 627-640

Zultner /Requirements Exploration/

Richard E. Zultner: Quality Function Deployment (QFD) for Software: Structured Requirements Exploration. In: Gordon C. Schulmeyer, James I. McManus (Hrsg.): Handbook of Software Quality Assurance. 2. Aufl., Zürich 1992, S. 297-319

Zultner /Satisfying Customers/

Richard E. Zultner: Quality Function Deployment for Software: Satisfying Customers. In: American Programmer. February 1992, S. 28-41

Zultner /Software quality function deployment/

Richard E. Zultner: Software quality function deployment the north american experience. In: SAQ, EOQ-SC (Hrsg.): Software Quality Concern for People. Proceedings of the Fourth European Conference on Software Quality. October 17-20, 1994, Basel, Switzerland. Zürich 1994, S. 143-158

Zultner /Software Quality/

Richard E. Zultner: Software Quality [Function] Deployment: Applying QFD to software. In: QFD Institute (Hrsg.): Transactions from the Second Symposium on Quality Function Deployment. June 18-19, 1990 in Novi, Michigan. Novi 1990, S. 133-149

Anhang

Fragebogen zur Erfassung projektunabhängiger Merkmale

Bitte beantworten Sie die folgenden Fragen zu Ihrem Unternehmen und dem Bereich der Produktentwicklung. Einige Fragen bieten Ihnen eine Liste möglicher Antworten. Kreuzen Sie in diesem Fall, sofern keine anderen Angaben gemacht werden, bitte immer genau eine Alternative an.
Sind numerische Angaben verlangt, so machen Sie diese bitte in dem Ihnen möglichen Genauigkeitsgrad.

A. Angaben zum Unternehmen

1. Welcher Branche rechnen Sie Ihr Unternehmen zu?

Kreuzen Sie bitte die zutreffende Branche an. Sollte sie nicht in der vorgegebenen Liste enthalten sein, tragen Sie sie bitte auf der Linie ein.

- Chemische Industrie ☐
- Elektro- und Elektronikindustrie ☐
- Fahrzeugbauindustrie ☐
- Maschinen- und Anlagenbauindustrie ☐
- Nahrungsmittelindustrie ☐
- Softwareindustrie ☐
- Textil- und Bekleidungsindustrie ☐

____

2. Wie viele Mitarbeiter hat Ihr Unternehmen?

Anzahl Mitarbeiter ________

3. Welcher Typ von Unternehmenskultur prägt Ihr Unternehmen am stärksten?

Auf Bewährtes setzen ⟷ Auf Innovationen setzen

☐ ☐ ☐ ☐ ☐

4. Wie intensiv ist der Wettbewerb in den Märkten, in denen Ihr Unternehmen tätig ist?

Schwact ⟷ Stark

☐ ☐ ☐ ☐ ☐

5. Wie stark ist das Wachstum in diesen Märkten?

- Stark expandierend ☐
- Wachsend ☐
- Stagnierend ☐
- Schrumpfend ☐

Fragebogen zur Erfassung projektunabhängiger Merkmale

6. Welche Geschäftsfeldstrategie verfolgt Ihr Unternehmen vorrangig?

Qualitätsführerschaft ☐
(Abheben von der Konkurrenz durch bessere Qualität/Leistung)

Kostenführerschaft ☐
(Kostenvorsprung gegenüber der Konkurrenz)

7. Welcher Organisationstyp kennzeichnet Ihr Unternehmen am stärksten?
Hier sind Mehrfachnennungen möglich!

Funktionsorientierte Organisation ☐
(Zusammenfassung gleichartiger Tätigkeiten in Stellen bzw. Abteilungen)

Sparten-, Divisions- bzw. Produktgruppenorganisation ☐
(Organisatorische Gliederung nach Produktgruppen)

Abnehmergruppenorientierte Organisation ☐
(Bestimmten Stellen obliegt die umfassende Betreuung festgelegter Kundengruppen)

Regionalorientierte Organisation ☐
(Gebietsbezogene Organisationseinheiten)

Projektorganisation ☐
(Abwicklung bestimmter zeitlich befristeter Aufgaben in Projekten)

8. Wie stark ist in Ihrem Unternehmen die Produktentwicklung zentralisiert bzw. dezentralisiert?

Völlig zentralisiert ↔ Völlig dezentralisiert

☐ ☐ ☐ ☐ ☐

9. Welche Aufgaben nimmt das Qualitätswesen in der Produktentwicklung wahr?

Keine ☐

Informations- und Beratungsrecht ☐

Entscheidungsbefugnis ☐

10. Wie sind die Aufgaben der Produktentwicklung in den bestehenden Funktionsbereichen verankert?

Konzentration im Absatzbereich (Marketing) ☐

Konzentration im Produktionsbereich (F&E) ☐

Sowohl Marketing als auch Produktion sind an der Produktentwicklung beteiligt. ☐

Fragebogen zur Erfassung projektunabhängiger Merkmale

B. Angaben zur Produktentwicklung

1. Wie viele Mitarbeiter hat der Bereich der Produktentwicklung?

Anzahl Mitarbeiter ______

2. Wie groß ist der Etat, welcher der Produktentwicklung jährlich zur Verfügung steht?

Etat in DM ______

3. Welche Innovationsstrategie wird mit der Produktentwicklung verfolgt?

- ☐ Marktpionier (Entwicklung der jeweiligen Produkte/Dienstleistungen als einer der ersten)
- ☐ Früher Nachfolger (des Pioniers auf einem immer noch wachsenden Markt)
- ☐ Später Einsteiger (in etablierten Markt)

4. Welche Qualitätsstrategie wird vorrangig verfolgt?

- ☐ Sicherstellung der Qualität durch den jeweils handelnden Bereich
- ☐ Sicherstellung der Qualität durch das Qualitätswesen
- ☐ Sicherstellung der Qualität durch alle Mitarbeiter im Sinne des TQM (TQC, CQC)

5. In welchem Maße fördert das Management den Einsatz von QFD?

Schwach ☐ ☐ ☐ ☐ ☐ Stark

6. Wie beteiligt sich das Management am Einsatz von QFD?

- ☐ Aktiv
- ☐ Gelegentlich aktiv
- ☐ Gelegentlich passiv
- ☐ Passiv
- ☐ Gar nicht

Fragebogen zur Erfassung projektunabhängiger Merkmale

7. Wie ist QFD in die Produktentwicklungsprozesse integriert?

Nicht integriert in das Vorgehensmodell ☐

Integriert in das Vorgehensmodell bei freiwilligem Einsatz ☐

Integriert in das Vorgehensmodell bei verbindlichem Einsatz ☐

8. In welchem Jahr wurde QFD erstmalig eingeführt?

Im Jahr ______

9. Wie war die QFD-Einführungsstrategie?

Eher bottom up ☐
(ausgehend von den Mitarbeitern)

Eher top down ☐
(vom Management angestoßen)

10. In welcher Form wurde das erste QFD Projekt durchgeführt?

Als Pilotprojekt ☐

Integriert in das Tagesgeschäft ☐

11. Wurden bei der Einführung die nötigen Methodenkenntnisse in einer Schulung vermittelt?

Ja ☐

Nein ☐

11 a. Wenn ja, wie viele Tage dauert diese Schulung?

Anzahl Tage ______

11 b. Wie groß ist die Anzahl der Mitarbeiter, die insgesamt an dieser Schulung teilgenommen haben?

Anzahl Mitarbeiter ______

Fragebogen zur Erfassung projektspezifischer Merkmale

A. Bewertung des Gesamterfolgs des Projekts

Zustimmungsgrad

Bitte kennzeichnen Sie durch ein Kreuz, in welchem Maße Sie den Aussagen zustimmen können oder nicht zustimmen können.

☹ 😐 ☺

Völlige Ablehnung ⟷ Völlige Zustimmung

Absoluter Gesamterfolg
Das Projekt verlief erfolgreich. ☐ ☐ ☐ ☐ ☐

Relativer Gesamterfolg
Das Projekt verlief besser als andere vergleichbare Projekte.
(Bitte urteilen Sie nur, wenn Ihnen ein Vergleich möglich ist.) ☐ ☐ ☐ ☐ ☐

Was waren Ihrer Meinung nach die ausschlaggebenden Faktoren für den Erfolg/Mißerfolg *dieses* Projekts?

Fragebogen zur Erfassung projektspezifischer Merkmale

B. Wichtigkeit der Ziele

Wie wichtig waren die folgenden Ziele für das betrachtete Projekt?

Bitte gewichten Sie jedes Ziel mit einer Zahl von 0 bis 10. Eine 0 bedeutet, daß das Ziel überhaupt keine Relevanz hatte. Ein mit 10 bewertetes Ziel war für das Projekt besonders wichtig. Selbstverständlich sind viele Ziele sehr wichtig, daher versuchen Sie bitte, differenzierte relative Gewichte zu vergeben, damit Abstufungen erkennbar werden.

Produktbezogene Ziele

Produktbezogene Ziele	Gewichtung des Ziels
1. Schneller Markteintritt Die Zeitspanne zwischen Entwicklungsbeginn und Markteinführung soll kurz sein.	
2. Niedrige Kosten Das Produkt soll zu geringen Herstellkosten produziert werden.	
3. Hoher erzielbarer absoluter Preis Das Produkt soll zu einem hohen Absatzpreis auf dem Markt abgesetzt werden können.	
4. Akzeptierter relativer Preis Der Preis soll von den Kunden als angemessen empfunden werden.	
5. Hoher Deckungsbeitrag Das Produkt soll einen hohen Gewinn liefern.	
6. Technische Qualität Das Produkt soll der technischen Spezifikation entsprechen.	
7. Relative Qualität Das Produkt soll den Bedürfnissen des Marktes entsprechen.	

Projektbezogene Ziele

Projektbezogene Ziele	
8. Systematische strukturierte Vorgehensweise Die Vorgehensweise bei der Produktentwicklung soll systematisch und strukturiert sein.	
9. Durchgängigkeit bis zur Übergabe in die Produktion Die Entwicklung soll durchgängig von den Kundenanforderungen bis zur Übergabe in die Produktion erfolgen.	
10. Objektive Produktentscheidungen Alle Produktentscheidungen sollen nach objektiven Kriterien getroffen werden.	
11. Nachvollziehbarkeit Die gesamte Produktentwicklung einschließlich der getroffenen Entscheidungen soll nachvollziehbar sein.	

Fragebogen zur Erfassung projektspezifischer Merkmale

C. Bewertung der Zufriedenheit

Wie zufrieden waren Sie mit dem Projekt?

Nachfolgend finden Sie Aussagen zu den Zielen, die Sie auf den Seiten 2 und 3 gewichtet haben. Einige Aussagen sind vom Sinn her ähnlich. Wir möchten damit sicherstellen, den Projektablauf hinsichtlich der einzelnen Ziele korrekt zu bestimmen.

Zustimmungsgrad

Bitte kennzeichnen Sie durch ein Kreuz, in welchem Maße Sie den Aussagen zustimmen können oder nicht zustimmen können.

Aussage	Völlige Ablehnung ☹		☺		Völlige Zustimmung ☺	Aussage irrelevant für dieses Projekt
1. Die Zeitspanne zwischen Entwicklungsbeginn und Markteinführung war kurz.	☐	☐	☐	☐	☐	☐
2. Das Produkt konnte (kann) zu geringen Herstellkosten produziert werden.	☐	☐	☐	☐	☐	☐
3. Die Kosten für Fehlerbeseitigung und Redesign vor Auslieferung waren gering.	☐	☐	☐	☐	☐	☐
4. Das Produkt konnte (kann) zu einem hohen Preis auf dem Markt abgesetzt werden.	☐	☐	☐	☐	☐	☐
5. Die Kunden waren (sind) mit dem Preis des Produkts zufrieden.	☐	☐	☐	☐	☐	☐
6. Die Kunden waren (sind) mit dem Preis-Leistungsverhältnis des Produkts zufrieden.	☐	☐	☐	☐	☐	☐
7. Das Produkt liefert(e) einen hohen Deckungsbeitrag.	☐	☐	☐	☐	☐	☐
8. Die Anzahl der nach Auslieferung gefundenen Abweichungen von der technischen Spezifikation war (ist) gering.	☐	☐	☐	☐	☐	☐
9. Die Kunden waren (sind) mit den Leistungen des Produkts zufrieden.	☐	☐	☐	☐	☐	☐
10. Das Produkt war (ist) besser als vergleichbare Konkurrenzprodukte.	☐	☐	☐	☐	☐	☐

Fragebogen zur Erfassung projektspezifischer Merkmale

	Völlige Ablehnung ☹	←	😐	→	Völlige Zustimmung ☺	Aussage irrelevant
11. Das Produkt enthielt (enthält) mehrere neuartige Merkmale.	☐	☐	☐	☐	☐	☐
12. QFD führte zu einer systematischen und strukturierten Vorgehensweise bei der Produktentwicklung.	☐	☐	☐	☐	☐	☐
13. Der QFD-Einsatz erfolgte durchgängig von den Kundenanforderungen bis zur Übergabe in die Produktion.	☐	☐	☐	☐	☐	☐
14. Alle Produktentscheidungen wurden nach objektiven Kriterien getroffen.	☐	☐	☐	☐	☐	☐
15. Der gesamte Produktentwicklungsprozeß einschließlich der getroffenen Entscheidungen ist nachvollziehbar.	☐	☐	☐	☐	☐	☐
16. Die Dokumentation der Entwicklung diente zur Legitimation von Produktentscheidungen (z. B. als Rechtfertigung gegenüber dem Management).	☐	☐	☐	☐	☐	☐
17. Die Entwicklung wurde flexibel an veränderte Kundenerwartungen angepaßt.	☐	☐	☐	☐	☐	☐
18. Alle wirklichen Kundenanforderungen wurden erfaßt.	☐	☐	☐	☐	☐	☐
19. Die unterschiedliche Wichtigkeit der einzelnen Kundenanforderungen wurde deutlich.	☐	☐	☐	☐	☐	☐
20. Für jedes Produktmerkmal wurden konkrete Vorgaben entwickelt.	☐	☐	☐	☐	☐	☐
21. Für jedes Produktmerkmal wurden operationale Testkriterien entwickelt.	☐	☐	☐	☐	☐	☐
22. Die Produktideen wurden auf ihre Eignung hin überprüft.	☐	☐	☐	☐	☐	☐
23. Risiken wurden frühzeitig erkannt und behandelt.	☐	☐	☐	☐	☐	☐
24. Die vorgegebenen Entwicklungszeiten wurden eingehalten.	☐	☐	☐	☐	☐	☐
25. Die Vorhersage bestimmter Konsequenzen von Produktentscheidungen war möglich.	☐	☐	☐	☐	☐	☐

Fragebogen zur Erfassung projektspezifischer Merkmale

	☹ Völlige Ablehnung	⟷	😐	⟷	☺ Völlige Zustimmung	Aussage irrelevant
26. Alle Personen mit Know-how über die zu bearbeitenden Aufgaben waren in den Entwicklungsprozeß involviert.	☐	☐	☐	☐	☐	☐
27. Die Konkurrenten wurden bei der Entwicklung berücksichtigt.	☐	☐	☐	☐	☐	☐
28. Die externen Lieferanten wurden bei der Entwicklung berücksichtigt.	☐	☐	☐	☐	☐	☐
29. Die Kunden wurden bei der Entwicklung berücksichtigt.	☐	☐	☐	☐	☐	☐
30. Ergebnisse früherer Entwicklungen wurden systematisch verwendet.	☐	☐	☐	☐	☐	☐
31. Die Produktentwicklung erfolgte in kurzer Zeit.	☐	☐	☐	☐	☐	☐
32. Die parallele Entwicklung von mehreren Produktkomponenten war möglich.	☐	☐	☐	☐	☐	☐
33. Es erfolgte eine Konzentration auf das Wesentliche.	☐	☐	☐	☐	☐	☐
34. Die bereichsinterne Zusammenarbeit der beteiligten Mitarbeiter funktionierte gut.	☐	☐	☐	☐	☐	☐
35. QFD förderte positive Einstellung, Motivation, Fähigkeit und zielkonformes Verhalten der Mitarbeiter.	☐	☐	☐	☐	☐	☐
36. Ziele und Entscheidungen der beteiligten Bereiche wurden gemeinsam abgestimmt.	☐	☐	☐	☐	☐	☐
37. Alle beteiligten Bereiche besaßen eine gemeinsame Sicht auf das Produkt.	☐	☐	☐	☐	☐	☐
38. Der Informationsfluß zwischen den beteiligten Bereichen war reibungslos.	☐	☐	☐	☐	☐	☐
39. Es fand ein Wissenstransfer der für die Entwicklung erforderlichen Kenntnisse zwischen den beteiligten Bereichen statt.	☐	☐	☐	☐	☐	☐
40. Die Anforderungen und Probleme der beteiligten Bereiche waren transparent.	☐	☐	☐	☐	☐	☐

Fragebogen zur Erfassung projektspezifischer Merkmale

D. Angaben zum Produkt

Im folgenden soll das Produkt, das Gegenstand des Projekts war, näher charakterisiert werden. Hierzu werden Ihnen mehrere Fragen gestellt.
Bei Auswahlfragen kreuzen Sie bitte, sofern nicht ausdrücklich anders angegeben, genau eine Alternative an. Bei Fragen, die eine numerische Antwort verlangen, bemühen Sie sich bitte um einen möglichst exakten Wert.

1. Welche Beschaffenheit bzw. Zusammensetzung wies das Produkt(bündel) auf?

Hier sind Mehrfachnennungen möglich!

Sachleistung ☐
Software ☐
Dienstleistung ☐

2. In welchem Kontext stand das Produkt(bündel)?

Komplettes System ☐
Subsystem ☐
Einzelne Komponente ☐

3. Welche Komplexität beinhaltete das Produkt(bündel)?

	Gering		⟷		Hoch
Technische Komplexität	☐	☐	☐	☐	☐
Komplexität in der Anwendung	☐	☐	☐	☐	☐
Erklärungsbedürftigkeit gegenüber dem Kunden	☐	☐	☐	☐	☐

4. Welcher Neuheitsgrad für Ihr Unternehmen lag vor?

Vorfeldentwicklung ☐
(Entwicklung und labormäßige Erprobung neuer Lösungsprinzipien und Produktkomponenten)

Neuentwicklung ☐
(Neues Produkt mit neuen Lösungs-/ Funktionsprinzipien)

Anpassungsentwicklung ☐
(Anpassung eines bestehenden Produkts an veränderte Anforderungen)

Variantenentwicklung ☐
(Variation von Baugruppen oder Bauteilen bei gleichen Lösungsprinzipien)

Fragebogen zur Erfassung projektspezifischer Merkmale

5. Welcher Neuheitsgrad für Ihre Kunden lag vor?

Neuheit ☐
Verbesserung ☐
Modifikation ☐

6. Wie war der Grad der Standardisierung des Produkt(bündel)s?

Kundenindividuell ☐
Standard mit kundenindividuellen Anpassungen/Varianten ☐
Standard ☐

7. Mußten während der Produktentwicklung durch Kundeneinflüsse hervorgerufene Änderungen vorgenommen werden?

Hier sind Mehrfachnennungen möglich!

Ja, während der Produktplanung ☐
(beinhaltet Anforderungsdefinition und Produktkonzeption)

Ja, während der Entwicklungsdurchführung ☐
(beinhaltet Systementwurf, Implementierung und Test)

Ja, während der Betreuung ☐
(beinhaltet Fehlerbeseitigung und Nachbesserung)

Nein, keine ☐

8. Wurden für die Produktentwicklung unternehmensexterne Sachgüter eingesetzt?

Ja ☐
Nein ☐

8 a. Wenn ja, wie hoch war ihr Anteil an den insgesamt eingesetzten Sachgütern?

_______ %

9. Welche unternehmensexternen Dienstleistungen wurden in Anspruch genommen?

Hier sind Mehrfachnennungen möglich!

Keine ☐
Beratung/Coaching ☐
Unterstützung bei der Durchführung ☐

Fragebogen zur Erfassung projektspezifischer Merkmale

E. Angaben zum Projekt

Bitte teilen Sie uns zunächst Ihre Rolle in dem Projekt mit:

Welche Position nahmen Sie in dem Projekt ein? ____________________

Nun soll das Projekt selber näher betrachtet werden.
Auch hierbei gilt: Sofern nicht anders angegeben, kreuzen Sie bei Auswahlfragen bitte genau eine der möglichen Antworten an.

1. Wie war das Projekt organisatorisch eingebunden?

- Organisation ohne strukturierte Projektausrichtung ☐
  (Keine explizite Festlegung von Entscheidungskompetenzen)
- Stabs-Projektorganisation ☐
  (Keine Weisungsbefugnisse gegenüber den beteiligten Stellen)
- Matrix-Projektorganisation ☐
  (Aufteilung der Entscheidungskompetenzen zwischen den beteiligten Stellen und den Projekten)
- Reine Projektorganisation ☐
  (Alleinige Entscheidungsbefugnisse der Projekte)

2. Aus welchem Bereich kam der Projektleiter?

- Produktion ☐
- Entwicklung ☐
- Marketing/Vertrieb ☐
- Sonstige ☐

3. Wie wurden die Projektziele festgelegt?

- Schriftlich quantitativ ☐
  (Vorgabe von Richtwerten)
- Schriftlich qualitativ ☐
  (Ohne konkrete Richtwerte)
- Verbal ☐
  (Mündlich mitgeteilt)
- Unklar ☐
- Gar nicht ☐

Fragebogen zur Erfassung projektspezifischer Merkmale

4. Wie viele der am Projekt Beteiligten kannten die Projektziele?

ca. ______ %

5. Wie beurteilen Sie den Ressourceneinsatz?

	Zu wenig	←		→	Zu viel
Für die Projektdurchführung zur Verfügung stehende Zeit	☐	☐	☐	☐	☐
Freistellung der Beteiligten	☐	☐	☐	☐	☐
Zur Verfügung stehende Räumlichkeiten	☐	☐	☐	☐	☐
Einsetzbares Material (wie Pinwände, Overhead-Projektor)	☐	☐	☐	☐	☐
Computerunterstützung	☐	☐	☐	☐	☐

6. Wie war das Team in den einzelnen Projektphasen zusammengesetzt?

Bitte geben Sie die Anzahl der Teammitglieder aus den einzelnen Bereichen für jede der genannten Phasen möglichst detailliert an.

	Moderatoren	Entwickler	Kunden	Lieferanten	Marketing/Vertrieb	Qualitätswesen	QFD-Beauftragter	Manager	Sonstige
Planung									
Kundenanforderungsanalyse	☐	☐	☐	☐	☐	☐	☐	☐	☐
Ermittlung von Lösungen	☐	☐	☐	☐	☐	☐	☐	☐	☐
Korrelationsanalyse	☐	☐	☐	☐	☐	☐	☐	☐	☐
Sonstige: ______________	☐	☐	☐	☐	☐	☐	☐	☐	☐
Durchführung									
Entwurf	☐	☐	☐	☐	☐	☐	☐	☐	☐
Implementierung	☐	☐	☐	☐	☐	☐	☐	☐	☐
Test	☐	☐	☐	☐	☐	☐	☐	☐	☐
Betreuung									
Fehlerbeseitigung	☐	☐	☐	☐	☐	☐	☐	☐	☐
Nachbesserung	☐	☐	☐	☐	☐	☐	☐	☐	☐

6a. Wenn sonstige Bereiche einbezogen wurden, welche Bereiche waren das?

Wenn Sie Eintragungen in der Spalte "Sonstige" gemacht haben, tragen Sie hier bitte den oder die betreffenden Bereiche ein.

____

Fragebogen zur Erfassung projektspezifischer Merkmale

7. Wie groß war der Anteil der vorzeitig aus dem Projekt ausgeschiedenen Personen (z. B. wegen Desinteresse, Unabkömmlichkeit, Krankheit)?

______ %

8. Welcher Herkunft war der Moderator?

Unternehmensintern ☐

Unternehmensextern ☐

9. War der Moderator zugleich Projektleiter?

Ja ☐

Nein ☐

10. Wie groß war der Anteil der Projektteilnehmer, die bei Projektbeginn Kenntnisse aus Schulungen hatten?

Kenntnisse aus projektspezifischen Schulungen ______ %

Kenntnisse aus allgemeinen Schulungen ______ %

Keine Kenntnisse ______ %

11. Wie viele Tage lagen im Schnitt zwischen zwei Sitzungen?

Anzahl Tage ______

12. Wie viele Stunden dauerte eine Sitzung durchschnittlich?

Anzahl Stunden ______

13. Wie viele Sitzungen wurden insgesamt für dieses Projekt durchgeführt?

Anzahl Sitzungen ______

14. Wie viele Kundenanforderungen wurden ermittelt?

Anzahl Kundenanforderungen ______

Fragebogen zur Erfassung projektspezifischer Merkmale

15. Wie viele Lösungsmerkmale wurden ermittelt?

Anzahl Lösungsmerkmale ______

16. Welche Planungsdimensionen wurden innerhalb des Projektes mittels QFD geplant?

Hier sind Mehrfachnennungen möglich!

- Produktfunktionen ☐
- Qualität ☐
- Kosten ☐
- Zuverlässigkeit ☐
- Sonstige ☐

17. Wie viele Matrizen wurden erstellt?

Anzahl Matrizen ______

18. Welche durchschnittliche Größe wiesen diese Matrizen auf?

Spalten ______

Zeilen ______

19. In welcher Variation wurde QFD angewandt?

Wenn Sie eine der angegebenen Variationen der Standardmethode in ihrer ursprünglichen Form angewandt haben, so machen Sie bitte ein Kreuz in das Kästchen, das mit 'rein' überschrieben ist (entsprechend für 'modifiziert'). Sollte die Variation, in der Sie QFD angewandt haben, hier nicht aufgelistet sein, so nutzen Sie bitte das freie Kästchen, um sie zu nennen.
Wenn Sie eine eigene Vorgehensweise entwickelt haben, geben Sie bitte an, ob Sie diese in ihrer reinen Form oder für das Projekt modifiziert eingesetzt haben.

Standardmethode	Modifiziert	Rein
Nach Akao/ King (Matrix der Matrizen)	☐	☐
Nach ASI (American Supplier Institut) (Vier Phasen)	☐	☐
Nach Zultner	☐	☐
______________________	☐	☐
Unternehmenseigene Vorgehensweise	☐	☐

Fragebogen zur Erfassung projektspezifischer Merkmale

20. Wurden ergänzende Methoden eingesetzt?

Hier sind Mehrfachnennungen möglich!

- Keine ☐
- Conjoint Analyse ☐
- Target Costing ☐
- FMEA ☐
- DoE (Design of Experiments) ☐
- TRIZ ☐
- Sonstige ☐

21. Wie viele der aufgenommenen Kundenanforderungen erwiesen sich im nachhinein als Lösungen?

Anzahl Kundenanforderungen ______

22. Wie viele Personen wurden außerhalb der Sitzungen nach ihren Kundenanforderungen befragt?

Geben Sie bitte die Anzahl der außerhalb der Sitzungen befragten Personen aufgegliedert nach den angegeben Kategorien an.

Anzahl Kunden ______

Anzahl Personen aus Marketing/Vertrieb ______

Anzahl Personen aus anderen Unternehmensbereichen ______

23. In welcher Form wurde die Gewichtung der Kundenanforderungen vorgenommen?

- Durch Konsensbildung (Diskussion) in der Gruppe ☐
- Durch Mittelwertbildung ☐

24. Nach welcher Methode fand die Gewichtung statt?

- Ranking ☐
- Direkte Gewichtung ☐
- Paarweiser Vergleich ☐
- AHP mit direkter Gewichtung ☐
  (AHP = Analytic Hierarchy Process)
- AHP mit paarweisem Vergleich ☐
- Sonstige ☐

Fragebogen zur Erfassung projektspezifischer Merkmale

25. Wie viele Kundengruppen (Marktsegmente) wurden berücksichtigt?

Anzahl Kundengruppen ______

25 a. Sofern Kundengruppen berücksichtigt wurden: Wurden sie gewichtet?

Ja ☐

Nein ☐

26. Wurde eine Konkurrenzanalyse durchgeführt?

Ja ☐

Nein ☐

26 a. Wenn ja, wie viele Konkurrenzprodukte wurden berücksichtigt?

Anzahl Konkurrenzprodukte ______

27. Wie viele mögliche Abstufungen wurden bei der Korrelationsanalyse von Kundenanforderungen und Lösungsmerkmalen vorgegeben?

Beispiel: Bei 0, 1, 3, 9 als mögliche Werte der Korrelation werden 4 mögliche Abstufungen vorgegeben.

Anzahl Abstufungen ______

28. Wie hoch war das Ausmaß der Zahlengläubigkeit der Teammitglieder?

Gering (Werte als Orientierungs-hilfen) ⟷ Hoch (Werte als verbindliche Vorgaben)

☐ ☐ ☐ ☐ ☐

29. Wie viele DIN A4 Seiten umfaßte die Dokumentation des QFD-Projekts?

Anzahl Seiten ______

30. Wie viele graphische Auswertungen (z. B. Diagramme) wurden zur Präsentation der Ergebnisse erstellt?

Anzahl Auswertungen ______

31. Wie viele Informationsveranstaltungen zur Präsentation der Ergebnisse wurden abgehalten?

Anzahl Veranstaltungen ______

Fragebogen zur Erfassung projektspezifischer Merkmale

F. Angaben zum Team

Charakterisieren Sie bitte das Projektteam.

Zustimmungsgrad

Bitte kennzeichnen Sie durch ein Kreuz, in welchem Maße Sie den Aussagen zustimmen oder nicht

☹ Völlige Ablehnung ← ☺ → Völlige Zustimmun

1. Die Teammitglieder hatten eine positive Einstellung zu QFD.	☐	☐	☐	☐	☐
2. Die Teammitglieder setzten hohe Erwartungen in QFD.	☐	☐	☐	☐	☐
3. Das Qualitätsbewußtsein des Teams war ausgeprägt.	☐	☐	☐	☐	☐
4. Die Teammitglieder hatten eine positive Einstellung zur Teamarbeit.	☐	☐	☐	☐	☐
5. Die Teammitglieder hatten eine positive Einstellung gegenüber den Kunden.	☐	☐	☐	☐	☐
6. Die Teammitglieder hatten eine positive Einstellung gegenüber Innovationen.	☐	☐	☐	☐	☐
7. Es herrschte eine hohe Arbeitszufriedenheit.	☐	☐	☐	☐	☐
8. Die Teammitglieder waren bereit, die Kompetenzen anderer zu akzeptieren.	☐	☐	☐	☐	☐
9. Die Teammitglieder kannten ihre eigenen Funktionen im Projekt und übten sie entsprechend aus.	☐	☐	☐	☐	☐
10. Die Teammitglieder waren fähig, im Team zu arbeiten.	☐	☐	☐	☐	☐

Fragebogen zur Erfassung projektspezifischer Merkmale

	☹ Völlige Ablehnung		😐		☺ Völlige Zustimmung
11. Die Teammitglieder waren hinsichtlich QFD/ der eingesetzten Methoden kompetent.	☐	☐	☐	☐	☐
12. Die Teammitglieder verfügten über gutes Fachwissen hinsichtlich des Projektgegenstandes.	☐	☐	☐	☐	☐
13. Der aktuelle Projektstand war zu jedem Zeitpunkt allen Teammitgliedern bewußt.	☐	☐	☐	☐	☐
14. Die Teammitglieder handelten rational.	☐	☐	☐	☐	☐
15. Alle Richtlinien und Vorgaben wurden eingehalten.	☐	☐	☐	☐	☐
16. Der Moderator verfügte über gutes Fachwissen über den Projektgegenstand.	☐	☐	☐	☐	☐
17. Der Moderator verfügte über gute QFD-/ Methodenkenntnisse.	☐	☐	☐	☐	☐
18. Der Moderator verfügte über gute Moderationskenntnisse.	☐	☐	☐	☐	☐
19. Der Führungsstil des Projektleiters war kooperativ.	☐	☐	☐	☐	☐
20. Die Arbeitsweise des Teams war perfektionistisch.	☐	☐	☐	☐	☐
21. Der Kommunikationsstil im Team war in hohem Maße regelgebunden.	☐	☐	☐	☐	☐
22. Die Kommunikation war deutlich zielgerichtet.	☐	☐	☐	☐	☐
23. Die Zusammenarbeit verlief ohne Auftreten von Gruppenkonflikten.	☐	☐	☐	☐	☐

Fragebogen zur Erfassung projektspezifischer Merkmale

24. In welchen QFD-Schritten wurde überwiegend im Team gearbeitet?

Hier sind Mehrfachnennungen möglich! Ergänzen Sie außerdem bitte die Liste um weitere QFD-Schritte, in denen überwiegend im Team gearbeitet wurde.

Kundenanforderungsanalyse ☐

Ermittlung von Lösungen ☐

Korrelationsanalyse ☐

____

____

Zum Abschluß möchten wir uns für die Mühe, die Sie sich mit der Beantwortung unserer Fragen gemacht haben, sehr herzlich bedanken.

Sachwortverzeichnis

L

M

O

P

Q

R

S

T

U

V

W

Z